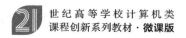
21世纪高等学校计算机类
课程创新系列教材·微课版

Visual C++ 2019
程序设计与应用 微课视频版

马石安 魏文平 / 编著

清華大學出版社
北京

内 容 简 介

本书凝聚了编者多年来从事软件开发和教学实践的经验和体会，由两条主线贯穿全书：一条主线以通俗易懂的语言介绍用 Visual C++ 2019 开发 Windows 应用程序所必需的应用理论；另一条主线设计了丰富的实用程序，通过实践引导学生快速掌握 Visual C++ 2019 的开发方法和技巧，力求给 Visual C++初学者开辟一条迅速切入并完整掌握 Visual C++编程技术的捷径。全书共分 13 章，包括 Visual C++ 2019 开发环境，MFC 应用程序概述，图形与文本，菜单、工具栏和状态栏，对话框，Windows 常用控件，文档与视图，打印编程，动态链接库编程，多线程编程，数据库编程和多媒体编程等内容。此外，本书还精心设计了 14 个上机实验。

全书内容循序渐进，实例丰富，讲解清晰。书中针对每个知识点的简短实例特别有助于初学者仿效理解、把握问题的精髓，能够帮助读者快速建立对应用程序框架的整体认识。部分章后的应用实例能让读者学会怎样开发大型的 Windows 程序。

为了配合教学，除第 13 章外每章后面都提供了与教学要求一致的习题，并提供了全方位的教学资源。本书可作为高等学校计算机及相关专业学习 Windows 程序设计和 Visual C++程序设计的教材或参考书，也可作为 Visual C++培训班的培训教材或其他读者的自学读本。

图书在版编目(CIP)数据

Visual C++ 2019 程序设计与应用：微课视频版/马石安,魏文平编著.—北京：清华大学出版社,2022.1
(2024.8重印)

21 世纪高等学校计算机类课程创新系列教材：微课版

ISBN 978-7-302-58998-3

Ⅰ. ①V… Ⅱ. ①马… ②魏… Ⅲ. ①C++语言—程序设计—高等学校—教材 Ⅳ. ①TP312.8

中国版本图书馆 CIP 数据核字(2021)第 177192 号

策划编辑：魏江江
责任编辑：王冰飞
封面设计：刘　键
责任校对：刘玉霞
责任印制：杨　艳

出版发行：清华大学出版社
　　　　网　　　址：https://www.tup.com.cn,https://www.wqxuetang.com
　　　　地　　　址：北京清华大学学研大厦 A 座　　　邮　　编：100084
　　　　社 总 机：010-83470000　　　邮　　购：010-62786544
　　　　投稿与读者服务：010-62776969，c-service@tup.tsinghua.edu.cn
　　　　质量反馈：010-62772015，zhiliang@tup.tsinghua.edu.cn
　　　　课件下载：https://www.tup.com.cn,010-83470236
印 装 者：三河市龙大印装有限公司
经　　销：全国新华书店
开　　本：185mm×260mm　　　印　　张：27.75　　　字　　数：677 千字
版　　次：2022 年 1 月第 1 版　　　印　　次：2024 年 8 月第 4 次印刷
印　　数：2601～3400
定　　价：69.80 元

产品编号：093907-01

前　言

党的二十大报告指出：教育、科技、人才是全面建设社会主义现代化国家的基础性、战略性支撑。必须坚持科技是第一生产力、人才是第一资源、创新是第一动力，深入实施科教兴国战略、人才强国战略、创新驱动发展战略，开辟发展新领域新赛道，不断塑造发展新动能新优势。高等教育与经济社会发展紧密相连，对促进就业创业、助力经济社会发展、增进人民福祉具有重要意义。

随着计算机技术的普及和发展，计算机的应用已经渗透到国民经济与人们生活的各个方面，掌握一门计算机编程语言已成为当代大学生应该具备的基本技能之一。

Visual C++（简称 VC++）是 20 世纪 90 年代中期由微软公司推出的一个强大的 Windows 应用程序开发平台，是"真正的程序员"首选的开发工具之一，也是有志于程序设计的程序员、大中专院校学生进入高级程序设计领域的首选软件之一。编写本书的目的就是让读者学会在 Visual C++ 环境下利用微软的基本类库 MFC 开发出功能强大的 Windows 应用程序。

Visual C++ 提供了一个可视化集成编程环境，能自动生成 Windows 应用程序的共有部分，帮助程序设计人员直接切入实现功能部分的代码编制主题，从而大大简化了复杂的 Windows 应用程序开发过程，极大地提高了程序设计的效率。但是，也正因为 Visual C++ 功能强大、内容丰富，使得很多初学者感到入门不易，提高更难，从而知难而退。究其原因，主要是因为目前市面上还比较缺少真正实用的应用型学习教材能够兼顾到应用理论和编程实践。

本书凝聚了编者多年来从事软件开发和教学实践的经验和体会，通过多次讲授 Visual C++ 编程，编者能够深刻理解 Visual C++ 编程的基本学习要求。全书围绕两条主线进行编写：一条主线以通俗易懂的语言介绍用 Visual C++ 2019 开发 Windows 应用程序所必需的应用理论；另一条主线设计了丰富的实用程序，通过实践引导学生快速掌握 Visual C++ 的开发方法和技巧。读者如果真正读懂了本书，就能够成为一名合格的 Visual C++ 程序员。

本书具有以下特色：

（1）在内容编排上力求做到系统性与阶段性的协调统一，让读者在学习过程中不断获得成就感，提高学习兴趣。

学习 Visual C++ 编程并不是一件简单的任务，特别是初学者刚开始就要面对一个瓶颈——大量的紧密关联的知识，对此必须整体理解。许多人为此止步不前，可以说，刚开始学习 Visual C++ 的阶段是最困难的阶段。针对这种情况，本书的前两章主要帮助读者理解 MFC 的整体结构，在项目中只需要自己添加一个语句就会出现相应效果。第 3～5 章中的程序代码都比较简短，添加代码的位置主要在视图类，每章后面的操作题也是要求照猫画虎，以便帮助读者从 C 语言的编程思路中走出来，理解和运用消息驱动机制，尽快突破瓶颈。第 6 章开始加大编程难度，后面的习题以操作题为主，在第 6 章的实例中增加了添加数据成员等技术。为了帮助读者顺利理解和运用文档/视图结构，把这部分内容放在第 7 章讲解，并在以后的实例中才开始运用。

（2）注重培养读者的应用能力。

书中针对每个知识点都提供了简短实例，这样特别有助于初学者仿效理解、把握知识的精髓,能够帮助读者快速建立对应用程序框架的整体认识;部分章后的应用实例能让读者学会怎样开发一个大型的 Windows 程序;除第 13 章外,每章最后提供了专门用于上机的习题,并且都是围绕书中例题展开的,使读者能够马上学以致用;第 8~12 章将 Visual C++编程技术应用到相关领域。如此环环紧扣,帮助读者完成从了解、熟练到运用的学习过程。第 13 章(综合应用实例)选用读者喜爱和熟悉的"五子棋游戏"作为例子,在设计时完全采用面向对象的思想和文档/视图结构框架,知识点涵盖整本书,进一步解决了读者如何运用所学知识进行较大项目开发的困惑。

(3)注重理论与实践的结合,更注重以实例形式教读者编程。

本书在内容的选材上力求做到弃繁就简、学以致用,尽量避免过多的理论叙述。本书所讲授的内容都有对应的程序实现实例,每个实例都给出了详细实现步骤、代码清单及其填写位置,填写的代码语句都有注释说明和分析。

为了确保正确性,每个实例均在 Visual Studio 2019 上调试通过。读者只需要按照书中实例的实现步骤和代码操作,即可不断感受到成功的喜悦。若读者认真阅读注释说明和编程技巧,并加以参照引用,举一反三,即可在 Visual C++ 2019 环境下挥洒自如地开发 Windows 应用程序。

(4)部分章后配有与教学要求一致的习题。

章后的习题内容全面,形式多样,有填空题、选择题、判断题、简答题和操作题等。通过这些习题,读者可以及时检查和考核对本章内容学习和掌握的情况,教师也可以从中选出一些题作为作业题。

(5)附录配有与教学要求一致的实验内容。

安排并指导学生上机实验对于学好本课程具有重要意义。每个实验中除给出实验目的、实验内容外,还要求学生结合实验内容进行分析和讨论,其中的实验内容仍来源于习题中的操作题。

本书配套资源丰富,包括教学大纲、教学课件、电子教案、程序源码、习题答案、教学进度表和 650 分钟的微课视频。

资源下载提示

课件等资源:扫描封底的"课件下载"二维码,在公众号"书圈"下载。

素材(源码)等资源:扫描目录上方的二维码下载。

在线作业:扫描封底的作业系统二维码,登录网站在线做题及查看答案。

视频等资源:扫描封底的文泉云盘防盗码,再扫描书中相应章节中的二维码,可以在线学习。

本书第 1 章、第 2 章、第 8~12 章以及附录由马石安编写,第 3~7 章和第 13 章由魏文平编写,全书由马石安统一修改、整理和定稿。

在本书的编写过程中参考和引用了大量书籍和文献资料,在此向被引用文献的作者及给予本书帮助的所有人士表示衷心的感谢,尤其感谢江汉大学的领导和同事以及清华大学出版社的领导和编辑的大力支持与帮助。

由于编者水平有限,加之时间仓促,书中难免存在缺点与疏漏之处,敬请读者及同行予以批评指正。

编　者

目 录

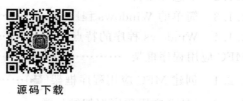

源码下载

VIII

XI

第1章 | Visual C++ 2019 开发环境

Microsoft Visual C++简称 Visual C++、MSVC、VS 或 VC,是美国微软公司的一款免费的 C++开发工具,同时也是一个基于 Windows 操作系统的、可视化的、面向对象的集成开发环境(Integrated Development Environment,IDE)。在该环境下用户可以开发有关 C 和 C++的各种 Windows 应用程序。应用程序的开发包括建立、编辑、浏览、保存、编译、链接和调试等操作,这些操作都可以通过单击菜单项或工具栏中的按钮来完成,使用方便、快捷。另外,该开发环境还提供了解决方案、项目模板和类向导等实用的编程工具。

本章通过图例方式介绍 Visual C++ 2019 的开发环境,即对各菜单中的主要命令进行介绍,同时还简单介绍了项目模板、解决方案、常用工具栏以及几种资源编辑器的使用方法。

1.1 集成开发环境

目前,Visual C++的最新版本为 Visual C++ 2019,它被集成在 Visual Studio 2019 系列开发工具套件中。Visual Studio 是微软公司的开发工具包系列产品,是目前最流行的 Windows 平台应用程序的集成开发环境。

1.1.1 Visual Studio 的安装

Visual Studio 2019 集成开发环境通过运行安装程序来进行安装。与以往版本不同的是,它将自动安装"所有一切"改变为"可以根据需要选取不同的组件",也就是用户可以通过选择相应的工作负载来搭建适合自己程序类型的 Visual Studio 集成开发环境。

1. 下载安装程序

打开微软公司的 Visual Studio 产品网页,其地址为"https://visualstudio. microsoft .com/zh-hans/vs/",如图 1.1 所示。

将鼠标指针移动到页面中的"下载 Visual Studio"超级链接上,展开其下的弹出菜单,可以看到 Community 2019、Prefessional 2019 和 Enterprise 2019 3 个子菜单,它们分别表示 Visual Studio 2019 的社区版、专业版和企业版。

这里下载 Visual Studio 2019 的社区版 Community 2019,该版本能够满足本书程序的开发要求,并且可以长期免费使用。

2. 安装开发环境

Visual Studio 2019 集成开发环境的安装非常简单,只要以管理员身份运行安装程序,并选择或填写必要的配置信息即可。

在安装过程中需要用户自己选择 Visual Studio 的工作负载。所谓工作负载,就是指

2

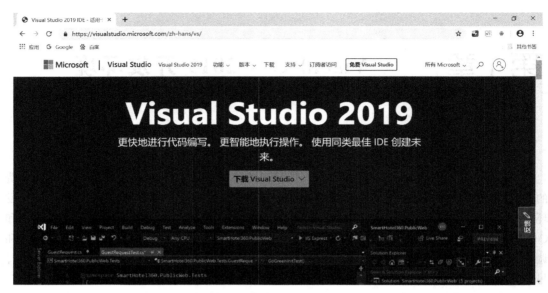

图 1.1   Visual Studio 2019 安装程序的下载

Visual Studio IDE 的功能组件,如图 1.2 所示。

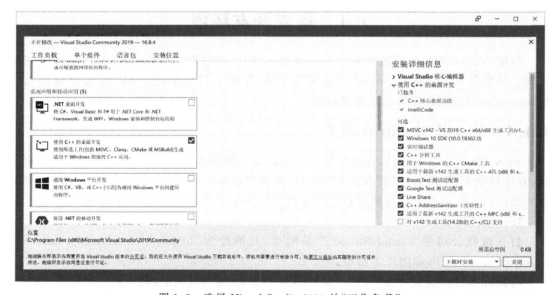

图 1.2   选择 Visual Studio 2019 的"工作负载"

这里选择"使用 C++的桌面开发",该工作负载用于构建经典的 Windows 应用程序,尤其适合使用 Visual C++、Active Template Library(ATL)或 Microsoft Foundation Class (MFC)进行的 Windows 应用程序的开发。

本书主要讲授基于 MFC 的 Visual C++应用程序的开发,请大家在加载上述工作负载的时候务必勾选图 1.2 右侧"可选"项目下的"适用于最新 v142 生成工具的 C++ MFC..."选项。

1.1.2 Visual Studio 的工作界面

双击 Visual Studio 2019 快捷启动图标，或者单击 Windows 菜单中的 Visual Studio 2019 子菜单，即可启动 Visual Studio 2019 IDE 的"开始"界面，如图 1.3 所示。

图 1.3　Visual Studio 2019 IDE 的"开始"界面

从图 1.3 中可以看出，该界面分为左、右两个部分，左侧部分为"打开最近使用的内容"列表，可以直接单击其中的列表项打开相应内容；右侧部分是可以选择的功能，包括"克隆存储库""打开项目或解决方案""打开本地文件夹""创建新项目"以及"继续但无需代码"5个选项。

单击"继续但无需代码"选项，打开 Visual Studio 2019 集成开发环境的工作界面，如图 1.4 所示。

这是一个典型的 Windows 应用程序布局，菜单和工具栏位于其顶部，一系列子窗口或窗格显示在主窗口区域的左侧、右侧和底部。工作界面的中间部分是主编辑区域，打开的所有文件都会在这个区域中显示以供编辑。每打开一个文件都会创建一个新的选项卡，以便在这些打开的文件之间进行切换。

图 1.4 显示的是 Visual Studio 2019 集成开发环境的默认窗口布局，可以通过"工具"｜"选项"菜单命令打开"选项"对话框，对其工作界面进行个性化设置，如图 1.5 所示。

也可以通过拖曳的方式对环境中的窗口进行重新布局，如图 1.6 所示。

Visual Studio 2019 集成开发环境的工作界面与其他一些常用的 IDE（如 Eclipse 等）非常相似，大家只要多操作就能熟练掌握其使用方法，这里不再赘述。

4

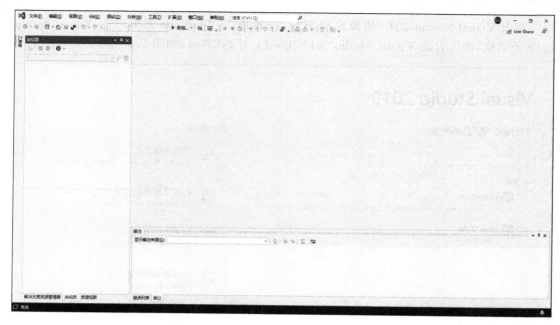

图 1.4　Visual Studio 2019 IDE 的工作界面

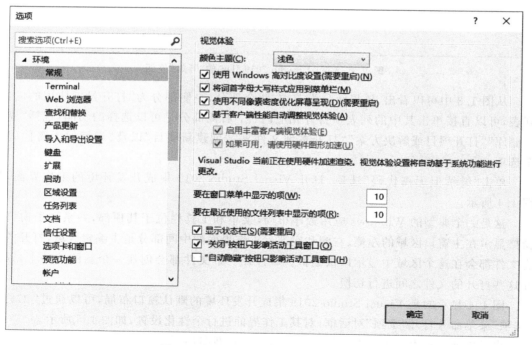

图 1.5　Visual Studio 2019 IDE 的设置

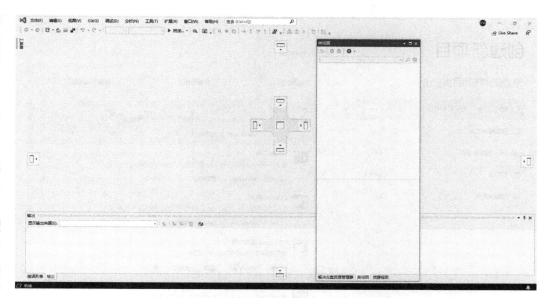

图 1.6　Visual Studio 2019 IDE 中的窗口重置

1.2　项目模板与类向导

项目模板的作用是帮助用户一步一步生成新的应用程序,并且自动生成应用程序所需的基本代码或资源。它是 Visual C++ 提供的一个实用的编程工具,用它产生 C++ 源代码框架。将它与类向导一起配合使用,可大大节省用于开发应用程序的时间和精力,这是 Visual C++ 的重要特色之一。

1.2.1　项目模板

在 Visual C++ 中,开发 Windows 应用程序有很多方法,最简单、最方便的方法是使用 C++ 应用程序的项目模板。在可视化开发环境下,生成一个应用程序要做的工作主要包括编写源代码、添加资源和设置编译方式。利用项目模板所提供的应用程序向导可以快速创建各种风格的应用程序框架,并可自动生成程序通用的源代码,这样大大减少了手工编写代码的工作量,使程序员能把精力放在具体应用代码的编写上。

启动 Visual Studio IDE,在如图 1.3 所示的"开始"界面中选择"创建新项目"选项,打开"创建新项目"窗口,如图 1.7 所示。

图中展示了编者安装的 Visual Studio 2019 IDE 中的所有项目模板,其中常用的 C++ 项目模板有空项目、控制台应用、Windows 桌面应用程序和 MFC 应用等。

1. 空项目

该项目模板创建一个基于 C++ 语言的空项目,其"配置新项目"及"添加新项"窗口如图 1.8 和图 1.9 所示。

通过"空项目"项目模板创建 C++ 项目需要手工添加代码文件,例如 C++ 类的头文件、源文件和资源文件等。

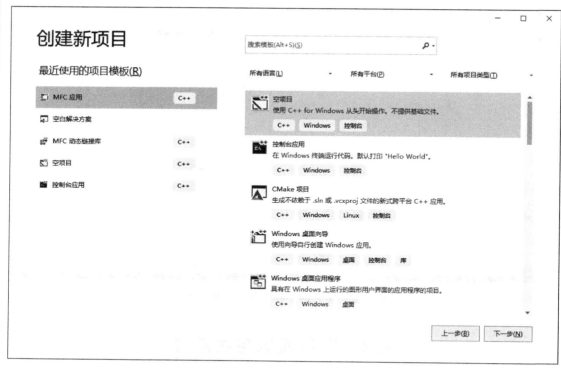

图 1.7　Visual Studio 2019 IDE 中的项目模板

图 1.8　"配置新项目"窗口

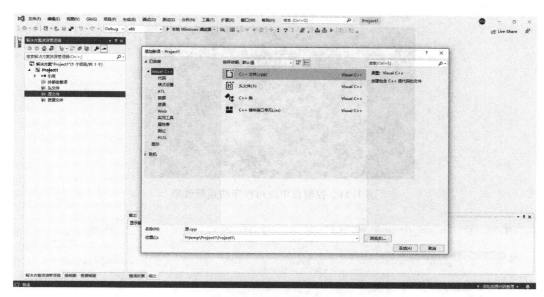

图 1.9 "添加新项"窗口

2. 控制台应用

该项目模板创建一个 C++的控制台应用程序框架,如图 1.10 所示。

图 1.10 C++控制台应用程序框架

使用"控制台应用"项目模板创建的 C++项目框架通过编译、链接后,会在 Windows 控制台窗口中输出"Hello World!"字符串,如图 1.11 所示。

3. Windows 桌面应用程序

该项目模板创建一个 C++的窗口应用程序框架,如图 1.12 所示。

Visual C++ 2019 开发环境

图 1.11　控制台中应用程序的运行效果

图 1.12　C++窗口应用程序框架

使用"Windows 桌面应用程序"项目模板创建的 C++项目框架通过编译、链接后,会生成一个标准的 Windows 窗口应用程序,其运行效果如图 1.13 所示。

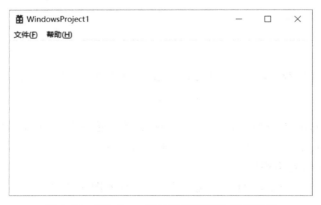

图 1.13　Windows 窗口应用程序的运行效果

4. MFC 应用

该项目模板创建一个 C++的 MFC 应用程序框架,如图 1.14 所示。

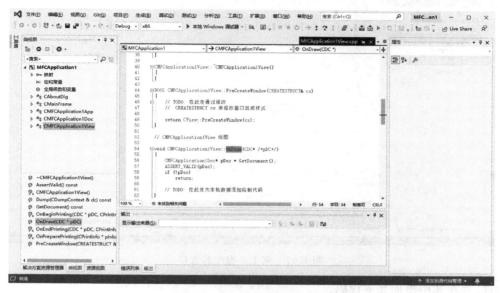

图 1.14　MFC 应用程序框架

使用"MFC 应用"项目模板能够创建单文档、多文档和基于对话框 3 种类型的 MFC 应用程序框架。图 1.15 是使用该项目模板生成的 MFC 单文档应用程序的运行效果。

本书主要介绍 Visual C++的 MFC 应用程序设计方法,所以后续主要使用该模板生成 Visual C++程序框架,并在此基础上添加代码,从而实现项目的特定功能。

【例 1.1】　编写一个简单的 Visual C++窗口应用程序,运行该程序,在其窗口中输出 "hello,world!"字符串,如图 1.16 所示。

视频讲解

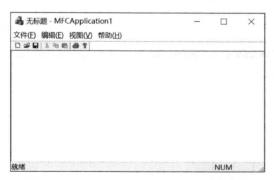

图 1.15　MFC 单文档应用程序的运行效果

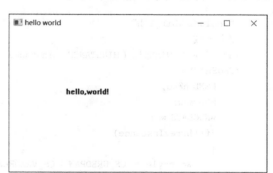

图 1.16　Windows 实例程序的运行效果

其操作步骤如下:

(1) 启动 Visual Studio 2019 IDE,在如图 1.3 所示的"开始"界面中选择"创建新项目"选项,然后选择"空项目"项目模板,创建一个名为 Li1_1 的 C++空项目,如图 1.17 所示。

(2) 右击"解决方案资源管理器"窗口中项目 Li1_1 的"头文件"选项,在弹出的快捷菜单中选择"添加"|"新建"菜单命令,打开"添加新项-Li1_1"窗口,添加一个名为 Li1_1.h 的

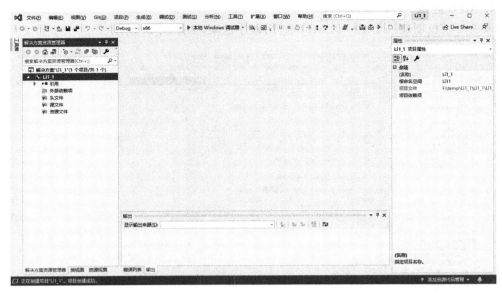

图 1.17　例 1.1 程序的窗口

头文件,并在其中添加如下代码。

```
# include < Windows.h >
//函数原型声明
LRESULT WINAPI WndProc(HWND, UINT, WPARAM, LPARAM);
int WINAPI WinMain(HINSTANCE, HINSTANCE, LPSTR, int);
```

（3）右击"解决方案资源管理器"窗口中项目 Li1_1 的"源文件"选项,在弹出的快捷菜单中选择"添加"|"新建项"菜单命令,打开"添加新项-Li1_1"窗口,添加一个名为 Li1_1.cpp 的源文件,并在其中添加如下代码。

```
# include "Li1_1.h"
//主函数
int WINAPI WinMain ( HINSTANCE hInstance, HINSTANCE hPrevInstance, LPSTR lpCmdLine, int
nCmdShow) {
    HWND hWnd;
    MSG msg;
    WNDCLASS wc;
    if(!hPrevInstance)
    {
        wc.style = CS_HREDRAW | CS_VREDRAW;
        wc.lpfnWndProc = WndProc;
        wc.cbClsExtra = 0;
        wc.cbWndExtra = 0;
        wc.hInstance = hInstance;
        wc.hIcon = LoadIcon(NULL, IDI_APPLICATION);
        wc.hCursor = LoadCursor(NULL, IDC_ARROW);
        wc.hbrBackground = (HBRUSH)GetStockObject(WHITE_BRUSH);
        wc.lpszMenuName = NULL;
        wc.lpszClassName = L"HELLO WORLD";
```

```
        RegisterClass(&wc);
    }
    hWnd = CreateWindow(
        L"HELLO WORLD",
        L"hello world",
        WS_OVERLAPPEDWINDOW,
        CW_USEDEFAULT,
        CW_USEDEFAULT,
        CW_USEDEFAULT,
        CW_USEDEFAULT,
        NULL,
        NULL,
        hInstance,
        NULL
    );
    ShowWindow(hWnd, SW_SHOW);
    UpdateWindow(hWnd);
    while(GetMessage(&msg, NULL, 0, 0))
    {
        TranslateMessage(&msg);
        DispatchMessage(&msg);
    }
    return msg.wParam;
}
//窗口函数
LRESULT WINAPI WndProc(HWND hWnd, UINT msg, WPARAM wParam, LPARAM lParam) {
    HDC hDC;
    switch(msg)
    {
    case WM_PAINT:
        hDC = GetDC(hWnd);
        TextOut(hDC, 100, 100, L"hello,world!", sizeof("hello,world!") - 1);
        break;
    case WM_DESTROY:
        PostQuitMessage(0);
        break;
    default:
        break;
    }
    return DefWindowProc(hWnd, msg, wParam, lParam);
}
```

（4）对项目 Li1_1 进行相关设置。

本项目为 C++ 的窗口应用程序，需要对项目的系统属性进行相应设置。选择"项目"|"属性"菜单命令，打开项目的属性窗口，将"链接器"|"系统"下项目属性"子系统"的值设置为"窗口"，如图 1.18 所示。

（5）选择"生成"|"生成 Li1_1"菜单命令，编译、链接项目，生成可执行文件 Li1_1.exe，如图 1.19 所示。

11

第1章

Visual C++ 2019 开发环境

12

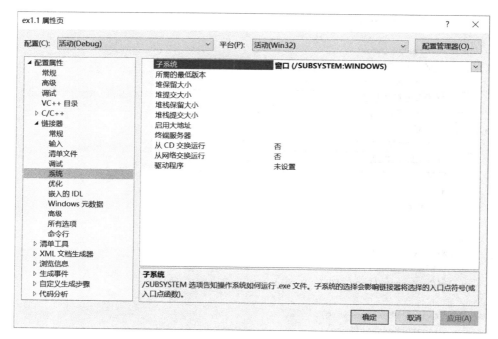

图 1.18　项目属性的设置

图 1.19　生成项目

（6）项目生成成功后，选择"调试"|"开始执行（不调试）"菜单命令，启动项目 Li1_1，运行效果如图 1.16 所示。

1.2.2　类向导

利用 C++ 的项目模板生成的只是应用程序的框架，虽然可以正常地编译、运行程序，但不包含任何实质性的工作。如果要实现特定的功能，用户需要在相应的框架中添加自己的处理代码。使用 Visual Studio IDE 的"类向导"工具可以非常快捷地完成程序设计过程中的一系列工作，例如为程序框架建立新类、进行消息映射、增加类的成员变量，以及修改已存在的成员函数和成员变量等。

启动"类向导"工具的方法有以下 3 种。

（1）选择"项目"菜单下的"类向导"菜单命令。

（2）直接按 Ctrl+Shift+X 键。

（3）右击"解决方案视图"中的项目名称，在弹出的快捷菜单中选择"类向导"菜单命令。

执行以上操作后就会弹出 IDE 的"类向导"工具，如图 1.20 所示。

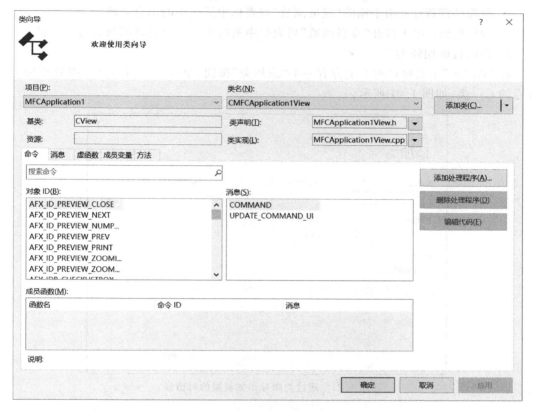

图 1.20 "类向导"工具

1. 管理消息映射

在 Visual Studio IDE 中通过"类向导"工具来管理消息映射,用户只需编写处理消息的函数,并在用户的类中增加一个消息映射即可。该工具窗口中的"命令"和"消息"选项卡用于管理消息和成员函数之间的连接,通过其中的"添加处理程序""删除处理程序"和"编辑代码"按钮,用户可以添加消息处理函数、删除成员函数以及对成员函数进行编辑等操作。

图 1.20 所示窗口中部分选项的功能如下。

- 项目:指出当前项目的名称。
- 类名:显示当前的类名,要将消息处理函数映射为哪个类的成员函数,就在这里选择相应的类。
- 对象 ID:表示当前所选中对象的 ID,包括能产生消息的菜单项、对话框控件。所有可接收消息的对象的 ID 都被列了出来。
- 消息:在"对象 ID"列表框中单击,选择其中的一个 ID,在"消息"列表框中就会显示与之关联的消息列表。粗体字的消息表示该消息的消息处理函数已经存在。
- 成员函数:列出当前类中已包含的命令消息处理函数。
- 添加类:用于向项目中添加一个新类。
- 添加处理程序:用于向"成员函数"列表框中加入一个新的消息处理函数,新增的成员函数用来响应"消息"列表框中当前所选中的消息。

- 删除处理程序：用于删除"成员函数"列表框中所选中的消息处理函数。
- 编辑代码：用于打开"成员函数"列表框中所选中的消息处理函数并进行编辑。

2. 为项目添加新类

在"类向导"工具窗口的右上方有一个"添加类"按钮,单击该按钮可以为项目添加一个普通的 C++类,如图 1.21 所示。

图 1.21　通过类向导添加新类的对话框

单击"添加类"按钮旁边的小黑三角符号,可以展开"MFC 类"菜单命令,使用该菜单命令可以为项目添加一个基于 MFC 的新类,如图 1.22 所示。

图 1.22　通过类向导添加 MFC 新类的对话框

在"类名"文本框中输入新类的类名,在"基类"下拉列表框中选择一个 MFC 类作为新类的基类,该下拉列表框列出了常用的 MFC 类。对于基于对话框的类,需要在"对话框 ID"

文本框中输入一个与新类相关联的对话框资源的 ID。新类的头文件及源文件名称通过窗口中的".h 文件"和".cpp 文件"文本框输入。"包括自动化支持"复选框用于选择是否使用基类的自动化服务。

1.3　项目与解决方案

从例 1.1 可以看出，在 Visual Studio IDE 中编写应用程序首先需要创建一个项目，在创建项目时 IDE 会同步创建一个与项目同名的解决方案。

1.3.1　解决方案

除了像 Hello World 等一些简单的应用程序外，大多数应用程序都需要多个源文件，在 Visual Studio 2019 IDE 中通过"解决方案"对应用程序进行全面管理。

所谓解决方案，其实就是一个相关项目的容器。解决方案中的项目不需要使用相同的语言或具备相同的项目类型。例如，一个解决方案可以包含用 Visual C++编写的应用程序、F♯库和一个 C♯WPF 应用程序。使用解决方案可以在 IDE 中同时打开所有项目，管理它们的生成和部署配置。

1. 解决方案的结构

在 Visual Studio IDE 中，最常见的应用程序组织方式是一个解决方案包含多个项目。每个项目都由一系列代码文件和文件夹组成。处理解决方案和项目的主窗口为"解决方案资源管理器"窗口，也称为"解决方案视图"，如图 1.23 所示。

该图中展示了一个名为 vcproject 的解决方案，其中包含 demo1、demo2 和 demo3 共 3 个项目，每个项目又包含了多个不同类型的文件，这些文件被组织在不同名称的文件夹中。

需要注意的是，解决方案视图中的文件夹大部分都不具有应用程序的含义，它们只是为了组织结构清晰而进行的临时分类。例如，图中的"源文件"在文件系统中并没有与之对应的物理文件夹，如图 1.24 所示。

对于每一个解决方案，Visual Studio IDE 都为其创建两个文件，扩展名分别为.suo 和.sln。第一个文件是难以编辑的二进制文件，它包含了与用户相关的信息，例如解决方案在上一次关闭时打开的文件、断点位置等，该文件为隐藏文件；第二个文件被称为解决方案文件，它包含了与解决方案相关的信息，例如项目列表、生成配置和其他的项目相关设置等。

2. 解决方案的属性

如果要打开解决方案的属性窗口，可以在"解决方案视图"中右击"解决方案"节点并选择"属性"菜单命令，该窗口中包含"通用属性"和"配置属性"两个节点，如图 1.25 所示。

图 1.23　"解决方案资源管理器"窗口

15

第 1 章

Visual C++ 2019 开发环境

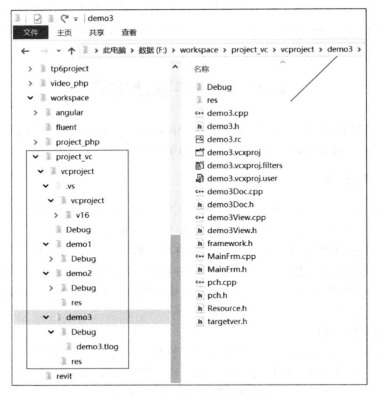

图 1.24 解决方案的目录结构

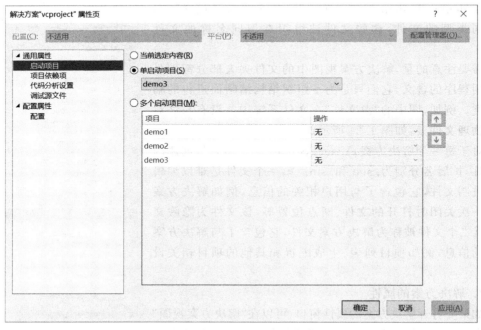

图 1.25 解决方案的属性窗口

1）通用属性

解决方案的通用属性包括"启动项目""项目依赖项""代码分析设置"和"调试源文件"4个属性，其中"代码分析设置"属性仅在 Visual Studio 企业版中可用，它允许选择每个项目运行的静态代码分析规则集。

选择图 1.25 中的"启动项目"属性，可以看到 3 个为应用程序定义启动项目的单选按钮。其中，选中"当前选定内容"单选按钮表示启动"解决方案视图"中当前选中的项目；选中"单启动项目"单选按钮表示启动"解决方案视图"中的某个项目，该单选按钮能够确保每次启动的都是同一个项目；选中"多个启动项目"单选按钮表示按照特定的顺序启动"解决方案视图"中的多个项目，如果一个解决方案包含客户端/服务器应用程序，并且希望同时运行它们，就可以选中该单选按钮。

解决方案的"项目依赖项"属性用于指定某个项目依赖的其他项目。在大多数情况下，在为给定的项目添加或删除项目引用时 Visual Studio 都会自动进行管理。尽管如此，有时仍需要在项目之间创建依赖关系，从而确保它们按照正确的顺序生成。

解决方案的"调试源文件"属性可以提供一个目录列表，在调试时 Visual Studio 会在这些目录中搜索源文件。Visual Studio IDE 会在显示"搜索源文件"对话框之前搜索该默认列表。这里也可以列出 Visual Studio 不应该定位的源文件。

2）配置属性

在如图 1.25 所示的窗口中选择"配置属性"选项，即可打开解决方案的配置窗口，如图 1.26 所示。

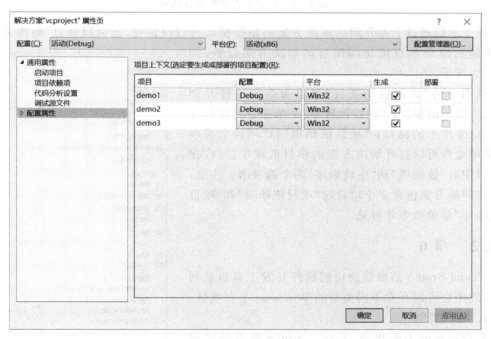

图 1.26　解决方案的配置窗口

与图 1.25 相比较，图 1.26 中的"配置"和"平台"两个下拉菜单均变为可用状态，因此可以通过它们对解决方案进行配置。

"配置"下拉菜单中包含了所有可用的解决方案配置,即 Debug、Release、"活动(Debug)"和"所有配置";"平台"下拉菜单中包含了所有可用平台,即 x86、x64、"活动(x86)"和"所有平台"。在这些下拉菜单出现并可用时,可以在该页面上为每个配置或每个平台指定设置。用户也可以通过单击图 1.26 所示窗口中的"配置管理器…"按钮,打开"配置管理器"对话框,添加其他的解决方案配置或平台,如图 1.27 所示。

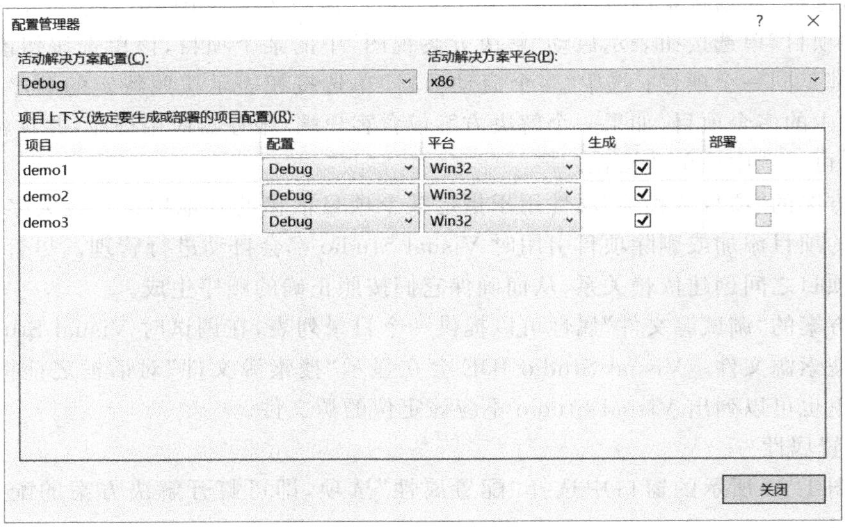

图 1.27　解决方案的配置管理器

除了可以通过上面介绍的解决方案的属性窗口进行设置外,还可以通过"解决方案视图"中的右键菜单直接访问所有的解决方案设置,如图 1.28 所示。

该图中的"设置启动项目"菜单命令可以打开如图 1.25 所示的窗口;"配置管理器"菜单命令可以打开如图 1.26 所示的窗口;"项目依赖项"和"项目生成顺序"菜单命令可以打开解决方案的项目依赖项窗口,在该窗口中有"依赖项"和"生成顺序"两个选项卡。注意,只有在解决方案包含多个项目时"项目依赖项"和"项目生成顺序"菜单命令才可见。

1.3.2　项 目

Visual Studio 是微软公司的软件开发工具包系列产品,使用它可以开发不同类型的 Windows 平台项目。

1. 项目类型

随着版本的不断更新,Visual Studio 所支持的项目类型也在不断地发生变化。在 Visual Studio 2019 中,常见的项目类型如图 1.29 所示。

在 Visual Studio 2019 IDE 的"创建新项目"窗口中

图 1.28　"解决方案视图"的右键菜单

选中一个项目模板，就可以创建该项目类型的新项目，如图 1.7 所示。

2. 项目文件

使用 Visual Studio IDE 的项目模板创建新项目都会生成一个项目文件，该文件是遵循 MSBuild 模式的 XML 文档，其扩展名为 .vcxproj、.vbproj 或 .csproj 等，与项目类型相关联。项目文件存储了该项目的所有信息，包括项目文件、生成和配置设置等。

除项目文件外，在某些情况下 IDE 还会创建一些用户特定的项目文件。例如，对于一个 Visual C++ 项目，IDE 会创建一个扩展名为 .vcxproj.user 的文件，用于存储一些用户参数信息，如启动和调试选项等。

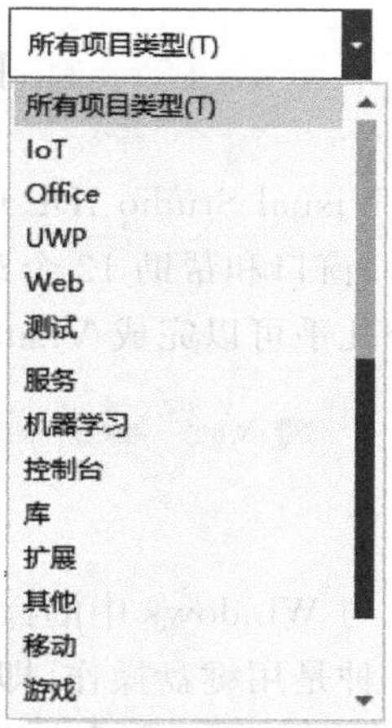

3. 项目属性

在 Visual Studio IDE 的"解决方案资源管理器"窗口中选择项目文件夹，然后选择"项目"|"属性"菜单命令，或者直接右击"解决方案资源管理器"窗口中的项目名称，然后在弹出的快捷菜单中选择"属性"菜单命令，均可以打开项目的属性窗口，如图 1.30 所示。

图 1.29　Visual Studio 2019 中的项目类型

图 1.30　项目的属性窗口

注意：项目属性窗口中的内容与项目的类型相关联，这里展示的是 Visual C++ 项目的属性内容。

Visual C++ 2019 开发环境

1.4　集成开发环境的菜单栏

Visual Studio IDE 中的菜单栏由文件、编辑、视图、项目、生成、调试、测试、分析、工具、扩展、窗口和帮助 12 个菜单组成，如图 1.31 所示。每个菜单又由多个菜单命令组成。菜单命令几乎可以完成 Visual Studio IDE 的所有功能。

文件(F)　编辑(E)　视图(V)　Git(G)　项目(P)　生成(B)　调试(D)　测试(S)　分析(N)　工具(T)　扩展(X)　窗口(W)　帮助(H)

图 1.31　Visual Studio IDE 的菜单栏

与 Windows 中的操作相似，菜单命令可以通过两种方法来执行：一种是用鼠标选择；另一种是用键盘操作，即通过相应的快捷键来选择。选中某个菜单后会弹出相应的下拉式子菜单，在下拉式子菜单中有些菜单命令的右边对应着相应的快捷键。

除了主菜单以外，右击 Visual Studio IDE 窗口中的不同地方，还可弹出相应的快捷菜单。另外，在 Visual Studio IDE 中用户可以选择自定义方式开发自己需要的菜单组合，并加上不同的功能。

1.4.1　"文件"菜单

"文件"菜单中主要包括一些与文件有关的菜单命令，其中的主要菜单命令、快捷键及其功能如表 1.1 所示。

表 1.1　"文件"菜单中的主要菜单命令、快捷键及其功能

菜 单 命 令	快 捷 键	功 能 说 明
新建	Ctrl+N	创建一个新的文件或者项目
打开	Ctrl+O	打开一个已存在的文件
关闭		关闭当前打开的文件
启动窗口		打开 IDE 的"开始"界面
添加		添加新建项目或现有项目到当前解决方案
关闭解决方案		关闭当前解决方案
保存	Ctrl+S	保存当前文件
另存为		以新文件名保存当前文件
全部保存	Ctrl+Shift+S	保存打开的所有文件
打开	Ctrl+P	打印文件的全部或选定部分
最近使用过的文件		最近的文件列表
最近使用的项目和解决方案		最近的工作区列表
退出	Alt+F4	退出 IDE

1.4.2　"编辑"菜单

"编辑"菜单中主要包括一些与文件编辑有关的菜单命令，它的作用在于为用户提供了一种编辑当前打开文件的手段。"编辑"菜单中的主要菜单命令、快捷键及其功能如表 1.2 所示。

表 1.2 "编辑"菜单中的主要菜单命令、快捷键及其功能

菜 单 命 令	快 捷 键	功 能 说 明
撤销	Ctrl+Z	撤销上一次的编辑操作
重做	Ctrl+Y	恢复被撤销的编辑操作
剪切	Ctrl+X	剪切选定的内容,并移到剪贴板中
复制	Ctrl+C	将被选定的内容复制到剪贴板中
粘贴	Ctrl+V	将剪贴板中的内容粘贴到当前位置
删除	Del	删除选定的文本或者光标后面的字符
全选	Ctrl+A	一次性选定窗口中的全部内容
查找和替换		查找或替换指定的字符串
大纲显示		设置代码块的折叠或展开
IntelliSense		智能提示
转到		将光标转移到指定的位置
书签		给文本文件加标签
高级		设置文档格式、添加注释等

1.4.3 "视图"菜单

"视图"菜单中的菜单命令主要用于改变窗口的显示方式和激活指定的窗口。它的作用在于让用户设置窗口的显示方式,并提供观察调试的窗口。"视图"菜单中的主要菜单命令、快捷键及其功能如表 1.3 所示。

表 1.3 "视图"菜单中的主要菜单命令、快捷键及其功能

菜 单 命 令	快 捷 键	功 能 说 明
解决方案资源管理器	Ctrl+Alt+L	显示"解决方案资源管理器"窗口
类视图	Ctrl+Shift+C	显示类视图
工具箱	Ctrl+Alt+X	显示工具箱
全屏幕	Shift+Alt+Enter	在窗口的全屏方式和正常方式之间切换
其他窗口		显示"命令"窗口、"资源视图"窗口等
输出	Ctrl+Alt+O	显示"输出"窗口
错误列表		显示当前项目的错误信息
属性窗口	F4	编辑当前被选定对象的属性

1.4.4 "项目"菜单

"项目"菜单中主要包括一些与项目管理有关的菜单命令。"项目"菜单中的主要菜单命令、快捷键及其功能如表 1.4 所示。

表 1.4 "项目"菜单中的主要菜单命令、快捷键及其功能

菜 单 命 令	快 捷 键	功 能 说 明
添加新项	Ctrl+Shift+A	在项目中增加新文件、文件夹、数据库链接等
添加现有项	Shift+Alt+A	在项目中增加已经存在的文件
类向导	Ctrl+Shift+X	对项目中的类进行维护

续表

菜单命令	快捷键	功能说明
添加类		创建新类并加入项目中
添加资源	Ctrl+R	创建各种资源并加入项目中
卸载项目		将选定的项目从解决方案中卸载
设为启动项		将当前项目设定为启动项
属性		打开项目的属性设置窗口

1.4.5 "生成"菜单

"生成"菜单中主要包括一些与建立可执行程序有关的菜单命令,可以提供对解决方案和当前项目的编译、链接等功能。"生成"菜单中的主要菜单命令、快捷键及其功能如表 1.5 所示。

表 1.5 "生成"菜单中的主要菜单命令、快捷键及其功能

菜单命令	快捷键	功能说明
生成解决方案	Ctrl+Shift+B	编译、链接解决方案中的所有项目,生成可执行文件
重新生成解决方案		重新生成解决方案中的所有项目
清理解决方案		删除解决方案生成过程中产生的文件
生成	Ctrl+B	编译、链接当前项目,生成可执行文件
重新生成		重新生成当前项目
清理		删除当前项目生成过程中产生的文件
仅用于项目		仅对项目进行生成、重新生成、清理、链接等操作
配置管理器		编辑项目的配置

1.4.6 "调试"菜单

"调试"菜单中主要包括一些用于程序调试的菜单命令,可以提供断点设置、逐句调试、直接运行等功能。"调试"菜单中的主要菜单命令、快捷键及其功能如表 1.6 所示。

表 1.6 "调试"菜单中的主要菜单命令、快捷键及其功能

菜单命令	快捷键	功能说明
窗口		显示调试用的窗口,例如"输出"窗口、"断点"窗口等
开始调试	F5	启动程序调试
开始执行(不调试)	Ctrl+F5	直接生成并运行程序,不启动程序调试
逐语句	F11	在调试过程中显示每一条语句的执行结果
逐过程		在调试过程中不显示函数内部语句的执行结果
新建断点		为程序调试设置断点
选项		对调试属性进行设置
性能探查器	Alt+F2	对应用程序进行性能分析,例如 CPU 使用率、内存使用率等

1.4.7 "窗口"菜单

"窗口"菜单中主要包括一些与窗口显示有关的菜单命令。"窗口"菜单中的主要菜单命令及其功能如表 1.7 所示。

表 1.7 "窗口"菜单中的主要菜单命令及其功能

菜 单 命 令	功 能 说 明
新建窗口	为当前文档打开一个新的窗口
拆分	分隔窗口
关闭	关闭当前打开的窗口
关闭所有选项卡	关闭所有打开的窗口
保存窗口布局	保存当前窗口布局的信息
管理窗口布局	对保存的窗口布局进行管理,包括重命名、删除、排序等
应用窗口布局	重新使用已保存的窗口布局
重置窗口布局	将窗口布局设置为系统默认

1.4.8 "帮助"菜单

"帮助"菜单中包括了有关 Visual Studio 帮助的菜单命令。"帮助"菜单中的主要菜单命令及其功能如表 1.8 所示。

表 1.8 "帮助"菜单中的主要菜单命令及其功能

菜 单 命 令	功 能 说 明
查看帮助	启动 MSDN,显示所有帮助信息的内容列表
Visual Studio 性能管理器	对 Visual Studio IDE 功能进行管理
检查更新	检查 Visual Studio 功能组件,并进行更新检查
关于 Microsoft Visual Studio	显示版本信息

1.5 集成开发环境的工具栏

虽然菜单可以调用各种菜单命令,但是菜单的操作相对比较烦琐,而快捷键又需要用户记忆,所以有时候显得不够方便。Visual Studio IDE 有一批预先定义好的工具栏,只要用户单击其中的相应按钮就能访问经常使用的菜单命令。

VisualStudio IDE 的工具栏以停靠窗口的形式出现,工具栏的位置可以通过鼠标拖曳的方法来改变,并可以根据需要在显示与隐藏之间进行切换。一般的方法是选择"工具"|"自定义"菜单命令,打开"自定义"对话框,根据需要在列表框中选择要放到工具栏上的按钮,如图 1.32 所示。用户也可以在菜单栏或工具栏的空白处右击,然后在弹出的快捷菜单中选择要显示或隐藏的工具,如图 1.33 所示。

如果要恢复工具栏或菜单栏到系统的默认状态,在"自定义"对话框中单击"命令"选项卡中的"全部重置"按钮即可。

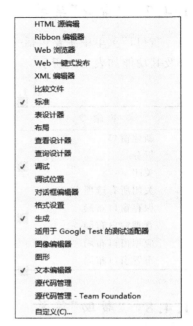

图 1.32　在"自定义"对话框中设置　　　　图 1.33　在弹出的快捷菜单中
　　　　工具栏上的按钮　　　　　　　　　　　　设置工具栏

1.5.1　标准工具栏

标准工具栏中包括一些与文件和编辑有关的常用按钮,每个按钮的功能与文件、编辑和调试等菜单中的某个菜单命令对应。图 1.34 给出了标准工具栏的一般形式。

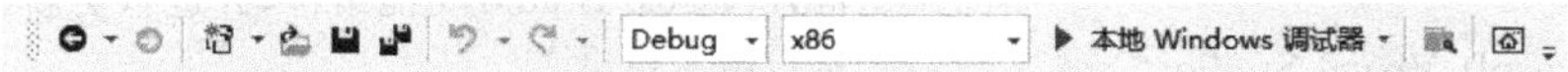

图 1.34　标准工具栏

1.5.2　生成工具栏

生成工具栏中主要包括项目的编译、链接等按钮,每个按钮的功能与项目菜单中的某个菜单命令对应。图 1.35 给出了生成工具栏的一般形式。图中最后一个按钮是编者自定义的,它对应"调试"|"开始执行(不调试)"菜单命令。

图 1.35　生成工具栏

1.5.3　导航条工具栏

通过导航条工具栏可以对"类视图"窗口中的命令进行快速访问,使类和成员函数的操作更加方便。导航条工具栏会自动跟踪用户程序的上下文,它的一般形式如图 1.36 所示。

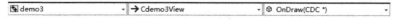

图 1.36　导航条工具栏

1.6 资源与资源编辑器

程序代码由操作码和数据组成,除了一般数据之外,一个 Windows 应用程序还大量使用了被称为资源的数据。Windows 资源用于创建程序的框架界面,包括快捷键(Accelerator)、位图(Bitmap)、光标(Cursor)、对话框(Dialog)、图标(Icon)、菜单(Menu)、串表(String Table)、工具栏(Toolbar)和版本信息(Version)等,为此 Windows 资源提供了各种类型的资源编辑器。

1.6.1 资源和资源符号

资源作为一种界面元素,可以从中获取信息并在其中执行某些操作。Visual C++在内部使用资源符号来标识资源。每当创建一个新的资源或资源对象时,系统就会为其提供一个默认的资源符号名称并赋予一个整数值,该定义被保存在 resource.h 文件中。

在同一个项目中,资源符号不能重复。资源符号的名称通常用带有描述性的前缀来表示,表 1.9 列出了 Visual C++中所提供的一些常用的资源符号前缀。

表 1.9 常用的资源符号前缀

资源符号前缀	代表的资源	资源符号前缀	代表的资源
IDR_	快捷键或菜单及相关资源	IDM_	菜单项
IDD_	对话框资源	ID_	命令项
IDC_	光标资源	IDC_	控件
IDI_	图标资源	IDS_	字符串表中的字符串
IDB_	位图资源	IDP_	消息框中使用的字符串

1.6.2 资源编辑器

在 Windows 环境下,资源是独立于程序源代码的,根据不同资源的特点,Visual C++提供了不同的可视化资源编辑器。在创建或打开资源时,系统将自动打开相应的编辑器。

1. 创建资源

用户可以通过选择"项目"|"添加资源"菜单命令,打开"添加资源"对话框,如图 1.37 所示。首先在对话框的左侧选择资源类型,然后根据具体情况单击右侧的不同按钮。若资源需要临时创建,则单击"新建"按钮,在打开的相应资源编辑器中创建资源;若资源文件已经存在,则单击"导入"按钮即可。

2. 编辑资源

用户可以通过"解决方案视图"中的"资源视图"窗口来查看资源。在该窗口中双击要查看的资源,即可打开相应的资源编辑器。使用资源编辑器可以查看资源,使用资源模板,导入、导出资源,以及查看、设置资源的属性。

下面主要介绍图形、串表及版本编辑器,其他编辑器将在以后的具体应用中进行介绍。

1)图形编辑器

图形编辑器主要用于绘制位图、图标、光标和工具栏。双击"资源视图"窗口中的 Icon

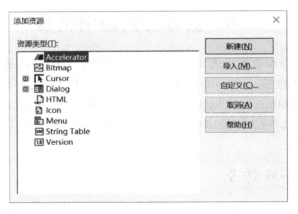

图 1.37 "添加资源"对话框

图标资源或 Bitmap 位图资源,都可以打开图形编辑器,如图 1.38 所示。

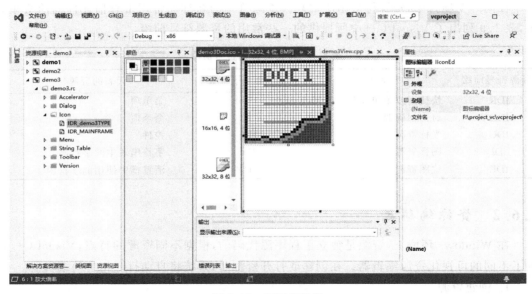

图 1.38 图形编辑器

图 1.38 为双击图标资源后打开的图形编辑器,从图中可以看出,图标有 16×16 像素、32×32 像素等多种规格。其中,16×16 像素图标显示在程序的控制菜单中和 Windows 任务栏上,32×32 像素图标显示在资源管理器和"关于"对话框中。图形编辑器的左侧是以实际大小显示的待编辑图标,右侧是放大的图形,用于图标的编辑。如果要修改应用程序的图标,几种规格的图标应同时进行修改。

2) 串表编辑器

在运行一个 Windows 应用程序后,当鼠标指向菜单命令或工具栏中的按钮时,在底部状态栏中将显示所指项的有关提示信息,串表就是这样一种资源字符串。使用串表编辑器可以对串表进行增加、删除及编辑等操作,如图 1.39 所示。

注意:不能创建一个没有提示信息字符的串表。

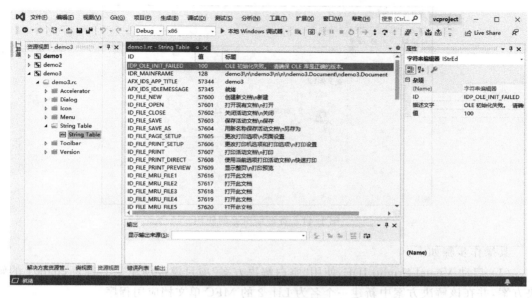

图 1.39　串表编辑器

3）版本编辑器

版本信息包括公司和产品的信息、语言、序列号、产品的操作系统、版权号和商标的声明。版本编辑器用于编辑上述信息，如图 1.40 所示。每个应用程序都有一个版本信息资源，版本信息可帮助用户判断当前所使用系统的版本号，以避免用旧版本替换新版本。

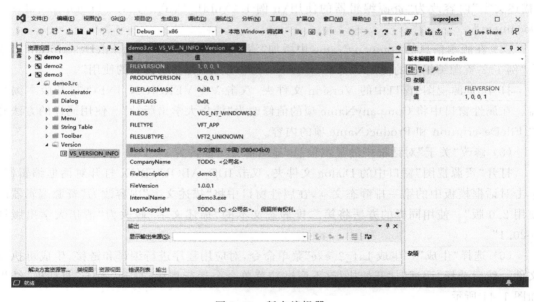

图 1.40　版本编辑器

【例 1.2】　使用"MFC 应用"项目模板创建一个单文档应用程序 Li1_2，使用资源编辑器编辑其图标、串表和版本信息。程序的运行结果如图 1.41 所示。

Visual C++ 2019 开发环境

图 1.41 资源编辑器的使用

其操作步骤如下：

（1）启动 Visual Studio IDE，使用"空白解决方案"项目模板创建一个名为 chap01 的解决方案，并在该解决方案中新建一个名为 Li1_2 的 MFC 单文档应用程序。

（2）将应用程序的图标修改为 。

展开"资源视图"窗口中的 Icon 文件夹，双击其中的图标资源 IDR_MAINFRAME 打开图形编辑器。用其他图像处理软件编辑新的图标文件后，并将其复制粘贴过来。

（3）将程序运行时的标题栏信息改为"例 1.2-资源编辑器的使用"。打开"资源视图"窗口中的 String Table 文件夹，双击 IDR_MAINFRAME 打开串表编辑器，在其属性窗口中将"描述文字"内容改为"资源编辑器的使用\n 例 1.2\nLi1_1\n\n\nLi11. Document\nLi1_1 Document"。

（4）在版本信息的 companyName 中添加"清华大学出版社"，并将 FileDescription 修改为"例 1.2-资源编辑器的使用"，将 ProductName 修改为"资源编辑器的使用"。

打开"资源视图"窗口中的 Version 文件夹，双击 VS_VERSION_INFO 打开版本编辑器。在属性窗口中将 CompanyName 项的值修改为"清华大学出版社"。使用同样的方法修改 FileDescription 和 ProductName 项的内容。

（5）修改"关于"对话框中的显示信息，显示部分更改内容。

打开"资源视图"窗口中的 Dialog 文件夹，双击 IDD_ABOUTBOX 打开对话框编辑器。单击对话框模板中的第一排静态文本，在属性窗口中将"描述文字"内容改为"资源编辑器的使用 2.0 版"。使用同样的方法将第二排静态文本的"描述文字"修改为"清华大学出版社 2020.1"。

（6）选择"生成"|"生成 Li1_2.exe"菜单命令，对应用程序进行编译和链接，生成可执行文件。然后选择"调试"|"开始执行（不调试）"菜单命令运行程序，打开"关于"对话框，结果如图 1.41 所示。

（7）显示版本信息。

打开 Windows 资源管理器，在存放项目 Li1_2 的文件夹中找到 Debug 子文件夹。然后打开 Debug 文件夹，右击 Li1_2 应用程序文件，打开文件的属性窗口，如图 1.42 所示。

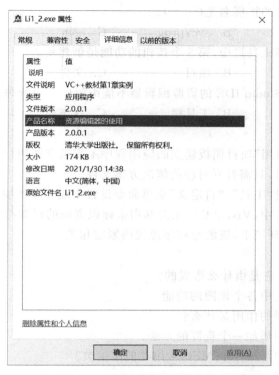

图 1.42　应用程序的版本信息

习　　题

1. 填空题

（1）应用程序项目模板的作用是_____,通过_____向导可以增加消息映射和成员变量。

（2）解决方案视图一般在集成开发环境的左侧,它展示一个项目的几个方面,分别是_____、_____和_____。

（3）用户可以通过解决方案视图中的_____视图来查看资源。

（4）解决方案文件的扩展名为_____。

（5）菜单命令可以通过两种方法来执行：一种是_____；另一种是_____。

（6）调试程序的快捷键是_____,编译链接程序的快捷键是_____,运行程序的快捷键是_____。

（7）"生成"菜单中"解决方案"和"生成 Demo"菜单命令的区别是_____。

（8）快捷键或菜单及相关资源的资源符号的前缀是_____。

2. 选择题

（1）使用项目模板创建 MFC 应用程序,应选择( )项目模板。

    A. 控制台应用   B. MFC 应用

    C. Windows 桌面向导   D. Windows 桌面应用程序

(2) 解决方案文件的扩展名是(　　)。

　　A．.exe　　　　　　B．.vcxprog　　　　　C．.sln　　　　　　　D．.cpp

(3) 在默认的标准工具栏中,第 3 个按钮的功能是创建新的(　　)。

　　A．解决方案　　　　B．项目　　　　　C．文件　　　　　　D．资源

(4) 使用 Visual Studio IDE 的资源编辑器不能编辑(　　)资源。

　　A．菜单　　　　　　B．工具栏　　　　C．状态栏　　　　　D．位图

3. 判断题

(1) 通过"MFC 应用"项目模板建立的应用程序不能被立即执行。　　　　(　　)

(2) 打开一个项目,只需打开对应的解决方案文件。　　　　　　　　(　　)

(3) 用户可以通过"工具"|"自定义"菜单命令设置集成开发环境的工具栏。(　　)

(4) 在同一个项目中,Visual C++在内部用来标识资源的资源符号不能重复。(　　)

(5) 在 Windows 环境下,资源与程序源代码紧密相关。　　　　　　(　　)

4. 简答题

(1) 什么是项目? 它是由什么组成的?

(2) 解释解决方案中各个视图的功能。

(3) 导航条工具栏的作用是什么?

(4) 简述在项目中添加一个资源的方法。

(5) 如何在项目中添加一个 MFC 常用类的派生类?

5. 操作题

编写一个单文档的应用程序,试着修改它的图标、标题和版本信息。

第2章　MFC 应用程序概述

MFC(Microsoft Foundation Class)是由微软公司编写的一套专门用于 Windows 编程的基础类库，它的类可以处理许多标准的 Windows 编程任务。借助 IDE 的项目模板可以创建非常灵活的应用程序框架，使开发者摆脱每次都必写的基本代码。与其他所有的 Windows 应用程序一样，在使用 MFC 的应用程序中也要处理 Windows 消息，但是在 MFC 中消息处理更容易，封装得更好，更易于维护。借助 IDE 的类向导和消息映射，开发者可以摆脱定义消息处理时那种混乱、冗长的代码段，但同时也掩饰了太多细节。

本章通过分析 MFC 应用项目模板和类向导工具所做的工作，介绍 MFC 应用程序框架结构及运行机制。

2.1　Windows 应用程序概述

Windows 应用程序运行于 Windows 操作系统之上，Windows 操作系统是一个多任务操作系统，因此 Windows 应用程序的组成、支持技术、基本运行机制等与 DOS 应用程序有着本质的区别。所有的 Windows 应用程序都是由消息驱动的，消息处理是所有 Windows 应用程序的核心。当单击鼠标或改变窗口的大小时都会给相应的窗口发送消息。每个消息对应于某个特定的事件。

2.1.1　窗口

窗口是用户界面中最重要的部分。它是屏幕上与一个应用程序相对应的矩形区域，是用户与产生该窗口的应用程序之间的可视界面。每当用户开始运行一个应用程序时，应用程序就创建并显示一个窗口；当用户操作窗口中的对象时，程序会做出相应反应。用户通过关闭一个窗口来终止一个程序的运行，通过选择相应的应用程序窗口来选择相应的应用程序。所有的 Windows 应用程序都有着相同的窗口风格，一个典型的 Windows 应用程序窗口如图 2.1 所示。

Windows 应用程序的运行过程即窗口内部、窗口与窗口之间、窗口与系统之间进行数据处理与数据交换的过程。

2.1.2　消息和事件

Windows 是一个基于事件的消息(message)驱动系统，Windows 应用程序是按照"事件→消息→处理"的机制运行的。所谓消息，就是用于描述某个事件发生的信息，而事件是对于 Windows 的某种操作。事件和消息密切相关，事件是因，消息是果，事件产生消息，消息对

32

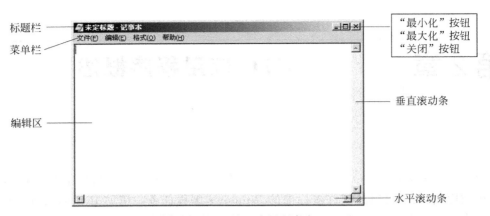

标题栏
菜单栏
"最小化"按钮
"最大化"按钮
"关闭"按钮
垂直滚动条
编辑区
水平滚动条

图 2.1 Windows 应用程序窗口

应事件。所谓消息的处理,其实质就是事件的处理。当有某个事件(如单击鼠标、键盘输入或执行菜单命令等)发生时,Windows 会根据具体的事件产生对应的消息,并发送到指定应用程序的消息队列。应用程序从消息队列中取出消息,并根据不同的消息进行不同的处理。

举一个例子来说明上面的问题。假设要用 Visual Studio IDE 编写一个应用程序,在启动 IDE 后,首先应单击"文件"菜单,这个单击动作将被 Windows 操作系统而不是 IDE 应用程序本身所捕获。Windows 经过分析得知这个动作应该由应用程序 Visual Studio IDE 去处理,于是 Windows 就发送了一个叫作 WM_COMMAND 的消息给 Visual Studio IDE。该消息所包含的信息告诉应用程序:用户单击了"文件"菜单。IDE 应用程序得知这个消息后,便采取相应的动作响应它,即弹出"文件"菜单的下拉菜单,这个过程被称为消息处理。Windows 为每一个应用程序(确切地说是每一个线程)创建了相应的消息队列,应用程序的任务就是不停地从它的消息队列中获取消息、分析消息。但应用程序并不对所有的消息进行处理,只对它感兴趣的消息做出回应,其他消息则由默认的窗口函数处理,直到收到一条叫作 WM_QUIT 的消息为止。这个过程通常是由一种叫作消息循环的程序结构来实现的。图 2.2 给出了一般 Windows 应用程序的执行过程。

2.1.3 简单的 Windows 程序

在第 1 章的例 1.1 中使用手工方法编写了一个简单的 Windows 程序,下面对该程序的代码进行分析。

1. 头文件

在 C/C++程序的主函数之前通常会包含 3 项内容,即必要的头文件、定义的全局变量和声明的外部函数。用 C/C++编写的 Windows 应用程序遵循同样的规则。

下面是示例代码的头文件内容:

```
# include <Windows.h>
LRESULT WINAPI WndProc(HWND, UINT, WPARAM, LPARAM);
int WINAPI WinMain(HINSTANCE, HINSTANCE, LPSTR, int);
```

这里首先包含 Windows.h 头文件,在该文件中定义了 Windows 系统内部使用的各种

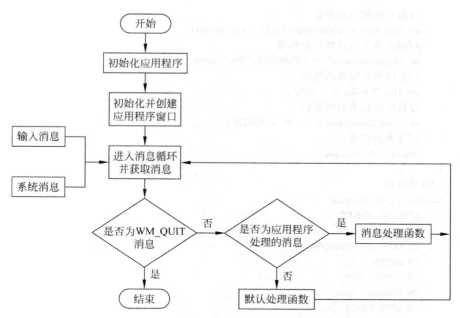

图 2.2　Windows 应用程序的执行过程

数据类型、接口函数和常数标识符等内容。接着声明 WndProc()和 WinMain()函数,前者称为窗口函数;后者称为主函数,相当于 C++程序中的 main()主函数。

2. WinMain()主函数

WinMain()取代 main()函数成为基于 C++的 Windows 程序的主函数,如同 main()函数在标准 C 语言程序中一样。Windows 程序从 WinMain()函数开始执行,随着 WinMain()函数的执行结束而结束。主函数 WinMain()的名称为固定标识符,不可更改。

WinMain()函数的代码如下:

```
int WINAPI WinMain (HINSTANCE hInstance, HINSTANCE hPrevInstance, LPSTR lpCmdLine, int
nCmdShow) {
    HWND hWnd;
    MSG msg;
    WNDCLASS wc;
    if(!hPrevInstance)
    {
        //窗口风格
        wc.style = CS_HREDRAW | CS_VREDRAW;
        //指向窗口函数的指针
        wc.lpfnWndProc = WndProc;
        //窗口类附加数据
        wc.cbClsExtra = 0;
        //窗口附加数据
        wc.cbWndExtra = 0;
        //拥有窗口类的实例句柄
        wc.hInstance = hInstance;
        //窗口图标资源句柄
        wc.hIcon = LoadIcon(NULL, IDI_APPLICATION);
```

MFC 应用程序概述

```
        //窗口内使用的光标
        wc.hCursor = LoadCursor(NULL, IDC_ARROW);
        //用来填充窗口背景的画刷
        wc.hbrBackground = (HBRUSH)GetStockObject(WHITE_BRUSH);
        //指向菜单资源的指针
        wc.lpszMenuName = NULL;
        //指向窗口类名的指针
        wc.lpszClassName = L"HELLO WORLD";
        //注册窗口类
        RegisterClass(&wc);
    }
    //创建窗口
    hWnd = CreateWindow(
        L"HELLO WORLD",
        L"hello world",
        WS_OVERLAPPEDWINDOW,
        CW_USEDEFAULT,
        CW_USEDEFAULT,
        CW_USEDEFAULT,
        CW_USEDEFAULT,
        NULL,
        NULL,
        hInstance,
        NULL
    );
    //显示、更新窗口
    ShowWindow(hWnd, SW_SHOW);
    UpdateWindow(hWnd);
    //消息循环
    while(GetMessage(&msg, NULL, 0, 0))
    {
        TranslateMessage(&msg);
        DispatchMessage(&msg);
    }
    return msg.wParam;
}
```

从函数的代码可以看出,WinMain()函数主要完成以下 3 个方面的工作:

(1) 注册窗口类,并创建窗口。

(2) 进入消息循环,以处理来自应用程序队列的消息。

(3) 当消息循环检测到 WM_QUIT 消息时终止应用程序的运行。

3. WndProc()窗口函数

如果说一个窗口相当于一个 C++对象,窗口函数就是这个对象的成员函数。只要产生针对该窗口的操作,系统就调用该函数,并将操作信息(消息)以参数的形式传给它,由窗口函数完成相应的响应操作。

WndProc()函数的代码如下:

```
LRESULT WINAPI WndProc(HWND hWnd, UINT msg, WPARAM wParam, LPARAM lParam) {
    HDC hDC;
```

```
switch(msg)
{
case WM_PAINT:
    hDC = GetDC(hWnd);
    TextOut(hDC, 100, 100, L"hello,world!", sizeof("hello,world!") - 1);
    break;
case WM_DESTROY:
    PostQuitMessage(0);
    break;
default:
    break;
}
return DefWindowProc(hWnd, msg, wParam, lParam);
}
```

从函数的代码可以看出，WndProc()函数使用 switch 结构对消息进行分类处理。其中，WM_PAINT 表示窗口重画消息；WM_DESTROY 表示窗口关闭消息。

窗口函数 WndProc()的调用是在主函数 WinMain()中通过窗口类参数的形式来实现的，代码如下：

```
//指向窗口函数的指针
wc.lpfnWndProc = WndProc;
```

注意：窗口函数的函数名由用户自行定义。

2.1.4　Windows 程序的特点

为了适应 Windows 操作系统的技术特点，让用户能够使用 Windows 操作系统提供的各项功能，微软公司对标准的 C/C++ 应用程序结构进行了扩充和修改，并给出一些特殊的约定，从而形成 Windows 应用程序自身的技术特点。

1. 程序的组成

从例 1.1 程序的代码可以看出，开发一个标准的 Windows 应用程序，用户需要创建"程序代码"和"用户界面（简称 UI）资源"两部分内容，然后使用编译器将它们合并在一起构成一个 Windows 的 EXE 可执行文件。另外，为了使应用程序能在 Windows 系统下运行和使用其中的系统功能，在编写程序时还会使用一些 Windows 系统提供的函数库和头文件。所以，一个标准的 Windows 应用程序应该由以下 4 个部分组成。

1）程序代码

程序功能是通过执行程序代码实现的，这里所说的"程序代码"就是需要用户自己编写的用于实现特定功能的程序。

Windows 程序对标准的 C/C++ 程序的部分语法和运行规则进行了一些修改，增加了许多自己的特性。例如，在标准的 C/C++ 程序中必须包含一个名为 main 的函数，它是整个程序的入口，程序的执行一般从它开始。在标准的 Windows 窗口应用程序中则必须包含一个名为 WinMain 的函数，它取代了原来标准 C/C++ 程序中的 main 函数，成为 Windows 窗口应用程序新的入口点，但 Windows 对 C/C++ 的基本语法规则和功能并没有修改。

程序代码一般在开发工具提供的程序编辑窗口中进行编写，也可以在其他任意的文本编辑器中编写。

2）UI 资源

Windows 操作系统是基于图形界面的，所以它的应用程序一般也是基于图形界面的。在标准 Windows 应用程序的图形界面中一般都包含菜单、工具栏、图标、位图和光标等资源。如果应用程序中包含对话框，在对话框中还会包含按钮、位图和输入/输出框等控件资源，这些资源的显示形式及它们在相应窗口内的布局构成了一个程序的外观。一个程序外观的调整，例如工具栏中按钮位置和大小的调整，是不会影响到程序的结构和算法的。因此，在开发 Windows 程序的过程中可以将这些外观描述从程序代码中分离出来，单独以程序数据的形式存放，它们统称为 Windows 程序的 UI 资源。

由于程序的 UI 资源主要是一些用来描述程序窗口布局的数据，所以可以使用文本编辑器编辑这些数据，以实现增/删窗口元素或调整窗口元素的位置和大小，从而修改程序的运行界面。然而要想观看 UI 资源调整后的效果，则必须重新运行程序，比较烦琐。一些 Windows 开发工具提供了所见即所得的 UI 编辑工具，这些工具可以在用户修改 UI 资源的同时模拟显示 UI 资源修改后的程序运行效果。Visual Studio IDE 即提供了这样的 UI 资源编辑工具，称为资源编辑器，对于它的使用方法请参见本书的 1.6.2 节。

3）Windows 函数库

在编写应用程序的过程中经常需要使用到各种各样的函数库，其中有两种类型的函数库是必需的，一类是在 Windows 环境下提供标准 C/C++ 函数功能的函数库，文件名为 LIBC.LIB、MSVCRT.LIB 等，它的用法与标准 C/C++ 函数的用法一样，只是这个库为了适应 Windows 操作系统的特点已经被重写了；另一类是 Windows API（Application Programming Interface，应用程序编程接口）函数库，所谓 Windows API 函数库，即 Windows 应用程序开发接口，它们在 GDI.LIB、USER32.LIB 和 KERNEL32.LIB 等文件中定义，该类函数由 Windows 操作系统内部提供，在程序中使用它们可以调用操作系统的各种功能。Windows API 所提供的功能主要包括以下 7 种类型。

（1）基础服务（Base Services）：提供对 Windows 系统可用的基础资源的访问接口，例如文件系统（file system）、外部设备（device）、进程（process）、线程（thread），以及访问注册表（windows registry）和错误处理机制（error handling）等。

（2）图形设备接口（GDI）：提供输出图形内容到显示器、打印机以及其他外部输出设备等功能。

（3）图形化用户界面（GUI）：提供创建并管理屏幕和大多数基本控件（control），例如按钮和滚动条，并提供接收鼠标和键盘输入以及其他与 GUI 有关的功能。

（4）通用对话框链接库（Common Dialog Box Library）：为应用程序提供标准对话框，例如打开/保存文档对话框、颜色对话框和字体对话框等。

（5）通用控件链接库（Common Control Library）：为应用程序提供接口来访问操作系统提供的一些高级控件，例如状态栏（status bar）、进度条（progress bar）、工具栏（tool bar）和标签（tab）等。

（6）Windows 外壳（Windows Shell）：作为 Windows API 的组成部分，不仅允许应用程序访问 Windows 外壳提供的功能，还对其有所增强。

（7）网络服务（Network Services）：为访问操作系统的多种网络功能提供接口。

这些函数库已经包含在 Windows 操作系统和 Visual Studio 集成开发环境中,用户可以在自己的 Windows 程序中直接使用。

4) 头文件

如同使用标准 C/C++ 函数必须在代码中包含定义相应函数的头文件一样,使用 Windows API 也必须包含 Windows.h 这个头文件。

在 Windows.h 及其包含的一些头文件中包含了众多 Windows API 中的函数、数据结构,以及一些常量的声明和定义。随着 Windows 的发展,许多新增加的 Windows API 函数和数据结构不包含在 Windows.h 中,而在新增加的头文件中定义,使用这些函数需要包含另外的头文件,详细信息请查阅 MSDN 及其他相关的技术文档。

2. 数据类型

在例 1.1 的 Windows 程序代码中出现了很多陌生的数据类型,例如 HINSTANCE、LPSTR 等,这些数据类型其实是一些基本 C++ 数据类型的别名,它们在 Windows.h 头文件中定义。

1) 基本数据类型

在用 C++ 编程时,为了阅读和书写程序方便,通常用 typedef 定义一些容易读和写的等价数据类型作为基本数据类型的别名。表 2.1 列出了一些在 Windows 编程中常用的基本数据类型的别名。

表 2.1　Windows 基本数据类型

数据类型	对应的基本数据类型	说　　明
BOOL	int	布尔值
BSTR	unsigned short *	32 位字符指针
BYTE	unsigned char	8 位无符号整数
COLORREF	unsigned long	用作颜色值的 32 位值
DWORD	unsigned long	32 位无符号整数,段地址和相关的偏移地址
LONG	long	32 位带符号整数
LPARAM	long	作为参数传递给窗口过程或回调函数的 32 位值
LPCSTR	const char *	32 位字符串常量指针
LPSTR	char *	32 位字符串指针
LPCTSTR	const char *	32 位字符串指针,指向一个常量字符串,用于移植到双字节字集
LPTSTR	char *	32 位字符串指针,用于移植到双字节字集
LPVOID	void *	指向未定义类型的 32 位指针
LPRESULT	long	来自窗口过程或回调函数的 32 位返回值
UINT	unsigned int	32 位无符号整数
WNDPROC	long(__stdcall *)(void *, unsigned int,unsigned int,long)	指向窗口过程的 32 位指针
WORD	unsigned short	16 位无符号整数
WPARAM	unsigned int	当作参数传递给窗口过程或回调函数的 32 位值

2) 句柄

句柄是 Windows 编程的基础,所谓句柄就是 Windows 使用的一种无重复整数。句柄主要用来标识应用程序中的一个对象,例如窗口、实例、菜单、内存、输出设备、控件或文件等。

在模块定义文件中,菜单资源中的菜单命令被定义并且赋给了一个句柄值。在应用程序的菜单栏中,第一个菜单的第一个菜单命令可能被赋予 100 这个句柄值,那么第二个菜单命令可能被赋予 101 这个句柄值。在应用程序的源代码中,这些菜单命令将要通过 100 和 101 来区分。Windows 应用程序只能访问句柄,不能直接访问句柄所指示的实际数据。Windows 系统控制着这些系统数据的存取权,这样才能在多任务环境中保护这些数据。Windows 中常见的公用句柄类型如表 2.2 所示,其他类型可查阅 Windows 头文件。

表 2.2　Windows 中常见的公用句柄类型

句 柄 类 型	说　　明
HBITMAP	保存位图信息的内存区域的句柄
HBRUSH	画刷句柄
HCTR	子窗口控件句柄
HCURSOR	鼠标光标句柄
HDC	设备描述表句柄
HDLG	对话框句柄
HFONT	字体句柄
HICON	图标句柄
HINSTANCE	应用程序的实例句柄
HMENU	菜单句柄
HMODULE	模块句柄
HPALETTE	颜色调色板句柄
HPEN	在设备上画图时用于指明线型的笔的句柄
HRGN	剪贴区域句柄
HTASK	独立于已执行任务的句柄
HWND	窗口句柄

句柄常作为 Windows 消息和 API 函数的参数,在采用 API 方法编写 Windows 应用程序时要经常使用句柄。在采用 MFC 方法编写 Windows 应用程序时,可以通过访问类的一个 public 的成员变量来获取某个 MFC 类对象的句柄,例如 CWnd 类的成员变量 m_hWnd 就是一个窗口对象的句柄。由于对应的 MFC 类已经对句柄进行了封装,在大多数情况下不再需要访问句柄。

2.2　MFC 应用程序框架

在没有 MFC 之前,程序员在编制 Windows 应用程序时必须直接使用 API 来编程(例如例 1.1 的应用程序),这是一项非常艰苦和复杂的工作。MFC 应用程序框架可将每个应用程序都需要使用的代码封装起来,例如完成默认的程序初始化功能、建立应用程序界面和处理基本的 Windows 消息等的代码,这样程序员就不必浪费时间去做那些重复的工作,而把精力放在编写实质性的代码上。即使不添加任何代码,当执行编译、链接命令后,Visual Studio IDE 也将生成一个 Windows 界面风格的应用程序。

2.2.1 创建 MFC 应用程序框架

当使用"MFC 应用"项目模板创建一个项目时,能够自动生成一个 MFC 应用程序的框架。"MFC 应用"项目模板提供了一系列对话框,在对话框中提供了一些不同的选项,程序员通过选择不同的选项可以创建不同类型和风格的 MFC 应用程序,并可定制不同的程序界面窗口。例如,程序是单文档、多文档还是基于对话框的应用程序,是否可以使用 ActiveX 控件以及是否具有联机帮助等。下面通过一个实例介绍使用"MFC 应用"项目模板创建应用程序框架的步骤。

【例 2.1】 编写一个基于 MFC 的单文档应用程序 Li2_1,程序运行后,通过消息框输出"这是一个单文档应用程序!"的提示信息。

视频讲解

其操作步骤如下:

(1) 启动 Visual Studio IDE,在"开始"界面中选择"创建新项目"选项,选择"空白解决方案"项目模板,创建一个名为 chap02 的解决方案。

(2) 右击"解决方案资源管理器"窗口中的解决方案 chap02,在弹出的快捷菜单中选择"添加"|"新建项目"菜单命令,然后选择"MFC 应用"项目模板,进入 MFC 应用程序向导的"应用程序类型"窗口,如图 2.3 所示。

图 2.3 "应用程序类型"的设置

MFC 应用程序概述

(3)"应用程序类型"窗口主要用于选择应用程序的类型。

"MFC 应用"项目模板可以创建 3 种类型的应用程序框架。

- 单个文档:单文档(Single document,SDI)界面应用程序。当应用程序运行时只能打开一个文档,例如 Windows 中的记事本或写字板。当选择"文件"|"打开"菜单命令打开新的文档时,当前显示的文件在新文件打开之前自动关闭。
- 多个文档:多文档(Multiple document,MDI)界面应用程序。应用程序可以同时打开多个文档,例如 Microsoft Word。
- 基于对话框:基于对话框(Dialog based)的应用程序。应用程序将显示一个简单的对话框来处理用户的输入,例如计算器 Calculator。

"文档/视图结构支持"复选框用来询问是否支持文档/视图结构。通过"资源语言"下拉列表框选择资源语言的种类。

在此例中选择"单个文档"应用程序类型,选中"文档/视图结构支持"复选框,并选择 MFC Standard 项目样式。单击"下一步"按钮,进入"文档模板属性"窗口,如图 2.4 所示。

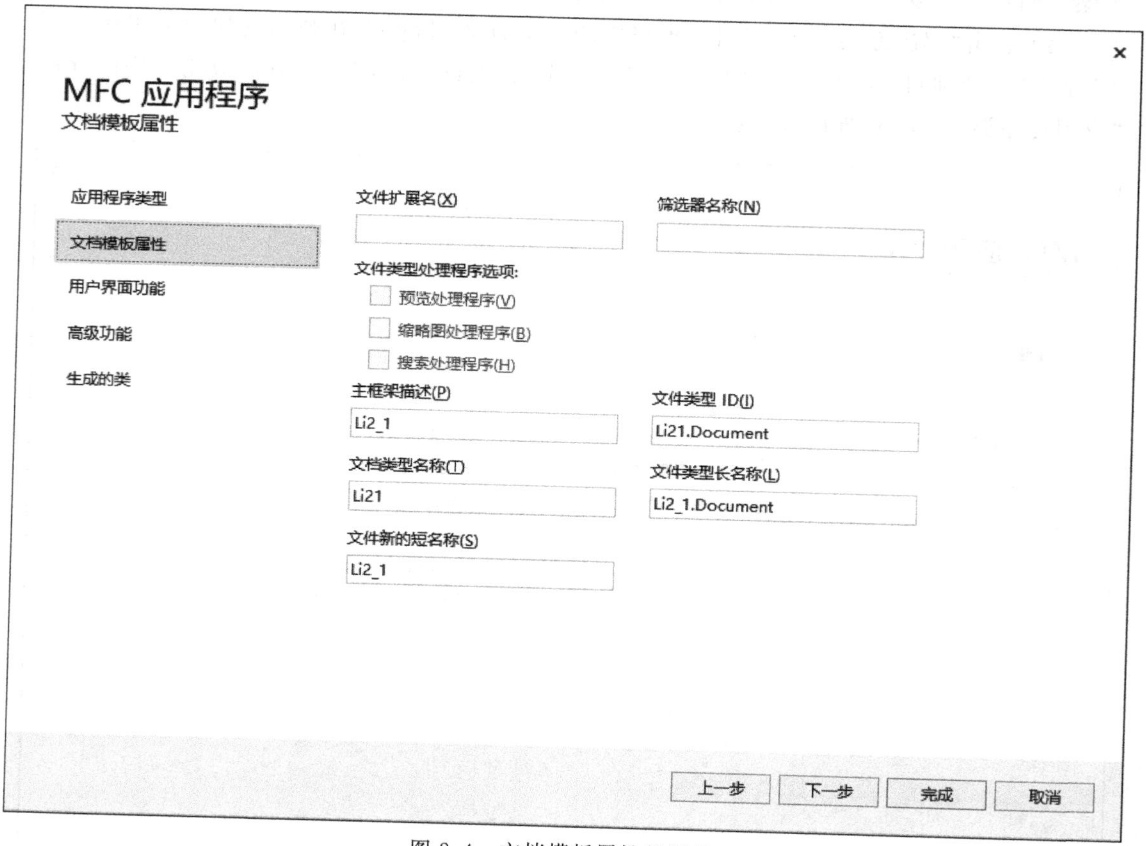

图 2.4 文档模板属性的设置

(4)"文档模板属性"窗口主要用于设置通过该应用程序创建的文档的属性。

- 文件扩展名:与用户在使用应用程序时保存的文档相关联的文件扩展名。例如,如果项目名为 Li2_1,可以将文件扩展名命名为". li2_1Doc"。注意在输入文件扩展名时不需要输入英文的点(.)号。

- 筛选器名称：指示查找特定文件类型的文件名称。从标准 Windows"打开"和"另存为"对话框的"文件类型"和"另存类型"中可以访问此选项。默认情况下为项目名称＋"文件"＋"文件扩展名"。例如，如果项目名称为 Li2_1，并且文件扩展名为".li2_1Doc"，则默认情况下"筛选器名称"为 Li2_1 文件(＊.li2_1Doc)。
- 主框架描述：出现在主应用程序框架顶部的文本。默认情况下为项目名称。
- 文档类型名称：标识应用程序的文档可归入的文档类型。默认情况下为项目名。更改默认值不会更改窗口中的其他选项。
- 文件新的短名称：如果应用程序中有多个新文档模板，该设置是出现在标准的新文件对话框中的文件名称。如果应用程序是自动化服务器，则此名称用作自动化对象的简称。默认情况下为项目名。
- 文件类型 ID：Windows 系统注册表中应用程序的文档类型标签。
- 文件类型长名称：Windows 系统注册表中应用程序的文件类型名称。如果应用程序是自动化服务器，则此名称用作自动化对象的全称。默认情况下为项目名称加上".Document"。

在本例中采用默认设置。单击"下一步"按钮进入"用户界面功能"窗口，如图 2.5 所示。

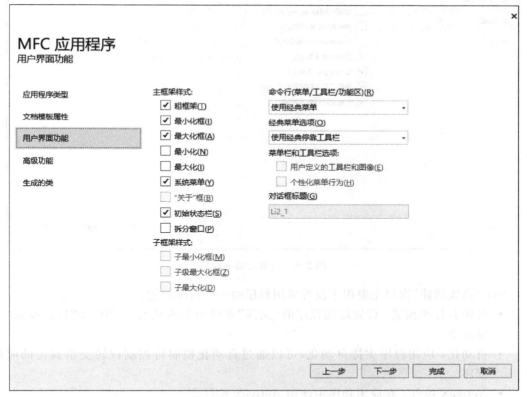

图 2.5　用户界面功能的设置

（5）"用户界面功能"窗口主要用于设置应用程序的用户界面功能组件。
- 主框架样式：设置主框架的右上角是否带有最小化框、最大化框，是否带有系统菜单，是否具有状态栏，是否具有可拆分窗口功能，应用程序启动后主框架窗口是否需要最大或最小化显示。

- 子框架样式：在多文档应用程序中设置子框架的界面功能。
- 命令行(菜单/工具栏/功能区)：选择应用程序的菜单栏类型。
- 经典菜单选项：选择应用程序的工具栏类型。
- 菜单栏和工具栏选项：对应用程序的菜单栏和工具栏进行设置。选项的可用性与菜单栏和工具栏的类型相关联。
- 对话框标题：在基于对话框的应用程序中显示在主对话框上的标题文本。

在本例中采用默认设置。单击"下一步"按钮进入"高级功能"窗口,如图 2.6 所示。

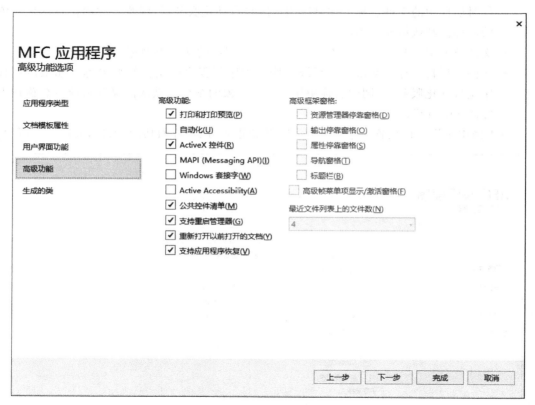

图 2.6　高级功能的设置

(6)"高级功能"窗口主要用于设置应用程序的一些高级功能。

- 打印和打印预览：设置应用程序的"文件"菜单中是否具有"打印"和"打印预览"菜单命令。
- 自动化：应用程序支持自动化,可以通过自动化控制将控制权转交给其他的应用程序。
- ActiveX 控件：在应用程序中使用 ActiveX 控件。
- MAPI(Messaging API)：消息应用程序接口。应用程序可以通过 MAPI 接口来发送传真、电子邮件或其他信息。
- Windows 套接字：使应用程序具有 TCP/IP 通信功能。

在本例中采用默认设置。单击"下一步"按钮进入"生成的类"窗口,如图 2.7 所示。

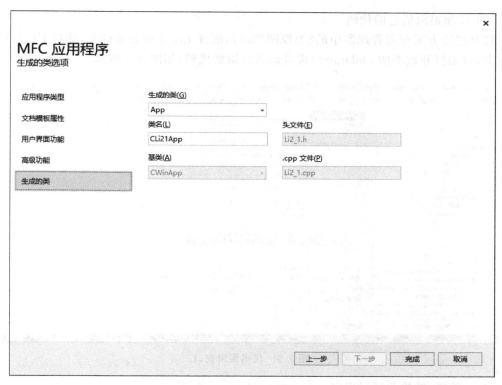

图 2.7　生成的类信息

（7）在"生成的类"窗口中可以查看 MFC 应用程序向导自动生成的类信息，还可以修改这些类的类名、基类、头文件名、源文件名等。单击"完成"按钮即可生成一个 MFC 的应用程序框架。

（8）在应用程序框架创建完成后，选择 IDE 的"调试"│"开始执行（不调试）"菜单命令运行应用程序，结果如图 2.8 所示。

图 2.8　应用程序框架的运行结果

（9）添加输出信息的代码。

打开解决方案资源管理器中的"类视图"窗口,展开 Li2_1 项目文件夹,选择 CLi21View 视图类,双击打开该类的 OnDraw()成员函数并添加代码,如图 2.9 所示。

图 2.9　代码编辑窗口

（10）编译、链接并运行程序。

选择"生成"|"生成 Li2_1.exe"菜单命令,对应用程序进行编译和链接,生成可执行文件。然后选择"调试"|"开始执行(不调试)"菜单命令运行程序,运行结果如图 2.10 所示。

图 2.10　程序的运行结果

2.2.2　MFC 应用程序框架结构类

MFC 提供了许多设计好的类来满足程序员的需要。MFC 类库中的类是以层次结构的方式组织起来的,几乎每个子层次结构都与一个具体的 Windows 实体相对应。大多数 MFC 类都是从 CObject 类中直接或者间接地派生出来的。图 2.11 给出了 MFC 应用程序框架结构类的继承关系。

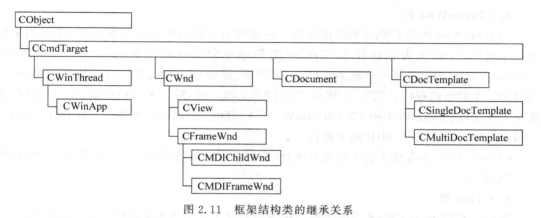

图 2.11 框架结构类的继承关系

1. CObject 类

CObject 是 MFC 类库的根类,它几乎描述了所有 MFC 类的一些公共特性,并且给所有由它派生出的类提供了 3 种重要特性。

(1) 串行化支持:串行化是对象的数据存入或输出存储介质的过程。把 CObject 类作为基类,可以创建可串行化的类,它的实例可以很容易地存储或者重新创建。

(2) 运行时类信息支持:运行时类信息(RTCI)允许用户在运行时检索对象的类名称以及对象的其他信息。

(3) 诊断和调试支持:嵌入在 CObject 类中的诊断和调试支持用户对 CObject 派生类的实例执行有效性检查,并将状态信息转存到一个调试窗口。

2. CCmdTarget 类

命令类 CCmdTarget 是 CObject 的子类,它是 MFC 库中所有具有消息映射属性的类的公共基类。从图 2.11 中可以看出,它的子类有 CWinThread 类、CWnd 类、CDocument 类和 CDocTemplate 类等,从 CCmdTarget 派生的类能在程序运行时动态地创建对象和处理命令消息。

3. CWinApp 类

应用程序类 CWinApp 是 CWinThread 的子类,封装了初始化、运行、终止应用程序的代码,可以由此派生自己的应用类。CWinApp 类用 4 个成员函数来实现传统 SDK(Software Development Kit)应用程序中 WinMain()函数完成的工作。它们的功能见表 2.3。

表 2.3 CWinApp 类中可重载的成员函数

成 员 函 数	功 能
InitInstance()	应用程序的初始化;创建文档模板、文档、视图和主窗口
Run()	处理消息循环
OnIdle()	当没有窗口消息需要处理时被窗口框架调用
ExitInstance()	在退出程序时该函数被调用

4. CWnd 类

窗口类 CWnd 提供了 MFC 中所有窗口类的基本功能。从 CWnd 派生的类可以拥有自己的窗口,并对它进行控制。

5. CFrameWnd 类

CFrameWnd 类是 CWnd 类的派生类。它是所有其他框架窗口类的基类,主要用来管理一个窗口,可以认为它取代了 SDK 应用程序中窗口处理函数 WndProc() 的地位。CFrameWnd 类的对象是一个框架窗口,包括边框、标题栏、菜单、"最大化"按钮、"最小化"按钮和一个激活的视图。CFrameWnd 类支持单文档界面,对于多文档界面,使用它的两个派生类 CMDIFrameWnd 和 CMDIChildWnd。CMDIFrameWnd 类用于 MDI 的主窗口,CMDIChildWnd 类用于 MDI 的子窗口。

CFrameWnd 类提供了若干个成员函数,用于获得和设置活动文档、视图、图文框、标题栏、状态栏等。

6. CView 类

视图类 CView 是 CWnd 类的子类。视图类及其派生类用于管理框架窗口的客户区。

7. CDocument 类

文档类 CDocument 负责装载和维护文档。文档包括应用程序的工作成果、环境设置数据等,可以是程序需要保存的任何内容。

一个 MFC 应用程序并不直接操作上述类,而是以上述类为基类派生新的类,从而构建 Windows 应用程序的基本框架。例如,应用程序 Li2_1 中的类(见图 2.9)与这些基类的派生关系如表 2.4 所示。

表 2.4 基类与派生类的关系

类 名 称	基 类	说 明
CLi2_1App	CWinApp	应用程序类
CMainFrame	CFrameWnd	框架窗口类
CLi2_1View	CView	视图类
CLi2_1Doc	CDocument	文档类

8. CDocTemplate 类

MFC 应用程序模板除了生成可在工作区中展示的应用程序类、窗口框架类、文档类和视图类以外,还生成了文档模板类,即 CDocTemplate 类。文档模板类定义了文档模板的基本功能,它是一个抽象类,用户不能直接使用它,而只能使用它的派生类。

该类用于创建一个新的文档/视图结构,以协调创建文档、视图和框架窗口对象。它提供了两个派生类——单文档模板类 CSingleDocTemplate 和多文档模板类 CMultiDocTemplate。

2.2.3 MFC 应用程序的分析

本节从两个方面对 MFC 应用程序进行分析。

1. 应用程序向导生成的文件

为了生成一个可执行程序,MFC 应用程序向导必须首先创建一个项目,并为项目生成一系列初始文件,例如 C++ 头文件、C++ 源文件、资源文件和项目文件,其中的 C++ 文件都是以 MFC 派生类为单元来组织的。根据创建项目时提供的可选项,应用程序向导所创建的文件会略有不同。下面以例 2.1 中创建的应用程序 Li2_1 为例介绍 MFC 应用程序向导所生成的各类文件及其功能。

1)头文件与实现文件

- MainFrm.h 和 MainFrm.cpp:定义和实现窗口框架类 CMainFrame。
- Li2_1Doc.h 和 Li2_1Doc.cpp:定义和实现文档类 CLi21Doc。
- Li2_1View.h 和 Li2_1View.cpp:定义和实现视图类 CLi21View。
- Li2_1.h 和 Li2_1.cpp:定义和实现应用程序类 CLi21App。
- Resource.h:定义项目中所有的资源标识符,给资源 ID 分配一个整数值。
- pch.h 和 pch.cpp:用于实现应用程序的预编译功能。

pch.h 预编译头文件包含了标准系统包含文件以及经常使用的项目特定的包含文件,这些文件在一般情况下不需要进行修改。MFC 体系的结构非常大,包含的头文件也很多,如果每次都重新编译,很费时。因此,为了统一管理,将常用的 MFC 头文件,例如 afxwin.h、afxext.h、afxdisp.h、afxcmn.h 等,都存放在头文件 framework.h 中。在 pch.h 中包含 framework.h 头文件,然后使 pch.cpp 包含该 pch.h 文件。由于编译器可识别文件是否被编译过,所以 pch.cpp 只需编译一次,并生成预编译头文件,用于存放头文件编译后的信息。采用预编译头文件可以加速编译过程。

2)资源文件

- Li21.rc 和 Li21.rc2:应用程序使用的所有 Windows 资源的列表。该文件只定义了菜单脚本、加速键和字符串等内容,没有定义位图和图标等图形资源,但保存了它们所在的路径和文件名。位图和图标等图形资源分别保存在单独的文件中。该文件可以在 Visual Studio IDE 中直接进行编辑。Li21.rc2 文件存放在项目根目录下的 res 子目录中,包括了不能被 Visual Studio IDE 编辑的资源。
- Li2_1.ico:该文件是应用程序的图标所使用的图标文件。在程序运行后图标将出现在主窗口标题栏的最左端。在 Visual Studio IDE 中可利用图形编辑器编辑、修改应用程序的图标。
- Li2_1Doc.ico:该文件是应用程序的文档图标文件。文档图标一般显示在多文档程序界面上。
- Toolbar.bmp:该文件是工具栏按钮的位图文件。位图是应用程序工具栏中所有按钮的图形表示。用户可利用工具栏编辑器对它进行编辑。

3)项目文件及其他

- Li2_1.vcxproj:包含当前项目的设置、项目中的文件等信息。
- Li2_1.vcxproj.user:该文件是项目的用户信息文件。它保存了一些项目的用户参数信息,例如启动和调试选项等。

2. 应用程序的执行过程

与所有的 Windows 应用程序一样,MFC 应用程序框架也有一个作为程序入口点的 WinMain()主函数,但在源程序中看不见该函数。它在 MFC 中已定义好并与应用程序相链接。该函数对应于 MFC 文件 Winmain.cpp 中的 AfxWinMain()函数。

MFC 应用程序启动时,首先创建应用程序对象 theApp。这时将自动调用应用程序类的构造函数初始化对象 theApp,然后由应用程序框架调用 MFC 提供的 AfxWinMain()主函数。在 AfxWinMain()主函数中,首先通过调用全局函数 AfxGetApp()来获取 theApp 的指针 pApp,然后通过该指针调用 theApp 的成员函数 InitInstance()来初始化应用程序。在应用程序的初始化过程中,同时还构造文档模板,产生最初的文档、视图和主框架窗口,并生成工具栏和状态栏。当 InitInstance()函数执行完毕后,AfxWinMain()函数将调用成员函数 Run(),进入消息处理循环,直到函数 Run()收到 WM_QUIT 消息。MFC 首先调用 CWinApp 类的成员函数 ExitInstance(),然后调用静态对象的析构函数,包括 CWinApp 对象,最后退出应用程序,将控制权交给操作系统。

在初始化的最后,应用程序将收到 WM_PAINT 消息,框架会自动调用视图类的 OnDraw()函数绘制程序客户区窗口。这时,应用程序的基本窗口已经生成,应用程序准备接收系统或用户的消息,以便完成用户需要的功能。如果消息队列中有消息且不是 WM_QUIT 消息,则将消息分发给窗口函数,以便通过 MFC 消息映射宏调用指定对象的消息处理函数;如果消息队列中没有消息,Run()函数将调用 OnIdle()函数进行空闲时间的处理。

例 2.1 生成的应用程序 Li2_1 运行后,在视图窗口中弹出了一个输出提示信息的消息对话框。消息对话框是一种简单的对话框,用户可以直接调用消息对话框函数来使用它,而不需要自己创建。Visual C++提供了 3 个消息对话框函数,它们的原型为

```
int AfxMessageBox(LPCTSTR lpText,UINT nType = MB_OK,UINT nIDHelp = 0);
int MessageBox(HWND hWnd,LPCTSTR lpText,LPCTSTR lpCaption,UINT nType);
int CWnd::MessageBox(LPCTSTR lpText,LPCTSTR lpCaption = NULL,UINT nType =  MB_OK);
```

这 3 个函数分别是 MFC 全局函数、Windows API 函数和 CWnd 类的成员函数,它们的功能基本相同,但适用范围有所不同。AfxMessageBox()和 MessageBox()函数可以在程序中的任何地方使用,而 CWnd::MessageBox()函数只能用于控件、对话框、窗口等一些窗口类中。参数 lpText 表示提示信息对话框中要显示的文本串;lpCaption 表示对话框的标题,当它为 NULL 时使用默认标题;hWnd 是对话框父窗口的句柄,当它为 NULL 时表示没有父窗口;nIDHelp 表示信息的上下文帮助 ID;nType 表示对话框的图标和按钮风格。这 3 个函数都将返回用户选择按钮的情况,例如返回值 IDOK、IDCANCEL、IDABORT 分别表示用户按下了 OK、Cancel、Abort 按钮。

表 2.5 和表 2.6 分别列出了提示信息消息对话框中用到的图标类型和按钮类型。在使用时,图标类型参数和按钮类型参数用运算符"|"来组合。

表 2.5　消息对话框中的图标

图 标 类 型	参　　数
❌	MB_ICONHAND、MB_ICONSTOP、MB_ICONERROR
❓	MB_ICONQUESTION
⚠	MB_ICONEXCLAMATION、MB_ICONWARNING
ℹ	MB_ICONASTERISK、MB_ICONINFORMATION

表 2.6　消息框中的按钮

参　　数	按 钮 类 型
MB_ABORTRETRYIGNORE	表示含有 Abort、Retry 和 Ignore 按钮
MB_OK	表示含有 OK 按钮
MB_OKCANCEL	表示含有 OK 和 Cancel 按钮
MB_RETRYCANCEL	表示含有 Retry 和 Cancel 按钮
MB_YESNO	表示含有 Yes 和 No 按钮
MB_YESNOCANCEL	表示含有 Yes、No 和 Cancel 按钮

2.2.4　文档/视图结构

　　在 MFC 应用程序中,文档类和视图类是用户最常用的两个类,它们之间是密切相关的。文档/视图(Document/View)体系结构是 MFC 应用程序框架结构的基石,它定义了一种程序结构,这种结构利用文档对象保存应用程序的数据,依靠视图对象控制视图显示数据,文档与视图的关系是一对多的关系,也就是说,文档中的数据可以以不同的方式显示。MFC 在 CDocument 类和 CView 类中为文档和视图提供了基础结构。CWinApp 类、CFrameWnd 类和其他类与 CDocument 类和 CView 类共同把所有的程序片段连在一起。图 2.12 说明了文档/视图与其他类对象的关系。

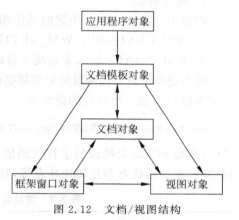

图 2.12　文档/视图结构

　　在 Windows 中启动程序后,应用程序通过文档模板对象管理文档、视图和框架窗口。它们之间的关系在文档/视图结构创建期间建立。任何一个对象都可以通过调用全局函数 AfxGetApp() 或 AfxGetInstanceHandle() 来获取应用程序对象;通过调用全局函数 AfxGetMainWnd() 来获得程序主窗口。Windows 保持跟踪所有已打开的程序窗口,以便发送消息给它们。

　　MFC 对文档/视图体系结构的程序提供了很多支持,它极大地简化了打印、打印预览以及向磁盘中存储文档和从磁盘中读取文档的过程。有关文档/视图的详细内容将在第 7 章进行介绍。

2.3　消息映射与消息处理

　　消息映射是将消息处理函数与它要处理的特定消息连接起来的一种机制。消息映射是应用 MFC 方法进行 Windows 编程的主要组成部分。

2.3.1　消息的类别及其描述

　　Windows 消息主要有 3 种类型,即标准 Windows 消息、控件消息和命令消息。

1. 标准 Windows 消息

除 WM_COMMAND 以外,所有以"WM_"为前缀的消息都是标准 Windows 消息。标准 Windows 消息由窗口类或视图类处理。标准 Windows 消息都有默认的处理函数,这些函数在 CWnd 类中进行了预定义。MFC 类库以消息名为基础形成这些处理函数的名称,这些函数的名称都以前缀"On"开始。有的处理函数不带参数,有的带几个参数。这些消息处理函数的说明一般都有"afx_msg"的前缀,用于把处理函数与其他的窗口成员函数区分开来,这些函数都是通过消息映射实现的。例如,消息 WM_CHAR 的处理函数在 CWnd 类中声明为

```
afx_msg void OnChar();
```

标准的 Windows 消息又分为 3 类,即键盘消息、鼠标消息和窗口消息。

1) 键盘消息

键盘消息与键盘上某个键的动作相关联。常见的键盘消息有以下几种。

- WM_KEYDOWN、WM_KEYUP:按下、释放非系统键产生的消息。
- WM_CHAR:输入非系统字符时产生的消息。

所有键盘消息处理函数的原型都很相似,这里以 WM_CHAR 消息的处理函数 OnChar() 为例来进行说明。此函数的原型为

```
afx_msg void OnChar(UINT nChar, UINT nRepCnt, UINT nFlags);
```

其中,参数 nChar 是按键的字符代码值;nRepCnt 表示用户重复按键的次数;nFlags 表示扫描码、先前键状态和键转换状态等,其具体含义见表 2.7。

表 2.7　键盘消息中参数 nFlags 的取值及含义

nFlags 的取值	含　　义
0~7	表示扫描码
8	若同时按下扩展键,则置位,否则清位
9~10	不使用
11~12	由 Windows 内部使用
13	若同时按下 Alt 键,则置位,否则清位
14	指明先前键状态,如果消息发出前键是按下的,则置位,否则清位
15	指明键转换状态,如果按键已松开,则置位,否则清位

2) 鼠标消息

鼠标消息涉及鼠标的单击、双击、拖动等。常用的鼠标消息有以下几种。

- WM_MOUSEMOVE:鼠标移动时产生的消息。
- WM_RBUTTONDOWN:鼠标右键按下时产生的消息。
- WM_LBUTTONDOWN:鼠标左键按下时产生的消息。
- WM_LBUTTONDBLCLICK:鼠标双击时产生的消息。

所有鼠标操作的处理函数都有相似的原型,它们都有两个参数。这里以处理鼠标左键按下消息的函数 OnLButtonDown() 为例来进行说明。此函数的原型为

```
afx_msg void OnLButtonDown(UINT nFlags,CPoint point);
```

其中,参数 point 是鼠标事件发生时鼠标光标所在的位置,它是相对于窗口左上角的水平 X 坐标和垂直 Y 坐标而言的。参数 nFlags 指明鼠标按键的状态以及鼠标事件发生时键盘上某些键的状态,每一状态都可以用 nFlags 的一位来表示,具体含义见表 2.8。

表 2.8   鼠标消息中参数 nFlags 的取值及含义

nFlags 的取值	含 义	nFlags 的取值	含 义
MK_CONTROL	Ctrl 键按下	MK_RBUTTON	右键按下
MK_LBUTTON	左键按下	MK_SHIFT	Shift 键按下
MK_MBUTTON	中间键按下		

3) 窗口消息

窗口消息一般与创建窗口、绘制窗口、移动窗口和销毁窗口等动作有关。在 MFC 应用程序中,窗口消息是由视图类、窗口类及它们的派生类处理的。常见的窗口消息如下。

- WM_PAINT:当客户区产生移动或者显示事件、当用户窗口产生改变大小事件、当产生下拉菜单关闭并需要恢复被覆盖部分事件、当产生 Windows 清除对话框或者消息框并需要恢复被覆盖部分事件时,会产生 WM_PAINT 消息。它的消息处理函数原型为

```
afx_msg void OnPaint();
```

- WM_TIMER:每当计时器被触发时系统就发送 WM_TIMER 消息。它的消息处理函数原型为

```
afx_msg void OnTimer(UNIT nIDEvent);
```

其中,参数 nIDEvent 是计时器的标识符。

2. 控件消息

控件消息是指控件或其他子窗口向父窗口发送的 WM_COMMAND 消息。发送控件消息的控件使用唯一的 ID 号来识别,使用控件类来操纵。从控件传给系统的消息,其前缀的最后一个字符为 N;由系统发送给控件的消息,其前缀的最后一个字符为 M。

例如,当用户对编辑框中的文本进行修改时,编辑框将发送给父窗口一条包含控件通知码 EN_CHANGE 的 WM_COMMAND 消息。与其他标准 Windows 消息一样,控件消息也应该在视图类、窗口类中进行处理。但是,如果用户单击按钮控件,发出的控件通知消息 BN_CLICKED 将作为命令消息来处理。

3. 命令消息

命令消息是由菜单项、工具栏按钮、快捷键等用户界面对象发出的 WM_COMMAND 消息。命令消息与其他消息不同,它可以被更广泛的对象(例如文档、文档模板、应用程序对象、窗口和视图等)处理。

2.3.2   MFC 消息映射机制

MFC 采用消息映射来处理消息。这种消息映射机制包括一组消息映射宏,用于把一个 Windows 消息和其消息处理函数联系起来。MFC 应用程序框架提供了消息映射功能,所有从 CCmdTarget 类派生出来的类都能够拥有自己的消息映射。

与 MFC 消息映射机制有关的宏有 3 个,即 DECLARE_MESSAGE_MAP()宏、BEGIN_MESSAGE_MAP(MyClass,MybaseClass)宏和 END_MESSAGE_MAP()宏。

为了使用消息映射宏,首先在类定义的结尾用 DECLARE_MESSAGE_MAP()宏来声明使用消息映射,该宏表示在为各个处理函数所写的类声明之后存在消息映射条目,这些函数是该类的成员函数。然后在类的实现源文件中用 BEGIN_MESSAGE_MAP()和 END_MESSAGE_MAP()宏来定义消息映射。MFC 应用程序 MESSAGE_MAP 消息映射的形式如下:

```
BEGIN_MESSAGE_MAP(MyClass, MybaseClass)
    ON_...                              //MFC 预定义消息映射宏
    ON_MESSAGE(message, memberFun)      //用户自定义消息映射宏
END_MESSAGE_MAP()
```

其中,MyClass 是拥有消息映射的派生类名,MybaseClass 是其基类名。对于不同类型的消息,消息映射宏的格式及参数是不同的,见表 2.9。

表 2.9　消息映射宏的格式及参数

消 息 类 型	宏 格 式	参 数
标准 Windows 消息	ON_WM_XXX	无
命令消息	ON_COMMAND	命令消息 ID,消息处理函数名
用户界面更新命令消息	ON_UPDATE_COMMAND_UI	命令消息 ID,消息处理函数名
控件通知消息	ON_CONTROL	控件消息 ID,消息处理函数名
用户自定义消息	ON_MESSAGE	自定义消息 ID,消息处理函数名
已注册用户自定义消息	ON_REGISTERED_MESSAGE	自定义消息 ID,消息处理函数名
命令 ID 的范围	ON_COMMAND_RANGE	连续范围内命令 ID 的开始和结束
更新命令 ID 的范围	ON_UPDATE_COMMAND_UI_RANGE	连续范围内命令 ID 的开始和结束
控件 ID 的范围	ON_CONTROL_RANGE	控件通知码和连续范围内命令 ID 的开始和结束

视频讲解

【例 2.2】　使用类向导工具为例 2.1 中生成的应用程序 Li2_1 添加鼠标右键按下消息,即 WM_RBUTTONDOWN 消息,并为 File 菜单下的 Open 菜单命令添加消息处理函数。在两个消息处理函数中分别添加输出信息,分析类向导所进行的消息映射。

其操作步骤如下:

(1) 启动 Visual Studio IDE,单击"开始"界面中的"打开项目或解决方案"选项,打开 chap02 解决方案。

(2) 切换到项目 Li2_1 的"类视图"窗口,右击窗口中的视图类 Li21View,在弹出的快捷菜单中选择"类向导"菜单命令,打开 MFC 的类向导工具。

(3) 切换到"消息"选项卡,选择 WM_RBUTTONDOWN 消息,单击类向导工具窗口右边的"添加处理程序"按钮,为该消息添加处理函数。从窗口的"现有处理函数"列表框中可以看到,系统为处理函数取名为 OnRButtonDown。单击窗口右边的"编辑代码"按钮,为该消息处理函数添加输出提示信息的代码。

```
void CLi21View::OnRButtonDown(UINT nFlags, CPoint point)
{
```

```
        //TODO: 在此添加消息处理程序代码或调用默认值
MessageBox(L"鼠标右键被按下!",L"消息框",MB_ICONEXCLAMATION|MB_OKCANCEL);
        CView::OnRButtonDown(nFlags, point);
    }
```

（4）添加"文件"|"打开"菜单命令消息。再次通过右击视图类 CLi21View 打开类向导工具，选择"命令"选项卡下"对象 ID"列表框中的 ID_FILE_OPEN，在"消息"列表框中选择 COMMAND。单击类向导工具窗口右边的"添加处理程序"按钮，弹出"添加成员函数"对话框，为消息处理函数命名。单击"确定"按钮接受系统默认函数名 OnFileOpen，为该消息处理函数添加输出提示信息的代码。

```
void CLi21View::OnFileOpen()
{
    //TODO: 在此添加命令处理程序代码
    MessageBox(L"File|Open 菜单命令被单击!",
    L"消息框",MB_ICONEXCLAMATION|MB_OKCANCEL);
}
```

（5）切换到"解决方案资源管理器"窗口，展开项目 Li2_1 的"源文件"文件夹，双击打开 Li2_1View.cpp 文件。该文件的消息映射表如下：

```
BEGIN_MESSAGE_MAP(CLi21View, CView)
    //标准打印命令
    ON_COMMAND(ID_FILE_PRINT, &CView::OnFilePrint)
    ON_COMMAND(ID_FILE_PRINT_DIRECT, &CView::OnFilePrint)
    ON_COMMAND(ID_FILE_PRINT_PREVIEW, &CView::OnFilePrintPreview)
    ON_WM_RBUTTONDOWN()
    ON_COMMAND(ID_FILE_OPEN, &CLi21View::OnFileOpen)
END_MESSAGE_MAP()
```

从上述代码可以看出，消息映射表由 BEGIN_MESSAGE_MAP(CLi21View, CView) 宏开始，以 END_MESSAGE_MAP() 宏结束。它们之间集中了 CLi21View 类的所有消息映射宏。

上述消息映射表中包含了 5 条消息映射宏，其中 ON_WM_RBUTTONDOWN() 为 MFC 预定义窗口消息映射宏，不带参数；其余的为命令消息映射宏，它们都带两个参数，第一个表示命令消息的 ID 号，第二个是消息处理函数的函数名。

（6）用与步骤（5）相同的方法打开头文件 Li21View.h。可以看到，在文件的末尾类向导工具对添加的消息映射函数进行了声明，使用的是 DECLARE_MESSAGE_ MAP() 宏。代码如下：

```
//生成的消息映射函数
protected:
    DECLARE_MESSAGE_MAP()
public:
    afx_msg void OnRButtonDown(UINT nFlags, CPoint point);
    afx_msg void OnFileOpen();
```

2.3.3　自定义消息处理

从前面的分析了解到，"类向导"是一个非常强大的有用的工具，能自动为用户添加一个消息映射关系，而用户只需编写该消息发生响应的函数即可。在利用 MFC 编程时一般直接用类向导工具添加消息和消息处理函数，有时需要程序员通过在相应层次上定义消息和消息处理函数来实现自己程序的功能，这时就需要自己定义消息名、分配 ID 值及完成消息映射的工作。

Windows 将所有的消息值分为 4 段：0x0000～0x03FF 段用于 Windows 系统消息；0x0400～0x7FFF 段用于用户自定义的窗口消息；0x8000～0xBFFF 段为 Windows 保留值；0xC000～0xFFFF 段用于应用程序的字符串消息。

常量 WM_USER（为 0x0400）与第一个自定义消息值相对应，用户必须为自己的消息定义相对于 WM_USER 的偏移值。利用♯define 语句直接定义自己的消息，代码如下：

```
#define WM_MYMESSAGE WM_USER + 3      //自定义消息 WM_MYMESSAGE
```

另外也可以调用窗口消息注册函数 RegisterWindowMessage() 来定义一个 Windows 消息，由系统分配消息一个整数值。该函数的原型为

```
UINT RegisterWindowMessage(LPCTSTR lpString);
```

其中，参数 lpString 是要定义的消息名，调用成功后将返回该消息的 ID 值。

下面用一个具体实例来说明自定义消息的定义、发送及处理函数的调用方法。

视频讲解

【例 2.3】　编写一个自定义消息应用程序，并添加 WM_RBUTTONDOWN 消息。当程序运行时，用户在视图窗口中右击，则调用自定义消息处理函数，弹出消息框输出文本"自定义消息 WM_MYMESSAGE 的处理函数被调用！"。

其操作步骤如下：

（1）使用"MFC 应用"项目模板，在解决方案 chap02 中创建一个单文档应用程序，项目名称为 Li2_3。

（2）采用例 2.2 的方法为该应用程序添加 WM_RBUTTONDOWN 消息映射。

（3）打开头文件 Li23View.h，在其开始位置添加如下代码定义一个自定义消息 WM_MYMESSAGE。

```
#define WM_MYMESSAGE WM_USER + 1
```

（4）在头文件 CLi23View.h 的末尾声明自定义消息处理函数 OnMyMessage()。

```
afx_msg LRESULT OnMyMessage(WPARAM wParam,LPARAM lParam);
```

（5）打开实现文件 CLi23View.cpp，在消息映射表中添加自定义消息映射宏。

```
ON_MESSAGE(WM_MYMESSAGE,OnMyMessage)
```

（6）在文件 Li23View.cpp 中手工添加 OnMyMessage() 函数实现代码，完成文本的输出。

```
LRESULT CLi23View::OnMyMessage(WPARAM wParam,LPARAM lParam)
```

```
{
    MessageBox(L"自定义消息 WM_MYMESSAGE 的处理函数被调用!");
    return 0;
}
```

（7）打开 WM_RBUTTONDOWN 消息的处理函数 OnRButtonDown()，在该函数中添加如下代码发送自定义消息。

```
SendMessage(WM_MYMESSAGE);
```

（8）编译、链接并运行程序。在视图窗口中右击，即可显示要输出的文本。

2.4 程 序 调 试

程序调试是程序设计中一个很重要的环节，一个程序一般要经过很多次调试才能保证其基本正确。程序调试分为源程序语法错误的修改和程序逻辑设计错误的修改两个阶段，编译器只能找出源程序的语法错误，程序的逻辑设计错误只能靠程序员利用调试工具手工检查和修改。

2.4.1 查找源程序中的语法错误

语法错误分为一般错误（error）和警告错误（warning）。当出现 error 错误时将不会产生可执行程序，而出现 warning 错误时能够生成可执行程序，但程序运行时可能发生错误，严重的 warning 错误还会引起死机现象。warning 错误比 error 错误更难修改，在编程时应该尽量消除 warning 错误。

如果程序有语法错误，则在执行编译、链接命令时 Visual C++编译器将在输出窗口中给出语法错误提示信息，但链接错误提示信息不能给出错误发生的具体位置。

在输出窗口中双击错误提示信息或按 F4 键可以返回到源程序编辑窗口，并通过一个箭头符号定位到产生错误的语句。

在运行阶段，当运行环境检测到一个不可能执行的操作时也会发生错误，例如除零错误。当不可预料的事情发生时，或者在程序中一条语句不能正常执行时发生运行错误。这种错误在应用程序开始执行之后发生。

需要说明的是，编译器给出的错误提示信息可能不十分准确，并且一处错误往往会引出若干条错误提示信息，因此修改一个错误后最好马上进行程序的编译。通过重复的编译可使程序中的语法错误越来越少，直到所有的语法错误都被修改，从而得到一个可执行程序。

2.4.2 调试器

为了查找和修改程序中的逻辑设计错误，Visual Studio IDE 提供了重要的调试工具——Debug（调试器）。

选择 IDE 的"调试"|"开始调试"菜单命令，可以启动调试器。在非调试状态下，IDE 的"调试"菜单中有"开始调试""逐过程""逐语句"及"附加到进程"菜单命令，它们的快捷键及其功能见表 2.10。

表 2.10　"调试"菜单中的菜单命令、快捷键及其功能

菜单命令	快捷键	功能
开始调试	F5	开始或继续调试程序,到某个断点、程序的结束或需要用户输入的地方停止
逐过程	F10	单步执行程序中的每一个指令,不能进入被调用函数的内部
逐语句	F11	单步执行程序中的每一个指令,能进入被调用函数的内部
附加到进程	Ctrl+Alt+P	将调试器与一个正在运行的进程相连接

　　调试过程开始后,"调试"菜单中的菜单命令会发生一些变化,同时出现一个可停靠的调试工具栏和一些调试窗口,如图 2.13 所示。将光标放在程序中的某个变量名上,它的当前值就会显示出来。在调试状态下,"调试"菜单上有许多菜单命令可以控制程序的执行,见表 2.11。在调试窗口中,"自动窗口"显示当前语句或前一条语句中变量的值和函数的返回值,其中的 this 节点以树形方式显示当前类对象的所有数据成员,单击"+"号可展开 this 指针所指的对象;"局部变量"窗口中显示当前函数中局部变量的名称、值和类型;"监视"窗口用于观察和修改变量或表达式的值。

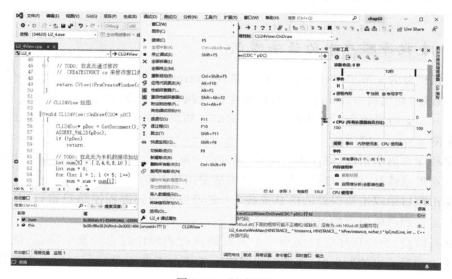

图 2.13　调试界面

表 2.11　调试状态下"调试"菜单中的菜单命令、快捷键及其功能

菜单命令	快捷键	功能
继续	F5	与非调试状态下"开始调试"菜单命令的功能相同
重新启动	Ctrl+Shift+F5	重新开始执行程序,并处于调试状态
停止调试	Shift+F5	终止程序的调试,返回到程序的编辑状态
逐语句	F11	与非调试状态下"逐语句"菜单命令的功能相同
逐过程	F10	单步执行,当遇到一个函数的调用时,该函数被执行,但并不进入该函数的内部
跳出	Shift+F11	运行到当前函数调用返回后的第一条语句。使用这个菜单命令能在已确定错误不在当前函数中时快速地执行完此函数

续表

菜 单 命 令	快 捷 键	功 能
切换断点	F9	设置/删除断点切换
新建断点		新建断点,包括函数断点和数据断点两种类型
删除所有断点	Ctrl+Shift+F9	删除所有的断点
禁用所有断点		禁止使用所有断点

2.4.3 跟踪调试程序

即使源程序没有语法错误,但最后生成的可执行程序也没有像程序设计要求的那样运行,这类程序设计上的错误被称为逻辑设计错误或缺陷(bug)。跟踪调试程序是查找此类逻辑设计错误方法中最常采用的动态方法。跟踪调试的基本原理就是在程序运行过程的某一阶段观测程序的状态。在一般情况下程序是连续运行的,所以必须使程序在某一点停下来。首先要做的就是设立断点,然后运行程序,当程序在断点处停下来时再利用各种工具观测程序的状态。程序在断点处停下来后,有时需要按用户要求控制程序的运行,以便进一步观测程序的流向。

1. 设置断点

利用 Visual Studio IDE 提供的集成调试环境可以设置从简单到复杂的各种断点。在调试状态下选择"调试"|"切换断点"菜单命令,可以在光标处设置一个"位置"类型的断点,该类断点是最常用的无条件断点,也是默认的断点类型。程序执行时若遇到这种断点,只是简单地停下来。如果选择"调试"|"新建断点"下的菜单命令,可以设置"函数"类型或"数据"类型的新断点,如图 2.14 所示。

图 2.14　设置数据断点

2. 控制程序的运行

当设置完断点后,程序就可以进入调试状态,并按要求控制程序的运行,其中有 4 条命令。

- 逐过程:运行当前箭头指向的代码(只运行一条代码)。
- 逐语句:如果当前箭头所指的代码是一个函数的调用,则用该命令进入函数并进行单步执行。
- 跳出:如果当前箭头所指的代码在某一函数内部,用它可使程序运行至函数的返回处。
- 继续:使程序运行至下一个断点处。

可以通过单击工具栏上的按钮或使用快捷键来控制程序的运行。

3. 观察数据的变化

在调试过程中,用户可以通过"监视"窗口、"自动窗口"和"局部变量"窗口查看当前变量的值。这些信息可以反映程序运行过程中的状态变化以及变化结果正确与否,可以反映程序是否有错,再加上人工分析,就可以发现错误之所在。

下面通过例子说明如何利用调试器跟踪调试程序。

视频讲解

【例 2.4】 编写一个 SDI 单文档应用程序 Li2_4,求 2～10 中偶数的和,并在视图中输出计算结果。

其操作步骤如下:

(1)使用"MFC 应用"项目模板,在解决方案 chap02 中创建一个单文档应用程序,项目名称为 Li2_4。

(2)打开项目 Li2_4 的 ClassView 类视图,双击打开 CLi24View 的 OnDraw() 函数,并添加以下代码。

```
void CLi24View::OnDraw(CDC * pDC)
{
    CLi24Doc * pDoc = GetDocument();
    ASSERT_VALID(pDoc);
    if(!pDoc)
        return;
    //TODO: 在此处为本机数据添加绘制代码
    int num[5] = {2,4,6,8,10};
    int sum = 0;
    for(int i = 1;i < = 5;i++)
    sum = sum + num[i];                          //求和
    CString strSum;                              //将 int 型数据转换为 Cstring 型
    strSum.Format(" % d",sum);
    pDC -> TextOut(0,0,"2～10 中偶数的和是: " + strSum); //输出结果
}
```

(3)编译、链接并运行程序,结果如图 2.15 所示。

图 2.15 Li2_4 程序的运行结果

(4)调试程序。

从图 2.15 中可以看出,程序没有按要求输出结果。为了找到错误之所在,首先应该跟踪求和函数 OnDraw()。按 F9 键在 OnDraw() 函数中设置如图 2.16 所示的断点。

图 2.16 设置断点

按 F5 键启动调试器并使程序运行到断点处暂停,然后通过不断按 F10 键单步跟踪执行程序,同时在"自动窗口"中观察各个变量的实际值。我们发现当 i=1 时,num[i]的值为4,sum 的值为4,这不是原意所要求的2和2,如图 2.17 所示。

图 2.17 变量的实际值

继续单步执行,当 i=5 时,num[i]=-858993460,sum=-858993432,这更不是程序所设置的参数。

仔细分析不难发现,在引用数组元素时忽略了 C++ 中数组的下标应该从 0 开始这样一个规定,当 i=5 时已经出现了越界错误。将 for 语句修改为

MFC 应用程序概述

```
for( int i = 0;i < 5;i++)
```

重新编译、链接并运行程序,程序输出正确的结果,如图 2.18 所示。

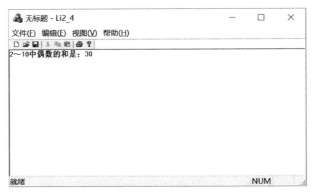

图 2.18 Li2_4 程序的正确结果

2.4.4 MFC 调试宏

为了快速地查找程序设计中的错误,MFC 提供了一些跟踪和断言宏,其中常用的有 TRACE、ASSERT 和 ASSERT_VALID 等。

1. TRACE 宏

TRACE 宏在调试窗口中输出变量的值,它采用类似于 printf 和 CString::Format() 成员函数的字符串格式化语法,在 TRACE 宏中可以使用各种 MFC 类。例如:

```
int m_age = 20;
CString m_name(L"why");
TRACE(L"Name = % s,Age = % d\n", m_name, m_age);
```

在调试窗口中输出下列语句并换行。

```
Name = why, Age = 20
```

2. ASSERT 宏

ASSERT 宏的语法如下:

```
ASSERT(<条件表达式>);
```

如果条件表达式的结果为真,则程序继续运行;如果结果为假,则在该语句行处终止程序的运行,并弹出一个对话框,显示程序终止的行及所在文件的信息。下面一段代码展示了如何使用 ASSERT 宏来校验传递进来的参数。

```
void test(char *  p, int size)
{
    ASSERT(p!= 0);                                    //判断是否提供了缓冲区
    ASSERT( size > = 100);                            //判断缓冲区是否大于 100 字节
    //继续执行
}
```

3. ASSERT_VALID 宏

ASSERT_VALID 宏的语法如下：

```
ASSERT_VALID (<指针>);
```

ASSERT_VALID 宏用于检查指针和对象的有效性。对于一般指针，只检查指针是否为空；对于 MFC 类对象指针，还需调用 CObject::AssertValid() 成员函数判断对象的合法性。ASSERT_VALID 宏提示指针和对象无效的方式与 ASSERT 宏一样，使用提示对话框输出错误信息。

ASSERT_VALID 宏对 CObject 的派生类的校验更为简单。例如：

```
void CMView::test(CYView * pView)          //CMView 和 CYView 是 CObject 的派生类
{
    ASSERT_VALID(this);
    ASSERT_VALID(pView);
    //继续执行
}
```

2.4.5 Dump() 调试函数

Dump() 函数是 CObject 类的一个成员函数，调用该函数可以输出对象内部数据成员的值。当在程序调试过程中希望检查对象内部的状态时，该函数是非常有用的。Dump() 函数使用 "<<" 操作符输出数据成员值。例如：

```
void CAge::Dump(CDumpContext &dc) const
{
    CObject:: Dump(dc);
    dc <<"Age = "<< m_ages;
}
```

其中，dc 是一个 CDumpContext 类型的引用，有关 CDumpContext 的知识参见 MSDN。

2.5 应 用 实 例

2.5.1 实例简介

编写一个单文档应用程序 Sy2，程序运行后，首先在视图窗口中输入文本，然后通过键盘上的光标键控制该文本向左、向右、向上和向下 4 个方向移动。

2.5.2 创建过程

1. 创建项目

使用 "MFC 应用" 项目模板生成一个单文档应用程序 Sy2。

2. 添加成员变量

为视图类 CSy2View 添加成员变量，用于存放输入的文本及文本输出的起始位置，见表 2.12。

表 2.12 成员变量及其作用

访 问 权 限	类 型	变 量 名	作 用
public	CString	m_string	存放用户输入的文本
public	int	x	文本输出的起始位置的横坐标
public	int	y	文本输出的起始位置的纵坐标

3. 初始化成员变量

在视图类 CSy2View 的构造函数中添加以下代码初始化成员变量。

```
CSy2View::CSy2View()
{
    X = 50;                                    //设置文本输出的起始位置为(50,50)
    Y = 50;
    m_string.Empty();                          //文本置空
}
```

4. 添加 WM_CHAR 字符消息处理函数

用类向导工具为视图类 CSy2View 添加 WM_CHAR 字符消息处理函数 OnChar(),并在该函数中添加以下代码。

```
void CSy2View::OnChar(UINT nChar, UINT nRepCnt, UINT nFlags)
{
    //TODO: 在此添加消息处理程序代码或调用默认值
    CString str;
    str.Format(L"%c", nChar);
    m_string += nChar;                         //接收用户输入的字符
    Invalidate();                              //更新视图窗口,显示字符
    CView::OnChar(nChar, nRepCnt, nFlags);
}
```

5. 添加 WM_KEYDOWN 键盘消息处理函数

用类向导工具为视图类 CSy2View 添加 WM_KEYDOWN 按键消息处理函数 OnKeyDown(),并在该函数中添加以下代码。

```
void CSy2View::OnKeyDown(UINT nChar, UINT nRepCnt, UINT nFlags)
{
    switch(nChar)
    {
    case VK_LEFT:                              //光标左键
        x--;
        break;
    case VK_RIGHT:                             //光标右键
        x++;
        break;
    case VK_UP:                                //光标上键
        y--;
        break;
    case VK_DOWN:                              //光标下键
        y++;
```

```
    }
    Invalidate();                                    //更新视图窗口,重新显示文本
    CView::OnKeyDown(nChar, nRepCnt, nFlags);
}
```

6. 输出文本

在视图类 CSy2View 的 OnDraw()函数中添加以下代码。

```
void CSy2View::OnDraw(CDC * pDC)
{
    CSy2Doc * pDoc = GetDocument();
    ASSERT_VALID(pDoc);
    if(!pDoc)
        return;
    //TODO: 在此处为本机数据添加绘制代码
    pDC -> TextOut(x,y,m_string);                    //从(x,y)位置开始输出文本 m_string
}
```

编译、链接并运行程序。用户首先在视图中输入文本,然后通过光标键使文本向左、右、上和下 4 个方向移动,结果如图 2.19 所示。

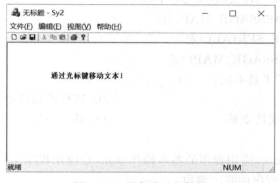

图 2.19　程序的运行结果

习　题

1. 填空题

(1) MFC 的全称是_____。

(2) Windows 是一个基于_____的消息驱动系统。

(3) 句柄是 Windows 使用的一种无重复整数,主要用来_____。

(4) 利用"MFC 应用"项目模板可以创建 3 种类型的应用程序,即_____、_____和_____。

(5) 一个单文档的 MFC 应用程序框架一般包括 5 个类,它们分别是_____、_____、_____、_____和_____。

(6) Windows 消息主要有 3 种类型,即_____、_____和_____。

(7) MFC 采用_____机制来处理消息。

（8）CWinApp 类提供_____个成员函数来实现传统 SDK 应用程序 WinMain()函数完成的工作。

2. 选择题

（1）Windows 应用程序是按照（   ）的机制运行的。

  A. 事件→消息→处理   B. 消息→事件→处理

  C. 事件→处理→消息   D. 以上都不对

（2）下面的（   ）不是"MFC 应用"项目模板的向导窗口。

  A. 应用程序类型   B. 文档模板属性

  C. 用户界面功能   D. 项目属性

（3）下列对 MFC 类的描述中，（   ）是错误的。

  A. 应用程序类 CWinApp 是 CWinThread 类的子类

  B. 窗口类 CWnd 提供了 MFC 中所有窗口类的基本功能

  C. CView 类是 CWnd 类的子类

  D. CDocTemplate 类是 Template 类的子类

（4）（   ）不是与 MFC 消息映射机制有关的宏。

  A. DECLARE_MESSAGE_MAP()宏

  B. BEGIN_MESSAGE_MAP()宏

  C. DECLARE_SERIAL()宏

  D. END_MESSAGE_MAP()宏

（5）利用"类向导"工具不能（   ）。

  A. 建立新类   B. 进行消息映射

  C. 增加类的成员变量   D. 插入资源

3. 判断题

（1）窗口是 Windows 应用程序的基本操作单元，是应用程序与用户之间交互的接口环境，也是系统管理应用程序的基本单位。（   ）

（2）所有的 Windows 应用程序都是消息驱动的。（   ）

（3）所有的 Windows 应用程序都是用"MFC 应用"项目模板创建的。（   ）

（4）在使用"MFC 应用"项目模板创建应用程序框架时，向导生成的文件名和类名是不可更改的。（   ）

（5）消息映射是将消息处理函数与它要处理的特定消息连接起来的一种机制。（   ）

（6）命令消息是由菜单项、工具栏按钮、快捷键等用户界面对象发出的 WM_COMMAND 消息。（   ）

（7）在利用 MFC 编程时，所有的消息与消息处理函数的添加都必须使用"类向导"工具来完成。（   ）

（8）WinMain()函数是所有 Windows 应用程序的入口。（   ）

（9）用 F9 键既可设置断点，又可取消断点。（   ）

（10）在调试程序时会同时出现"局部变量"窗口和"监测"窗口。（   ）

4. 简答题

（1）简述 MFC 应用程序的执行过程。

（2）简述文档/视图与其他类对象的关系。

（3）简述 MFC 消息映射机制。

（4）WM_LBUTTONDOWN 消息的消息映射宏和消息处理函数是什么？

（5）如何自定义消息？如何发送自定义消息？

5．操作题

（1）编写一个单文档应用程序，当单击时在消息窗口中显示"鼠标左键被按下！"，当右击时显示"鼠标右键被按下！"。

（2）编写一个单文档应用程序，在视图窗口中显示自己的姓名和班级。

（3）编写一个单文档应用程序，当按下"A"键时在消息窗口中显示"输入字符 A！"。

（4）按例 2.4 上机练习程序的调试。

第3章 图形与文本

Windows 是一个图形操作系统，Windows 使用图形设备接口（GDI）进行图形和文本的输出。MFC 封装了 GDI 对象，提供 CGdiObject 类和 CDC 类来支持图形和文本的输出。

本章介绍有关图形处理的基本原理，并结合实例介绍使用 CGdiObject 类和 CDC 类在视图中输出简单图形、文本的方法和技巧。

3.1 图形设备接口和设备环境

3.1.1 图形设备接口

Windows 提供了一个称为图形设备接口（Graphics Device Interface，GDI）的抽象接口。GDI 作为 Windows 的重要组成部分，负责管理用户进行绘图操作时功能的转换。用户通过调用 GDI 函数与设备打交道，GDI 通过不同设备提供的驱动程序将绘图语句转换为对应的绘图指令，避免了用户直接对硬件进行操作，从而实现设备无关性。

Windows 引入 GDI 的主要目的是实现设备无关性。所谓设备无关性，是指操作系统屏蔽了硬件设备的差异，使用户编程时一般无须考虑设备的类型，例如不同种类的显示器或打印机。当然，实现设备无关性的另一个重要环节是设备驱动程序。不同设备根据其自身不同的特点（例如分辨率和色彩数目）提供相应的驱动程序。图 3.1 描述了 Windows 应用程序的绘图过程。

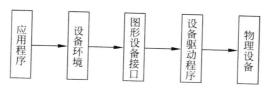

图 3.1 Windows 应用程序的绘图过程

应用程序可以使用 GDI 创建 3 种类型的图形输出，即矢量图形输出、光栅图形输出和文本。

1. 矢量图形输出

矢量图形输出是指画线和填充图形，包括点、直线、曲线、多边形、扇形和矩形等。

2. 光栅图形输出

光栅图形输出是指用光栅图形函数对以位图形式存储的数据进行操作，它包括各种位图和图标的输出。在屏幕上表现为对若干行和列的像素操作，在打印机上则是若干行和列的点阵输出。光栅图形是直接从内存到显存的复制操作，所以速度快，但是对内存的大小要求高。

3. 文本

与在 DOS 下输出文本的方式不同,Windows 中的文本是按图形方式输出的。这样,在输出文本时对输出位置的计算不是以行为单位,而是以逻辑坐标为单位进行计算,这比 DOS 下文本的输出要难一些。但用户可以设置文本的各种效果,例如加粗、斜体、设置颜色等。

3.1.2 设备环境

为了体现 Windows 的设备无关性,应用程序的输出不直接面向显示器或打印机等物理设备,而是面向一个称为设备环境(Device Context,DC)的虚拟逻辑设备。设备环境也称为设备描述表或设备上下文。设备环境是由 GDI 创建用来代表设备连接的数据结构。DC 的功能主要有以下几种:

(1) 允许应用程序使用一个输出设备。

(2) 提供 Windows 应用程序、设备驱动和输出设备之间的连接。

(3) 保存当前信息,例如当前的画笔、画刷、字体和位图等图形对象及其属性,以及颜色和背景等影响图形输出的绘图模式。

(4) 保存窗口剪切区域(Clipping Region),限制程序输出到输出设备中窗口覆盖的区域。

3.1.3 设备环境类

1. 设备环境类 CDC 及其功能

MFC 封装了 DC,提供 CDC 类及其子类以访问 GDI。MFC 提供的设备环境类包括 CDC、CClientDC、CMetaFileDC、CPaintDC 和 CWindowDC 等,其中 CDC 类是 MFC 设备环境类的基类,其他 MFC 设备环境类都是 CDC 类的派生类,如图 3.2 所示。表 3.1 给出了这几个设备环境类的功能。

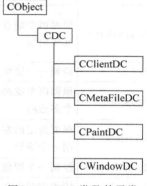

图 3.2 CDC 类及其子类

表 3.1 设备环境类的功能

设备环境类	功能描述
CDC	所有设备环境类的基类,对 GDI 的所有绘图函数进行了封装;可用来直接访问整个显示器或非显示设备(如打印机等)的上下文
CClientDC	代表窗口客户区的设备环境,一般在响应非窗口消息并对客户区绘图时要用到该类
CMetaFileDC	代表 Windows 图元文件的设备环境;一个 Windows 图元文件包括一系列的图形设备接口命令,可以通过重放这些命令来创建图形;对 CMetaFileDC 对象进行的各种绘制操作可以被记录到一个图元文件中
CPaintDC	CPaintDC 用于响应窗口重绘消息(WM_PAINT)的绘图输出,不仅可以对客户区进行操作,还可以对非客户区进行操作
CWindowDC	代表整个窗口的设备环境,包括客户区和非客户区;除非要自己绘制窗口边框和按钮,否则一般不用它

2. 设备环境类 CDC 的一些常用函数

CDC 类提供了基本的绘图操作函数,例如画点、画线、画圆、画矩形、画多边形等。表 3.2

列出了一些常用函数及其功能,其他绘图函数的使用可以查阅 MSDN。

表 3.2　设备环境类 CDC 的一些常用函数

函　数	功　能	举　例
Arc()	根据指定的矩形绘制内切椭圆上的一段弧	pDC-> Arc(20,200,200,300,200,250,20,200);
Chord()	绘制弦形,弦形是一条椭圆弧和其对应的弦所组成的封闭图形	pDC-> Chord(420,120,540,240,520,160,420,180);
Ellipse()	根据指定的矩形绘制一个内切圆或椭圆	CRect rect(0,0,100,100); pDC-> Ellipse(&rect);　　//在矩形内画圆 CRect rect(0,0,50,100); pDC-> Ellipse(&rect);　　//在矩形内画椭圆
LineTo()	从当前位置到指定位置画一条直线	pDC-> LineTo(100,100);
MoveTo()	移动当前位置到指定的坐标	pDC-> MoveTo(0,0);
Polyline()	绘制连接指定点的折线段	POINT pt[3]={{10,100},{50,60},{120,80}}; pDC-> Polyline(pt,3);
PolyBezier()	根据两个端点和两个控制点绘制贝塞尔曲线	POINT pt[4]={{10,100},{50,60},{120,80},{150,160}}; pDC-> PolyBezier(pt,4);
Pie()	绘制一个饼块	pDC-> Pie(420,120,540,240,520,160,420,180);
Polygon()	根据两个或两个以上的顶点绘制一个多边形	POINTpt[3]={{10,100},{50,60},{120,80}}; pDC-> Polygon(pt,3);
Rectangle()	根据指定的左上角和右下角坐标绘制一个矩形	CRect rect(0,0,100,100); pDC-> Rectangle(&rect);
RoundRect()	绘制一个圆角矩形	pDC-> RoundRect(400,30,550,100,20,20);
SetPixel()	用指定颜色在指定坐标画一个点	pDC-> SetPixel(CPoint(200,200),RGB(255,0,0));

3.1.4　颜色的设置

在绘制图形和图像时,颜色是一个重要的因素。Windows 用 COLORREF 类型的数据存放颜色,它实际上是一个 32 位整数。任何一种颜色都是由红、绿、蓝 3 种基本颜色组成的,COLORREF 类型数据的低位字节存放红色强度值,第 2 个字节存放绿色强度值,第 3 个字节存放蓝色强度值,高位字节为 0,每一种颜色分量的取值范围为 0~255。如果显卡能支持,用户利用 COLORREF 数据类型定义颜色的种类可以超过 1600 多万种。

直接设置 COLORREF 类型的数据不太方便。MFC 提供了 RGB 宏,用于设置颜色,它将其中的红、绿、蓝分量值转换为 COLORREF 类型的颜色数据,其使用形式为

```
RGB(byRed,byGreen,byBlue)
```

其中,参数 byRed、byGreen 和 byBlue 分别表示红、绿、蓝分量值(范围为 0~255)。例如,RGB(0,0,0)表示黑色,RGB(255,0,0)表示红色,RGB(0,255,0)表示绿色,RGB(0,0,255)表示蓝色。表 3.3 列出了一些常用颜色的 RGB 值。

表 3.3　常用颜色的 RGB 值

颜　　色	RGB 值	颜　　色	RGB 值
黑色	0,0,0	深青色	0,128,128
白色	255,255,255	红色	255,0,0
蓝色	0,0,255	深红色	128,0,0
深蓝色	0,0,128	灰色	192,192,192
绿色	0,255,0	深灰色	128,128,128
深绿色	0,128,0	黄色	255,255,0
青色	0,255,255	深黄色	128,128,0

很多涉及颜色的 GDI 函数都需要使用 COLORREF 类型的参数,例如设置背景色的成员函数 CDC::SetBkColor()、设置文本颜色的成员函数 CDC::SetTextColor()。

下面的代码说明如何使用 RGB 宏。

```
COLORREF rgbBkClr = RGB(192,192,192);          //定义灰色
pDC -> SetBkColor(rgbBkClr);                    //背景色为灰色
pDC -> SetTextColor(RGB(0,0,255));              //文本颜色为蓝色
```

3.1.5　获取设备环境

在绘图前必须准备好设备环境。设备环境不像其他 Windows 结构,在程序中不能直接存取,只能通过系统提供的一系列函数或使用设备环境句柄 HDC 来间接地获取或设置设备环境结构中的各项属性,这些属性包括显示器的高度和宽度、支持的颜色数及分辨率等。

1. 传统的 SDK 获取设备环境的方法

如果采用传统的 SDK 方法编程,获取设备环境的方法有两种:在 WM_PAINT 消息处理函数中通过调用 API 函数 BeginPaint() 获取设备环境,在消息处理函数返回前调用 API 函数 EndPaint() 释放设备环境;如果绘图操作不是在 WM_PAINT 消息处理函数中,需要通过调用 API 函数 GetDC() 获取设备环境,调用 API 函数 ReleaseDC() 释放设备环境。

2. MFC 应用程序获取设备环境的方法

如果采用 MFC 方法编程,由于 MFC 提供了不同类型的设备环境类 CDC,每一个类都封装了设备环境句柄,并且它们的构造函数可自动调用上述获取设备环境的 Win32 API 函数,析构函数可自动调用释放设备环境的 Win32 API 函数。因此,在程序中通过声明一个 MFC 设备环境类的对象自动获取了一个设备环境,而当该对象被取消时也就自动释放了获取的设备环境。并且,通过 MFC 项目模板创建的 OnDraw() 函数自动支持所获取的设备环境,接受一个参数为指向 CDC 对象的指针。可见在一个 MFC 应用程序中获得 DC 的方法主要有两种:一种是接受一个参数为指向 CDC 对象的指针;另一种是声明一个 MFC 设备环境类的对象,并使用 this 指针为该对象赋值。

3.1.6　编程实例

掌握了上述基本知识后,就可以进行简单图形的绘制与输出。下面结合实例介绍上述知识点,进一步比较 CDC 类及其子类的用途。

【例 3.1】　编写一个单文档的 MFC 应用程序 Li3_1,利用表 3.2 中的函数绘制几种常

见的几何图形。当程序运行时,显示如图 3.3 所示的结果。

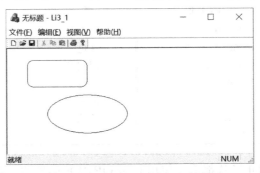

图 3.3　程序 Li3_1 的运行结果

其操作步骤如下:

(1) 创建一个名为 chap03 的解决方案,使用"MFC 应用"项目模板在该解决方案中创建一个单文档的 MFC 应用程序项目 Li3_1,项目样式选择 MFC Standard。

(2) 打开 IDE 中的"类视图"窗口,展开 CLi31View,双击打开 OnDraw() 函数,并添加如下代码。

```
void CLi31View::OnDraw(CDC * pDC)
{
    CLi31Doc * pDoc = GetDocument();
    ASSERT_VALID(pDoc);
    if(!pDoc)
        return;
    //TODO: 在此处为本机数据添加绘制代码
    pDC -> RoundRect(50,30,200,100,30,30);          //绘制圆角矩形
    pDC -> Ellipse(100,120,300,220);                //绘制椭圆
}
```

(3) 编译、链接并运行项目,结果如图 3.3 所示。

结果分析与讨论:采用第 3.1.5 节介绍的在一个 MFC 应用程序中获得 DC 的第一种方法;OnDraw() 函数自动接受一个参数为指向 CDC 对象的指针,通过该指针调用成员函数即可绘出相应的图形。

【例 3.2】　编写一个单文档的 MFC 应用程序 Li3_2,使用 CPaintDC 类完成与例 3.1 同样的功能。

视频讲解

其操作步骤如下:

(1) 打开解决方案资源管理器,使用"MFC 应用"项目模板在 chap03 解决方案中创建一个单文档的 MFC 应用程序项目 Li3_2,项目样式选择 MFC Standard。

(2) 在"解决方案资源管理器"窗口中右击项目 Li3_2,选择"类向导"菜单命令,打开"类向导"工具。使用该工具在 CLi32View 类中添加消息 WM_PAINT 的消息响应函数 OnPaint()。

(3) 在 OnPaint() 函数中添加以下代码。

```
void CLi32View::OnPaint()
{
```

```
    CPaintDC dc(this);
    //TODO: 在此处添加消息处理程序代码
    dc.RoundRect(100, 30, 250, 100, 30, 30);          //绘制圆角矩形
    dc.Ellipse(200, 100, 400, 150);                    //绘制椭圆
    //不为绘图消息调用 CView::OnPaint()
}
```

（4）编译、链接并运行程序，结果如图 3.3 所示。

结果分析与讨论：采用第 3.1.5 节介绍的在一个 MFC 应用程序中获得 DC 的第二种方法；在 OnPaint() 函数中声明一个 CPaintDC 类的对象，并使用 this 指针为该对象赋值。

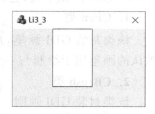
视频讲解

【例 3.3】 编写一个基于对话框的 MFC 应用程序 Li3_3，程序运行后，当用户在视图窗口中单击鼠标左键时，在窗口中绘制一个矩形。

其操作步骤如下：

（1）打开解决方案资源管理器，使用"MFC 应用"项目模板在 chap03 解决方案中创建一个基于对话框的 MFC 应用程序项目 Li3_3，设置对话框标题为"Li3_3"。

（2）打开对话框编辑器，删除主对话框中的静态文本及按钮。

（3）打开"类向导"工具，在 CLi33Dlg 类中增加消息 WM_LBUTTONDOWN 的消息响应函数 OnLButtonDown()。

（4）在函数 OnLButtonDown() 中添加以下代码。

```
void CLi33Dlg::OnLButtonDown(UINT nFlags, CPoint point)
{
    //TODO: 在此添加消息处理程序代码或调用默认值
    CClientDC dc(this);
    dc.Rectangle(100, 0, 200, 150);
    CDialogEx::OnLButtonDown(nFlags, point);
}
```

（5）编译、链接并运行程序，结果如图 3.4 所示。

结果分析与讨论：采用第 3.1.5 节中介绍的在一个 MFC 应用程序中获得 DC 的第二种方法；在 OnLButtonDown() 函数中声明一个 CClientDC 类的对象，并使用 this 指针为该对象赋值；通过该对象引用成员函数即可绘制出相应的图形；可以将 CClientDC 类对象添加到其他消息映射处理函数中，这样当处理相应消息映射时就可以绘制图形。

图 3.4 程序 Li3_3 的
运行结果

【例 3.4】 编写一个基于对话框的 MFC 应用程序 Li3_4，使用 CWindowDC 类完成与例 3.3 同样的功能。

其操作步骤如下：

（1）打开解决方案资源管理器，使用"MFC 应用"项目模板在 chap03 解决方案中创建一个基于对话框的 MFC 应用程序项目 Li3_4，设置对话框标题为"Li3_4"。

（2）打开对话框编辑器，删除主对话框中的静态文本及按钮。

（3）打开"类向导"工具，在 CLi34Dlg 类中增加消息 WM_LBUTTONDOWN 的消息响应函数 OnLButtonDown()。

视频讲解

第 3 章

图形与文本

（4）在函数 OnLButtonDown()中添加以下代码。

```
void CLi34Dlg::OnLButtonDown(UINT nFlags, CPoint point)
{
    //TODO: 在此添加消息处理程序代码或调用默认值
    CWindowDC dc(this);
    dc.Ellipse(100, 0, 200, 150);
    CDialogEx::OnLButtonDown(nFlags, point);
}
```

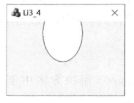

图 3.5　程序 Li3_4 的
运行结果

（5）编译、链接并运行程序，结果如图 3.5 所示。

结果分析与讨论：运行后得到一个超出窗口客户区域的椭圆；CWindowDC 类与 CClientDC 类相似，最大的不同就是 CWindowDC 在整个应用程序窗口上画图；除非要自己绘制窗口边框和按钮，否则一般不使用它。

可见 CPaintDC、CClientDC 与 CWindowDC 有一个共同的特点，就是需要使用某个窗口对象定义设备环境。

3.2　GDI 对象类

在默认状态下，当用户创建一个设备环境并在其中绘图时，系统使用设备环境默认的绘图工具及其属性。如果要使用不同风格和颜色的绘图工具进行绘图，用户必须重新为设备环境设置自定义的画笔和画刷等绘图工具。这些绘图工具统称为 GDI 对象。

GDI 对象是 Windows 图形设备接口的抽象绘图工具。除了画笔和画刷以外，其他 GDI 对象还包括字体、位图和调色板。MFC 对 GDI 对象进行了很好的封装，提供了封装 GDI 对象的类，例如 CPen、CBrush、CFont、CBitmap 和 CPalette 等，这些类都是 GDI 对象类 CGdiObject 的派生类，它们的继承关系如图 3.6 所示。

1. CPen 类

该类封装 GDI 画笔，用于绘制对象的边框以及直线和曲线。默认的画笔用于绘制与一个像素等宽的黑色实线。

2. CBrush 类

该类封装 GDI 画刷。画刷用来填充一个封闭图形对象（例如矩形、圆形）的内部区域，默认的画刷颜色是白色。

3. CFont 类

该类封装 GDI 字体对象，用来绘制文本。用户可以建立一种 GDI 字体，并使用 CFont 的成员函数来访问它，主要用于设置文本的输出效果，包括文字的大小、是否加粗、是否斜体、是否加下画线等。

4. CBitmap 类

该类封装 GDI 位图，提供成员函数装载和位图操作。位图可以用于填充区域。

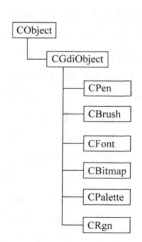

图 3.6　CGdiObject 类
及其子类

5. CPalette 类

该类封装 GDI 调色板,包含系统可用的色彩信息,是应用程序和彩色输出设备环境(例如显示器)的接口。

6. CRgn 类

该类封装 GDI 区域。区域是窗口内的一块多边形或椭圆形区域。CRgn 用于设备环境(通常是窗口)内的区域操作,通常和 CDC 类中与裁剪(clipping)有关的成员函数配合使用。

3.3 画笔和画刷的使用

3.3.1 使用库存对象

无论是以 CDC 类对象指针形式还是以 CDC 子类对象形式获得设备环境,系统都默认指定了一组绘图属性,见表 3.4。

表 3.4 系统默认的绘图属性

绘图属性	默认值	改变默认值的函数
画笔	一个像素宽的黑色实线	SelectObject(),SelectStockObject()
画刷	白色的实心刷	SelectObject(),SelectStockObject()
背景颜色	白色	SetBKColor()
背景模式	OPAQUE	SetBKMode()
刷子原点	设备坐标(0,0)	SetBrushOrg()
当前绘图位置	逻辑坐标(0,0)	MoveTo()
混合模式	R2_COPYPEN	SetRop2()
映射模式	MM_TEXT	SetMapMode()

库存(stock)对象是由操作系统维护的用于绘制屏幕的常用对象,包括库存画笔、画刷、字体等。使用 SelectStockObject() 函数可以直接选择库存对象,修改系统默认值。如果选择成功,SelectStockObject() 函数将返回以前的 CGdiObject 对象的指针,需要将返回值转换为相匹配的 GDI 对象的指针。函数参数用于指定选择的是哪一种 GDI 库存对象,可直接选用的库存对象见表 3.5。

表 3.5 可供选用的库存对象

GDI 分类	库存对象值	说明
Pens	BLACK_PEN	黑色画笔
	WHITE_PEN	白色画笔
	NULL_PEN	空画笔
Brushs	BLACK_BRUSH	黑色画刷
	WHITE_BRUSH	白色画刷
	GRAY_BRUSH	灰色画刷
	LTGRAY_BRUSH	浅灰色画刷
	DKGRAY_BRUSH	深灰色画刷
	HOLLOW_BRUSH	虚画刷
	NULL_BRUSH	空画刷

用户也可以利用 CGdiObject 类的成员函数 CreateStockObject()将 GDI 对象设置成指定的库存对象,这时需要首先声明一个 GDI 对象,最后还需要调用成员函数 SelectObject(),将与库存对象关联的 GDI 对象选入当前的设备环境,代码如下:

```
CBrush * BrushOld,BrushNew;
BrushNew.CreateStockObject(BLACK_BRUSH);              //关联库存画刷对象
BrushOld = pDC->SelectObject(&BrushNew);
```

视频讲解

【例 3.5】 编写一个单文档应用程序 Li3_5,使用库存画笔和画刷在视图中绘制图形。其操作步骤如下:

(1) 打开解决方案资源管理器,使用"MFC 应用"项目模板在 chap03 解决方案中创建一个单文档的 MFC 应用程序项目 Li3_5,项目样式选择 MFC Standard。

(2) 在"类视图"中选择 Li3_5 项目的 CLi35View 类,打开其成员函数 OnDraw()。

(3) 在 OnDraw()函数中添加以下代码。

```
void CLi35View::OnDraw(CDC * pDC)
{
    CLi35Doc * pDoc = GetDocument();
    ASSERT_VALID(pDoc);
    if(!pDoc)
        return;
    //TODO: 在此处为本机数据添加绘制代码
    CPen * PenOld, PenNew;
    CBrush * BrushOld, BrushNew;
    //选用库存黑色画笔
    PenOld = (CPen *)pDC->SelectStockObject(BLACK_PEN);
    //选用库存浅灰色画刷
    BrushOld = (CBrush *)pDC->SelectStockObject(LTGRAY_BRUSH);
    pDC->Rectangle(100, 100, 300, 300);
    //关联 GDI 库存对象
    PenNew.CreateStockObject(WHITE_PEN);
    pDC->SelectObject(&PenNew);
    pDC->MoveTo(100, 100);
    pDC->LineTo(300, 300);
    pDC->MoveTo(100, 300);
    pDC->LineTo(300, 100);
    //恢复系统默认的 GDI 对象
    pDC->SelectObject(PenOld);
    pDC->SelectObject(BrushOld);
}
```

(4) 编译、链接并运行程序,结果如图 3.7 所示。

结果分析与讨论:采用两种不同的方法使用库存对象,首先用库存黑色画笔画一个矩形外框,然后用库存浅灰色画刷填充矩形内部,最后用另外一种方法选择库存白色画笔在矩形内画两条白色的对角线。

3.3.2 创建和使用自定义画笔

如果要在设备环境中使用自己的画笔绘图,首先需要创建一个指定风格的画笔,然后选

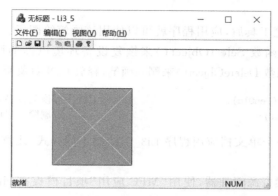

图 3.7 使用库存对象绘制图形

择所创建的画笔,最后还原画笔。

1. 创建画笔

创建画笔的方法有以下两种。

(1)在定义画笔对象时直接创建,例如:

```
CPen PenNew(PS_DASH,1,RGB(255,0,0));                    //创建一个红色虚线画笔
```

(2)先定义一个没有初始化的画笔对象,再调用 CreatePen()函数创建指定画笔。
例如:

```
CPen Pen;
pen.CreatePen(PS_DASH,1,RGB(255,0,0));
```

其中,第 1 个参数是笔的样式,笔的样式及其说明见表 3.6;第 2 个参数是线的宽度;第
3 个参数是线的颜色。

表 3.6   画笔的样式及其说明

样　　式	说　　明
PS_SOLID	实线
PS_DOT	点线,当笔的宽度为 1 或更小时有效
PS_DASH	虚线,当笔的宽度为 1 或更小时有效
PS_DASHDOT	点画线,当笔的宽度为 1 或更小时有效
PS_DASHDOTDOT	双点画线,当笔的宽度为 1 或更小时有效
PS_NULL	无,创建不可见笔
PS_INSIDEFRAME	边框实线

2. 选择创建的画笔

不管采用哪种方法,在创建画笔后必须调用 CDC 类的成员函数 SelectObject()将创建
的画笔选入当前设备环境。如果选择成功,SelectObject()函数将返回以前画笔对象的指
针。在选择新的画笔时应该保存以前的画笔对象。例如:

```
CPen * PenOld;
PenOld = pDC -> SelectObject(&PenNew);                  //保存原来的画笔
```

3. 还原画笔

在创建和选择画笔工具后,应用程序就可以使用该画笔绘图了。当绘图完成后,应该通过调用 CDC 类的成员函数 SelectObject() 来恢复设备环境以前的画笔工具,并通过调用 CGdiObject 类的成员函数 DeleteObject() 来删除画笔,释放 GDI 对象所占的内存资源。例如:

```
pDC->SelectObject(PenOld);              //恢复设备环境中原来的画笔
PenNew.DeleteObject();                  //删除创建的画笔
```

【例 3.6】 编写一个单文档应用程序 Li3_6,绘制不同样式、线宽及颜色的矩形。

其操作步骤如下:

(1) 打开解决方案资源管理器,使用"MFC 应用"项目模板在 chap03 解决方案中创建一个单文档的 MFC 应用程序项目 Li3_6,项目样式选择 MFC Standard。

(2) 在"类视图"中选择 Li3_6 项目的 CLi36View 类,打开其成员函数 OnDraw()。

(3) 在 OnDraw() 函数中添加以下代码。

```
void CLi36View::OnDraw(CDC* pDC)
{
    CLi36Doc* pDoc = GetDocument();
    ASSERT_VALID(pDoc);
    if(!pDoc)
        return;
    //TODO: 在此处为本机数据添加绘制代码
    CPen* PenOld, PenNew;
    int PenStyle[] = {PS_SOLID,PS_DOT,PS_DASH};              //画笔样式
    COLORREF rgbPenClr[] = {RGB(255,0,0),RGB(0,255,0),RGB(0,0,255)};
    for(int i = 0; i < 3; i++)
    {
        PenNew.CreatePen(PenStyle[i], 2 - i, rgbPenClr[i]); //创建画笔
        PenOld = pDC->SelectObject(&PenNew);                //选用画笔
        pDC->Rectangle(20 + 50 * i, 20 + 50 * i, 120 + 50 * i, 50 + 50 * i);
        pDC->SelectObject(PenOld);                          //还原画笔
        PenNew.DeleteObject();                              //释放画笔
    }
}
```

(4) 编译、链接并运行程序,结果如图 3.8 所示。

图 3.8 使用自定义画笔绘图

注意:不能删除正被选入设备环境的 GDI 对象,并且删除 GDI 对象不等于删除相关联的 C++ 对象。以上面的例子为例,调用 CPen 对象的 DeleteObject()(该成员函数在基类

CGdiObject 中定义)只是删除与之相关联的画笔对象所占用的系统资源,而 C++语义上的 CPen 对象并没有被删除。另外,还可以调用其成员函数 CreatePen()创建新的画笔对象, 并将它们与 CPen 对象相关联。

3.3.3 创建和使用自定义画刷

和画笔一样,使用自定义画刷也包括创建画刷、选择创建的画刷和还原画刷等步骤。

在创建画刷时首先构造一个没有初始化的 CBrush 画刷对象,然后调用 CBrush 类的初始化成员函数创建定制的画刷工具。不同于 CPen 类的是,类型不同的画刷使用不同的函数实现。CBrush 类提供的创建函数常用的有以下几个。

1. 创建指定颜色的实心画刷函数 CreateSolidBrush()

其原型为

```
BOOL CreateSolidBrush(COLORREF crColor);
```

例如,创建一个红色的实心画刷:

```
CBrush brush;
brush.CreateSolidBrush(RGB(255,0,0));
```

2. 创建阴影画刷函数 CreateHatchBrush()

其原型为

```
BOOL CreateHatchBrush( int nIndex,COLORREF crColor);
```

其中,参数 nIndex 用于指定阴影样式,它的值见表 3.7。例如,创建一个具有水平和垂直交叉阴影线的红色画刷:

```
CBrush brush;
brush.CreateHatchBrush(HS_CROSS,RGB(255,0,0));
```

表 3.7 画刷的阴影样式

阴 影 样 式	说　　明
HS_BDIAGONAL	从左下角到右上角的 45°阴影线
HS_FDIAGONAL	从左上角到右下角的 45°阴影线
HS_DIAGCROSS	十字交叉的 45°阴影线
HS_ CROSS	水平和垂直交叉的阴影线
HS_HORIZONTAL	水平阴影线
HS_VERTICAL	垂直阴影线

3. 创建位图画刷函数 CreatePatternBrush()

该函数只有一个指向对象的指针参数,它使用该 CBitmap 所代表的位图做画刷。一般采用 8×8 像素的位图,因为画刷可以看作 8×8 像素的小位图。即使提供给成员函数 CreatePatternBrush()的位图比这个大,也仅有左上角的 8 像素被使用。当 Windows 桌面背景采用图案(例如 weave)填充时使用的就是这种位图画刷。例如:

```
CBitMap mybmp;
```

```
mybmp.LoadBitMap(IDB_MYBMP);
CBrush brush;
brush.CreatePatternBrush(&mybmp);
```

视频讲解

选择创建的画刷。在使用结束后,恢复原来画刷的方法与画笔工具完全一样。

【例 3.7】 编写一个单文档应用程序 Li3_7,绘制不同颜色、不同阴影形式的填充矩形。

其操作步骤如下:

(1) 打开解决方案资源管理器,使用"MFC 应用"项目模板在 chap03 解决方案中创建一个单文档的 MFC 应用程序项目 Li3_7,项目样式选择 MFC Standard。

(2) 在"类视图"中选择 Li3_7 项目的 CLi37View 类,打开其成员函数 OnDraw()。

(3) 在 OnDraw()函数中添加以下代码。

```
void CLi37View::OnDraw(CDC * pDC)
{
    CLi37Doc * pDoc = GetDocument();
    ASSERT_VALID(pDoc);
    if(!pDoc)
        return;
    //TODO: 在此处为本机数据添加绘制代码
    CBrush * BrushOld, BrushNew;
    int HatchStyle[] = {HS_BDIAGONAL, HS_FDIAGONAL, HS_CROSS};       //阴影样式
    COLORREF BrushClr[] = {RGB(255,0,0),RGB(0,255,0),RGB(0,0,255)};
    for(int i = 0; i < 6; i++)
    {
        if(i < 3)                                                    //创建实心画刷
            BrushNew.CreateSolidBrush(BrushClr[i]);
        else                                                         //创建阴影画刷
            BrushNew.CreateHatchBrush(HatchStyle[i - 3], RGB(0, 0, 0));
        BrushOld = pDC -> SelectObject(&BrushNew);                   //选用画刷
        pDC -> Rectangle(20 + 40 * i, 20 + 40 * i, 120 + 40 * i, 50 + 40 * i);
        pDC -> SelectObject(BrushOld);                               //还原画刷
        BrushNew.DeleteObject();                                     //释放画刷
    }
}
```

(4) 编译、链接并运行程序,结果如图 3.9 所示。

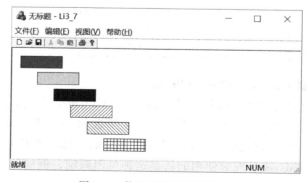

图 3.9 使用自定义画刷绘图

3.4 处 理 文 本

在 Windows 应用程序中经常使用 GDI 处理文本,处理文本的过程包括设置文本的属性、设置字体、格式化文本、调用文本输出函数输出文本等具体步骤。

3.4.1 设置文本的显示属性

在默认情况下输出文本时,字体颜色是黑色,背景颜色是白色,背景模式为不透明模式。用户可以通过调用 CDC 类成员函数重新设置字体颜色、背景颜色和文本对齐方式等文本的显示属性,表 3.8 列出了设置文本显示属性的常用函数。

表 3.8 文本显示属性函数

函　数	功　能	函　数	功　能
SetBkMode()	设置文本的背景模式	SetTextAlign()	设置显示文本的对齐方式
GetBkMode()	获得当前文本的背景模式	GetTextAlign()	获得当前文本的对齐方式

1. 设置背景模式

使用 SetBkColor() 函数设置的背景颜色,只有在使用 CDC 成员函数 SetBkMode() 设置背景模式后才能在输出时有效。SetBkMode() 函数的原型为

```
int SetBkMode( int nBkMode);
```

其中,nBkMode 指定背景模式,其值可以是 OPAQUE(不透明)或 TRANSPARENT(透明)。如果选择 OPAQUE,则在输出文本、使用画笔或画刷前使用当前设置的背景颜色填充背景;如果选择 TRANSPARENT,则在绘制之前背景不改变。其默认方式为 OPAQUE。

2. 设置文本的对齐方式

文本的对齐方式描述了文本坐标(x,y)和文本框之间的关系。其默认的对齐方式是 TA_LEFT|TA_TOP,用户可使用 SetTextAlign() 函数改变文本的对齐方式,该函数的原型为

```
UINT  SetTextAlign(UINT nFlags);
```

其中,nFlag 为表 3.9 中列出的标志的组合。例如:

```
CDC * pDC;
pDC -> SetTextAlign(TA_RIGHT|TA_BOTTOM);
```

表 3.9 文本对齐标志

对齐标志	说　明	对齐标志	说　明
TA_TOP	上对齐	TA_CENTER	水平居中对齐
TA_BOTTOM	下对齐	TA_BASELINE	垂直居中对齐
TA_LEFT	左对齐	TA_UPDATECP	更新当前位置
TA_RIGHT	右对齐	TA_NOUPDATECP	不更新当前位置

3.4.2 设置字体

Windows 支持光栅字体、矢量字体和 TrueType 共 3 种类型的字体。光栅字体即点阵字体,这种字体需要为每一种大小的字体创建独立的字体文件。矢量字体以一系列线段存储字符。TrueType 字体是与设备无关的字体,字符以轮廓的形式存储,包括线段和曲线。现在 TrueType 字体正成为主流字体,这种字体能够以一种非常出色的字体技术绘制文本,并且 TrueType 字体能够缩放为任何大小的字体,而不会降低图形的质量。

处理字体最简单的办法是使用系统提供的默认字体。如果需要,用户可以自己设置文本的字体。字体也是一种 GDI 对象,字体对象的创建、选择、使用和删除步骤与其他 GDI 对象类似。在 CFont 类提供的创建函数中常用的有以下几个。

1. CreatePointFont()

该函数仅含有 3 个参数,其原型为

```
BOOL CreatePointFont(int nPointSize,LPCTSTR lpszFaceName,CDC * pDC = NULL);
```

其中,第 1 个参数为字体大小,它以 1/10 磅为单位;第 2 个参数为创建字体对象所使用的字体名称;第 3 个参数 pDC 指向一个设备环境对象,当指针为空时,CreatePointFont()函数将字体大小以设备单位表示。

2. CreateFontIndirect()

该函数仅需一个参数,其原型为

```
BOOL CreateFontIndirect(const LOGFONT * lpLogFont);
```

其中,参数 lpLogFont 为指向 LOGFONT 结构的指针。LOGFONT 结构用来说明一种字体的所有属性,其定义如下:

```
typedef  struct  tagLOGFONT {
LONG lfHeight;
LONG lfWidth;
LONG lfEscapement;
LONG lfOrientation;
LONG lfWeight;
BYTE lfItalic;
BYTE lfUnderline;
BYTE lfStrikeOut;
BYTE lfCharSet;
BYTE lfOutPrecision;
BYTE lfClipPrecision;
BYTE lfQuality;
BYTE lfPitchAndFamily;
TCHAR lfFaceName[LF_FACESIZE];
}LOGFONT;
```

结构中各成员的含义见表 3.10。

表 3.10　LOGFONT 结构中各成员的含义

结构成员	含义
lfHeight	以逻辑单位表示的字体高度，为 0 时采用系统默认值
lfWidth	以逻辑单位表示的字体平均宽度，为 0 时由系统根据高度取最佳值
lfEscapement	文本行相对页面底端的倾斜度，以 1/10° 为单位
lfOrientation	字符基线相对页面底端的倾斜度，以 1/10° 为单位
lfWeight	字体粗细，取 0～1000 之值，为 0 时使用默认值
lfItalic	为真时表示创建斜体字体
lfUnderline	为真时表示创建带下画线的字体
lfStrikeOut	为真时表示创建带删除线的字体
lfCharSet	指定字体所属字符集（ANSI＿CHARSET、OEM＿CHARSET、SYMBOL＿CHARSET、DEFAULT_CHARSET）
lfOutPrecision	指定字符输出精度（OUT_CHARACTER_PRECIS、OUT_DEFAULT_PRECIS、OUT_STRING_PRECIS、OUT_STROKE_PRECIS）
lfClipPrecision	指定裁剪精度（CLIP_CHARACTER_PRECIS、CLIP＿DEFAULT＿PRECIS、CLIP_STROKE＿PRECIS）
lfQuality	指定输出质量，可选默认质量（DEFAULT＿QUALITY）、草稿质量（DRAFT＿QUALITY）或正稿质量（PROOF＿QUALITY）
lfPitchAndFamily	指定字体间距和所属的字库族
lfFaceName	指定所用字体名，如果为 NULL，则使用默认字体名

3. CreateFont( )

该函数包括大量参数，其原型为

```
BOOL CreateFont(
int nHeight;
int nWidth;
int nEscapement;
int nOrientation;
int nWeight;
BYTE bItalic;
BYTE bUnderline;
BYTE cStrikeOut;
BYTE nCharSet;
BYTE nOutPrecision;
BYTE nClipPrecision;
BYTE nQuality;
BYTE nPitchAndFamily;
LPCTSTR lpszFacename;
);
```

其参数的含义与 LOGFONT 结构完全一致。在调用该函数时，若参数为 0，表示使用系统默认值。

用户也可以选择表 3.11 中的库存字体来重新设置字体。当选择库存字体作为文本输出的字体时无须创建字体对象，只需简单地调用成员函数 CDC∷SelectStockObject( )将库存字体对象选入设备环境。

表 3.11   库存字体对象及说明

库存字体对象	说　　明
ANSI_FIXED_FONT	ANSI 标准的等宽字体
ANSI_VAR_FONT	ANSI 标准的非等宽字体
SYSTEM_FONT	Windows 默认的非等宽系统字体
SYSTEM_FIXED_FONT	Windows 等宽系统字体
DEVICE_DEFAULT_FONT	当前设备字体
OEM_FIXED_FONT	与 OEM 相关的等宽字体

视频讲解

【例 3.8】　编写一个单文档的应用程序 Li3_8,采用不同方法创建字体,并根据创建的字体输出不同的文本。

其操作步骤如下:

(1) 打开解决方案资源管理器,使用"MFC 应用"项目模板在 chap03 解决方案中创建一个单文档的 MFC 应用程序项目 Li3_8,项目样式选择 MFC Standard。

(2) 在"类视图"中选择 Li3_8 项目的 CLi38View 类,打开其成员函数 OnDraw()。

(3) 在 OnDraw()函数中添加以下代码。

```cpp
void CLi38View::OnDraw(CDC * pDC)
{
    CLi38Doc * pDoc = GetDocument();
    ASSERT_VALID(pDoc);
    if(!pDoc)
        return;
    //TODO: 在此处为本机数据添加绘制代码
    CString outstr[5];
    outstr[1] = "1.使用函数 CreatePointFont()创建宋体字";
    outstr[2] = "2.使用函数 CreateFontIndirect()创建倾斜、带下画线的黑体字";
    outstr[3] = "3.使用函数 CreateFont()创建带删除线的大号字";
    outstr[4] = "4.使用库存字体对象创建 ANSI 标准的等宽字";
    CFont * OldFont, NewFont;
    LOGFONT MyFont = {
            30,
            10,
            0,
            0,
            0,
            1,
            1,
            0,
            ANSI_CHARSET,
            OUT_DEFAULT_PRECIS,
            CLIP_DEFAULT_PRECIS,
            DEFAULT_QUALITY,
            DEFAULT_PITCH,
            L"黑体"
    };
    pDC -> TextOut(0, 10, L"创建字体的几种方法: ");
```

```
        for(int i = 1; i < 5; i++)
        {
            switch(i)
            {
            case 1:
                //使用 CreatePointFont()函数创建字体
                NewFont.CreatePointFont(200, L"宋体", NULL);
                break;
            case 2:
                //使用 CreateFontIndirect()函数创建字体
                NewFont.CreateFontIndirect(&MyFont);
                break;
            case 3:
                //使用 CreateFont()函数创建字体
                NewFont.CreateFont(30, 10, 0, 0, FW_HEAVY, false, false,
                    true, ANSI_CHARSET, OUT_DEFAULT_PRECIS,
                    CLIP_DEFAULT_PRECIS, DEFAULT_QUALITY,
                    DEFAULT_PITCH | FF_DONTCARE, L"大号字");
                break;
            case 4:
                //使用库存字体对象创建字体
                pDC->SelectStockObject(ANSI_FIXED_FONT);
            }
            OldFont = pDC->SelectObject(&NewFont);
            pDC->TextOut(0, 60 * i, outstr[i]);
            pDC->SelectObject(OldFont);
            NewFont.DeleteObject();
        }
    }
```

（4）编译、链接并运行程序，结果如图 3.10 所示。

图 3.10　创建字体的几种方法

3.4.3　格式化文本

　　Windows 系统不参与窗口客户区的管理，这就意味着在客户区内输出文本时必须由应用程序管理换行、后继字符的位置等输出格式。文本的显示以像素为单位，因此在绘制任何文本之前需要精确地知道文本的详细属性，例如高度、宽度等，用来计算文本的坐标。CDC

图形与文本

类提供了几个文本测量成员函数,下面分别介绍。

1. GetTextExtent()

使用该函数可以获得所选字体中指定字符串的宽度和高度,该函数的原型为

```
CSize GetTextExtent(LPCTSTR lpszString,int nCount);
```

其中,lpszString 是字符串的指针,nCount 是所包括的字符数。返回值 CSize 是包含两个成员的结构,cx 是字符串的宽度,cy 是字符串的高度。

2. GetTextMetrics()

调用 GetTextMetric()函数可以获得当前字体的 TEXTMETRIC 结构数据,该函数的原型为

```
BOOL GetTextMetric(const TEXTMETRIC * lpTextMetric);
```

其中,参数 lpTextMetric 为指向结构 TEXTMETRIC 的指针。TEXTMETRIC 结构用来描述字体信息,其定义如下:

```
typedef  struct  tagTEXTMETRIC{
    int    tmHeight;                   //字符的高度
    int    tmAscent;                   //字符基线以上的高度
    int    tmDescent;                  //字符基线以下的高度
    int    tmInternalLeading;          //字符高度的内部间距
    int    tmExternalLeading;          //两行之间的间距(外部间距)
    int    tmAveCharWidth;             //字符的平均宽度
    int    tmMaxCharWidth;             //字符的最大宽度
    int    tmWeight;                   //字体的粗细
    BYTE   tmItalic;                   //指明斜体,零值表示非斜体
    BYTE tmUnderlined;                 //指明下画线,零值表示不带下画线
    BYTE tmStruckOut;                  //指明删除线,零值表示不带删除线
    BYTE tmFirstChar;                  //字体中第一个字符的值
    BYTE tmLastChar;                   //字体中最后一个字符的值
    BYTE tmDefaultChar;                //字库中所没有字符的替代字符
    BYTE tmBreakChar;                  //文本对齐时作为分隔符的字符
    BYTE tmPitchAndFamily;             //给出所选字体的间距和所属的字库族
    BYTE tmCharSet;                    //字体的字符集
    int    tmOverhang;                 //合成字体(如斜体和黑体)的附加宽度
    int    tmDigitizedAspectX;         //设计字体时的横向比例
    int    tmDigitizedAspectY;         //设计字体时的纵向比例
} TEXTMETRIC;
```

视频讲解

【例 3.9】 编写一个单文档的应用程序 Li3_9,采用不同的格式输出文本串。

其操作步骤如下:

(1) 打开解决方案资源管理器,使用"MFC 应用"项目模板在 chap03 解决方案中创建一个单文档的 MFC 应用程序项目 Li3_9,项目样式选择 MFC Standard。

(2) 在"类视图"中选择 Li3_9 项目的 CLi39View 类,打开其成员函数 OnDraw()。

(3) 在 OnDraw()函数中添加以下代码。

```
int ExternalLeading, y = 0;
TEXTMETRIC tm;
```

```
CString c, outString = L"Visual C++";
CFont * OldFont, NewFont;
CSize size;
LOGFONT MyFont = {
        30,
        10,
        0,
        0,
        0,
        0,
        0,
        0,
        ANSI_CHARSET,
        OUT_DEFAULT_PRECIS,
        CLIP_DEFAULT_PRECIS,
        DEFAULT_QUALITY,
        DEFAULT_PITCH,
        L"黑体"
};
for(int i = 0; i < outString.GetLength(); i++)
{
    MyFont.lfHeight = 30 + 10 * i;                    //设置字符高度
    NewFont.CreateFontIndirect(&MyFont);              //创建字体
    OldFont = pDC -> SelectObject(&NewFont);
    pDC -> GetTextMetrics(&tm);                       //获得当前字体的 TEXTMETRIC 结构数据
    ExternalLeading = tm.tmExternalLeading;           //获得行间距值
    size = pDC -> GetTextExtent(outString, i);        //获得字符串的宽度和高度值
    y = 10 + y + (int)(0.1 * size.cy) + ExternalLeading;        //计算纵坐标值
    c.Format(L" % c", outString.GetAt(i));
    pDC -> TextOut(200 + size.cx, y, c);              //输出字符
    pDC -> SelectObject(OldFont);
    NewFont.DeleteObject();
}
```

（4）编译、链接并运行程序，结果如图 3.11 所示。

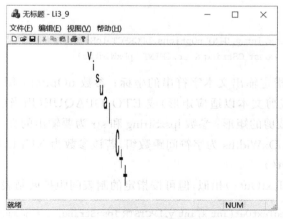

图 3.11 文本的格式化

图形与文本

3.4.4 常用的文本输出函数

MFC CDC 类中常用的文本输出函数有以下几种。

1. TextOut()

该函数使用当前设定的字体、颜色、对齐方式在指定位置上输出文本。该函数的原型为

```
virtual BOOL TextOut(int x, int y, LPCTSTR lpszString, int nCount);
```

或

```
BOOL TextOut(int x, int y, const Cstring &str);
```

其中,参数(x,y)指定输出文本字符串的开始位置;参数 lpszString 和 str 为输出的文本字符串;参数 nCount 指定文本字符串的长度。

2. DrawText()

该函数在给定的矩形区域内输出文本,并可调整文本在矩形区域内的对齐方式以及对文本行进行换行处理等。该函数的原型为

```
Virtual int DrawText(LPCTSTR lpszString, int nCount, LPRECT lpRect, UINT nFormat);
```

或

```
int DrawText(const CString&str, LPRECT lpRect, UINT nFormat);
```

其中,参数 lpszString 和 str 为要输出的文本字符串,可以使用换行符"\n";参数 nCount 指定文本字符串的长度;参数 lpRect 指定用于显示文本字符串的矩形区域;参数 nFormat 指定如何格式化文本字符串。

3. ExtTextOut()

该函数的功能与 TextOut()相似,但可以根据指定的矩形区域裁剪文本字符串,并调整字符间距。该函数的原型为

```
Virtual BOOL ExtTextOut(int x, int y, UINT nOptions, LPCRECT lpRect,
                LPCTSTR lpszString, UINT nCount, LPINT lpDxWidths);
```

或

```
BOOL ExtTextOut(int x, int y, UINT nOptions, LPCRECT lpRect,
                const CString &str, LPINT lpDxWidths);
```

其中,参数(x,y)给出指定输出文本字符串的坐标;参数 nOptions 用于指定裁剪类型,可以为 ETO_CLIPPED(裁剪文本以适应矩形)或 ETO_OPAQUE(用当前背景颜色填充矩形);参数 lpRect 用于指定裁剪的矩形;参数 lpszString 和 str 为要输出的文本串;参数 nCount 为要输出的字符数;参数 lpDxWidths 为字符间距数组,若该参数为 NULL,则使用默认间距。

4. TabbedTextOut()

该函数的功能与 TextOut()相似,但可按指定的制表间距扩展制表符。该函数的原型为

```
Virtual CSize TabbedTextOut(int x, int y, LPCTSTR lpszString, int nCount,
                int nTabPositions, LPINT lpnTabStopPositions, int nTabOrigin);
```

或

```
CSize TabbedTextOut(int x, int y, const CString&str, int nTabPositions,
                    LPINT lpnTabStopPositions, int nTabOrigin);
```

其中,参数(x,y)指定输出文本字符串的开始位置;参数 lpszString 和 str 为要输出的文本字符串;参数 nCount 指定文本字符串的长度;参数 nTabPositions、lpnTabStopPositions和 nTabOrigin 用于指定制表间距。

【例 3.10】 编写一个单文档的应用程序 Li3_10,采用不同的函数输出文本串。

视频讲解

其操作步骤如下:

(1) 打开解决方案资源管理器,使用"MFC 应用"项目模板在 chap03 解决方案中创建一个单文档的 MFC 应用程序项目 Li3_10,项目样式选择 MFC Standard。

(2) 在"类视图"中选择 Li3_10 项目的 CLi310View 类,打开其成员函数 OnDraw()。

(3) 在 OnDraw()函数中添加以下代码。

```
void CLi310View::OnDraw(CDC * pDC)
{
    CLi310Doc * pDoc = GetDocument();
    ASSERT_VALID(pDoc);
    if(!pDoc)
        return;
    //TODO: 在此处为本机数据添加绘制代码
    CString outstr[5];
    CRect rect;
    outstr[1] = "使用 TextOut()函数输出文本";
    outstr[2] = "使用 DrawText()函数输出文本";
    outstr[3] = "使用 ExtTextOut()函数输出文本";
    outstr[4] = "使用 TabbedTextOut()函数输出文本";
    //使用 TextOut()函数输出文本
    pDC -> TextOut(10, 10, L"常用文本输出函数:");
    pDC -> TextOut(50, 30, outstr[1]);
    pDC -> SetBkColor(RGB(255, 255, 0));
    //使用 DrawText()函数输出文本
    rect.SetRect(CPoint(50, 60), CPoint(250, 110));
    pDC -> DrawText(outstr[2], &rect, DT_WORDBREAK | DT_CENTER);
    //使用 ExtTextOut( )函数输出文本
    rect.SetRect(CPoint(50, 100), CPoint(200, 200));
    pDC -> ExtTextOut(50, 120, ETO_CLIPPED, &rect, outstr[3], NULL);
}
```

(4) 编译、链接并运行程序,结果如图 3.12 所示。

图 3.12　文本的输出

87

第3章

图形与文本

3.5 位 图

位图是由位构成的图像,它是由一系列 0 和 1 排列而成的点阵结构。位图中的每一个像素点由位图文件中的一位或者多位数据表示,整个位图的信息被细化为每个像素的属性值。Windows 支持两种不同形式的位图,即设备相关位图(Device Dependent Bitmap, DDB)和设备无关位图(Device Independent Bitmap, DIB)。

3.5.1 设备相关位图和设备无关位图

DDB 又称 GDI 位图,它依赖于具体设备,只能存在于内存中。这主要体现在以下两个方面:一方面,DDB 的颜色模式必须与输出设备相一致;另一方面,在 256 色以下位图中存储的像素值是系统调色板的索引,其颜色依赖于系统调色板。因此,当在一台计算机上创建的位图在另一台计算机上显示时可能会出现问题。

DIB 是不依赖硬件的位图,因为它包含了创建 DIB 时所在设备的颜色格式、分辨率和调色板等信息。DIB 不能直接显示,需要先转换为与设备相关的格式,再由具体的设备显示。DIB 通常以.bmp 扩展名的文件形式存储在磁盘中,或者以资源的形式存在于 EXE 或 DLL 文件中。

3.5.2 位图操作函数

MFC 提供了大量的类和函数来处理位图。

1. 创建 DDB 函数

创建 DDB 函数的原型为

```
BOOL LoadBitmap(LPCTSTR lpszResourceName);
BOOL LoadBitmap(UINT nlDResource);
```

其中,参数 lpszResourceName 或 nlDResource 分别为位图资源名称或位图资源标识。该函数从资源中载入一幅位图,若载入成功,返回值为真,否则返回值为假。位图资源实际上是一个 DIB,该函数在载入时把它转换成了 DDB。

```
BOOL CreateCompatibleBitmap(CDC * pDC, int nWidth, int nHeight);
```

其中,参数 pDC 指向一个设备环境,参数 nWidth 和 nHeight 以像素为单位,用来指定位图的宽度和高度。该函数创建一个与指定设备环境兼容的 DDB。若创建成功,函数的返回值为真,否则为假。

2. 获取位图信息函数

获取位图信息函数的原型为

```
int GetBitmap(BITMAP * pBitMap);
```

该函数用来获取与 DDB 有关的信息,参数 pBitMap 是 BITMAP 结构的指针。BITMAP 结构的定义为

```
typedef struct tabBITMAP{
```

```
LONG bmType;                        //必须为 0
LONG bmWidth;                       //位图的宽度(以像素为单位)
LONG bmHeight;                      //位图的高度(以像素为单位)
LONG bmWidthBytes;                  //每一扫描行所需的字节数,应为偶数
WORD bmPlanes;                      //色平面数
WORD bmBitsPixel;                   //像素位数
LPVOID bmBits;                      //位图位置的地址
}BITMAP;
```

3. 输出位图函数

输出位图函数的原型为

```
BOOL BitBlt(int x, int y, int nWidth, int nHeight, CDC * pSrcDC, int xSrc,
                                int ySrc, DWORD dwRop);
```

该函数共有 8 个参数,其中 x、y、nWidth、nHeight 定义当前设备环境的复制区域;
pSrcDC 为指向原设备环境对象的指针;xSrc、ySrc 为原位图的左上角坐标;dwRop 定义了
进行复制时的光栅操作方式,其取值如表 3.12 所示。该函数把源设备环境中的位图复制到
目标设备环境中。

表 3.12   dwRop 参数的取值

参 数	含 义
BLACKNESS	将所有输出变黑色
DSTINVERT	反转目标位图
MERGECOPY	合并模式和原位图
MERGEPAINT	用或(or)运算合并反转的原位图和目标位图
NOTSRCCOPY	将反转的原位图复制到目标位图
NOTSRCERASE	用或(or)运算合并原位图和目标位图,然后反转
PATCOPY	将模式复制到目标位图
PATINVERT	用异或(xor)运算合并目标位图与模式
PATPAINT	用或(or)运算合并反转的原位图与模式,然后用或(or)运算合并上述结果与目标位图
SRCAND	用与(and)运算合并目标像素与原位图
SRCCOPY	将原位图复制到目标位图
SRCERASE	反转目标位图并用与(and)运算合并所得结果与原位图
SRCINVERT	用异或(xor)运算合并目标像素与原位图
SRCPAINT	用或(or)运算合并目标像素与原位图
WHITENESS	将所有输出变白色

有时需要相对位图进行放大或缩小的操作,这时就可以使用 StretchBlt()函数来显示
位图,该函数的原型为

```
BOOL StretchBlt(int x, int y, int nWidth, int nHeight, CDC * pSrcDC, int xSrc, int ySrc,
                                int nSrcWidth, int nSrcHeight, DWORD dwRop);
```

其中,除了参数 nSrcWidth 和 nSrcHeight 表示目标图像的新的宽度与高度之外,其他参数
x、y、nWidth 和 nHeight 等的含义与 BitBlt()函数中的同名参数相同。该函数提供了将图

形拉伸、压缩的复制方式。

3.5.3 位图的显示

在采用 MFC 方法编程时,显示一个 DDB 需要执行以下几个步骤。

(1) 声明一个 CBitmap 类的对象,使用 LoadBitmap() 函数将位图装入内存。

(2) 声明一个 CDC 类的对象,使用 CreateCompatibleDC() 函数创建一个与显示设备环境兼容的内存设备环境。CreateCompatibleDC() 函数的原型为

```
Virtual BOOL CreateCompatibleDC(CDC * pDC);
```

其中,参数 pDC 是指向设备环境的指针。如果 pDC 为 NULL,则创建与系统显示器兼容的内存设备环境。

(3) 使用 CDC∷SelectObject() 函数将位图对象选入设备环境中,并保存原来设备环境的指针。

(4) 使用 CDC 的相关输出函数输出位图。

(5) 使用 CDC∷SelectObject() 函数恢复原来设备环境。

视频讲解

【例 3.11】 编写一个单文档的应用程序 Li3_11,在视图中按原有大小显示一幅位图及它的两个缩小图像。

其操作步骤如下:

(1) 打开解决方案资源管理器,使用"MFC 应用"项目模板在 chap03 解决方案中创建一个单文档的 MFC 应用程序项目 Li3_11,项目样式选择 MFC Standard。

(2) 添加位图资源。在解决方案资源管理器中选中 Li3_11 项目,选择"项目"|"添加资源"菜单命令,打开"添加资源"对话框。在该对话框中选择 Bitmap,单击"导入"按钮,打开文件对话框选择准备插入的位图文件,然后单击"打开"按钮完成位图资源的添加。

(3) 在"类视图"中选择 Li3_11 项目的 CLi311View 类,打开其成员函数 OnDraw()。

(4) 在 OnDraw() 函数中添加以下代码。

```
void CLi311View::OnDraw(CDC * pDC)
{
    CLi311Doc * pDoc = GetDocument();
    ASSERT_VALID(pDoc);
    if(!pDoc)
        return;
    //TODO: 在此处为本机数据添加绘制代码
    CBitmap Bitmap;
    Bitmap.LoadBitmap(IDB_BITMAP1);                    //将位图装入内存
    CDC MemDC;
    MemDC.CreateCompatibleDC(pDC);                     //创建内存设备环境
    CBitmap * OldBitmap = MemDC.SelectObject(&Bitmap);
    BITMAP bm;                                         //创建 BITMAP 结构变量
    Bitmap.GetBitmap(&bm);                             //获取位图信息
    //显示位图
    //将内存设备环境复制到真正的设备环境中
    pDC->BitBlt(0, 0, bm.bmWidth, bm.bmHeight, &MemDC, 0, 0, SRCCOPY);
    //缩小一半显示
```

```
pDC - > StretchBlt(bm.bmWidth, 0, bm.bmWidth / 2, bm.bmHeight / 2, &MemDC, 10, 0, bm.
bmWidth, bm.bmHeight, SRCCOPY);
    //缩小一半显示
    pDC - > StretchBlt(bm.bmWidth, bm.bmHeight / 2, bm.bmWidth / 2, bm.bmHeight / 2, &MemDC,
10, 0, bm.bmWidth, bm.bmHeight, SRCCOPY);
    pDC - > SelectObject(OldBitmap);                    //恢复设备环境
}
```

（5）编译、链接并运行程序，结果如图 3.13 所示。

图 3.13　位图的显示

3.6　应用实例

3.6.1　实例简介

编写一个应用程序，输出"空心文本""阴影文本"和"位图文本"3 组具有特殊效果的文本。"空心文本"使用红色、实线画笔绘制，"阴影文本"使用 45°十字交叉阴影线画刷绘制，"位图文本"使用位图画刷绘制。效果如图 3.14 所示。

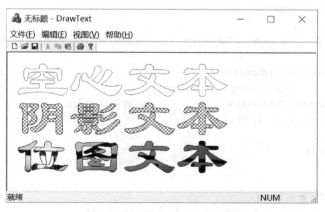

图 3.14　画笔及画刷的使用

3.6.2　创建过程

1. 创建 MFC 应用程序框架

启动 Visual Studio IDE 并打开解决方案资源管理器，在 chap03 解决方案中使用"MFC应用"项目模板创建一个名为 DrawText 的单文档 MFC 应用程序，项目样式选择 MFC Standard。

2. 插入位图资源

由于在程序中使用了位图画刷，所以首先必须为应用程序添加位图资源。在解决方案资源管理器中选中 DrawText 项目，选择"项目"|"添加资源"菜单命令，打开"添加资源"对话框。在该对话框中选择 Bitmap，单击"导入"按钮，打开文件对话框选择准备插入的位图文件，然后单击"打开"按钮完成位图资源的添加。接受系统默认新位图资源的标识 IDB_BITMAP1。

3. 添加代码

在"类视图"中选择 DrawText 项目的 CDrawTextView 类，双击其成员函数 OnDraw()，在函数体中添加以下代码。

```
void CDrawTextView::OnDraw(CDC * pDC)
{
    CDrawTextDoc * pDoc = GetDocument();
    ASSERT_VALID(pDoc);
    if(!pDoc)
        return;
    //TODO: 在此处为本机数据添加绘制代码
    LOGFONT lf;
    CFont NewFont, * OldFont;
    CPen NewPen, * OldPen;
    CBrush NewBrush, * OldBrush;
    //获取原有字体参数,并进行修改
    pDC -> GetCurrentFont() -> GetLogFont(&lf);
    /* GetCurrentFont()返回指向当前设备上下文所使用的字体指针,GetLogFont()将当前字体的
信息填入 lf 中 */
    lf.lfCharSet = DEFAULT_CHARSET;
    lf.lfHeight = -120;
    lf.lfWidth = 0;
    ::lstrcpy(lf.lfFaceName, L"隶书");          //不能对 lfFaceName 直接赋值
    //设置字体
    NewFont.CreateFontIndirect(&lf);
    OldFont = pDC -> SelectObject(&NewFont);
    pDC -> SetBkMode(TRANSPARENT);              //透明背景模式
    for(int i = 1; i <= 3; i++)
    {
        switch(i)
        {
        case 1:
            //创建画笔
            NewPen.CreatePen(PS_SOLID, 1, RGB(255, 0, 0));
```

```
            OldPen = pDC->SelectObject(&NewPen);
            //开始一个路径
            pDC->BeginPath();
            pDC->TextOut(20, 0, L"空心文本");
            pDC->EndPath();
            //绘制路径
            pDC->StrokePath();
            //释放资源
            NewPen.DeleteObject();
            //恢复设备环境的原有设置
            pDC->SelectObject(OldPen);
            break;
        case 2:
            //创建阴影画刷
            NewBrush.CreateHatchBrush(HS_DIAGCROSS, RGB(0, 0, 255));
            OldBrush = pDC->SelectObject(&NewBrush);
            //开始一个路径
            pDC->BeginPath();
            pDC->TextOut(20, 90, L"阴影文本");
            pDC->EndPath();
            //绘制路径
            pDC->StrokeAndFillPath();
            //释放资源
            NewBrush.DeleteObject();
            //恢复设备环境的原有设置
            pDC->SelectObject(OldBrush);
            break;
        case 3:
            CBitmap bitmap;
            //装入位图
            bitmap.LoadBitmap(IDB_BITMAP1);
            //创建位图画刷
            NewBrush.CreatePatternBrush(&bitmap);
            OldBrush = pDC->SelectObject(&NewBrush);
            pDC->BeginPath();
            pDC->TextOut(20, 180, L"位图文本");
            pDC->EndPath();
            pDC->StrokeAndFillPath();
            //释放资源
            NewBrush.DeleteObject();
            //恢复设备环境的原有设置
            pDC->SelectObject(OldBrush);
        }
    }
    //恢复设备环境的原有设置
    pDC->SelectObject(OldFont);
}
```

  在上述代码中使用了 CDC 类的 4 个成员函数,即 BeginPath()、EndPath()、StrokePath()
和 StrokeAndFillPath(),它们的作用分别是开始一个路径、结束一个路径、绘制路径以及绘制并填充路径所包含的区域。

编译、链接并运行程序,结果如图 3.14 所示。

习　　题

1. 填空题

(1) Windows 引入 GDI 的主要目的是实现_____。

(2) 与 DOS 下输出文本的方式不同,Windows 中的文本是按_____方式输出的。

(3) 为了体现 Windows 的设备无关性,应用程序的输出面向一个称为_____的虚拟逻辑设备。

(4) 在一个 MFC 应用程序中获得 DC 的方法主要有两种:一种是_____;另一种是_____,并使用_____指针为该对象赋值。

(5) Windows 用_____类型的数据存放颜色,它实际上是一个_____位整数。它采用 3 个参数表示红、绿、蓝分量值,这 3 个值的取值范围为_____。

(6) 库存对象是由操作系统维护的用于绘制屏幕的常用对象,包括库存_____等。

(7) 可以利用 CGdiObject 类的成员函数_____将 GDI 对象设置成指定的库存对象。

(8) 在创建画笔后必须调用 CDC 类的成员函数_____将创建的画笔选入当前设备环境。

(9) 在默认情况下输出文本时,字体颜色是_____,背景颜色是_____,背景模式为_____。

(10) 创建画笔的方法有两种:一种是_____;另一种是_____。

2. 选择题

(1) 下面(　　)不是 MFC 设备环境类 CDC 的派生类。

   A. GDI 类　　　　　B. CPaintDC 类　　　C. CClientDC 类　　　D. CWindowDC 类

(2) 下面(　　)不是 GDI 对象的类。

   A. CFont 类　　　　B. CPalette 类　　　C. CClientDC 类　　　D. CBitmap 类

(3) 下列描述中,(　　)是错误的。

   A. CreatePointFont()是 CFont 类提供的创建函数

   B. 可使用 SetTextAlign()函数改变文本的对齐方式

   C. 使用 GetTextMetrics()函数可以获得所选字体中指定字符串的宽度和高度

   D. 可使用 DrawText()函数在给定的矩形区域内输出文本

(4) 下面(　　)不是 CDC 类中常用的文本输出函数。

   A. TextOut()　　　　　　　　　　B. DrawText()

   C. ExtTextOut()　　　　　　　　　D. ExtDrawText()

3. 判断题

(1) CDC 类是 MFC 设备环境类的基类。　　　　　　　　　　　　　　　　(　　)

(2) CClientDC 代表整个窗口的设备环境。　　　　　　　　　　　　　　(　　)

(3) CPen 和 CFont 均是 GDI 对象。　　　　　　　　　　　　　　　　　(　　)

(4) 深绿色的 RGB 值为(0,128,0)。　　　　　　　　　　　　　　　　　(　　)

（5）删除 CPen 对象可调用 CPen 对象的 DeleteObject() 函数。 （　　）

（6）创建阴影画刷的函数是 CreateHatchBrush()。 （　　）

（7）默认的对齐方式是 TA_LEFT | TA_BOTTOM。 （　　）

（8）DDB 又称 GDI 位图,它依赖于具体设备,只能存在于内存中。 （　　）

4. 简答题

（1）GDI 创建哪几种类型的图形输出?

（2）什么是设备环境? 它的主要功能有哪些?

（3）什么是 GDI? 它有什么功能? MFC 将 GDI 函数封装在哪个类中?

（4）请简述设备无关性的含义,说明实现设备无关性需要的环节。

（5）MFC 提供了哪几种设备环境类? 它们各有什么用途?

（6）简述传统的 SDK 获取设备环境的方法。

（7）简述创建和使用自定义画笔的步骤。

（8）简述采用 MFC 方法编程时显示一个 DDB 位图的步骤。

5. 操作题

（1）编写程序在客户区中显示一行文本,要求文本颜色为红色、背景颜色为黄色。

（2）编写一个单文档应用程序,在客户区使用不同的画笔和画刷绘制点、折线、曲线、圆角矩形、弧、扇形和多边形等几何图形。

（3）编程利用函数 CreateFontIndirect() 创建黑体字体,字体高度为 30 像素、宽度为 25 像素,并利用函数 DrawText() 在客户区以该字体输出文本。

（4）编写一个单文档应用程序,在视图窗口中显示 3 个圆,通过使用不同颜色的画笔及画刷来模拟交通红绿灯。

（5）编写一个程序,实现一行文本的水平滚动显示。要求每个周期中文本为红、黄两种颜色,字体为宋、楷两种字体。

提示:操作题(4)、(5)需要利用 WM_TIMER 消息,请参考本书的例 4.10。

第4章　菜单、工具栏和状态栏

标准的 Windows 应用程序界面窗口包括客户区与非客户区两部分,非客户区包括窗口的边框、标题栏、菜单栏、工具栏、状态栏和滚动条。其中菜单栏、工具栏、状态栏是程序界面中最重要的窗口元素,是用户与应用程序进行交互的重要工具。菜单和工具栏为应用程序提供了传递用户命令的选择区域,而状态栏提供了提示信息的输出区域,它们共同组成了 Windows 应用程序的友好界面。

本章主要介绍 Windows 应用程序中常用的菜单、工具栏和状态栏的概念及其编程,重点对菜单进行介绍,包括菜单的种类、菜单的风格及其在编程中的实现方法。

4.1　菜　　单

菜单是 Windows 应用程序中必不可少的交互式操作界面工具之一,它将一个应用程序的功能有效地按类组织,并以列表的方式显示出来,便于用户快速访问应用程序的各项功能。

4.1.1　菜单的类型

在一个 Windows 应用程序中常见的菜单类型有 3 种,即主菜单、弹出式菜单和快捷菜单。

1. 主菜单

主菜单是指出现在应用程序主窗口或最上层窗口的菜单。主菜单由菜单名和菜单项构成。菜单名指出一组菜单项命令的主要功能和目标。常见的主菜单有 File、Edit、Help 等。一个菜单项是可选择或可执行的,对应一个确定的功能。通常,每个主菜单对应一个弹出式菜单作为它的子菜单。

2. 弹出式菜单

弹出式菜单通常是指选择主菜单或一个菜单项时弹出的子菜单。用户可以定义多重嵌套的弹出式菜单,菜单项右边的三角符号表示有子菜单存在,可以通过放置分隔线对逻辑或功能上紧密相关的菜单项分组。在标题栏的最左端通常都显示一个程序的小图标,它可以激活系统菜单,实际上它也是一个弹出式菜单。

弹出式菜单的各项可以是"被选中的",如果被选中,将在菜单文本的最左端显示一个小的复选标记,复选标记让用户知道从菜单中选择了哪些选项。这些选项之间可以是互斥的,也可以是不互斥的。注意,主菜单不能被选中。

主菜单或弹出式菜单项可以被启用、禁用或灰化,也可以用激活或者不激活来标识。标识启用或禁用的菜单项在用户看来是一样的,但是灰化的菜单项则使用灰色的文本来显示。

3. 快捷菜单

当右击某个界面对象时通常会弹出快捷菜单,它出现在鼠标箭头的位置,快速展示当前对象可用的命令功能,免除用户在菜单中一一查找的麻烦。菜单组中的每个菜单项一般直接对应一个确定的功能。

通常情况下,使用"MFC 应用"项目模板生成一个应用程序框架时已经定义了一个默认的菜单资源 IDR_MAINFRAME,在创建窗口时加载该资源和相应的命令处理函数。该菜单资源包括标准菜单,例如 File 菜单中的 New 和 Open。但这个默认生成的菜单资源往往不能满足实际需要,需要用户利用菜单编辑器对其进行编辑。设计菜单一般需要经过下面两步:

(1) 使用菜单编辑器编辑菜单资源。

(2) 使用"类向导"进行消息映射,编辑成员函数,完成菜单所要实现的功能。

4.1.2 编辑菜单

用户可以使用菜单编辑器来编辑菜单资源。双击"资源视图"中的 Menu 菜单资源即可打开菜单编辑器,如图 4.1 所示。

图 4.1 菜单编辑器

1. 插入新菜单项

如果在当前空白菜单项位置插入,则选定窗口中的空白菜单项后按 Enter 键(或双击空白菜单项),系统会在属性窗口中显示菜单项的相关属性,如图 4.2 所示。

如果要在某菜单项前插入,选中该菜单项并按 Ins 键,菜单编辑器将在该菜单项前插入一个空白菜单项,然后双击该空白菜单项进行编辑。

2. 属性窗口的设置

如图 4.2 所示,菜单项的属性窗口用于输入菜单项的标识符(ID)、标题(描述文字)和菜

图 4.2 菜单项的属性窗口

单项在状态栏上显示的提示信息,并为该菜单项提供属性调整。该窗口中各项属性及功能如表 4.1 所示。

表 4.1 菜单项的属性及功能

属　　性	功　　能
ID	菜单项的标识符
描述文字	菜单项的名称,包括热键及快捷键
分隔符	指明菜单项是一个水平线分隔条
弹出菜单	指明菜单项是一个弹出式子菜单
灰显	指明菜单项是不活动的菜单
分隔	指明菜单项是否放在新的一列
已勾选	指明菜单项前加上一个选中标记
已启用	指明菜单项是不可用的
提示	为菜单项定义在状态栏上的提示信息

菜单项的标识符的输入方法有两种:从键盘直接输入;或者打开属性窗口中 ID 的下拉列表,选取系统已经定义的 ID。

在"描述文字"文本框中输入菜单项的名称,例如"新建(&N)\tCtrl＋N"。其中,"(&N)"表示给菜单定义的热键为 N,字符"&"为 N 加上下画线;转义字符"\t"表示使快捷键按右对齐显示;"Ctrl＋N"说明菜单的快捷键为 Ctrl＋N,此处仅起提示作用,要真正成为快捷键还需要使用快捷键编辑器进行设置。

3. 调整菜单项的位置

选中某菜单项将其拖至适当位置即可。

4. 删除菜单项

用鼠标单击菜单项或用上、下、左、右光标键选择菜单项,然后右击该菜单项,选择"剪切"或"删除"菜单命令,或直接按键盘上的 Del 键删除。在删除带有子菜单的菜单项时系统会弹出一个信息提示框,提醒用户该操作将删除子菜单以及它所包含的全部内容。

需要说明的是,如果菜单中要使用其他语言,则除了在菜单名一项中输入该语言文字外,还要对菜单资源的语言属性进行设置。方法是选择"资源视图"中的菜单资源,例如 IDR_MAINFRAME,在该菜单资源的属性窗口的"语言"下拉列表框中选择该语言,如图 4.3 所示。同样,如果其他资源(例如对话框或字符串)要使用其他语言,也要对该资源的语言属性进行修改。

视频讲解

【例 4.1】 编写一个单文档应用程序 MyDraw,为程序增加一个"绘图"主菜单,并在其中添加"矩形"和"椭圆"两个菜单项。

其操作步骤如下:

(1)启动 Visual Studio IDE 并创建一个名为 chap04 的解决方案,在该解决方案中使用"MFC 应用"项目模板创建一个名为 MyDraw 的单文档应用程序,项目样式选择 MFC Standard,其他使用默认值。

(2)为程序添加主菜单。打开"资源视图"中的 Menu 文件夹,双击 IDR_MAINFRAME 打开菜单编

图 4.3 设置菜单项的语言属性

辑器。双击菜单栏右侧的虚线空白菜单项,在菜单项属性窗口的"描述文字"栏中输入"绘图(&D)"。其他采用系统默认值。

(3)为主菜单添加菜单项。单击"绘图"菜单项下的虚线空白菜单项,在属性窗口中输入或选择该菜单项的属性值。在 ID 框中输入 ID_RECTANGLE,在"描述文字"框中输入"矩形(&R)\tCtrl+R",在"提示"框中输入"在视图中绘制矩形\n 矩形"。用同样的方法添加"椭圆"菜单项,它的 ID、"描述文字"和"提示"分别为 ID_ELLIPSE、椭圆(&L)\tCtrl+L、在视图中绘制椭圆\n 椭圆,并在"矩形"和"椭圆"两个菜单项之间添加一条分隔线。

(4)为菜单项添加快捷键。打开"资源视图"中的 Accelerator 文件夹,双击 IDR_MAINFRAME 打开快捷键编辑器。选择编辑器底部的空白框,在属性窗口中输入或选择相关属性值。在 ID 下拉列表中选择 ID_RECTANGLE,在"键"编辑框中输入 R,Ctrl 属性选择 True,其他接受默认值,如图 4.4 所示。用同样的方法为"椭圆"菜单项定义快捷键。

(5)编译、链接并运行程序,结果如图 4.5 所示。

4.1.3 建立消息映射

在例 4.1 中仅添加了菜单,并没有实现菜单的功能,即没有对应的命令处理函数与菜单项对应,因此图 4.5 中添加的菜单项是灰色的,即处于当前不可用状态。在添加新的菜单项后还应该为菜单项指定一个处理函数,即利用"类向导"添加一个消息处理函数。

菜单、工具栏和状态栏

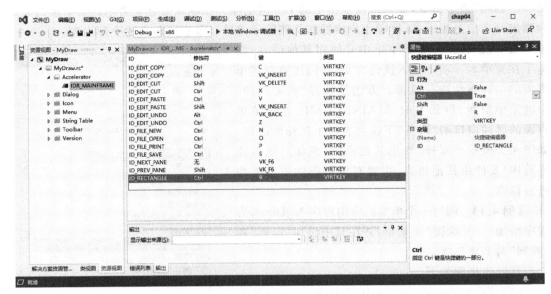

图 4.4   快捷键的定义

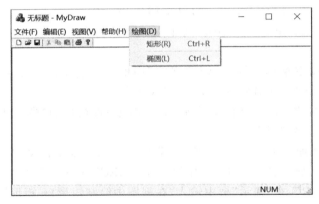

图 4.5   例 4.1 程序的运行结果

视频讲解

【**例 4.2**】   为例 4.1 中增加的菜单项添加消息处理函数。

其操作步骤如下：

（1）启动 Visual Studio IDE，打开解决方案 chap04。

（2）在"类视图"窗口中右击项目 MyDraw，选择快捷菜单中的"类向导"菜单命令或按 Ctrl＋Shift＋X 键启动"类向导"工具。

（3）为 CMyDrawView 类添加一个类型为 int 的私有数据成员 m，并在构造函数中将其初始化为 0。

```
CMyDrawView::CMyDrawView() noexcept
{
    //TODO: 在此处添加构造代码
    m = 0;
}
```

（4）为"矩形"及"椭圆"菜单项添加消息处理函数。在"类向导"对话框的"类名"下拉列表中选择 CMyDrawView,在"命令"栏下的"对象 ID"选择框中选择 ID_RECTANGLE,在"消息"列表框中选择 COMMAND,单击"添加处理程序"按钮,接受系统默认的函数名。单击"编辑代码"按钮,为消息处理函数添加如下代码。

```
void CMyDrawView::OnRectangle()
{
    //TODO: 在此添加命令处理程序代码
    m = 1;
    Invalidate();
}
```

用同样的方法为"椭圆"菜单项添加消息处理函数,并编写如下代码。

```
void CMyDrawView::OnEllipse()
{
    //TODO: 在此添加命令处理程序代码
    m = 2;
    Invalidate();
}
```

（5）在视图类 CMyDrawView 的 OnDraw()函数中添加如下代码。

```
void CMyDrawView::OnDraw(CDC * pDC)
{
    CMyDrawDoc * pDoc = GetDocument();
    ASSERT_VALID(pDoc);
    if(!pDoc)
        return;
    //TODO: 在此处为本机数据添加绘制代码
    if(m == 1)
    {
        pDc→Rectangle(10, 10, 200, 100);
    }
    else if(m == 2)
    {
        pDc→Ellipse(250, 100, 450, 250);
    }
}
```

（6）编译、链接并运行程序,分别选择"矩形"和"椭圆"菜单项,结果如图 4.6 所示。

图 4.6　例 4.2 程序的运行结果

菜单、工具栏和状态栏

4.1.4 菜单的有效控制

一般情况下,菜单项不止一种状态,用户经常需要根据应用的内部状态对菜单项做相应的改变。例如,在没有选择任何内容时,"编辑"菜单下的"复制"和"剪切"等菜单项是无效的(以灰色显示)。用户有时还会看到在菜单项旁边有检查标记,表示它是选中的还是没选中的。例如,在 Word 的"视图"菜单下,当用户选用"网格线"或"标尺"时,相应菜单项前会出现一个"√"。MFC 通过消息映射机制和 CCmdUI 类更新菜单项的显示。

在类向导的"命令"选项下的"对象 ID"选择框中如果选择一个菜单 ID,在"消息"列表框中就会出现以下两项:

```
COMMAND
UPDATE_COMMAND_UI
```

其中,UPDATE_COMMAND_UI 是更新命令用户接口消息,专门用于处理菜单项和工具栏按钮的更新。每一个菜单命令都对应一个更新命令用户接口消息,可以用更新命令用户接口消息编写消息处理函数来处理用户接口(包括菜单和工具栏按钮)的更新。如果一条命令有多个用户接口对象(如一个菜单项和一个工具栏按钮),两者都被发送给同一个处理函数。这样,对于所有等价的用户接口对象来说,可以把用户接口更新代码封装在同一个地方。

当框架向处理函数发送更新命令时,它传递给处理函数一个指向 CCmdUI 对象的指针,这个对象包含了相应菜单项或工具栏按钮的指针。更新处理函数利用该指针调用菜单项或工具栏的命令接口函数来更新用户接口对象(包括灰化、选中菜单项和工具栏按钮等)。CCmdUI 提供的更新菜单项显示的成员函数见表 4.2。

表 4.2　CCmdUI 的成员函数

成员函数	功　能	成员函数	功　能
Enable()	设置菜单项是否有效	SetRadio()	增加或清除圆点标记
SetCheck()	增加或清除"√"标记	SetText()	改变菜单显示文本

视频讲解

【例 4.3】　为例 4.2 的程序 MyDraw 添加更新用户界面的消息处理函数,使程序启动时菜单项"椭圆"处于不可用状态,当用户单击"矩形"菜单项后在菜单项前显示"√"标记,并使"椭圆"菜单项变为可用。

其操作步骤如下:

(1) 启动 Visual Studio IDE,打开例 4.2 中的项目 MyDraw。

(2) 为 CMyDrawView 类添加 3 个类型为 BOOL、属性为 public 的成员变量,即 m_enable、m_checkr 和 m_checke,并在构造函数 CMyDrawView()中将它们初始化。

```
CMyDrawView::CMyDrawView() noexcept
{
    //TODO: 在此处添加构造代码
    m_enable = false;       //记录"椭圆"菜单项的有效性
    m_checkr = false;       //标识"矩形"菜单项前的显示标记
    m_checke = false;       //标识"椭圆"菜单项前的显示标记
```

```
        m = 0;                              //标识图形的类别
}
```

（3）打开"类向导"工具，为"矩形"和"椭圆"菜单项添加更新消息处理函数。

在"类向导"对话框的"类名"下拉列表中选择 CMyDrawView，在"命令"栏下的"对象 ID"选择框中选择 ID_RECTANGLE，在"消息"列表框中选择 UPDATE_COMMAND_UI，单击"添加处理程序"按钮，接受系统默认的函数名。单击"编辑代码"按钮，为更新消息处理函数添加代码，实现菜单单击标记的更新。

```
void CMyDrawView::OnUpdateRectangle(CCmdUI * pCmdUI)
{
    //TODO: 在此添加命令更新用户界面处理程序代码
    pCmdUI -> SetCheck(m_checkr);
}
```

用同样的方法为"椭圆"菜单项添加更新消息处理函数，并在相应的处理函数中添加代码。

```
void CMyDrawView::OnUpdateEllipse(CCmdUI * pCmdUI)
{
    //TODO: 在此添加命令更新用户界面处理程序代码
    pCmdUI -> SetCheck(m_checke);
    pCmdUI -> Enable(m_enable);              //设置菜单项的有效性
}
```

（4）将"椭圆"菜单项变为可用，并实现菜单项单击标记"√"的显示。

展开"类视图"中的类 CMyDrawView，双击打开"矩形"和"椭圆"菜单项的消息处理函数 OnRectangle() 及 OnEllipse()，在函数中添加以下有阴影部分的代码。

```
void CMyDrawView::OnEllipse()
{
    //TODO: 在此添加命令处理程序代码
    m_checke = true;
    m_checkr = false;
    m = 2;
    Invalidate();
}
void CMyDrawView::OnRectangle()
{
    //TODO: 在此添加命令处理程序代码
    m_enable = true;
    m_checkr = true;
    m_checke = false;
    m = 1;
    Invalidate();
}
```

（5）编译、链接并运行程序，结果如图 4.7 所示，图中显示的是单击"矩形"菜单项后的效果。

103

第4章

菜单、工具栏和状态栏

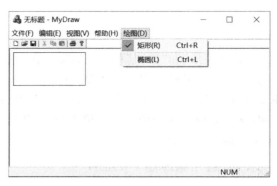

图 4.7　例 4.3 程序的运行结果

4.1.5　创建快捷菜单

快捷菜单用于提供高效的、面向对象的菜单访问方式。当用户右击时,该菜单会出现在鼠标箭头所在的位置。在 Visual Studio IDE 中有大量这样的菜单。例如,在解决方案资源管理器的空白处右击时会弹出一个快捷菜单,让用户选择"生成""重新生成"和"属性"等操作。下面介绍为应用程序创建快捷菜单的两种方法。

1. 使用"MFC 应用"项目模板创建快捷菜单

在使用"MFC 应用"项目模板创建 MFC 应用程序时,可以通过勾选向导中的相关设置为应用程序创建一个默认的快捷菜单,然后在此基础上对菜单资源进行编辑,以适合自己程序的需要。

视频讲解

【**例 4.4**】　为例 4.3 中的应用程序 MyDraw 增加一个快捷菜单。程序运行后,用户在视图窗口中右击将弹出快捷菜单,显示主菜单"绘图"下的所有菜单项。

其操作步骤如下:

(1) 启动 Visual Studio IDE,使用"MFC 应用"项目模板创建一个单文档应用程序。在"用户界面功能"面板的"命令行(菜单/工具栏/功能区)"下拉列表中选择"使用菜单栏和工具栏"选项,如图 4.8 所示。

图 4.8　用户界面功能的设置

（2）在应用程序创建完成后运行该程序，在窗口的视图区中右击即可看到默认的快捷菜单，如图 4.9 所示。

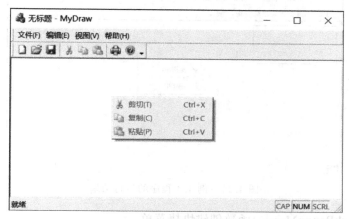

图 4.9　默认快捷菜单

（3）在应用程序的主菜单中添加"绘图"菜单项，并进行菜单命令的消息映射，实现菜单的绘图功能。

（4）编辑快捷菜单。展开"资源视图"中的 Menu 文件夹，双击默认的快捷菜单资源 IDR_POPUP_EDIT，打开菜单资源编辑器，删除菜单 POPUP 下的默认菜单项。打开 IDR_MAINFRAME 菜单资源，将主菜单"绘图"中的所有菜单项复制到剪贴板上。返回到菜单资源编辑器，将复制的内容粘贴到新的快捷菜单上。这样快捷菜单就具有了与"绘图"主菜单完全相同的功能，如图 4.10 所示。

图 4.10　编辑快捷菜单资源

（5）编译、链接并运行程序，在视图区中右击将弹出快捷菜单，单击"矩形"菜单项，结果如图 4.11 所示。

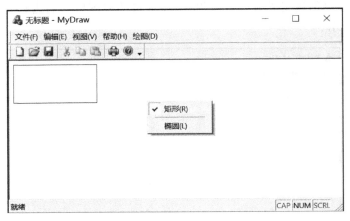

图 4.11　例 4.4 程序的运行结果

2. 使用 TrackPopupMenu() 函数创建快捷菜单

使用菜单资源编辑器和 CMenu：：TrackPopupMenu() 函数来创建快捷菜单。
CMenu：：TrackPopupMenu() 函数的原型为

```
BOOL TrackPopupMenu(UINT nFlags, int x, int y, CWnd * pWnd, LPCRECT lpRect = NULL);
```

该函数的功能是显示一个快捷菜单。其中，nFlags 表示屏幕位置标志，它的含义见表 4.3。x、y 分别表示菜单的水平坐标和顶端的垂直坐标；pWnd 表示弹出菜单的窗口，包括全部的 WM_COMMAND 消息；lpRect 表示一个矩形区域，当单击这个矩形区域时菜单不消失。

表 4.3　参数 nFlags 的含义

nFlags	含　义
TPM_ CENTERALIGN	菜单的水平中心位置由 x 确定
TPM_ LEFTALIGN	菜单的左边位置由 x 确定
TPM_ RIGHTALIGN	菜单的右边位置由 x 确定
TPM_ LEFTBUTTON	单击鼠标左键时弹出菜单
TPM_RIGHTBUTTON	单击鼠标右键时弹出菜单

视频讲解

【例 4.5】　使用 TrackPopupMenu() 函数创建例 4.3 中的快捷菜单。
其操作步骤如下：
（1）启动 Visual Studio IDE，打开例 4.3 中的项目 MyDraw。
（2）打开"添加资源"工具，向应用程序中添加一个新的菜单资源，并将新菜单的 ID 改为 IDR_POPUP。双击"资源视图"中 Menu 文件夹下的 IDR_MAINFRAME，打开标准菜单编辑器，单击"绘图"菜单项并复制。双击新菜单资源 IDR_POPUP，打开快捷菜单编辑器，单击空白菜单项并粘贴，如图 4.12 所示。
（3）加载并显示快捷菜单。打开"类向导"工具，在"类名"框中选择 CMyDrawView，然后选择"消息"列表框中的 WM_CONTEXTMENU，单击"添加处理程序"按钮，再单击"编辑代码"按钮，在打开的 WM_CONTEXTMENU 消息处理函数中添加如下代码。

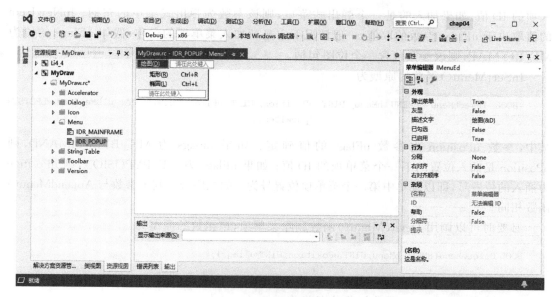

图 4.12　编辑菜单资源

```
void CMyDrawView::OnContextMenu(CWnd * pWnd, CPoint point)
{
    CMenu menu, * pPopup;
    menu.LoadMenu(IDR_POPUP); //加载快捷菜单
    pPopup = menu.GetSubMenu(0);
    CWnd * pWndPopupOwner = this;
    pWndPopupOwner = pWndPopupOwner->GetParent();
    //显示快捷菜单 pPopup->TrackPopupMenu(TPM_LEFTALIGN|TPM_RIGHTBUTTON,
point.x, point.y, pWndPopupOwner);
}
```

（4）编译、链接并运行程序,得到与例 4.4 中相同的效果。

4.1.6　创建动态菜单

用户可以动态地创建菜单,即在程序运行过程中增加菜单项、删除菜单项等,这样创建的菜单称为动态菜单。动态地创建菜单可以减少内存空间的占用,节省系统资源。动态地创建菜单分为以下 3 个步骤。

（1）利用 CreateMenu() 函数创建一个空的弹出式菜单,该函数的原型为

```
HMENU CreateMenu();
```

该函数没有参数,它的返回值是一个菜单句柄。

（2）调用 AppendMenu() 或 InsertMenu() 函数在菜单栏中加入菜单项。

这两个函数的用法比较相似,只是 AppendMenu() 函数在菜单的尾部增加菜单项,而 InsertMenu() 函数是将菜单项插入菜单的某一指定位置。AppendMenu() 函数的原型为

```
AppendMenu(HMENU hMenu, UINT uFlags, UINT_PTR uIDNewItem, LPCTSTR lpNewItem);
```

其中,hMenu 是菜单句柄;uFlags 为新加入菜单项的属性;uIDNewItem 通常情况下是插

菜单、工具栏和状态栏

入项的 ID 值,如果加入的是一个弹出式菜单,则该参数为弹出式菜单的句柄;lpNewItem 的值取决于 uFlags 参数的取值,一般情况下它是新加入菜单项的名称,假如 uFlags 的值为 MF_BITMAP,则该参数包含一个位图句柄。

InSertMenu()函数的原型为

```
BOOL InsertMenu (HMENU hMenu, UINT uPosition, UINT uFlags, UINT _ PTR uIDNewItem, LPCTSTR
                lpNewItem);
```

其中,参数 uPosition 由参数 uFlags 的值确定。如果 uFlags 为 MF_ BYCOMMAND,则 uPosition 是插入位置的下一个菜单项的 ID 值;如果 uFlags 为 MF_BYPOSION,则 uPosition 为插入的位置号,即以菜单中第一个菜单项位置号为 0 的顺序号。其余参数与 AppendMenu() 函数相同。

必要时可以调用 DeleteMenu()函数删除菜单项,该函数的原型为

```
BOOL DeleteMenu(HMENU hMenu,UINT uPosition,UINT uFlags);
```

其参数与 InsertMenu()函数的参数的含义相同。

(3) 调用 SetMenu()函数加载动态菜单。

菜单必须加载才能使用。动态菜单的加载是通过调用 SetMenu()函数来实现的。SetMenu()函数的原型为

```
BOOL SetMenu(HWND hWnd,HMENU hMenu);
```

其中,参数 hWnd 和 hMenu 分别表示窗口句柄与菜单句柄。

视频讲解

【例 4.6】 为例 4.4 中的应用程序 MyDraw 创建一个"画笔"动态菜单。程序运行后, 用户单击"绘图"|"矩形"菜单项,在菜单栏中添加动态菜单"画笔",并通过此菜单的菜单项 画一个红色矩形。

其操作步骤如下:

(1) 启动 Visual Studio IDE,打开例 4.4 中的项目 MyDraw。

(2) 打开菜单项"绘图"|"矩形"的消息处理函数 OnRectangle(),并添加代码,创建一个 带有"红色矩形"菜单项的动态菜单"画笔"。

```cpp
void CMyDrawView::OnRectangle()
{
    …
    CClientDC dc(this);
    dc.Rectangle(10,10,200,100);
    HMENU hmenu, hPopmenu;                       //定义两个菜单句柄
    CWnd * pMainFrame = AfxGetMainWnd();          //获取窗口指针
    CMenu * pTopMenu = pMainFrame -> GetMenu();   //获取菜单栏指针
    hmenu = pTopMenu -> m_hMenu;                  //获取菜单栏句柄
    hPopmenu = CreateMenu();                      //创建一个动态菜单
    //动态菜单为弹出式菜单,名称为"画笔"
    AppendMenu(hmenu,MF_POPUP,UINT(hPopmenu),"画笔(&P)");
    //在"画笔"菜单下添加"红色矩形"菜单项
    AppendMenu(hPopmenu,MF_STRING,WM_USER + 1,"红色矩形");
    //调用框架窗口类的 SetMenu()函数重新显示菜单
```

```
                pMainFrame -> SetMenu(pTopMenu);
        }
```

（3）为动态菜单添加消息处理函数。为了响应动态菜单的消息,需要利用"类向导"工具重新定义 OnCmdMsg() 函数。打开"类向导"工具,在"类名"框中选择 CMyDrawView,然后选择"虚函数"列表框中的 OnCmdMsg,单击"添加函数"按钮,再单击"编辑代码"按钮,在函数中添加如下代码。

```
BOOL CMyDrawView:: OnCmdMsg (UINT nID, int nCode, void * pExtra, AFX_ CMDHANDLERINFO *
pHandlerInfo)
{
        if(nID == (UINT)(WM_USER + 1))
        {
                if(nCode == CN_COMMAND)
                        DoSelectMenu();
                else if(nCode == CN_UPDATE_COMMAND_UI)
                        DoUpdateSelectMenu((CCmdUI * )pExtra);
                return true;
        }
        return CView::OnCmdMsg(nID, nCode, pExtra, pHandlerInfo);
}
```

在 CMyDrawView 类中增加两个函数,即 void DoSelectMenu() 和 DoUpdateSelectMenu(CCmdUI * pCmdUI)。前一个函数的功能是选取动态菜单,后一个函数的功能是更新菜单的状态。

```
void CMyDrawView::DoSelectMenu()
{
        CPen NewPen, * OldPen;
        CClientDC dc(this);
        NewPen.CreatePen(PS_SOLID,2,RGB(255,0,0));
        OldPen = dc.SelectObject(&NewPen);
        dc.Rectangle(100,100,350,200);
        dc.SelectObject(OldPen);
}
void CMyDrawView::DoUpdateSelectMenu(CCmdUI * pCmdUI)
{
        pCmdUI -> Enable(true);
}
```

（4）编译、链接并运行程序。首先选择"绘图"|"矩形"菜单命令,菜单栏中动态增加了"画笔"主菜单,单击"画笔"|"红色矩形"菜单项,绘制红色矩形,如图 4.13 所示。

4.1.7 创建基于对话框的菜单

从第 2 章可知,利用"MFC 应用"项目模板可以生成基于对话框的应用程序。启动 Visual Studio IDE,选择"文件"菜单下的"新建"|"项目"菜单命令,在弹出的对话框中选择 "MFC 应用"项目模板,输入项目名及存储路径后单击"创建"按钮。在弹出的对话框中选择 "基于对话框"的应用程序类型,其他设置接受系统默认值。单击"完成"按钮,生成一个基于

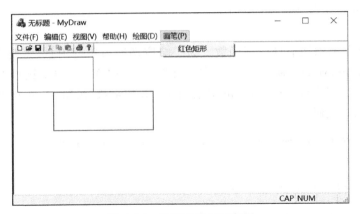

图 4.13   动态菜单运行实例

对话框的应用程序框架。编译、链接并运行程序,结果如图 4.14 所示。

图 4.14   基于对话框应用程序的界面

从图 4.14 可以看出,基于对话框的应用程序在运行时并没有菜单栏。下面通过实例来讨论如何给它创建一个菜单栏。

视频讲解

【例 4.7】   编写一个基于对话框的应用程序 Li4_7,为该应用程序添加一个菜单栏,菜单栏包括文件、编辑、视图和帮助 4 个主菜单项。

其操作步骤如下:

(1) 利用"MFC 应用"项目模板生成基于对话框的应用程序 Li4_7。

(2) 展开"资源视图"中的 Dialog 文件夹,双击 IDD_LI4_7_DIALOG 对话框资源,打开对话框资源编辑器。删除"确定"和"取消"按钮控件及静态文本控件"TODO:在此放置对话框控件"。

(3) 打开"添加资源"工具插入一个新的菜单资源,系统默认新增菜单的 ID 为 ID_MENU1。

(4) 双击"资源视图"中的 ID_MENU1 菜单资源,打开菜单编辑器,为该菜单添加"文件""编辑""视图"和"帮助"4 个主菜单项。

（5）双击"资源视图"中 Dialog 文件夹下的 IDD_LI4_7_DIALOG，打开对话框资源编辑器，将对话框的"菜单"属性值设置为 IDR_MENU1，将菜单和应用程序的主窗口连接起来，如图 4.15 所示。

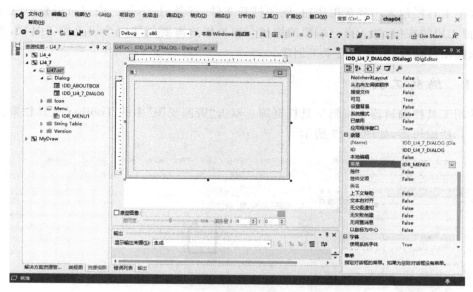

图 4.15　对话框属性设置

（6）编译、链接并运行程序，结果如图 4.16 所示。

图 4.16　基于对话框的菜单

4.2　工　具　栏

菜单是用户选择可用命令的一个最常用、最重要的手段。在有些情况下使用工具栏可以更快捷、更有效地实现某些操作，但应尽量使工具栏的命令 ID 与菜单和快捷键的命令 ID 同步。

在 MFC 中工具栏的功能由 CToolBar 类实现。工具栏资源和工具栏类 CToolBar 是工具栏的两个要素。创建工具栏的基本步骤如下：

（1）创建工具栏资源。

（2）构建一个 CToolBar 对象。

第4章

菜单、工具栏和状态栏

（3）调用 CToolBar∷Create()或 CreateEx()函数创建工具栏窗口。

（4）调用 CToolBar∷LoadToolBar()载入工具栏资源。

在使用默认配置时，使用"MFC 应用"项目模板创建的应用程序会自动具有一个工具栏。这个工具栏包含一些常用按钮，例如打开文件、存盘、打印等。用户可以修改这个工具栏，去掉无用的按钮，加入自己需要的按钮。如果用户需要创建两个以上的工具栏，则不能完全依赖项目模板，需要自己手工创建。

4.2.1 编辑工具栏

使用工具栏编辑器来编辑工具栏资源。双击"资源视图"中的 Toolbar 工具栏资源即可打开工具栏编辑器，如图 4.17 所示。

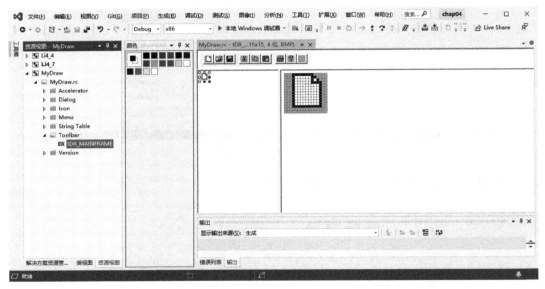

图 4.17 工具栏编辑器

1. 添加按钮

在工具栏编辑器中单击工具栏上的空白按钮，并在属性窗口中编辑按钮的 ID、宽度与高度值，如图 4.18 所示。

2. 删除按钮

将按钮拖出工具栏外即可删除该按钮。

3. 编辑按钮位图

设置按钮位图有以下两种方法。

（1）利用绘图工具与调色板直接进行绘制。

（2）先利用专用绘图软件制作，然后粘贴到按钮上。

4.2.2 实现按钮功能

要实现按钮的功能，通常只需让一个按钮的 ID 值与同样功能菜单项的 ID 值相同即可。如果按钮没有对应菜单项，则必须利用"类向导"工具添加一个消息处理函数。

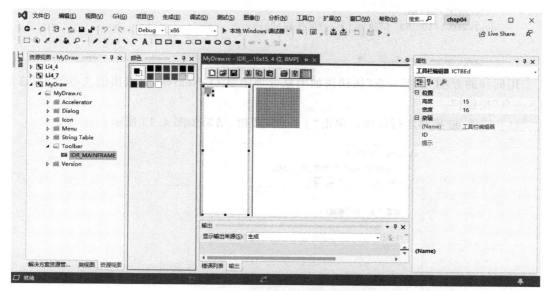

图 4.18　工具栏按钮的属性窗口

【例 4.8】　编辑例 4.4 中的应用程序 MyDraw。删除默认工具栏上的"打印"按钮,在其后为新增的菜单项配备相应的按钮,并在"帮助"按钮前添加"上一页"和"下一页"两个按钮,当用户单击这两个按钮后,视图中分别显示文本"这是"上一页"按钮!"和"这是"下一页"按钮!"。

视频讲解

其操作步骤如下:

(1) 启动 Visual Studio IDE,打开例 4.4 中的项目 MyDraw。选择"资源视图"并展开 Toolbar 文件夹,双击 IDR_MAINFRAME 工具栏资源,打开工具栏编辑器。

(2) 单击工具栏上代表"打印"的打印机图标按钮,将其拖出工具栏外,删除该按钮。

(3) 为新增的"矩形"及"椭圆"菜单项配备相应的按钮。单击工具栏上"帮助"按钮后的空白按钮,用绘图工具及调色板制作"矩形"按钮。在该按钮的属性窗口中设置其 ID 为 ID_RECTANGLE,高度和宽度采用默认值。用同样的方法定义"椭圆"按钮,设置其 ID 为 ID_ELLIPSE。

(4) 用鼠标将工具栏最后的空白框拖至"帮助"按钮前,用绘图工具及调色板制作"上一页"按钮。在该按钮的属性窗口中设置其 ID 为 ID_FORWARD,高度和宽度均为 20。用同样的方法定义一个"下一页"按钮,设置其 ID 为 ID_NEXT。

(5) 为两个新按钮添加消息处理函数。由于新按钮没有与之对应的菜单项,所以需利用"类向导"工具给它们添加消息处理函数。

打开"类向导"工具,在"类名"框中选择 CMyDrawView 类,在"命令"选项卡的"对象 ID"列表中选择 ID_FORWARD,在"消息"框中选择 COMMAND,单击"添加处理程序"按钮,再单击"编辑代码"按钮,在函数中添加以下代码。

```
void CMyDrawView::OnForward()
{
    //TODO:在此添加命令处理程序代码
```

第 4 章

菜单、工具栏和状态栏

```
CClientDC dc(this);
dc.TextOut(50, 50, L"这是"上一页"按钮!");
```

}

用同样的方法为"下一页"按钮添加消息处理函数 OnNext(),将输出的文本改为"这是"下一页"按钮!"。

（6）编译、链接并运行程序。单击"上一页"按钮,结果如图 4.19 所示。

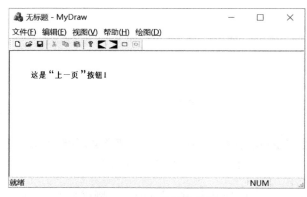

图 4.19　工具栏的编辑

4.2.3　自定义工具栏

向导生成的标准工具栏的 ID 值为 IDR_MAINFRAME。MFC 应用程序框架在 CMainFrame 类中定义了一个工具栏类 CToolBar 的对象 m_wndToolBar,通过在 CMainFrame::OnCreate()成员函数中调用 CToolBar::CreateEx()函数来创建工具栏。如果程序员要改变工具栏的默认风格或外观,可以修改 CreateEx()函数的调用参数。对一些功能复杂的应用程序,需要创建多个不同的工具栏。要生成工具栏,首先必须添加工具栏资源,然后参照 MFC 应用程序框架添加工具栏的方法构造一个 CToolBar 类的对象,调用 CToolBar::Create() 或 CreateEx() 函数创建工具栏窗口,最后调用 CToolBar::LoadToolBar()函数载入工具栏资源。除这些基本步骤之外,用户还可以调用其他相关函数进一步改善工具栏。

1. 创建工具栏窗口

调用 CToolBar::Create()或 CreateEx()函数创建并初始化工具栏窗口对象。若创建成功,函数返回 TRUE,否则返回 FALSE。函数的原型为

```
BOOL Create(CWnd * pParentWnd, DWORD dwStyle = WS_CHILD|WS_VISIBLE|CBRS_TOP,
            UINT nID = AFX_IDW_TOOLBAR);
BOOL CreateEx(CWnd * pParentWnd, DWORD dwCtrlStyle = TBSTYLE_FLAT,
            DWORD dwStyle = WS_CHILD|WS_VISIBLE|CBRS_ALIGN_TOP,
            CRect rcBorders = CRect(0,0,0,0),UINT nID = AFX_IDW_TOOLBAR);
```

其中,参数 pParentWnd 为指向工具栏所在父窗口的指针；dwStyle 为工具栏的风格,其取值为表 4.4 中参数的组合；nID 为工具栏窗口的 ID。

表 4.4　工具栏的风格

风　　格	含　　义
WS_VISIBLE	设置工具栏窗口初始可见
CBRS_BOTTOM	窗口初始化时将工具栏放到窗口的底部
CBRS_FLYBY	鼠标光标在按钮上暂停时显示工具栏按钮提示
CBRS_NOALIGN	防止工具栏在其父窗口大小改变时被复位
CBRS_TOOLTIPS	鼠标光标在按钮上暂停时显示工具栏提示
CBRS_TOP	窗口初始化时将工具栏放到窗口的顶部
CBRS_SIZE_DYNAMIC	工具栏的大小可变

2. 装载工具栏资源

调用 LoadToolBar() 函数装载工具栏资源。用 Create() 或者 CreateEx() 函数创建工具栏其实只是获得了一个窗口句柄,工具栏窗口中位图按钮的加载是靠 LoadToolBar() 函数来完成的。若加载成功,将返回 TRUE,否则返回 FALSE。该函数的原型为

```
BOOL LoadToolBar(LPCTSTR lpszResourceName);
```

或

```
BOOL LoadToolBar(UINT nIDResource);
```

其中,参数 lpszResourceName 为以字符串形式定义的资源,nIDResource 为以整型形式定义的资源。

3. 设置工具栏的风格

如果在调用初始化函数 CToolBar::Create() 或者 CreateEx() 时设置的工具栏风格不满足需要,可以用 SetBarStyle() 函数重新进行设置。该函数只带一个参数,表示工具栏的风格,其取值为表 4.5 中参数的组合。

表 4.5　工具栏的停靠风格

风　　格	含　　义
CBRS_ALIGN_TOP	工具栏可以停靠在客户区顶端
CBRS_ALIGN_BOTTOM	工具栏可以停靠在客户区底端
CBRS_ALIGN_LEFT	工具栏可以停靠在客户区左端
CBRS_ALIGN_RIGHT	工具栏可以停靠在客户区右端
CBRS_ALIGN_ANY	工具栏可以停靠在客户区的任意位置
CBRS_FLOAT_ MULTI	允许在一个窗口内存在多个可移动工具栏,对 CFrame 不可用

4. 设置工具栏的停靠特性

设置工具栏的停靠特性需要调用 EnableDocking() 函数,既要调用 CControlBar::EnableDocking() 函数设置工具栏的停靠特性,还要调用框架类的成员函数 EnableDocking() 设置框架窗口以指定它的子窗口控制栏以何种方式停靠,不管一个框架窗口中有多少个子窗口控制栏,该函数只需调用一次。函数的原型为

```
void EnableDocking(DWORD dwStyle);
```

其中,参数 dwStyle 为工具栏停靠风格,其值可以使用表 4.5 中参数的组合来指定。

5. 设置工具栏的初始停靠位置

通过调用 CFrameWnd::DockControlBar() 函数定位一个工具栏的初始停靠位置。该函数的原型为

```
void DockControlBar(CControlBar * pBar, UINT nDockBarID = 0, LPCRECT lpRect = NULL);
```

其中,参数 pBar 为需停靠工具栏的指针；nDockBarID 指定工具栏在客户区中的停靠位置,其值见表 4.6；参数 lpRect 指定在无客户区时工具栏的停靠位置。

表 4.6   工具栏的停靠位置

位 置 标 志	含 义
0	停靠在客户区的任意位置
AFX_IDW_DOCKBAR_TOP	停靠在客户区的顶端
AFX_IDW_DOCKBAR_BOTTOM	停靠在客户区的底端
AFX_IDW_DOCKBAR_LEFT	停靠在客户区的左端
AFX_IDW_DOCKBAR_RIGHT	停靠在客户区的右端

6. 移动工具栏

调用 CFrameWnd::FloatControlBar() 函数来移动、定位一个工具栏。该函数的原型为

```
CFrameWnd * FloatControlBar(CControlBar * pBar, Cpoint point,
DWORD dwStyle = CBRS_ALIGN_TOP);
```

其中,参数 pBar 为浮动控件的指针；point 为控件左上角的屏幕坐标；dwStyle 表示控件的停靠风格,取值如表 4.6 所示。

7. 工具栏的隐/显控制

通过调用 CWnd::SetStyle() 函数可以改变某些工具栏窗口的风格,但该函数不能改变 WS_VISIBLE,只能通过父类 CWnd 的 ShowWindow() 成员函数来显示或隐藏工具栏。将参数 SW_HIDE 传给该函数以使工具栏不可见或传递 SW_SHOWNORMAL 重新显示工具栏。一旦在程序中改变了工具栏,就必须将这一改变通知框架窗口,通过调用 CFrameWnd::RecalcLayout() 函数来重新调整主框架窗口的布局。

视频讲解

【例 4.9】   编写一个单文档应用程序 Li4_9。为该应用程序创建一个带有"线""圆""矩形"和"文本"4 个按钮的工具栏,当用户单击工具栏上的按钮时在窗口中显示相应的图形。

其操作步骤如下：

（1）启动 Visual Studio IDE,使用"MFC 应用"项目模板在 chap04 解决方案中创建一个单文档应用程序 Li4_9。

（2）打开"添加资源"工具,选择 Toolbar 资源,单击"新建"按钮插入一个新的工具栏资源,其 ID 接受系统默认值 IDR_TOOLBAR1。在随后打开的工具栏编辑器中创建各个按钮,并设置属性,见表 4.7。

表 4.7　工具栏中按钮的属性

按 钮 图 标	ID	提　　示
	ID_LINE	绘制线条\n 线
	ID_CIRCLE	绘制圆\n 圆
	ID_RECTANGLE	绘制矩形\n 矩形
	ID_TEXT	输出文本\n 文本

（3）在应用程序中添加代码，完成工具栏的创建、装载以及风格设置。

① 切换到"类视图"窗口，在 CMainFrame 上右击，在弹出的快捷菜单中选择"添加"|
"添加变量"命令，加入工具栏类对象 m_wndToolBar1。

② 打开 MainFrm. cpp 文件，在 OnCreate()函数的"return 0;"语句前添加如下代码。

```
…
if (!m_wndToolBar1. CreateEx(this, TBSTYLE_FLAT, WS_CHILD | WS_VISIBLE | CBRS_TOP | CBRS_
GRIPPER | CBRS_TOOLTIPS | CBRS_FLYBY | CBRS_SIZE_DYNAMIC)||
!m_wndToolBar1. LoadToolBar(IDR_TOOLBAR1))        //创建、装载工具栏，并设置风格
    {
        TRACE0("未能创建工具栏\n");
        return -1;                                 //创建失败
    }
//以上设定的工具栏风格为工具栏初始可见，并放置在窗口顶部，当鼠标光标在按钮上暂停时
//显示工具栏提示及工具栏按钮提示，工具栏大小可变
m_wndToolBar1. EnableDocking(CBRS_ALIGN_ANY);     //设置停靠特性
EnableDocking(CBRS_ALIGN_ANY);
DockControlBar(&m_wndToolBar1);                    //指定停靠位置
…
```

（4）利用"类向导"工具为工具栏上的各按钮映射消息处理函数，并在函数中添加相应
的绘图代码。

```
void CLi49View::OnLine()
{
    //TODO: 在此添加命令处理程序代码
    CClientDC dc(this);
    dc. MoveTo(100, 200);
    dc. LineTo(500, 200);
}
void CLi49View::OnCircle()
{
    //TODO: 在此添加命令处理程序代码
    CClientDC dc(this);
    dc. Ellipse(100, 200, 300, 400);
}
void CLi49View::OnRectangle()
{
    //TODO: 在此添加命令处理程序代码
    CClientDC dc(this);
    dc. Rectangle(100, 200, 300, 450);
}
```

117

第 4 章

菜单、工具栏和状态栏

```
void CLi49View::OnText()
{
    //TODO: 在此添加命令处理程序代码
    CClientDC dc(this);
    dc.TextOut(100, 200, L"自定义工具栏");
}
```

（5）编译、链接并运行程序。单击 🔁 按钮,结果如图 4.20 所示。

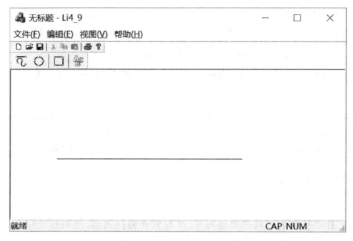

图 4.20　自定义工具栏

4.3　状　态　栏

状态栏实际上是一个窗口,一般分为几个窗格,每个窗格显示不同的信息。当使用"MFC 应用"项目模板创建一个单文档应用程序,其他接受默认选项时,生成的应用程序自动创建带有默认窗格的状态栏。

4.3.1　状态栏类的继承关系

在 MFC 中状态栏的功能由 CStatusBar 类实现,状态栏的继承关系如图 4.21 所示。

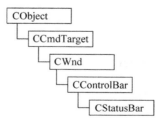

图 4.21　状态栏的继承关系

4.3.2　状态栏类的成员函数

对状态栏的控制通过调用其成员函数来完成,常用成员函数的功能见表 4.8。

表 4.8　常用的状态栏类成员函数

成员函数名	功　能
Create()	创建一个状态栏，并与状态栏对象相联系，同时初始化字体及高度
CreateEx()	创建一个有附加风格的状态栏
SetIndicators()	设置窗格 ID
SetPaneInfo()	设置给定索引值的窗格 ID、风格和宽度
SetPaneText()	设置窗格文本
CommandToIndex()	获取给定 ID 的窗格索引
GetItemID()	获取与索引对应的窗格 ID
GetItemRect()	获取给定索引的显示矩形
GetPaneInfo()	获取给定索引的窗格 ID、风格和宽度
GetPaneStyle()	获取给定窗格风格
GetPaneText()	获取给定索引的窗格文本

4.3.3　状态栏的操作

在利用 MFC AppWizard 向导创建应用程序时，首先在 CMainFrame 类中定义一个成员变量 m_wndStatusBar，它是状态栏类 CStatusBar 的对象。其次在 MFC 应用程序框架的实现文件 MainFrm.cpp 中为状态栏定义一个静态数组 indicators，代码如下。

```
static UINT indicators[ ] =
{
    ID_SEPARATOR,                           //显示命令功能提示
    ID_INDICATOR_CAPS,                      //显示大写锁定键状态
    ID_INDICATOR_NUM,                       //显示数字锁定键状态
    ID_INDICATOR_SCRL,                      //显示滚动锁定键状态
};
```

这个全局的提示符数组 indicators 中的每个元素代表状态栏上一个窗格的 ID，这些 ID 在应用程序的串表资源 String Table 中进行了说明。通过增加新的 ID 标识来增加用于显示状态信息的窗格。状态栏显示的内容由数组 indicators 决定，需要在状态栏中显示的各窗格的标识符、位置以及个数也由该数组决定，状态栏显示的内容是可以修改的。

最后 CWnd::Create() 函数以主框架窗口为父窗口创建状态栏，创建后默认停靠在主框架窗口的底部。CWnd::SetIndicators(indicators, sizeof(indicators)/sizeof(UINT)) 函数将创建后的状态栏分隔为 sizeof(indicators)/sizeof(UINT) 个窗格，窗格的 ID 分别为 indicators 数组中的元素值。

一个应用程序只有一个状态栏，所以对状态栏的操作主要是对状态栏上窗格的操作。为了把一个窗格添加到默认的状态栏中，一般要完成下列步骤：

（1）为新建窗格创建一个命令 ID 和默认字符串。

（2）将该窗格的命令 ID 添加到状态栏的静态数组 indicators 中。

（3）调用 CStatusBar::SetPaneText() 函数更新窗格的文本。

SetPaneText() 函数的原型为

```
BOOL SetPaneText( int nIndex, LPCTSTR lpszNewText, BOOL bUpdate = TRUE );
```

119

第
4
章

菜单、工具栏和状态栏

其中,参数 nIndex 表示窗格索引,第一个窗格的索引为 0,其余递加 1;参数 lpszNewText 表示要显示的信息;参数 bUpdate 为 TRUE,则系统自动更新显示结果。

【例 4.10】 编写一个单文档应用程序 Li4_10,程序运行后在状态栏中显示系统时间。其操作步骤如下:

(1) 启动 Visual Studio IDE,使用"MFC 应用"项目模板创建一个单文档应用程序 Li4_10。

(2) 切换到 IDE 的"解决方案资源管理器"视图,打开 MainFrm.cpp 文件。在状态栏的静态数组 indicators 的第一项后面添加 ID_INDICATOR_CLOCK,为状态栏增加一个窗格,用来显示系统时间。

(3) 切换到 IDE 的"资源视图"窗口,打开串表编辑器。双击串表编辑器中的空白框,在弹出的字符串属性窗口的 ID 框中输入 ID_INDICATOR_CLOCK,在 Caption 框中输入 00:00:00,定义窗格中数据输出的格式及长度。

(4) 在 CMainFrame 类的 OnCreate()函数中添加如下代码。

```
int CMainFrame::OnCreate(LPCREATESTRUCT lpCreateStruct)
{
…
    SetTimer(1,1000,NULL);
…
}
```

CWnd::SetTimer()函数用来安装一个计时器,它的第一个参数指定计时器 ID 为 1,第二个参数指定计时器的时间间隔为 1000 毫秒。这样,每隔 1000 毫秒 OnTimer()函数就会被调用一次。

(5) 利用 ClassWizard 类向导给 CMainFrame 类添加 WM_TIMER 和 WM_CLOSE 消息处理函数 OnTimer()和 OnClose(),并添加如下代码。

```
void CMainFrame::OnTimer(UINT nIDEvent)
{
//TODO: 在此添加消息处理程序代码或调用默认值
    CTime time;
    time = CTime::GetCurrentTime();                //获得系统时间
    CString s = time.Format("%H:%M:%S");           //将系统时间转换成时:分:秒格式的字符串
    //更新时间窗格显示的时间内容
m_wndStatusBar.SetPaneText(m_wndStatusBar.CommandToIndex(
ID_INDICATOR_CLOCK),s);

    CFrameWnd::OnTimer(nIDEvent);
}
void CMainFrame::OnClose()
{
    //TODO: 在此添加消息处理程序代码或调用默认值
    KillTimer(1);                                  //关闭计时器
    CFrameWnd::OnClose();
}
```

(6) 编译、链接并运行程序,结果如图 4.22 所示。

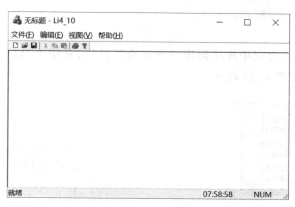

图 4.22 例 4.10 程序的运行结果

4.4 应 用 实 例

视频讲解

4.4.1 实例简介

编写一个能用不同的颜色及线宽绘制正弦曲线与余弦曲线的应用程序。程序运行后，首先在视图窗口中显示坐标轴，然后根据用户所选择的曲线类型、颜色及线宽绘制曲线，并在状态栏中显示相关的提示信息。

4.4.2 创建过程

1. 创建 MFC 应用程序框架

启动 Visual Studio IDE，使用"MFC 应用"项目模板创建应用程序 Curve。在"应用程序类型"窗口中选择"单个文档"应用程序类型和"MFC Standard"项目样式，其他都接受系统默认设置。

2. 添加菜单项

选择 IDE 中的"资源视图"，展开 Menu 文件夹，双击菜单资源 IDR_MAINFRAME，打开菜单编辑器。在主菜单"帮助"的后面添加"曲线""线宽"和"颜色"3 个主菜单，并分别给它们添加菜单项，如表 4.9 所示。

表 4.9　菜单项属性

主　菜　单	菜　单　项	ID	提　　　示
曲线(&S)	正弦(&Z)	ID_SIN	余弦曲线
	余弦(&Y)	ID_COS	正弦曲线
线宽(&W)	线宽2(&B)	ID_WIDSP2	曲线宽度为2\n 线宽2
	线宽3(&C)	ID_WIDSP3	曲线宽度为3\n 线宽3
颜色(&C)	红色(&R)	ID_COLR	曲线颜色为红色\n 红色
	蓝色(&L)	ID_COLB	曲线颜色为蓝色\n 蓝色

3. 创建快捷菜单

使用例 4.4 的方法为应用程序添加一个快捷菜单，并将快捷菜单的菜单项设置为菜单

菜单、工具栏和状态栏

栏中的相应项,如图 4.23 所示。

4. 创建工具栏

使用例 4.9 的方法为应用程序创建一个新的工具栏,并使工具栏上的各按钮与菜单栏中的菜单项相对应,如图 4.24 所示。

图 4.23　快捷菜单

线宽2　线宽3　红色　蓝色

图 4.24　工具栏

5. 添加代码

1) 添加成员变量及成员函数

(1) 选择 IDE 中的"类视图",右击 CCurveView,在弹出的快捷菜单中分别选择"添加"|"添加变量"和"添加"|"添加方法"菜单命令,为 CCurveView 类添加成员变量及成员函数,见表 4.10 和表 4.11。

表 4.10　成员变量

变量类型	变量名	说明
int	m_able	标识菜单项是否有效,1 为有效,0 为无效
int	m_typ	记录曲线类型,1 为正弦,2 为余弦
int	m_wid	记录曲线线宽,可以取 1、2 或 3
COLORREF	m_col	记录曲线颜色

表 4.11　成员函数

返回值类型	函数名	功能
double	calsin(int x)	计算正弦值
double	calcos(int x)	计算余弦值
void	drawcurve(CDC * pDC)	绘制曲线
void	drawline(CDC * pDC, int x1, int y1, int x2, int y2)	绘制直线
void	drawaxis(CDC * pDC)	绘制坐标系

(2) 在构造函数中初始化成员变量:

```
CCurveView::CCurveView()
{
    m_typ = 0;                  //初始时窗口中不显示曲线
    m_col = RGB(0,0,0);         //颜色初始为黑色
    m_wid = 1;                  //线宽初始为 1
    m_able = 0;                 //初始时除"正弦"和"余弦"菜单项外,新增的其他
                                //菜单项均为不可用
}
```

2）添加成员函数代码

（1）打开 CurveView.h 文件，在类的定义前面添加代码：

```
const double PI = 3.1416;
```

（2）打开 CurveView.cpp 文件，添加如下文件包含代码：

```
# include "math.h"
# include "MainFrm.h"
```

（3）为表 4.11 中的各成员函数添加代码：

```
double CCurveView::calsin(int x)
{
    double y;
    y = sin(x * PI/180);                        //计算正弦值
    return y;
}
double CCurveView::calcos(int x)
{
    double y;
    y = cos(x * PI/180);                        //计算余弦值
    return y;
}
void CCurveView::drawline(CDC * pDC, int x1, int y1, int x2, int y2)
{
    pDC -> MoveTo(x1,y1);
    pDC -> LineTo(x2,y2);
}
void CCurveView::drawaxis(CDC * pDC)
{
    CString str;
    CFont myfont, * oldfont;
    myfont.CreatePointFont(80,"Arial",pDC);     //定义坐标刻度字体
    oldfont = pDC -> SelectObject(&myfont);
    drawline(pDC,50,10,50,290);                 //绘制 Y 轴
    drawline(pDC,45,150,780,150);               //绘制 X 轴
    for(int i = 50;i < 780;i = i + 90)
    {
        drawline(pDC,i,145,i,150);              //绘制 X 轴上的刻度线
        str.Format(" % d",i - 50);
        if((i - 50)!= 0) pDC -> TextOut(i,155,str); //输出 X 轴上的刻度值
    }
    for(i = 0;i < 11;i++)                       //绘制 Y 轴上的刻度线并输出刻度值
    {
        drawline(pDC,50,50 + 20 * i,55,50 + 20 * i);
        str.Format(" % .2f",1 - 0.2 * i);
        if(i!= 5) pDC -> TextOut(15,45 + 20 * i,str);
        else pDC -> TextOut(15,45 + 20 * i,"0");
    }
    pDC -> SelectObject(oldfont);
    myfont.DeleteObject();
}
```

菜单、工具栏和状态栏

```
void CCurveView::drawcurve(CDC * pDC)
{
    drawaxis(pDC);                              //调用成员函数绘制坐标系
    CPoint point[750];
    CPen mypen, * oldpen;
//创建实线画笔,线宽及颜色由参数 m_wid 和 m_col 确定
    mypen.CreatePen(PS_SOLID, m_wid, m_col);
    oldpen = pDC -> SelectObject(&mypen);
    for(int i = 0; i < 722; i++)
    {
        point[i].x = i + 50;
        if(m_typ == 1)                          //根据参数 m_typ 的值确定曲线类型
            point[i].y = (int)(150 - calsin(i) * 100);
        else if(m_typ == 2)
            point[i].y = (int)(150 - calcos(i) * 100);
    }
    for(i = 0; i < 721; i++)                     //调用函数绘制曲线
        drawline(pDC, point[i].x, point[i].y, point[i + 1].x, point[i + 1].y);
    pDC -> SelectObject(oldpen);
    mypen.DeleteObject();
}
```

3) 建立消息映射

(1) 打开"类向导"工具,分别为菜单项"正弦""余弦""线宽2""线宽3""红色"和"蓝色"添加 COMMAND 及 UPDATE_COMMAND_UI 消息处理函数,如表 4.12 所示。

表 4.12　菜单项的消息处理函数

ID	消　息	消息处理函数
ID_SIN	COMMAND	OnSin
ID_COS	COMMAND	OnCos
ID_WIDSP2	COMMAND	OnWidsp2
	UPDATE_COMMAND_UI	OnUpdateWidsp2
ID_WIDSP3	COMMAND	OnWidsp3
	UPDATE_COMMAND_UI	OnUpdateWidsp3
ID_COLR	COMMAND	OnColr
	UPDATE_COMMAND_UI	OnUpdateColr
ID_COLB	COMMAND	OnColb
	UPDATE_COMMAND_UI	OnUpdateColb

(2) 在消息处理函数中添加如下代码。

```
void CCurveView::OnSin()
{
    m_typ = 1;                              //选择正弦曲线
    m_able = 1;                             //不可用菜单项变为可用
    Invalidate();                          //更新视窗
}
void CCurveView::OnCos()
```

```
{
    m_typ = 2;
    m_able = 1;
    Invalidate();
}
void CCurveView::OnColr()
{
    m_col = RGB(255,0,0);                           //选择红色
    Invalidate();
}
void CCurveView::OnColb()
{
    m_col = RGB(0,0,255);
    Invalidate();
}
void CCurveView::OnWidsp2()
{
    m_wid = 2;                                      //设置线宽为 2
    Invalidate();
}
void CCurveView::OnWidsp3()
{
    m_wid = 3;
    Invalidate();
}
void CCurveView::OnUpdateColb(CCmdUI * pCmdUI)
{
    pCmdUI -> Enable(m_able);                       //"红色"菜单项变为可用
    if(m_col == RGB(0,0,255))
        pCmdUI -> SetCheck(true);                   //"红色"菜单项加标记
    else
        pCmdUI -> SetCheck(false);
}
void CCurveView::OnUpdateColr(CCmdUI * pCmdUI)
{
    pCmdUI -> Enable(m_able);
    if(m_col == RGB(255,0,0))
        pCmdUI -> SetCheck(true);
    else
        pCmdUI -> SetCheck(false);
}
void CCurveView::OnUpdateWidsp2(CCmdUI * pCmdUI)
{
    pCmdUI -> Enable(m_able);
    if(m_wid == 2)
        pCmdUI -> SetCheck(true);
    else
        pCmdUI -> SetCheck(false);
}
void CCurveView::OnUpdateWidsp3(CCmdUI * pCmdUI)
```

菜单、工具栏和状态栏

```
    {
        pCmdUI -> Enable(m_able);
        if(m_wid == 3)
            pCmdUI -> SetCheck(true);
        else
            pCmdUI -> SetCheck(false);
    }
```

4) 修改视图类实现文件 CurveView.cpp 的成员函数 OnDraw()。
其代码如下：

```
void CCurveView::OnDraw(CDC * pDC)
{
CCurve1Doc * pDoc = GetDocument();
    ASSERT_VALID(pDoc);
    if(!pDoc)
        return;
    //TODO: 在此处为本机数据添加绘制代码
    drawcurve(pDC);
}
```

5) 添加状态栏操作代码

（1）打开 MainFrm.cpp 文件，将系统默认的状态栏对象 m_wndStatusBar 的访问权限改为 public。在状态栏静态数组中添加 ID_INDICATOR_PROMPT，并在字符串编辑器中设置其属性。

（2）手工建立 ID_INDICATOR_PROMPT 的 UPDATE_COMMAND_UI 消息映射。
首先选择 IDE 中的"类视图"，双击 CCurveView 类，打开其头文件 CurveView.h，在消息处理函数的声明宏中添加代码。

```
afx_msg void OnUpdatePrompt(CCmdUI * pCmdUI);
```

然后打开 CurveView.cpp 文件，在其消息映射表中添加如下代码。

```
ON_UPDATE_COMMAND_UI(ID_INDICATOR_PROMPT, OnUpdatePrompt);
```

（3）在 CurveView.cpp 文件中给消息处理函数 OnUpdatePrompt()添加如下代码。

```
void CCurveView::OnUpdatePrompt(CCmdUI * pCmdUI)
{
    CMainFrame * pMainFrame = (CMainFrame * )AfxGetMainWnd();
    CStatusBar * pStatusBar = &pMainFrame -> m_wndStatusBar;        //获取状态栏指针
    CString str,str1,str2,str3;
    str2 = "宽 1,";
    str3 = "黑色";
    str1 = (m_typ == 1)?"正弦,":"余弦,";
    if(m_wid == 2)                                      //以下代码根据用户选择确定提示信息
        str2 = "宽 2,";
    else if(m_wid == 3)
        str2 = "宽 3,";
    if(m_col == RGB(255,0,0))
        str3 = "红色";
```

```
else if(m_col == RGB(0,0,255))
    str3 = "蓝色";
    str = str1 + str2 + str3;
if(m_able == 0) str = "选择曲线类型";          //初始时状态栏中的提示信息
    pStatusBar -> SetPaneText(1,str);          //显示提示信息
}
```

当然也可以通过"类向导"工具为"对象 ID"为 ID_INDICATOR_PROMPT 的命令添加 UPDATE_COMMAND_UI 消息处理函数。

6）编译、链接并运行程序。

程序运行结果如图 4.25 所示。

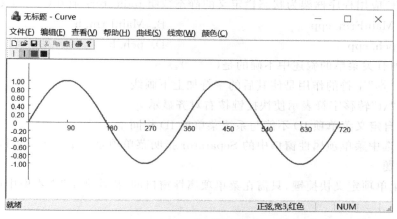

图 4.25　程序运行结果

习　　题

1. 填空题

（1）常见的菜单类型有_____、_____和_____ 3 种。

（2）在 Visual C++ 中，每一个快捷键除了有 ID 属性外还有两个属性，即_____和_____。

（3）基于对话框的应用程序在运行时_____菜单栏。

（4）在 MFC 中，工具栏的功能由_____类实现。

（5）调用 CToolBar 类的成员函数_____创建并初始化工具栏窗口对象。

（6）设置工具栏停靠特性需要调用_____函数。

（7）状态栏实际上是一个窗口，一般分为几个_____，用来显示不同的信息。

（8）在 MFC 中，状态栏的功能由_____类实现。

（9）状态栏显示的内容由数组_____决定，需要在状态栏中显示各窗格_____、_____以及_____。

（10）CStatusBar 类的成员函数_____用来设置给定索引值的窗格 ID、风格和宽度，成员函数_____用来更新窗格的文本。

2. 选择题

(1) 在编辑某菜单项时,若要指明该菜单项是一个弹出式子菜单,必须将菜单项属性窗口中的( )属性值设置为 True。

A. 分隔   B. 弹出菜单

C. 已启用   D. 灰显

(2) 要使鼠标光标在按钮上暂停时能显示工具栏按钮提示,必须设置工具栏的风格属性为( )。

A. CBRS_TOOLTIPS   B. CBRS_FLYBY

C. CBRS_NOALIGN   D. WS_VISIBLE

(3) MFC 应用程序框架为状态栏定义的静态数组 indicators 放在( )文件中。

A. MainFrm.cpp   B. MainFrm.h

C. pch.cpp   D. pch.h

(4) 下列有关菜单的叙述中不确的是( )。

A. "&"字符的作用是使其后的字符加上下画线

B. "\t"转移字符表示使快捷键按右对齐显示

C. 自定义菜单项 ID 不能与系统菜单项 ID 相同

D. 选中菜单项属性窗口中的 Separator 指明菜单项是一个水平线分隔条

3. 判断题

(1) 给菜单项定义快捷键,只需在菜单项属性窗口的"描述文字"文本框中说明即可。

( )

(2) 快捷菜单一般出现在鼠标光标的位置。 ( )

(3) UPDATE_COMMAND 是更新命令用户接口消息。 ( )

(4) 工具栏停靠特性只能设置一次。 ( )

(5) 状态栏的功能由 CStatusBar 类实现。 ( )

(6) CMenu 类、CToolBar 类和 CStatusBar 类的根基类是相同的。 ( )

4. 简答题

(1) 简述菜单设计的主要步骤。

(2) 为应用程序创建快捷菜单主要有哪些方法?

(3) 如何动态地创建菜单?

(4) 创建工具栏的基本步骤有哪些?

(5) 简述 MFC 创建状态栏所做的工作。

5. 操作题

(1) 编写一个单文档的应用程序 SDIDisp,为程序添加主菜单"显示",且"显示"菜单中包含"文本"和"图形"两个菜单项。当程序运行时,用户单击"文本"菜单项,可以在视图窗口中显示"我已经学会了如何设计菜单程序!"文本信息;单击"图形"菜单项,可以在视图窗口中画一个红色的实心矩形。

(2) 为应用程序 SDIDisp 新增的菜单项添加控制功能。当"文本"菜单项被选中后,该菜单项失效,"图形"菜单项有效;当"图形"菜单项被选中后,该菜单项失效,"文本"菜单项有效。

（3）创建一个单文档的应用程序，为该应用程序添加两个按钮到默认工具栏中，单击第一个按钮，在视图窗口中弹出用于打开文件的"打开"对话框；单击第二个按钮，在消息框中显示"我已经学会使用默认工具栏了!"文本信息。

（4）编写一个单文档的应用程序，在状态栏中显示鼠标光标的坐标。

（5）编写一个带有"时间"菜单的应用程序 STime。"时间"菜单中包含"时""分"和"秒" 3个选项，选择这些选项，可以在视图窗口中分别显示当前系统时间的小时、分钟以及秒。

（6）为操作题(5)中应用程序 STime 新增的菜单添加快捷菜单、工具栏，并在状态栏中显示当前系统时间。

第5章 | 对 话 框

对话框(dialog box)是 Windows 应用程序中一种常用的资源。它其实是一个"窗口"，是 Windows 程序与用户交互的一个手段，它的主要功能是输出信息和接收用户的输入。它可以只是一个简单的 OK 消息框，也可以是一个复杂的数据输入表单。在对话框内一般都有一些控件(control)，对话框依靠这些控件与用户进行交互。

本章主要讲解对话框的原理和编程方法，下一章将详细介绍各种控件的使用。

5.1 对话框概述

Windows 应用程序虽然提供了菜单和工具栏等界面元素，但就用户交互输入功能而言，菜单和工具栏的功能是有限的。对话框除了用来显示提示信息(例如程序启动时显示版权和运行进度)，主要用于接收用户的输入数据。在 MFC 中，对话框的功能被封装在 CDialog 类中，而 CDialog 类是 CWnd 类的派生类。作为窗口，对话框具有窗口的一切功能。对话框的一个典型应用是通过菜单命令或工具栏按钮打开一个对话框，当然也可以编写基于对话框的应用程序，将对话框作为一个程序的主界面。

5.1.1 对话框的类型

尽管不同对话框的外观、大小和对话框的控件千差万别，但从对话框的工作方式看，对话框可分为模态对话框和非模态对话框两种类型。

当一个模态对话框打开后，在其关闭之前，用户不能转向其他用户界面对象，而只能与该对话框进行交互。大家平时接触到的对话框大多数是模态对话框。例如，选择"文件"|"另存为"菜单命令后，"另存为"对话框被打开，用户不能再做其他工作，只有保存完文件或取消保存文件、关闭对话框窗口后才能做其他工作。

非模态对话框恰恰相反，当打开一个非模态对话框，对话框停留在屏幕上时，仍然允许用户与其他窗口进行交互。最典型的非模态对话框是在 Word 中使用的"查找和替换"对话框，打开该对话框后，可以交替地进行文档编辑和查找替换操作。

5.1.2 对话框的 CDialog 类

为了方便实现对话框功能，MFC 提供了一系列对话框类，并实现了对话框消息响应和处理机制。CDialog 类是对话框类中最重要的类，用户在程序中创建的对话框类一般都是 CDialog 类的派生类。CDialog 类还是其他所有对话框类的基类，其派生关系如图 5.1 所示。对话框类为程序员提供了管理对话框的编程接口。

CDialog 类从 CWnd 类派生而来,所以它继承了 CWnd 类的成员函数,具有 CWnd 类的基本功能,可以编写代码移动、显示或隐藏对话框,并能根据对话框的特点增加新的成员函数,扩展它的功能。表 5.1 列出了 CDialog 类中经常要使用的成员函数,在用户的 CDialog 类的派生类中可以直接调用。大部分的成员函数是虚函数,可以在用户的派生类中重新定义,以实现特定的目的。除了 CDialog 类成员函数,CWnd 和 CWinApp 类也提供了一些成员函数用于对话框的管理,常用的函数见表 5.1。

图 5.1　CDialog 类的派生关系

表 5.1　有关对话框的常用处理函数

成　员　函　数	功　　　能
CDialog∷CDialog()	构造一个 CDialog 对象
CDialog∷DoModal()	激活模态对话框,显示对话框窗口,直到对话框窗口关闭时返回
CDialog∷Create()	根据对话框资源模板创建非模态对话框窗口并立即返回。如果对话框不是 Visible 属性,还需通过调用 CWnd∷ShowWindow()函数显示非模态对话框窗口
CDialog∷OnOK()	单击 OK 按钮时调用该函数,接收对话框输入数据,关闭对话框。默认实现时调用 EndDialog()函数关闭对话框和使 DoModal()返回值 IDOK
CDialog∷OnCancel()	单击 Cancel 按钮或按 Esc 键时调用该函数,不接收对话框输入数据,关闭对话框。默认实现时调用 EndDialog()函数关闭对话框和使 DoModal()返回值 IDCANCEL
CDialog∷OnInitDialog()	WM_INITDIALOG 的消息处理函数。在调用 DoModal()或 Create()函数时系统发送 WM_INITDIALOG 消息,在显示对话框前调用该函数进行初始化工作
CDialog∷EndDialog()	关闭对话框窗口
CWnd∷ShowWindow()	显示或隐藏对话框窗口
CWnd∷DestroyWindow()	关闭并销毁非模态对话框
CWnd∷UpdateData()	通过调用 DoDataExchange()设置或获取对话框控件的数据。单击 OK 按钮关闭模态对话框或默认 OnInitDialog()时该函数被自动调用来设置控件的初始值
CWnd∷DoDataExchange()	被 UpdateData()调用以实现对话框的数据交换与校验,不能直接调用
CWnd∷PostNcDestroy()	这个虚函数在窗口销毁时被自动调用
CWnd∷SetActiveWindow()	激活窗口
CWnd∷UpdateWindow()	更新客户区

5.1.3　对话框的组成

可以通过应用程序向导生成基于对话框的应用程序,在文档/视图结构应用程序中也大量使用对话框。在 Windows 中对话框是作为一种资源被使用,从 MFC 编程的角度看,对话框主要由以下两部分组成。

(1) 对话框模板资源:对话框模板资源定义了对话框的特性(例如大小、位置和风格)以及对话框中每个控件的类型和位置。

(2) 对话框类:对话框类用来实现对话框的功能。由于对话框行使的功能各不相同,所以一般需要从 CDialog 类派生一个新类,以提供编程接口来管理相应的对话框。

因此在程序中要设计一个对话框,首先要设计一个对话框模板资源,然后设计一个基于该对话框模板资源的对话框类,最后声明对话框类的对象以便激活并打开对话框。

5.2 模态对话框

模态对话框是最常用的对话框。本节以模态对话框编程为例来介绍如何在程序中设计对话框和运行对话框,同时分析对话框的数据交换和校验机制。

5.2.1 设计对话框模板资源

可以使用对话框编辑器来创建包含不同控件的对话框模板资源。直接双击项目中的对话框资源打开对话框编辑器;或者使用 Visual Studio IDE 中的"添加资源"工具,选中 Dialog 后单击"新建"按钮打开对话框编辑器;或者在项目的"资源视图"窗口中找到 Dialog 资源,右击后选择"插入 Dialog"菜单命令来打开对话框编辑器。图 5.2 即为打开的对话框编辑器。

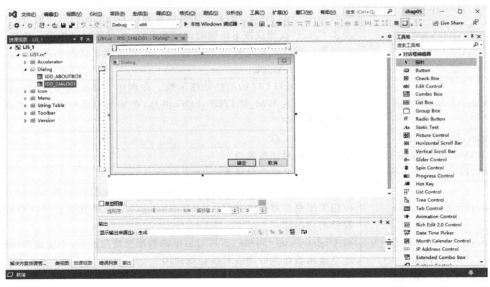

图 5.2 对话框编辑器

对话框编辑器会对项目的资源(RC)文件进行更新,使之包含新的对话框资源,并且该项目的 resource.h 文件也会被更新。在对话框编辑器中可以调整对话框显示时的大小和位置,从控件工具栏拖放各种类型的控件到对话框中,用控件布局工具栏调整控件的位置,测试对话框的外观和行为。另外,也可以直接用文本方式来编辑项目的资源文件,这需要用户掌握资源脚本的编写方法。

如果没有控件,对话框完不成具体功能,对话框与控件有着密不可分的关系。所以设计对话框模板资源有两个重要的内容,第一是从"工具箱"选择控件添加到对话框中,并调整其位置和大小;第二是在属性窗口中设置控件的"描述文字"、ID 以及其他属性。

1. 增加或删除控件

控件是独立的小部件,能够放置在一个对话框中,提供应用程序与用户交互的某种功能。控件的种类较多,图 5.3 中所示为 Visual Studio 2019 支持的部分标准控件,用户可以很方便地从"工具箱"中添加新的控件到对话框中。

在一个对话框资源中添加控件的操作十分方便,只需从图 5.3 所示的"工具箱"中选中要增加的控件,再将此控件拖动至对话框模板中的确定位置,松开鼠标按键即添加了一个控件。调整控件的位置和大小的操作与 Word 中对文本框的操作完全一样,这里不再赘述。

如果要删除已添加的控件,先单击对话框中的控件,再按 Delete 键即可。

在默认情况下,"工具箱"窗口总是打开的。如果没有打开,可以通过 IDE 的"视图"|"工具箱"菜单命令将其打开。用户可以通过设置"工具箱"窗口的停靠属性或者通过直接拖曳的方式来调整工具箱的位置。

2. 设置控件的属性

一个控件的相关属性决定了一个控件的可操作行为和显示效果,属性的设置是在与每个控件相对应的属性窗口中进行的。将光标指向对话框中需要设置属性的控件,右击该控件,在弹出的快捷菜单中选择"属性"菜单命令,打开控件的属性窗口。每一种控件的属性窗口中的内容都有所不同,与其特性相关,第 6 章将详细介绍一些常用控件的属性的含义。一个控件的典型的属性窗口如图 5.4 所示,其中的 ID 和"描述文字"的含义及设置方法与菜单项相同。

图 5.3　工具箱中的部分标准控件

图 5.4　控件的属性窗口

133

同样,对话框的属性是在对话框的属性窗口中设置的,在对话框的任意空白处右击,在弹出的快捷菜单中选择"属性"菜单命令,弹出如图 5.5 所示的对话框属性窗口。在"外观"|

"描述文字"中填写对话框的标题,单击"字体"|"字体(大小)"会弹出"字体"对话框,设置对话框中显示的字体格式。其他的属性设置请大家自行测试。

3. 测试对话框的运行效果

当设计好一个对话框模板资源后,还不能立即在应用程序中运行对话框,MFC 提供了"测试对话框"命令,使程序员在设计阶段就能够测试对话框的运行效果。

测试对话框的方法有下面 3 种。

(1) 选择"格式"|"测试对话框"菜单命令。

(2) 单击布局工具栏上的"测试对话框"按钮。

(3) 按 Ctrl+T 键。

通过测试对话框就可以评估对话框是否符合要求。如果发现了错误或不满意的地方,可以按 Esc 键退出测试对话框并重新修改对话框模板资源。

视频讲解

【例 5.1】 创建一个单文档的 MFC 应用程序 MyDialog,向应用程序中添加如图 5.6 所示的对话框模板资源,并设置控件的"描述文字"和 ID 属性。

图 5.5 对话框的属性窗口

图 5.6 模态对话框

其操作步骤如下:

(1) 使用"MFC 应用"项目模板创建一个项目名为 MyDialog 的单文档应用程序。

(2) 插入新的对话框模板。右击"解决方案资源管理器"窗口中的 MyDialog 项目,选择快捷菜单中的"添加"|"资源"菜单命令,打开"添加资源"窗口,选中其中的 Dialog 后单击"新建"按钮,插入一个新的对话框模板。Visual Studio IDE 提供的对话框模板创建了一个基本界面,包括一个"确定"按钮和一个"取消"按钮等。可以看到"资源视图"窗口的 Dialog 文件夹下增加了一个对话框资源 IDD_DIALOG1,如图 5.2 所示。

(3) 在新的对话框模板上添加控件。从工具箱中选取一个 **Aa** 静态控件,该控件作为输入框的提示文本。再从工具箱中选取一个 **abl** 编辑框控件,该控件用来接受输入的数据。

（4）按图 5.6 所示的布局调整控件的大小和位置。

（5）设置控件的属性。选择静态控件的"描述文字"属性，将其值设置为"请输入边长"；选择编辑框控件，将其 ID 属性设置为 IDC_LENGTH。

（6）设置对话框的属性。打开对话框的属性窗口，将其"描述文字"属性设置为"输入边长"。

（7）测试对话框。单击布局工具栏上的"测试对话框"按钮，测试并重新修改对话框模板资源，直到满意为止。

5.2.2　设计对话框类

一旦完成了对话框的属性和外观设计，接下来就是设计其行为。设计对话框类主要包括以下几个方面：

第一，从 MFC 的 CDialog 中派生出一个类，用来负责对话框行为。

第二，利用 ClassWizard 把这个类和先前产生的对话框资源连接起来。通常这意味着必须声明某些函数，用于处理相应的对话框消息，并将对话框中的控件对应到类的成员变量上，这也就是所谓的对话框数据交换（Dialog Data eXchange，DDX）。如果用户对这些变量内容有任何"确认规则"，ClassWizard 也允许用户设定它，这就是所谓的数据验证（Dialog Data Validation，DDV）。

第三，对话框的初始化。

1. 创建对话框类

使用"类向导"工具可以十分方便地创建 MFC 窗口类的派生类，对话框类也不例外。

【例 5.2】　完善例 5.1 中的应用程序 MyDialog，给对话框资源添加相应的对话框类。

视频讲解

其操作步骤如下：

（1）保存已创建的对话框资源。

（2）确保新的对话框资源在对话框编辑器中处于打开状态，右击对话框的空白区域，在弹出的快捷菜单中选择"添加类"菜单命令，为新对话框添加一个与之相关联的类，如图 5.7 所示。

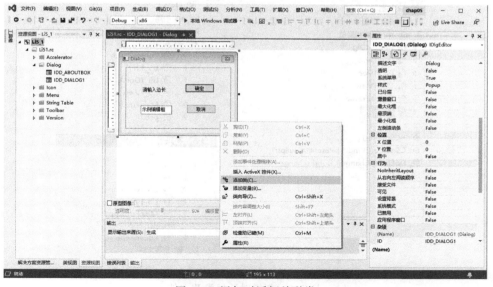

图 5.7　添加对话框关联类

（3）在"添加 MFC 类"窗口中输入新类的相关信息。其中，类名为 CSquare，基类为 CDialog，头文件为 Square.h，源文件为 Square.cpp，对话框 ID 为 IDD_DIALOG1，如图 5.8 所示。

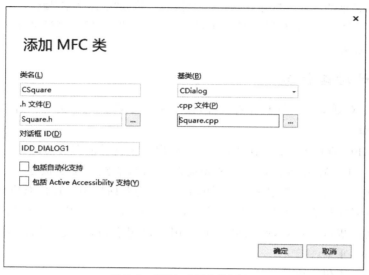

图 5.8 "添加 MFC 类"窗口

新类添加完成后，在 IDE 的"类视图"窗口中可以看到增加了一个新的类 CSquare，切换到"解决方案资源管理器"窗口，在项目的"头文件"和"源文件"文件夹中可以看到该类的头文件和实现文件，如图 5.9 所示。

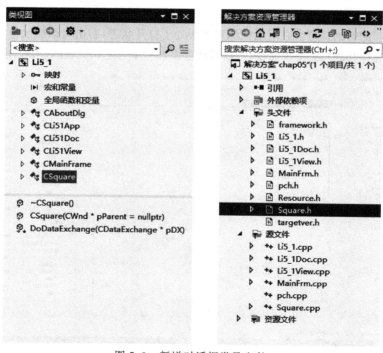

图 5.9 新增对话框类及文件

2. 创建对话框成员变量

在创建一个对话框类后，可以增加类的成员变量来操作对话框上的控件。可以为对话框资源上的每一个控件添加一个或多个对应的成员变量。类向导的"成员变量"选项卡主要用来为对话框类添加和删除与对话框控件相关联的成员变量，在编写对话框程序时经常和该选项卡"打交道"。打开"类向导"工具，选择项目中的对话框类，切换到"成员变量"选项卡，即可看到对话框类中控件对象的成员变量信息，如图 5.10 所示。

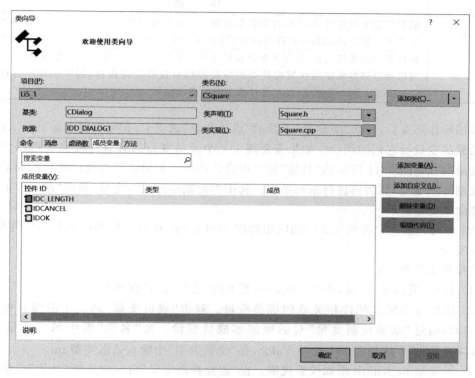

图 5.10 控件的成员变量

在类向导的"成员变量"选项卡中有一个标题为"成员变量"的列表框，第 1 列"控件 ID"表示控件的 ID，第 2 列"类型"表示变量的类型，第 3 列"成员"表示成员变量名。双击一个 ID 或选定 ID 后，单击"添加变量"按钮，将弹出"添加控制变量"对话框，如图 5.11 所示。"名

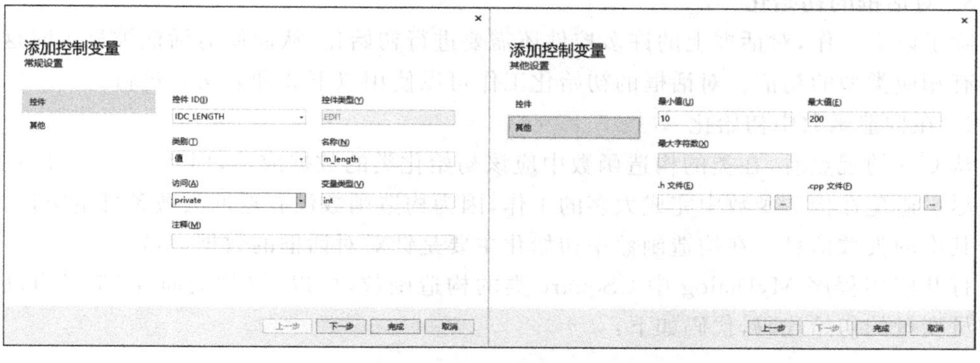

图 5.11 "添加控制变量"对话框

称"框用于输入成员变量名,类向导建议以"m_"作为成员变量名的前缀。不同控件所关联的成员变量的类型不一定相同,"类别"下拉列表框用于选择成员变量的类别。出于不同的操作目的,MFC 提供了两种类型的成员变量,如表 5.2 所示。用户可以为一个控件同时定义一个 Value 类型的变量和一个 Control 类型的变量。

表 5.2 对话框类的成员变量类型

类　　型	描　　述
Value	值类型的成员变量,用于控件的值的控制。它可以有多种数据类型,由所连接的控件类型决定。例如,EditBox 控件可以有 CString 型或 int 型;RadioButton 可以是 int 型
Control	控件类型的成员变量,实际上是该控件类的一个对象。在创建了一个控件对象之后,就可以通过该对象使用所属控件类的成员函数对控件进行操作,例如在程序运行时为 ComboBox 加入选择项,设置控件是否有效或可见等

添加操作结束后,回到"类向导"工具的"成员变量"选项卡,在列表框中显示出了目前已创建的成员变量及它们的类型。如果需要规定某个成员变量的有效性校验规则,只需要在添加变量时在如图 5.11 所示的"其他"窗口中设置即可。如果需要修改已添加的成员变量,必须先删除该变量,然后再进行添加操作。选中需删除的成员变量,单击"删除变量"按钮即可删除该变量。

视频讲解

【例 5.3】　继续完善例 5.2 中的应用程序 MyDialog,在对话框类中添加与控件相关联的成员变量。

其操作步骤如下:

(1) 打开"类向导"工具,选择 CSquare 类下的"成员变量"选项卡。

(2) 添加与编辑框控件相关联的成员变量。双击"成员变量"列表中的编辑框 IDC_LENGTH,通过"添加控制变量"对话框添加成员变量。在"名称"框中填写变量名 m_length,在"类别"下拉列表框中选择 Value,在"变量类型"中输入数据类型 int。

(3) 给变量 m_length 添加校验规则。在"添加控制变量"窗口中选择"其他"或单击"下一步"按钮,打开"添加控制变量"的其他设置窗口,在这里输入 m_length 的最小值 10 和最大值 200。

(4) 单击"完成"按钮回到"类向导"工具窗口,依次单击"应用"和"确定"按钮关闭"类向导"工具。

3. 对话框的初始化

除了以上工作,对话框上的许多控件还需要进行初始化,从而使对话框被显示时这些控件具有相应类型的初值。对话框的初始化工作可以使用以下 3 种方法来进行。

1) 在构造函数中初始化

从 C++ 的观点看,在类的构造函数中应该初始化类的数据成员,但是在 MFC 应用程序中应尽量避免在构造函数中完成太多的工作,因为构造函数没有返回失败条件的方法,无法报告其中的失败信息。在构造函数中初始化主要是针对对话框的数据成员。

打开应用程序 MyDialog 中 CSquare 类的构造函数,可以看到"类向导"工具自动加入了成员变量的初始代码,代码如下:

```
//CSquare 类的构造函数
```

```
CSquare::CSquare(CWnd * pParent / * = nullptr * /)
    : CDialog(IDD_DIALOG1, pParent)
    , m_length(0)
{
}
```

2）WM_CREATE 初始化

由于对话框也是窗口，它在窗口创建时也会收到 WM_CREATE 消息，这样就能在 WM_CREATE 的消息处理函数 OnCreate() 中进行一些数据成员的初始化工作。但由于此时很多控件尚未建立，有些控件的初始化工作还无法完成。

若要响应 WM_CREATE 进行初始化工作，需要在创建对话框类时使用"类向导"工具对消息 WM_CREATE 进行映射，从而形成 OnCreate() 函数后再编写代码。

3）WM_INITDIALOG 初始化

在收到 WM_INITDIALOG 消息时，对话框处于这样一种状态：首先，对话框框架已经建立起来；其次，各个控件也建立起来并放在适当的地方；最后，对话框还没有显示出来。这样就可以设置或优化对话框中各个控件的外观、大小尺寸、位置及其他内容。这是构造函数和 WM_CREATE 无法相比的，所以对于对话框的初始化工作通常都在响应该消息时进行。可以通过"类向导"工具映射该消息以得到其处理函数 OnInitDialog()，初始化工作可在该函数中进行。

5.2.3 运行对话框

在完成一个对话框资源和对话框类的设计之后，就可以在应用程序中运行该对话框。模态对话框的运行分两个步骤：首先创建一个对话框对象，然后调用 CDialog::DoModal() 函数打开对话框。

DoModal() 函数负责模态对话框的创建和撤销，可以根据其返回值是 IDOK 还是 IDCANCEL 来判断用户关闭对话框时按的是哪一个键。

【例 5.4】 完善例 5.3 中的应用程序 MyDialog，通过"对话框"|"模态对话框"菜单项打开上述标题为"输入边长"的对话框，并根据输入的边长画一个正方形。

其操作步骤如下：

（1）在 CMyDialogView 视图类中添加一个类型为 int 的成员变量 m_vlength，用来在视图中接收并存储对话框类的成员变量 m_length 的值，并在构造函数 CMyDialogView() 中将它初始化为 0。

视频讲解

```
CMyDialogView::CMyDialogView()
{
    m_vlength = 0;                          //设置编辑框显示的初始值
}
```

（2）使用菜单编辑器增加一个"对话框"主菜单，并在其中添加"模态对话框"菜单项，其 ID 为 ID_MODEDLG。

（3）利用"类向导"工具在视图类中为 ID_MODEDLG 菜单项添加 COMMAND 消息的处理函数，在函数中添加如下代码。

```
void CMyDialogView::OnModedlg()
{
    CSquare dlg;                          //定义一个对话框对象
    if(dlg.DoModal() == IDOK)             //显示对话框
    {
        m_vlength = dlg.m_length;         //接收并存储编辑框数据
        Invalidate();                     //刷新视图
    }
}
```

注意：为了简单，在上述代码中直接使用 dlg 对象访问其成员变量 m_length，所以要求 m_length 的访问权限必须是 public。

（4）在成员函数 CMyDialogView::OnDraw()中添加绘制正方形的语句。

```
pDC->Rectangle(10,10,10 + m_vlength,10 + m_vlength);
```

（5）在视图类实现文件 MyDialogView.cpp 的所有 include 语句之后加入包含对话框类头文件的语句。

```
# include "Square.h"
```

（6）编译、链接并运行程序，选择"对话框"|"模态对话框"菜单命令，打开"输入边长"对话框。输入边长后单击"确定"按钮，程序将在客户区画出一个正方形。

5.2.4 对话框的数据交换和校验机制

在运行对话框时，对话框类的成员变量需要与控件交换数据，以完成输入和输出功能。CDialog 类通过调用其成员函数 DoDataExchange()实现对话框的数据交换和验证，而在 DoDataExchange()中使用了 MFC 提供的 CDataExchange 类，该类实现对话框类的成员变量与控件之间的数据交换（DDX）和数据验证（DDV）。DDX 将成员变量与对话框控件相连接，完成数据在成员变量和控件之间的交换。DDV 用于数据的校验，它能自动校验输入的数据（如字符串的长度或数值的范围）是否符合设计要求。DDX 和 DDV 适用于文本框、复选框、单选按钮、列表框和组合按钮。

在对话框中使用 DDX/DDV 非常简单，一般不需要编写 CDataExchange 类的代码，DoDataExchange()函数也由框架调用。用户只需通过"类向导"工具为对话框类添加与对话框控件相关联的成员变量即可。在应用程序 MyDialog 中可以找到下列函数：

```
void CSquare::DoDataExchange(CDataExchange * pDX)
{
    CDialog::DoDataExchange(pDX);
    DDX_Text(pDX, IDC_LENGTH, m_length);
    DDV_MinMaxInt(pDX, m_length, 10, 200);
}
```

可见"类向导"工具替用户完成了所有的工作。DoDataExchange()函数只有一个参数 CDataExchange * pDX。在该函数中调用 DDX 函数来完成数据交换，调用 DDV 函数来完成数据的有效性检查。当利用"类向导"工具为对话框类添加与对话框控件相关联的成员变量后，它会自动在该函数中添加代码。下列语句

```
DDX_Text(pDX, IDC_LENGTH, m_length);
DDV_MinMaxInt(pDX, m_length, 10, 200);
```

中第一句是 DDX 函数调用语句,表明 m_length 是一个
Value 值类别的成员变量,用于交换 IDC_LENGTH 控
件中的内容;第二句是 DDV 函数调用语句,程序运行
后,如果用户的输入数据超出 10~200 的范围,DDV 将
显示如图 5.12 所示的提示信息对话框,提示用户有效
的输入范围。

图 5.12　DDV 提示信息对话框

　　需要说明的是,虽然 DoDataExchange() 函数实现
了 DDX/DDV 功能,但用户不能直接调用 DoDataExchange() 函数,它一般由成员函数
CWnd::UpdateData() 调用。用户可以随时在需要进行数据交换的地方调用 UpdateData()
函数。

　　UpdateData() 函数只有一个 BOOL 类型的参数。当参数为 TRUE 时,MFC 通过调用
DoDataExchange() 函数将数据从控件传递到相关联的成员变量;当参数为 FALSE 时,数
据从成员变量传递到相关联的控件。

　　应用程序 MyDialog 表面上看没有调用 UpdateData() 函数。但是在创建对话框时,
DoModal() 的任务包括装载对话框资源、调用 OnInitDialog() 初始化对话框并将对话框显
示在屏幕上。在默认的 CDialog::OnInitDialog() 函数中调用了 UpdateData(FALSE),这
样数据成员的初值就反映到了相应的控件上。而单击系统默认生成的"确定"按钮,将调用
CDialog::OnOK() 函数,CDialog::OnOK() 函数中调用了 UpdateData(TRUE),将控件中
的数据传给成员变量。图 5.13 描绘了对话框的这种数据交换机制。

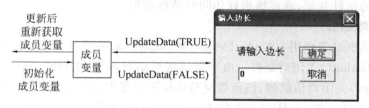

图 5.13　对话框的数据交换

　　由此看来,无论 MFC 将 DDX 技术如何复杂化,大家只需知道 DDX 如同一条双向通
道,而方向控制开关就是 UpdateData() 函数中的参数值是 TRUE 还是 FALSE。

5.3　非模态对话框

　　区别于模态对话框,非模态对话框弹出后,用户不需要关闭它就可以在非模态对话框和
应用程序的其他窗口之间进行切换。

5.3.1　非模态对话框的特点

　　对于非模态对话框,使用对话框编辑器创建对话框资源以及使用"类向导"工具添加对
话框类、成员变量和消息处理函数的方法与模态对话框完全一样,但创建和退出对话框的方

式存在着差异。

1. "可见"属性

在对话框的属性窗口的"行为"分组中有"可见"属性的设置,默认情况下,对话框模板不选择"可见"属性。模态对话框不需要设置该属性,而非模态对话框必须将该属性值设置为TRUE,否则对话框是不显示的。保险的办法是调用CWnd::ShowWindow(SW_ SHOW)来显示对话框,而不管对话框是否具有可见风格。

2. 对话框窗口的创建方式

非模态对话框的创建与普通窗口的创建是一样的,通过调用 CWnd::Create()函数来创建对话框,这是非模态对话框的关键所在。Create()函数的原型有两种,最常用的为

```
BOOL Create(UINT nIDTemplate,CWnd *  pParentWnd = NULL);
```

其中,nIDTemplate 是对话框资源模板的 ID 标识,pParentWnd 为对话框父窗口的指针。

由于 Create()函数不会启动新的消息循环,即对话框与应用程序共用一个消息循环,这样对话框就不会屏蔽用户对其他界面对象的访问。Create()函数与 DoModal()函数的不同之处是 Create()函数创建了对话框后立即返回,而 DoModal()函数要在对话框关闭后才会返回。

3. 对话框对象的创建方式

众所周知,在 MFC 程序中窗口对象的生存期应长于对应的窗口,也就是说不能在未关闭屏幕上窗口的情况下先把对应的窗口对象删除。由于在 Create()返回后不能确定对话框是否已关闭,这样也就无法确定对话框对象的生存期,所以不能以局部变量的形式创建非模态对话框的对象,只能用 new 操作符动态创建,并且在调用对话框类的窗口类内声明一个指向对话框类的指针变量,通过该指针访问对话框对象。

4. 窗口删除函数

非模态对话框必须调用 CWnd::DestoryWindow()来关闭对话框。模态对话框是调用CDialog::EndDialog()关闭对话框。由于默认的对话框函数 OnOK()和 OnCancel()都是调用 EndDialog()关闭对话框的,该函数使对话框不可见但不删除对话框对象,所以非模态对话框类要定义自己的 OnOK()和 OnCancel()函数,调用 DestoryWindow()来关闭对话框。

5. 清理对话框对象的方式

与创建对象的方式——new 操作相对应,使用 delete 操作删除一个非模态对话框对象。由于当屏幕上的一个窗口被关闭后,框架会自动调用 CWnd::PostNcDestroy()函数,也可以编写程序代码,在这个函数中清理非模态对话框对象。

6. 必须有一个标志表明非模态对话框是否为打开的

因为在非模态对话框打开的情况下,用户有可能再次选择打开该对话框,这时不能再创建一个新的非模态对话框。程序根据标志来判断是打开一个新的对话框还是激活一个已打开的对话框。通常可以用拥有者窗口中的指向对话框对象的指针作为这种标志,当对话框关闭时给该指针赋 NULL 值,以表明对话框对象已经不存在了。

【例 5.5】 创建一个单文档的 MFC 应用程序 Li5_5,以非模态对话框的形式实现与应用程序 MyDialog 同样的功能。

其操作步骤如下：

（1）使用"MFC 应用"项目模板创建一个项目名为 Li5_5 的单文档应用程序。

（2）与应用程序 MyDialog 一样创建对话框资源和对话框类，并在类中添加与控件相关联的成员变量。

（3）定义对话框指针。

① 在 CLi55View 视图类中增加 CSquare 指针类型的公有成员变量 m_pDlg，并初始化为 NULL。

② 在 Li5_5View.h 文件的头部预编译命令之前增加类的前向声明语句。

```
class CSquare;
class CLi5_5Doc;
```

类的前向声明语句的作用为：由于在 CLi5_5View 类中有一个 CSquare 类的指针和一个返回值为 CLi5_5Doc 指针的 GetDocument() 函数，所以必须保证 CSquare 类和 CLi5_5Doc 类的声明出现在 CLi5_5View 之前，否则会产生编译错误。

（4）增加对话框类成员变量接收视图指针。

① 在 CSquare 类中增加 CLi5_5View 指针类型的公有成员变量 m_pParent，并在 CSquare 类的构造函数中添加对该变量进行初始化的语句。

```
m_pParent = (CLi55View * )pParent;
```

这样就可以在 CSquare 类的其他函数中利用这个指针向主窗口发送消息了。

② 在 Square.h 文件的头部预编译命令之前增加类的前向声明语句。

```
class CLi5_5View;
```

（5）在 Li5_5View.cpp 文件头部所有的 include 语句之后添加如下 include 语句，将对话框类的头文件包含进来。

```
# include "Square.h"
```

（6）增加菜单，显示对话框。

① 使用菜单编辑器增加一个"对话框"主菜单，并在其中添加"非模态对话框"菜单项，其 ID 为 ID_NOMODEDLG。

② 利用"类向导"工具在视图类中为 ID_NOMODEDLG 菜单项添加 COMMAND 消息的处理函数，在函数中添加以下代码。

```
void CLi55View::OnNomodedlg()
{
    if(m_pDlg)
        m_pDlg -> SetActiveWindow();            //激活非模态对话框
    else
    {
        //创建非模态对话框
        m_pDlg = new CSquare(this);             //创建对话框对象
        m_pDlg -> m_pParent = this;             //对话框对象获取主窗口视图指针
        m_pDlg -> Create(IDD_DIALOG1,this);     //创建对话框窗口
```

对 话 框

```
        m_pDlg -> ShowWindow(SW_SHOW);                    //显示对话框
    }
}
```

（7）在 Square.cpp 文件头部所有的 include 语句之后添加 include 语句,将视图类的头文件包含进来。

```
# include "Li5_5View.h"
```

（8）利用"类向导"工具为对话框中的"确定"和"取消"按钮添加自己的处理函数,并添加代码。

```
void CSquare::OnOK()
{
    UpdateData(true);                                    //获取用户数据
    CClientDC dc(m_pParent);                             //创建指向主窗口视图的 CClientDC 对象
    dc.Rectangle(10,10,10 + m_length,10 + m_length);     //画正方形
}
void CSquare::OnCancel()
{
    if(m_pParent!= NULL)
    {
        m_pParent -> m_pDlg = NULL;                      //表明对话框对象已经不存在了
        DestroyWindow();                                 //删除对话框窗口
    }
}
```

（9）利用"类向导"工具在对话框类 CSquare 中添加 PostNcDestroy 消息,并添加代码。

```
void CSquare::PostNcDestroy()
{
    CDialog::PostNcDestroy();
    delete this;                                         //删除对话框对象
}
```

（10）编译、链接并运行程序,选择"对话框"|"非模态对话框"菜单命令,打开"输入边长"对话框,输入边长后单击"确定"按钮,运行结果如图 5.14 所示。

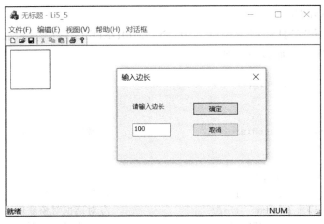

图 5.14　非模态对话框的运行结果

5.3.2　窗口对象的自动清除

　　一个 MFC 窗口对象包括两方面的内容：一是窗口对象封装的窗口，即地地道道的 Windows 窗口；二是窗口对象本身是一个 C++对象。为了区分，把前者简称为窗口，把后者称为窗口对象。如果要删除一个 MFC 窗口对象，应该先删除窗口对象封装的窗口，然后删除窗口对象本身。

　　删除窗口最直接的方法是调用 CWnd::DestroyWindow() 或::DestroyWindow()，前者封装了后者的功能。前者不仅会调用后者，而且会使成员 m_hWnd 保存的 HWND 无效（NULL）。如果 DestroyWindow() 删除的是一个父窗口或拥有者窗口，则该函数会先自动删除所有的子窗口或被拥有者，然后再删除父窗口或拥有者。一般情况下，在程序中不必直接调用 DestroyWindow() 来删除窗口，因为 MFC 会自动调用 DestroyWindow() 来删除窗口。例如，当用户退出应用程序时会产生 WM_CLOSE 消息，该消息会导致 MFC 自动调用 CWnd::DestroyWindow() 来删除主框架窗口。

　　窗口对象本身的删除则根据对象创建方式的不同分为两种情况。在 MFC 编程中会使用大量的窗口对象，有些窗口对象以变量的形式嵌入在其他对象内或以局部变量的形式创建在堆栈上，有些则用 new 操作符创建在堆中。对于一个以变量形式创建的窗口对象，程序员不必关心它的删除问题，因为该对象的生存期总是有限的，若该对象是某个对象的成员变量，它会随着父对象的消失而消失；若该对象是一个局部变量，它会在函数返回时被清除。对于一个在堆中动态创建的窗口对象，其生存期却是任意长的。初学者在学习 C++编程时，对 new 操作符的使用往往不太踏实，因为用 new 在堆中创建对象就不能忘记用 delete 删除对象。读者在学习 MFC 编程时可能会产生这样的疑问：为什么有些程序用 new 创建了一个窗口对象，却未显式地用 delete 来删除它？问题的答案就是有些 MFC 窗口对象具有自动清除的功能。

　　如前面讲述非模态对话框时所提到的，当调用 CWnd::DestroyWindow() 或::DestroyWindow() 删除一个窗口时，被删除窗口的 PostNcDestroy() 成员函数会被调用。默认的 PostNcDestroy() 什么也不干，但有些 MFC 窗口类会覆盖该函数并在新版本的 PostNcDestroy() 中调用 delete this 来删除对象，从而具有了自动清除的功能。此类窗口对象通常是用 new 操作符在堆中创建的，但程序员不必操心用 delete 操作符去删除它们，因为一旦调用 DestroyWindow() 删除窗口，对应的窗口对象也会紧接着被删除。

　　不具有自动清除功能的窗口类如下，这些窗口对象通常是以变量的形式创建的，无自动清除功能。

- 所有标准的 Windows 控件类；
- 从 CWnd 类直接派生出来的子窗口对象（如用户定制的控件）；
- 切分窗口类 CSplitterWnd；
- 默认的控制条类（包括工具栏、状态栏和对话框）；
- 模态对话框类；

具有自动清除功能的窗口类如下，这些窗口对象通常是在堆中创建的。

- 主框架窗口类（直接或间接地从 CFrameWnd 类派生）；
- 视图类（直接或间接地从 CView 类派生）；

• 非模态对话框类。

读者在设计自己的派生窗口类时,可以根据窗口对象的创建方法来决定是否将窗口类设计成能够自动清除的。例如,对于一个非模态对话框,其对象是在堆中创建的,因此应该具有自动清除功能。

综上所述,对于 MFC 窗口类及其派生类,在程序中一般不必显式地删除窗口对象。也就是说,既不必调用 DestroyWindow() 来删除窗口对象封装的窗口,也不必显式地用 delete 操作符来删除窗口对象本身。只要保证非自动清除的窗口对象是以变量的形式创建的,自动清除的窗口对象是在堆中创建的,MFC 的运行机制就可以保证窗口对象被彻底删除。

如果需要手工删除窗口对象,则应该先调用相应的函数(例如 CWnd::DestroyWindow()) 删除窗口,然后再删除窗口对象。对于以变量形式创建的窗口对象,窗口对象的删除是框架自动完成的。对于在堆中动态创建的非自动清除的窗口对象,必须在窗口被删除后显式地调用 delete 来删除对象(一般在拥有者或父窗口的析构函数中进行)。对于具有自动清除功能的窗口对象,只需调用 CWnd::DestroyWindow() 即可删除窗口和窗口对象。注意,对于在堆中创建的窗口对象,不要在窗口还未关闭的情况下就用 delete 操作符来删除窗口对象。

在非模态对话框的 OnCancel() 函数中可以不调用 CWnd::DestroyWindow(),取而代之的是调用 CWnd::ShowWindow(SW_HIDE) 来隐藏对话框。在下次打开对话框时就不必调用 Create() 成员函数了,只需调用 CWnd::ShowWindow(SW_SHOW) 来显示对话框。这样做的好处在于对话框中的数据可以保存下来,供以后使用。由于拥有者窗口在被关闭时会调用 Window 删除每一个所属窗口,所以只要非模态对话框是自动清除的,就不必担心对话框对象的删除问题。

例 5.5 中设计的非模态对话框就具有自动清除功能,这里对部分函数做如下修改:

```cpp
void CLi55View::OnNomodedlg()
{
    if(m_pDlg)
    {
        m_pDlg -> SetActiveWindow();
        m_pDlg -> ShowWindow(SW_SHOW);              //新增显示对话框语句
    }
    else
    {
        m_pDlg = new CSquare(this);
        m_pDlg -> m_pParent = this;
        m_pDlg -> Create(IDD_DIALOG1,this);
        m_pDlg -> ShowWindow(SW_SHOW);
    }
}
  void CSquare::OnCancel()
{
    if(m_pParent!= NULL)
    {
        CWnd::ShowWindow(SW_HIDE);                  //修改为隐藏对话框语句
    }
}
```

重新运行程序,发现可以保存上次运行时对话框中的数据。

5.4 属性页对话框

在设计较为复杂的对话框时经常会用到大量的控件,以至于在一个对话框中布置不了这些控件。用普通的对话框技术,这一问题很难解决。MFC 提供了对属性页对话框的支持,可以很好地解决上述问题。

属性页对话框实际上是一个包含多个子对话框的对话框,这些子对话框通常被称为页(Page)。每次只有一个页是可见的,在对话框的顶端有一行标签,用户通过单击这些标签可以切换到不同的页。显然属性页对话框可以容纳大量控件。例如,Visual C++的"类向导"窗口就是属性页对话框的典型应用。

为了支持属性页对话框,MFC 提供了 CPropertySheet 类和 CPropertyPage 类。前者代表属性页对话框,后者代表对话框中的某一页。CPropertySheet 类对象或其派生类对象中包含了若干 CPropertyPage 类对象。CPropertyPage 是 CDialog 类的派生类,而CPropertySheet 是 CWnd 类的派生类。虽然 CPropertySheet 不是 CDialog 类的派生类,但使用 CPropertySheet 对象与使用 CDialog 对象的方法是类似的。

属性页对话框是一种特殊的对话框,和普通对话框相比,它们的设计与实现既有许多相似之处,又有一些不同的特点。下面通过一个实例来讲解设计一个属性页对话框的过程。

【例 5.6】 创建一个单文档的 MFC 应用程序 Li5_6,通过选择"对话框"|"属性页对话框"菜单命令打开如图 5.15 所示的对话框,当单击"确定"按钮后将在消息框中输出相关信息。

视频讲解

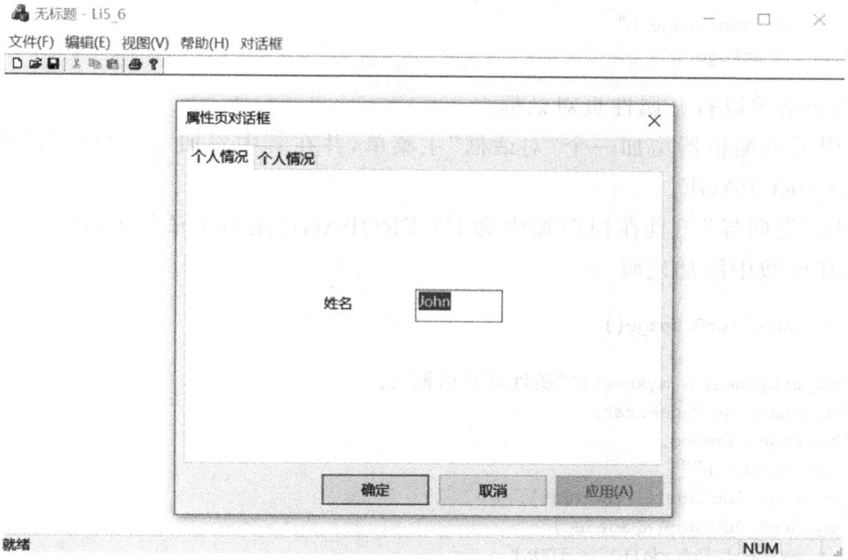

图 5.15 "属性页对话框"

其操作步骤如下:

(1) 使用"MFC 应用"项目模板创建一个项目名为 Li5_6 的单文档应用程序。

（2）设计对话框资源。分别为各页创建对话框模板，每页的模板最好具有相同尺寸，如果尺寸不统一，则框架将根据尺寸最大的页来确定属性页对话框的大小。

① 创建如图 5.16 所示的对话框资源作为属性页的第一页，将该对话框的 ID 改为 IDD_PERSONAL，将"描述文字"改为"姓名"。

② 创建如图 5.17 所示的对话框资源作为属性页的第二页，将该对话框的 ID 改为 IDD_UNIT，将"描述文字"改为"工作单位"。

图 5.16　第一页属性页　　　　　　　　　　　图 5.17　第二页属性页

（3）用"类向导"工具为每页创建新类，加入与控件对应的成员变量。

① 为属性页 IDD_PERSONAL 创建 CPropertyPage 类的派生类 CPersonalPage，并加入与编辑框对应的成员变量 m_name，其类型为 CString。

② 为属性页 IDD_UNIT 创建 CPropertyPage 类的派生类 CUnitPage，并加入与编辑框对应的成员变量 m_work，其类型为 CString。

（4）在 CLi5_6View 类的头文件开始处加入下列语句。

```
# include "PersonalPage.h"
# include "UnitPage.h"
```

（5）增加菜单以打开属性页对话框。

① 使用菜单编辑器增加一个"对话框"主菜单，并在其中添加"属性页对话框"菜单项，其 ID 为 ID_PROPAGE。

② 利用"类向导"工具在视图类中为 ID_PROPAGE 菜单项添加 COMMAND 消息的处理函数，在函数中添加代码。

```
void CLi56View::OnPropage()
{
    CPropertySheet m_mysheet(L"属性页对话框");
    CPersonalPage PageFirst;
    CUnitPage PageSec;
    CString str = L"";
    m_mysheet.AddPage(&PageFirst);
    m_mysheet.AddPage(&PageSec);
    if(m_mysheet.DoModal() == IDOK)
    {
        str = str + PageFirst.m_name + "工作单位是" + PageSec.m_work;
        MessageBox(str);
    }
}
```

（6）编译、链接并运行程序。选择"对话框"|"属性页对话框"菜单命令,弹出如图 5.15 所示的属性页对话框。将姓名改为"Mary",将工作单位改为"清华大学出版社",当单击"确定"按钮后,将在消息框中输出"Mary 工作单位是清华大学出版社"。

从上面的例子可以看出,对话框框架的创建过程与普通对话框基本相同,不同之处是还需将页对象加入 CPropertySheet 对象中。如果要创建的是模态对话框,应调用 CPropertySheet∷ DoModal()函数;如果想创建非模态对话框,则应该调用 CPropertySheet∷Create()函数。

若从 CPropertySheet 类派生了一个新类,则应该将所有的页对象以成员变量的形式嵌入派生类中,并在派生类的构造函数中调用 CPropertySheet∷AddPage()函数把各个页添加到对话框中。

【例 5.7】 使用 CPropertySheet 类的派生类对象创建与例 5.6 同样的属性页对话框。

其操作步骤如下:

（1）与例 5.6 一样完成前 3 步,应用程序的名称为 Li5_7。

（2）创建 CPropertySheet 类的派生类 CProframeSheet。

（3）在 CProframeSheet 类的头文件开始处加入以下语句。

```
# include "PersonalPage.h"
# include "UnitPage.h"
```

（4）在 CLi5_7View.cpp 文件头部所有的 include 语句之后添加语句。

```
# include "ProframeSheet.h"
```

（5）在 CProframeSheet.h 中加入语句。

```
CUnitPage m_unit;
CPersonalPage m_personal;
```

（6）在 CProframeSheet 类的第一个参数字符串的构造函数中加入语句,以便把各个页添加到对话框中。

```
AddPage(&m_personal);
AddPage(&m_unit);
```

（7）增加菜单,显示属性页对话框。

① 使用菜单编辑器增加一个"对话框"主菜单,并在其中添加"属性页对话框"菜单项,其 ID 为 ID_PROPAGE。

② 使用"类向导"工具在视图类中为 ID_PROPAGE 菜单项添加 COMMAND 消息的处理函数,在函数中添加代码。

```
void CLi57View::OnPropage()
{
    CProframeSheet m_mysheet(L"属性页对话框");
    CString str = L" ";
    if(m_mysheet.DoModal() == IDOK){
        Str = str + m_mysheet.m_personal.m_name + "工作单位是" + m_mysheet.m_unit.m_work;
    MessageBox(str);
}
```

（8）编译、链接并运行程序，可以得到与例 5.6 相同的效果。

5.5 通用对话框

Windows 提供了一组标准用户界面的通用对话框，用户在程序中可以直接使用这些通用对话框，不必再设计对话框资源和对话框类，减少了大量的编程工作。为了在 MFC 应用程序中使用通用对话框，MFC 提供了封装这些通用对话框的类。表 5.3 列出了 MFC 中一些常用的通用对话框类，这些类都是从 CCommonDialog 类派生而来的，而 CCommonDialog 类又是 CDialog 类的派生类。

表 5.3 常用的通用对话框类

通用对话框类	说　　明
CFileDialog	文件对话框，用于打开或保存文件
CColorDialog	"颜色"对话框，用于选择不同的颜色
CFontDialog	"字体"对话框，用于选择字体、字型、大小、效果及颜色
CPrintDialog	"打印"和"打印设置"对话框，用于打印和进行打印设置
CPageSetupDialog	"页面设置"对话框，用于设置和修改打印边距等
CFindReplaceDialog	"查找"和"替换"对话框，用于查找和替换文本字符串

在这些通用对话框中，"查找"和"替换"对话框是非模态对话框，其他对话框都是模态对话框，它们的使用方式由其所属类型来决定。下面分别介绍这些通用对话框类的构造函数及相应类的成员函数和数据成员及其使用。

5.5.1 CFileDialog 类

CFileDialog 类用于实现文件对话框，以支持文件的打开和保存操作。用户要打开或保存文件，就会和文件对话框"打交道"，图 5.18 显示了一个标准的用于打开文件的"打开"对话框。使用"MFC 应用"项目模板建立的应用程序中自动加入了文件对话框，在"文件"菜单中选择"打开"或"另存为"菜单命令就会启动它们。

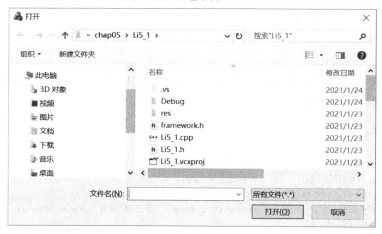

图 5.18 "打开"对话框

利用 CFileDialog 类使用文件对话框与一般模态对话框类似，首先声明一个 CFileDialog 类对象，这时会自动调用 CFileDialog 类的构造函数。该构造函数的原型为

```
CFileDialog(BOOL bOpenFileDialog, LPCTSTR lpszDefExt = NULL, LPCTSTR lpszFileName = NULL, DWORD
dwFlags = OFN_HIDEREADONLY
|OFN_OVERWRITEPROMPT,LPCTSTR lpszFilter = NULL,CWnd * pParentWnd = NULL)
```

参数 bOpenFileDialog 是一个标记位，其值如果为 TRUE，那么将构造"打开"对话框；如果为 FALSE，那么将构造"另存为"对话框。

参数 lpszDefExt 为默认的文件扩展名。如果用户没有在"文件名"编辑框中输入扩展名，则由 lpszDefExt 所指定的扩展名将自动附加在文件名后。

参数 lpszFileName 是出现在"文件名"编辑框中的初始文件名。如果该参数的值为 NULL，则不显示初始文件名。

参数 dwFlags 由一个或多个标志组成。其中，OFN_HIDEREADONLY 将隐藏只读文件，OFN_ALLOWMULTISELECT 将允许在选择时与 Shift 键或 Ctrl 键配合以选择多个文件。

参数 lpszFilter 指定文件过滤器，用于确定显示在文件列表中的文件类型。每个过滤器都是一个字符串对，第一个字符串描述过滤器，第二个字符串是用户过滤文件的扩展名，多个扩展名要用分号（;）作为分界符，两个字符串之间用管道符号（|）分隔。整个字符串以两个管道符号（||）结束，可以用 CString 对象值作为该参数的值。例如，以下字符串就是一个描述只在文件列表框中显示文本文件（*.txt）和 Word 文件（*.doc）的过滤器。

```
CFileDialog dlg(TRUE,"bmp"," * .bmp", OFN_HIDEREADONLY
|OFN_ALLOWMULTISELECT,"文本文件( * .txt)| * .txt|Word 文件( * .doc)| * .doc||");
```

然后调用 CFileDialog::DoModal() 来启动对话框。若调用 DoModal() 函数打开对话框返回的是 IDOK，那么可以用表 5.4 列出的 CFileDialog 类的成员函数来获取与所选文件有关的信息。

表 5.4　CFileDialog 类的常用成员函数

类的成员函数	功 能 说 明
GetPathName()	获取当前所选文件的全路径
GetFileName()	获取当前所选文件的文件名
GetFileExt()	获取当前所选文件的扩展名
GetFileTitle()	获取当前所选文件的标题
GetNextPathName()	获取所选择的下一个文件的全路径
GetStartPosition()	得到文件列表的第一个元素的位置

【例 5.8】 创建一个单文档的 MFC 应用程序 Li5_8，利用文件对话框打开一个文本文件。

视频讲解

其操作步骤如下：

（1）使用"MFC 应用"项目模板创建一个项目名为 Li5_8 的单文档应用程序。

（2）使用"类向导"工具在视图类 CLi58View 中添加 WM_LBUTTONDOWN 消息，并添加代码。

```
void CLi58View::OnLButtonDown(UINT nFlags, CPoint point)
{
    CString FilePathName;
    CFileDialog dlg(TRUE,L"txt",L"*.txt",
                    OFN_HIDEREADONLY|OFN_ALLOWMULTISELECT,
            L"文本文件(*.txt)|*.txt|Word文件(*.doc)|*.doc||");
    if(dlg.DoModal() == IDOK)
            FilePathName = dlg.GetPathName();                    //得到文件路径
    ShellExecute(NULL,L"open",FilePathName,NULL,NULL,SW_RESTORE);    //打开文件
        CView::OnLButtonDown(nFlags, point);
}
```

(3) 编译、链接并运行程序。在视图窗口中单击,运行结果如图 5.19 所示。

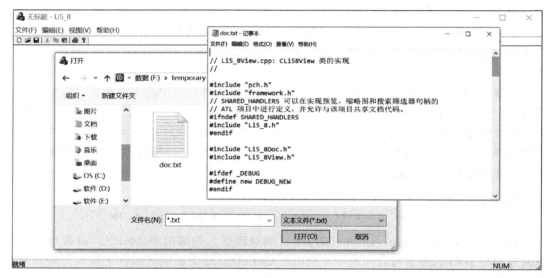

图 5.19   使用文件对话框

5.5.2   CColorDialog 类

CColorDialog 类用于实现"颜色"对话框,如图 5.20 所示。在 Windows 的画板程序中,如果用户双击"颜色面板"中的某种颜色,就会显示一个"颜色"对话框让用户选择颜色。

利用 CColorDialog 类使用"颜色"对话框也与一般模态对话框类似。首先构建一个 CColorDialog 对象,然后调用 CColorDialog::DoModal()来启动对话框。CColorDialog 类的构造函数的原型为

```
CColorDialog(COLORREF clrInit = 0, DWORD dwFlags = 0,
CWnd * pParentWnd = NULL);
```

其中,参数 clrInit 用来指定初始的颜色选择,dwFlags 用来

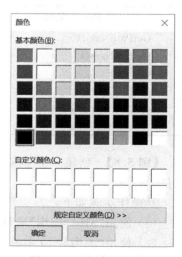

图 5.20   "颜色"对话框

设置对话框,pParentWnd 用来指定对话框的父窗口或拥有者窗口。

根据 DoModal()返回的是 IDOK 还是 IDCANCEL 可以知道用户是否确认了对颜色的选择。若调用 DoModal()函数打开对话框返回的是 IDOK,调用 CColorDialog::GetColor()可以返回一个 COLORREF 类型的结果来表示在对话框中选择的颜色。COLORREF 是一个 32 位的值,用来说明一个 RGB 颜色。GetColor()返回的 COLORREF 的格式是 0x00bbggrr,即低位 3 个字节分别包含了蓝、绿、红 3 种颜色的强度。

【例 5.9】 创建一个单文档的 MFC 应用程序 Li5_9,利用“颜色”对话框选择颜色,并在视图区中画一个该颜色的矩形。

其操作步骤如下:

(1) 使用“MFC 应用”项目模板创建一个名为 Li5_9 的单文档应用程序。

(2) 给视图类 CLi59View 添加一个成员变量 m_cc,用来保存选择的颜色,其类型为 COLORREF。

(3) 使用“类向导”工具在视图类 CLi59View 中添加 WM_LBUTTONDOWN 消息,并添加代码。

```
void CLi59View::OnLButtonDown(UINT nFlags, CPoint point)
{
    CColorDialog dlg;                    //构建一个 CColorDialog 对象
    if(dlg.DoModal() == IDOK)
    {
        CPen newpen, * oldpen;
        CClientDC dc(this);
        m_cc = dlg.GetColor();           //得到在对话框中选择的颜色
        //用得到的颜色画矩形
        newpen.CreatePen(PS_SOLID, 2, m_cc);
        oldpen = dc.SelectObject(&newpen);
        dc.Rectangle(100, 100, 200, 200);
        dc.SelectObject(oldpen);
    }
    CView::OnLButtonDown(nFlags, point);
}
```

(4) 编译、链接并运行程序。在视图窗口中单击,弹出“颜色”对话框,选择颜色后单击“确定”按钮,在视图窗口中出现一个选定颜色的矩形,如图 5.21 所示。

5.5.3　CFontDialog 类

CFontDialog 类支持“字体”对话框,用来让用户选择字体。利用 CFontDialog 类使用“字体”对话框的过程是首先构建一个 CFontDialog 对象,然后调用 CFontDialog::DoModal()来启动对话框。

CFontDialog 类的构造函数的原型为

```
CFontDialog(LPLOGFONT lplfInitial = NULL,
DWORD dwFlags = CF_EFFECTS | CF_SCREENFONTS,
CDC * pdcPrinter = NULL, CWnd * pParentWnd = NULL);
```

154

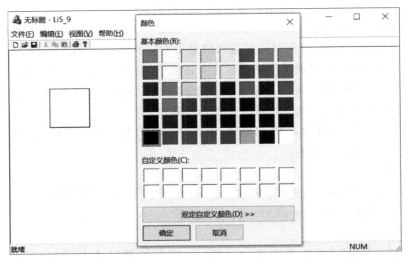

图 5.21　使用"颜色"对话框

其中,参数 lplfInitial 指向一个 LOGFONG 结构,用来初始化对话框中的字体设置; dwFlags 用于设置对话框;pdcPrinter 指向一个代表打印机的 CDC 对象,若设置该参数,则选择的字体就为打印机所用;pParentWnd 用于指定对话框的父窗口或拥有者窗口。

　　CFontDialog 类的数据成员 m_cf 用于自定义 CFontDialog 对象的结果。若 DoModal() 返回 IDOK,那么可以用表 5.5 列出的 CFontDialog 类的成员函数来获得所选字体的信息。

表 5.5　CFontDialog 类的常用成员函数

类的成员函数	功　　能
GetCurrentFont()	用来获得所选字体的属性。该函数有一个参数,该参数是指向 LOGFONT 结构的指针,函数将所选字体的各种属性写入这个 LOGFONT 结构中
GetFaceName()	返回一个包含所选字体名称的 CString 对象
GetStyleName()	返回一个包含所选字体风格的 CString 对象
GetSize()	返回所选字体的尺寸(以 10 个像素为单位)
GetColor()	返回一个含有所选字体颜色的 COLORREF 型值
GetWeight()	返回所选字体的权值
IsStrikeOut()	若用户选择了空心效果,返回 TRUE,否则返回 FALSE
IsUnderline()	若用户选择了下画线效果,返回 TRUE,否则返回 FALSE
IsBold()	若用户选择了黑体风格,返回 TRUE,否则返回 FALSE
IsItalic()	若用户选择了斜体风格,返回 TRUE,否则返回 FALSE

视频讲解

　　【例 5.10】　创建一个单文档的 MFC 应用程序 Li5_10,利用"字体"对话框选择字体的属性,并在视图区中以该属性显示文本信息。

　　其操作步骤如下:

　　(1) 使用"MFC 应用"项目模板创建一个项目名为 Li5_10 的单文档应用程序。

　　(2) 在视图类 CLi510View 中添加一个成员变量 m_cc,用来保存选择的颜色,其类型为 COLORREF。

　　(3) 在视图类 CLi510View 中添加一个成员变量 m_font,用来保存选择的字体,其类型为 LOGFONT。

（4）使用"类向导"工具在视图类 CLi510View 中添加 WM_LBUTTONDOWN 消息，并添加代码。

```
void CLi510View::OnLButtonDown(UINT nFlags, CPoint point)
{
    CFontDialog dlg;
    if(dlg.DoModal() == IDOK)
        {
//得到在对话框中选择的字体
        memcpy(&m_cf,dlg.m_cf.lpLogFont,sizeof(LOGFONT));
        m_cc = dlg.GetColor();                       //得到在对话框中选择的颜色
        CFont font;
        font.CreateFontIndirect(&m_cf);              //创建字体
        CClientDC dc(this);
        CFont *  def_font = dc.SelectObject(&font);  //选择字体
        dc.SetTextColor(m_cc);                       //选择字体颜色
        dc.TextOut(5,5,"Hello C++6.0");
        dc.SelectObject(def_font);
        font.DeleteObject();
    }
    CView::OnLButtonDown(nFlags, point);
}
```

（5）编译、链接并运行程序。在视图窗口中单击，弹出"字体"对话框，选择字体的相关属性后单击"确定"按钮，效果如图 5.22 所示。

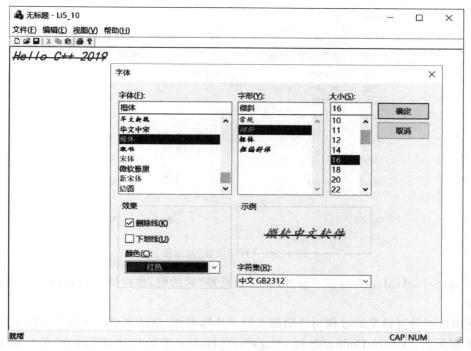

图 5.22　使用"字体"对话框

156

5.5.4 CPrintDialog 类和 CPageSetupDialog 类

CPrintDialog 类支持"打印"和"打印设置"对话框,用户通过这两个对话框可以进行与打印有关的设置。图 5.23 显示了一个"打印"对话框,图 5.24 显示了一个"打印设置"对话框。使用默认配置的"MFC 应用"项目模板建立的程序支持"打印"对话框和"打印设置"对话框,用户可以在"文件"菜单中启动它们。

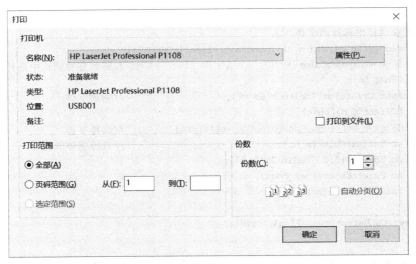

图 5.23 "打印"对话框

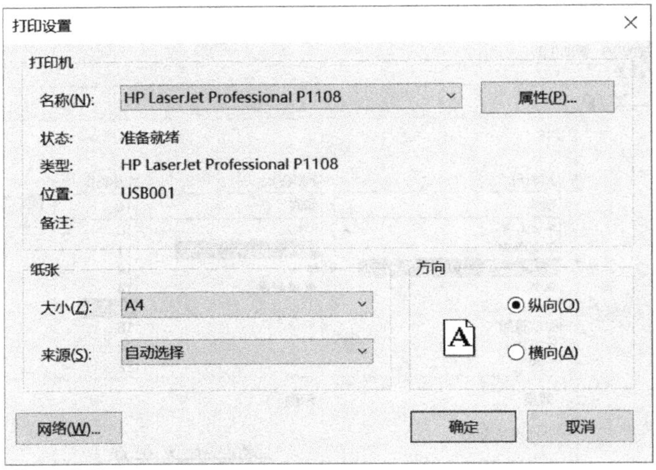

图 5.24 "打印设置"对话框

CPageSetupDialog 类封装了标准的"页面设置"对话框,使得用户可以设置和修改打印边距等。

使用这两种对话框的过程与使用前 3 种对话框类似,只是在成员函数上有所不同,在此不再详细介绍。CPrintDialog 类和 CPageSetupDialog 类的构造函数和成员函数请参阅MSDN 文档。图 5.25 是使用 CPageSetupDialog 类打开的"页面设置"对话框。

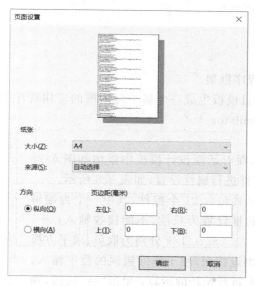

图 5.25　"页面设置"对话框

5.5.5　CFindReplaceDialog 类

CFindReplaceDialog 类用于实现"查找"对话框和"替换"对话框。这两个对话框都是非模态对话框,用于在正文中查找和替换指定的字符串。图 5.26 显示了一个"查找"对话框,图 5.27 显示了一个"替换"对话框。

图 5.26　"查找"对话框

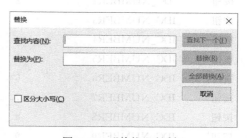

图 5.27　"替换"对话框

在 MFC 类库中用于生成文本编辑器(例如 Windows 附带的记事本)的 CEditView 类自动实现了"查找"对话框和"替换"对话框的功能。虽然"MFC 应用"项目模板并未提供相应的菜单命令,但可以在"编辑"菜单中加入"查找"和"替换"两项,令其 ID 分别为 ID_EDIT_FIND 和 ID_EDIT_REPLACE,则"查找"对话框和"替换"对话框的功能就可以实现了。一般很少直接用 CFindReplaceDialog 类来使用"查找"对话框和"替换"对话框。

5.6　应 用 实 例

视频讲解

5.6.1　实例简介

制作一个简单的计算器,实现加、减、乘、除、求倒数和平方根的混合运算,并能进行清屏及倒退操作。

5.6.2 创建过程

1. 创建 MFC 应用程序框架

使用"MFC 应用"项目模板生成一个基于对话框的应用程序 Calculator,并将主窗口对话框的 Caption 改为 Calculator。

2. 编辑对话框

打开对话框编辑器,在对话框设计模板中添加如图 5.28 所示的控件,并对各个控件进行属性设置,如表 5.6 所示。

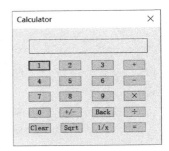

图 5.28 对话框控件的布局

在 Calculator 窗口中共包含 21 个控件,其中一个为编辑框,20 个为按钮。将编辑框设置为只读,不能接收输入;+、—、×、÷为操作按钮;+/—、Sqrt、1/x 分别为取负、求平方根及求倒数按钮;Back 为倒退按钮,用于删除错误的数字输入;Clear 为清除按钮,用于重新开始新的运算;单击"="按钮,则在编辑框中显示最后的计算结果。

表 5.6 控件 ID 和"描述文字"的设置

控件类型	ID	描述文字	控件类型	ID	描述文字
编辑框	IDC_EDIT_PUTOUT		按钮	IDC_ADD	+
按钮	IDC_NUMBER1	1	按钮	IDC_SUBTRACT	—
按钮	IDC_NUMBER2	2	按钮	IDC_MULTIPLY	×
按钮	IDC_NUMBER3	3	按钮	IDC_DIVIDE	÷
按钮	IDC_NUMBER4	4	按钮	IDC_RESULT	=
按钮	IDC_NUMBER5	5	按钮	IDC_MINUS	+/—
按钮	IDC_NUMBER6	6	按钮	IDC_BACK	Back
按钮	IDC_NUMBER7	7	按钮	IDC_CLEAR	Clear
按钮	IDC_NUMBER8	8	按钮	IDC_SQRT	Sqrt
按钮	IDC_NUMBER9	9	按钮	IDC_RECIPROCAL	1/x
按钮	IDC_NUMBER0	0			

3. 添加成员变量

(1) 利用"类向导"工具为编辑框在对话框类 CCalculatorDlg 中添加 double 型成员变量 m_result。

(2) 为 CCalculatorDlg 类添加两个 int 型变量 m_OperationCount、m_NumberCount,一个 double 型数组 m_number[15]和一个 int 型数组 m_Operation[15]。变量 m_OperationCount 存放输入的加、减、乘、除 4 种运算符的顺序号,m_NumberCount 存放输入的操作数的顺序号;数组 m_number[15]存放输入的操作数,m_Operation[15]存放输入的操作符。

4. 添加消息映射及成员函数

(1) 手工加入 ON_COMMAND_RANGE 命令消息映射,处理分配给一系列相邻编号的命令 ID。

① 在 CalculatorDlg.h 头文件中声明消息映射函数。

```
afx_msg void OnNumberKey(UINT nID);
afx_msg void OnOperationKey(UINT nID);
```

其中,函数 OnNumberKey()用来响应数字按钮的单击操作,OnOperationKey()用来响应操作符按钮的单击操作。

② 在 CalculatorDlg.cpp 实现文件的消息映射表中加入 ON_COMMAND_RANGE 命令消息。

```
ON_COMMAND_RANGE(IDC_NUMBER1,IDC_NUMBER0,OnNumberKey)
ON_COMMAND_RANGE(IDC_MINUS,IDC_RESULT,OnOperationKey)
```

(2) 在 CalculatorDlg.cpp 实现文件中加入消息处理函数。

```
void CCalculatorDlg::OnNumberKey(UINT nID)
{//处理单击数字按钮操作,记录输入的操作数
    int n = 0;
    switch(nID)                          //根据单击的数字键 ID 记录输入数字
    {
      case IDC_NUMBER1:
          n = 1;
          break;
      case IDC_NUMBER2:
          n = 2;
          break;
      case IDC_NUMBER3:
          n = 3;
          break;
      case IDC_NUMBER4:
          n = 4;
          break;
      case IDC_NUMBER5:
          n = 5;
          break;
      case IDC_NUMBER6:
          n = 6;
          break;
      case IDC_NUMBER7:
          n = 7;
          break;
      case IDC_NUMBER8:
          n = 8;
          break;
      case IDC_NUMBER9:
          n = 9;
          break;
      case IDC_NUMBER0:
          n = 0;
          break;
    }
```

```
                //计算操作数
            m_number[m_NumberCount] = m_number[m_NumberCount] * 10 + n;
            m_result = m_number[m_NumberCount];
            UpdateData(false);                  //在编辑框中显示操作数
        }
        void CCalculatorDlg::OnOperationKey(UINT nID)
        {//处理单击操作符按钮操作,记录输入的操作符
            int i;
            switch(nID)                          //根据单击的操作键 ID 记录输入的加、减、乘、除操
            {                                    //作符,处理取负、求平方根、求倒数、倒退及清屏操作
                case IDC_ADD:
                    m_Operation[m_OperationCount] = 1;
                    break;
                case IDC_SUBTRACT:
                    m_Operation[m_OperationCount] = 2;
                    break;
                case IDC_MULTIPLY:
                    m_Operation[m_OperationCount] = 3;
                    break;
                case IDC_DIVIDE:
                    m_Operation[m_OperationCount] = 4;
                    break;
                case IDC_MINUS:               //取负
                    m_number[m_NumberCount] = - m_number[m_NumberCount];
                    break;
                case IDC_SQRT:                //求平方根
                    m_number[m_NumberCount] = sqrt(m_number[m_NumberCount]);
                    break;
                case IDC_RECIPROCAL:          //求倒数
                    m_number[m_NumberCount] = (double)1/m_number[m_NumberCount];
                    break;
                case IDC_BACK:                //倒退
                    m_number[m_NumberCount] = (int)m_number[m_NumberCount]/10;
                    m_result = m_number[m_NumberCount];
                    UpdateData(false);
                    break;
                case IDC_CLEAR:               //清屏
                    for(i = 1;i < 11;i++)
                    {
                        m_number[i] = 0;
                        m_Operation[m_OperationCount] = 999;
                        m_NumberCount = 1;
                        m_OperationCount = 1;
                        m_result = 0;
                        UpdateData(false);
                    }
                    break;
                case IDC_RESULT:              //计算最后结果
                    cal();
                    break;
            }
```

```
if(m_Operation[ m_OperationCount]<5)
{
    m_NumberCount++;
    m_OperationCount++;
}
}
```

（3）在对话框类 CalculatorDlg 中添加 void 型成员函数 cal( )，并在 CalculatorDlg. cpp 实现文件前加上包含语句♯include "math. h"。

```
void CCalculatorDlg::cal( )
{
    for(int i = 1;i < 15;i++)
        switch(m_Operation[i])         //先处理乘、除运算
        {
          case 3:
                m_number[ i] = m_number[ i + 1] = m_number[ i] * m_number[ i + 1];
                break;
            case 4:
                m_number[ i] = m_number[ i + 1]
                                  = (double)m_number[ i]/m_number[ i + 1];
                break;
        }
    m_result = m_number[1];
    for(i = 1;i < 15;i++)              //处理加、减运算,计算最后结果
        if(m_Operation[ i] == 1)
            m_result = m_result + m_number[ i + 1];
        else if(m_Operation[ i] == 2)
            m_result = m_result – m_number[ i + 1];
    UpdateData(false);                //在编辑框中显示最后结果
}
```

5. 成员变量的初始化
代码如下：

```
CCalculatorDlg::CCalculatorDlg(CWnd * pParent / * = NULL * /)
    : CDialog(CCalculatorDlg::IDD, pParent)
{
    …
    m_hIcon = AfxGetApp( ) – > LoadIcon(IDR_MAINFRAME);
    m_NumberCount = 1;
    m_OperationCount = 1;
    for(int i = 0;i < 15;i++)
    {
        m_number[ i] = 0;
        m_Operation[ i] = 999;
    }
}
```

编译、链接并运行程序。该应用程序未能实现乘、除运算的连续操作,请读者自行完善。

习　　题

1. 填空题

(1) 对话框的主要功能是_____和_____。

(2) 从对话框的工作方式看,对话框可分为_____和_____两种类型。

(3) 对话框主要由_____与_____两部分组成。

(4) 使用_____函数可以创建模态对话框,使用_____函数可以创建非模态对话框。

(5) 为了支持属性页对话框,MFC 提供了_____类和_____类。

2. 选择题

(1) 对话框的功能被封装在(　　)类中。

    A. CWnd　　　　　　B. CDialog　　　　　C. CObject　　　　　D. CCmdTarget

(2) (　　)是非模态对话框。

    A. "查找"对话框　　　　　　　　　　B. "字体"对话框

    C. "打开"对话框　　　　　　　　　　D. "颜色"对话框

(3) 要将模态对话框在屏幕上显示需要用到(　　)函数。

    A. Create()　　　　　B. DoModal()　　　　C. OnOK()　　　　D. 构造

(4) 通常将对话框的初始化工作放在(　　)函数中进行。

    A. OnOK()　　　　B. OnCancel()　　　C. OnInitDialog()　　D. DoModal()

(5) 使用(　　)通用对话框类可以打开文件。

    A. CFileDialog　　　B. CColorDialog　　　C. CPrintDialog　　D. CFontDialog

3. 简答题

(1) 简述创建和使用模态对话框的主要步骤。

(2) 如何向对话框模板资源添加控件? 如何添加与控件关联的成员变量?

(3) 什么是 DDX 和 DDV? 在编程时如何使用 MFC 提供的 DDX 功能?

(4) 简述创建属性页对话框的主要步骤。

4. 操作题

(1) 编写一个 SDI 应用程序,在执行某菜单命令时打开一个模态对话框,通过该对话框输入一对坐标值,单击 OK 按钮在视图区中的该坐标位置显示自己的姓名。

(2) 编写一个 SDI 应用程序,采用非模态对话框的方式完成与第(1)题同样的功能。

(3) 编写一个单文档的应用程序,为该应用程序添加两个按钮到工具栏中,单击第一个按钮,利用文件对话框打开一个 .doc 文件;单击第二个按钮,利用"颜色"对话框选择颜色,并在视图区中画一个该颜色的矩形。

第6章 Windows 常用控件

控件作为程序与用户之间的一个接口,在对话框与用户的交互过程中担任主要角色,用于完成用户的输入和程序运行过程中的输出功能。在第5章已经学习了在一个对话框中增加控件及用户通过对话框中的控件与应用程序进行交互的方法。

控件对应一个 CWnd 派生类的对象,它实际上也是一个窗口,大家在第5章的对话框中只简单接触到了一些控件,本章将详细讨论几种常用 Windows 控件的使用特性。

6.1 控件概述

Windows 提供的控件分为两类:一类是 Windows 95 之前就已经支持的标准控件,这些控件包括静态控件、编辑框、按钮、列表框、组合框和滚动条等,利用这些控件可满足大部分用户界面程序设计的要求,例如编辑框用于输入用户数据,复选框用于选择不同的选项,列表框用于选择要输入的信息;另一类是 Windows 95 及以后操作系统支持的通用控件,以实现应用程序用户界面风格的多样性。在表 6.1 中从旋转按钮、进度条直到图像列表等控件为通用控件。为了在 MFC 应用程序中使用控件,MFC 以类的形式对这些控件进行了封装。表 6.1 列出了 MFC 中主要的控件类,这些类大部分是从 CWnd 类直接派生而来的。用户可以利用 MFC 控件类提供的成员函数对控件进行管理和操作。

表 6.1　MFC 中主要的控件类

MFC 类	控件	MFC 类	控件
CStatic	静态文本、图片控件	CTreeCtrl	树视图控件
CEdit	编辑框	CTabCtrl	标签
CButton	组框、按键按钮、复选框、单选按钮	CAnimateCtrl	动画控件
CComboBox	组合框	CRichEditCtrl	复合编辑框
CListBox	列表框	CDateTimeCtrl	日期时间选取器
CScrollBar	滚动条	CMonthCalCtrl	日历控件
CSpinButtonCtrl	旋转按钮	CComboBoxEx	扩展组合框
CProgressCtrl	进度条	CStatusBarCtrl	状态栏控件
CSliderCtrl	滑动条	CToolBarCtrl	工具栏控件
CListCtrl	列表视图控件	CImageList	图像列表

6.1.1　控件的创建

控件在程序中可作为对话框控件或任意子窗口两种形式存在,因此控件的创建方法也有两种。一种方法是在对话框模板资源中指定控件,这样当应用程序创建对话框时 Windows 就会为对话框创建控件,这种方法称为静态创建。在第 5 章已经介绍了这种方法,编程时一般都采用这种方法。另一种方法是将控件看成任一窗口的子窗口,通过调用 MFC 控件类的成员函数 Create() 创建控件,这种方法称为动态创建。这时需要首先声明一个 MFC 控件类的对象,然后调用 Create() 函数和其他成员函数显示控件和设置控件的属性。

6.1.2 控件的组织

在创建对话框资源后,如何利用对话框编辑器、工具箱、属性窗口和布局工具栏进行控件的添加、删除和编辑,以及设置控件的属性和测试对话框运行时的界面效果。本节进一步介绍组织控件的其他相关问题。

1. 编排控件

为了使对话框界面美观和控件布局合理,需要对控件进行重新编排。编排控件有以下两种方法。

第一种方法是使用控件的布局工具栏,图 6.1 中列出了其中按钮的功能及快捷键。为了便于用户在对话框内精确定位各个控件,系统还提供了网格、标尺等辅助功能。布局工具栏的最后两个按钮分别用于网格和标尺的切换。当用网格显示时,添加或移动控件的操作将自动定位在网格线上。

另一种方法是使用“格式”菜单,当打开对话框编辑器时,在 Visual Studio IDE 的菜单栏上会增加一个“格式”菜单,该菜单提供了在对话框模板中合理布置控件的功能菜单项。

(1)“对齐”菜单项提供了控件的 6 种对齐方式,即左对齐、右对齐、顶端对齐、底端对齐、水平居中、垂直居中。

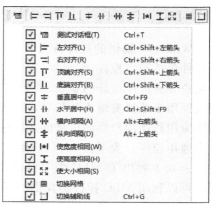

图 6.1 控件的布局工具栏

(2)“使大小相同”菜单项提供了 3 种等尺寸方式,即宽相等、高相等、宽高都相等。

(3)“均匀隔开”菜单项提供了两种等间距方式,即垂直方向等间距、水平方向等间距。

(4)“排列按钮”菜单项提供了两种组织按键的方式,即底部排列、右边排列。

(5)“在对话框中居中”菜单项提供了两种居中方式,即水平居中、垂直居中。

(6)“按内容调整大小”菜单项根据控件内容决定控件的大小。例如,按钮的大小由按钮上的显示文本决定。

(7)“自动调整大小”菜单项根据“拉伸”“固定宽度”和“优化”3 种方式自动调整控件的大小。

(8)“翻转”菜单项用于水平反方向显示控件。

2. 调整 Tab 键顺序

在 Windows 环境中通常提供两种操作方式,即鼠标操作方式和键盘操作方式。使用鼠标可以直接单击控件进行访问,使用键盘访问控件需要通过 Tab 键顺次找到某个控件。

Tab 键顺序规定了使用 Tab 键访问控件的顺序,默认的 Tab 顺序是控件生成的顺序,选择“格式”|“Tab 键顺序”菜单命令可以显示并修改 Tab 键顺序。

改变 Tab 键顺序的方法既简单又直观,选择了"Tab 键顺序"菜单项,出现了顺序号之后,按所需的访问顺序依次单击每一个控件,然后单击空白处即可。

6.1.3　控件的共有属性

控件的属性决定了控件的外观和功能,可通过控件的属性窗口设置控件的属性。控件的属性窗口上有若干分组,例如动态布局、行为、外观及杂项等,不同控件有不同的属性,但它们都具有 ID、描述文字等通用属性。表 6.2 列出了控件的共有属性及其说明。

表 6.2　控件的共有属性及其说明

属　性　项	说　　明
ID	控件的标识,对话框编辑器会为每一个加入的控件分配一个默认的 ID
描述文字	控件的标题,作为程序执行时在控件位置上显示的文本
可见	指明显示对话框时该控件是否可见
组	用于指定一个控件组中的第一个控件
帮助 ID	表示为该控件建立一个上下文相关的帮助标识 ID
已禁用	指定控件初始化时是否禁用
制表位	表示对话框运行后该控件可以通过使用 Tab 键来获取焦点

6.1.4　控件的访问

控件是用户与应用程序之间交互的一种工具,应用程序需要通过某种方法来访问控件,以对其进行管理和操作。访问控件一般有下面 3 种方法。

1. 利用对话框的数据交换功能访问控件

这种方法适用于静态创建的控件。先用"类向导"工具为对话框类加入与控件对应的 Value 类型数据成员变量,然后在适当的时候调用 UpdateData()函数,就可以实现对话框和控件的数据交换。

该方法不是针对某个控件,而是针对所有参与数据交换的控件。另外,对于通用控件,不能使用"类向导"工具创建数据成员变量,因此该方法有一定的局限性。

2. 通过控件对象访问控件

控件对象对控件进行了封装,它拥有功能齐全的成员函数,用来查询和设置控件的各种属性。通过控件对象来访问控件无疑是最能发挥控件功能的一种方法,但这要求程序必须创建控件对象,并使该对象与某一控件相连。对于静态创建的控件,可利用"类向导"工具方便地创建与控件对应的控件对象,这种方式相当于取得了控件自身的句柄,可以对控件进行所有控件类和基类的操作。对于动态创建的控件,因为控件本身就是通过控件对象创建的,所以不存在这一问题。

3. 利用 CWnd 类的一些用于管理控件的成员函数访问控件

只要向 CWnd 类的一些成员函数提供控件的 ID,就可以对该控件进行访问。使用这些函数的优点是无须创建控件对象,就可以对控件的某些常用属性进行查询和设置。该方法对静态和动态创建的控件均适用。在第 5 章的学习中用到了 CWnd 类的一些管理对话框的成员函数,那些函数也适用于控件。下面再介绍几个用于管理控件的函数。

- GetDlgItem()函数：该函数根据参数说明的控件 ID 返回指定控件的一个 CWnd 型指针。程序可以把该指针强制转换成相应的控件类指针,然后通过该指针来访问控件。
- SetFocus()函数：设置当前输入焦点。
- GetFocus()函数：获取当前拥有输入焦点的 CWnd 对象。
- GetClientRect()函数：获取 CWnd 客户区的大小。
- GetWindowRect()函数：获取 CWnd 对象的屏幕坐标。
- ClientToScreen()函数：将显示的给定点或矩形的客户端坐标转换为屏幕坐标。
- ScreenToClient()函数：将显示的给定点或矩形的屏幕坐标转换为客户端坐标。
- InvalidateRect()函数：通过增加当前更新区域方法使给定矩形内的客户区无效。

6.2　CStatic 类控件

静态控件(static control)是用来显示一个文本串或图形信息的控件,包括静态文本控件、图片控件和组框。所有静态控件默认的 ID 都为 IDC_STATIC,如果需要在程序中区分和操纵各个不同的静态控件,如要为一个静态控件添加成员变量或消息处理函数,必须重新为它指定一个唯一的 ID。静态控件一般只用于输出某些信息(文本或图形),不用来响应用户的输入。如果想使静态控件响应输入而发送消息,需要设置它的"通知"外观属性。管理静态文本控件和图片控件的 MFC 类是 CStatic 类,而管理组框的 MFC 类是 CButton 类。

6.2.1　静态文本控件

静态文本(static text)控件用来显示一般不需要变化的文本。通过属性窗口中的"外观"分组可以设置文本的显示风格,静态文本控件的"外观"属性如图 6.2 所示。表 6.3 列出了该分组中部分属性的含义。

图 6.2　静态文本控件的外观属性

表 6.3   静态文本控件的部分属性及其说明

属 性 项	说 明
对齐文本	决定静态文本控件中文本的横向对齐方式,可以选择的值为 Left(向左对齐)、Center(居中对齐)和 Right(向右对齐),其默认值为 Left
居中图像	在静态文本控件中将文本垂直居中。类型为布尔值;默认值为假
无前缀	不将控件文本中的"&"符解释为助记字符。在默认情况下,"&"符在显示时会被去掉,取而代之的是紧接"&"符之后的字符被以加下画线的格式进行显示。虽然通过双写"&"符可以在控件文本中显示出实际的"&"符,但是对于一些特殊的场合,例如使用静态文本控件显示文件名的时候,将"无前缀"属性设置为真要更方便
不换行	以左对齐的方式来显示文本,并且不进行文本的自动回行。超出控件右边界的文本将被剪裁去。需要注意的是,这时即使使用转义字符序列"\n"也不可以强制控件文本进行换行。类型为布尔值;默认值为假
简单	禁止设置"对齐文本"属性和"不换行"样式。在该属性为真的情况下,静态文本控件中的文本不会被自动回行,也不会被剪裁。类型为布尔值;默认值为假
通知	决定控件在被单击时是否通知父窗口。类型为布尔值;默认值为假
凹陷	使用静态文本控件看上去有下凹的感觉。类型为布尔值;默认值为假
边框	为文本控件创建边框。类型为布尔值;默认值为假

6.2.2   图片控件

图片(picture)控件用来显示边框、矩形或位图等图形。图片控件的编辑要稍微麻烦一些,首先必须创建位图或图标资源,其创建方法与创建对话框资源的方法基本相同,只不过插入一个位图或图标而已。

静态图片控件的"行为"和"杂项"以及"外观"属性分组分别如图 6.3 和图 6.4 所示。在其属性中,用户可以选择"类型"(图片类型)、"图像"(图像资源)两个下拉列表框中的有关选项内容,并可将应用程序资源中的图标、位图等内容显示在静态图片控件中。另外,用户还可以设置其风格来改变控件的外观以及图像在控件中的位置等。表 6.4 列出了静态图片控件的部分属性的含义。

图 6.3   静态图片控件的"行为"和"杂项"属性分组

图 6.4 静态图片控件的"外观"属性

表 6.4 静态图片控件的部分属性

属 性 项	含 义
类型	图片类型,可以选择 Frame(框)、Rectangle(矩形区域)、Icon(图标)、Bitmap(位图)、Enhanced Metafile(增强图元文件)
图像	当图片类型为 Icon 和 Bitmap 时,通过此框可选择指定的资源 ID
颜色	设置 Frame 和 Rectangle 的颜色,可以是 black、white、gray 或者具有 3D 外观的 etched
向右对齐	选中后,用户重置图片的大小时,图片的右下角是固定不变的
居中图像	选中后,图片显示在控件的中央,其余区域由图片左上角的像素颜色来填充
真实大小图像	选中后,按图片的实际大小来显示,超过控件区域的部分被剪裁

在第 5 章的自定义对话框中已经使用了静态文本控件。图片控件的例子可以在通过"MFC 应用"项目模板创建的 IDD_ABOUTBOX 对话框模板中找到,在该模板中有一个图片控件用来显示图标。

6.3 CEdit 类控件

MFC 的 CEdit 类封装了编辑框(edit box),编辑框又称文本框或编辑控件,它也是一种常用的控件。编辑框一般与静态文本控件一起使用,用于数据的输入和输出。编辑框提供了完整的键盘输入和编辑功能,可以输入各种文本、数字或者口令,并可以进行退格、删除、剪切和粘贴等操作。当编辑框获取焦点时,框内会出现一个闪动的插入符。

6.3.1 编辑框的风格

编辑框有单行编辑和多行编辑功能,由其"多行"属性决定。使用属性窗口可以方便地设置编辑框控件的属性和外观,如图 6.5 所示。

表 6.5 中列出了编辑框的部分属性。

图 6.5　编辑框的属性窗口

表 6.5　编辑框的部分属性

属　性　项	说　　明
对齐文本	各行文本的对齐方式,包括 Left、Center、Right,默认时为 Left
多行	选中时为多行编辑框控件,否则为单行编辑框控件
数字	选中时控件只能输入数字
水平滚动	水平滚动条,仅对多行编辑框控件有效
AutoHScroll	当用户在行尾输入一个字符时文本自动向右滚动
垂直滚动	垂直滚动条,仅对多行编辑框控件有效
AutoVScroll	当用户在最后一行按 Enter 键时文本自动向上滚动一页,它仅对多行编辑框控件有效
密码	选中时,输入编辑框控件的字符都将显示为"＊",它仅对单行编辑框控件有效
无隐藏选择	通常情况下,当编辑框控件失去输入焦点时被选择的文本仍然以反色显示。注意,选中时不具备此功能
OME 转换	选中时,实现对特定字符集的字符转换
想要返回	选中时,用户按下 Enter 键,在编辑框控件中就会插入一个回车符
边框	选中时,在编辑框控件的周围存在边框
大写	选中时,输入在编辑框控件的字符全部转换成大写形式
小写	选中时,输入在编辑框控件的字符全部转换成小写形式
只读	选中时,防止用户输入或编辑文本

6.3.2　编辑框的基本操作

利用 MFC 的 CEdit 类提供的成员函数可以实现编辑框的各种操作。编辑控件的默认模式为在一行内显示所有编辑文本。表 6.6 介绍了通用 CEdit 类的成员函数。

表 6.6　通用 CEdit 类的成员函数

成 员 函 数	功　　　能
CanUndo()	决定一个编辑操作是否可以撤销
Clear()	从编辑控件中删除当前的选中内容(如果有)
Copy()	将编辑控件中当前的选中内容(如果有)以 CF_TEXT 格式复制到剪贴板中
Cut()	剪下编辑控件中当前的选中内容(如果有)并以 CF_TEXT 格式复制到剪贴板中
EmptyUndoBuffer()	清除一个编辑控件的撤销操作缓冲区
GetFirstVisibleLine()	确定编辑控件中最上面的可视行
GetModify()	确定一个编辑控件的内容是否可以修改
GetPasswordChar()	当用户输入文本时,获得编辑控件中显示的密码字符
GetRect()	获得一个编辑控件的格式化矩形
GetSel()	获得编辑控件中当前选中内容的开始和结束字符的位置
LimitText()	限定用户可以输入编辑控件的文本的长度
LineFromChar()	获得包含指定字符下标的行的行号
LineLength()	获得编辑控件中的一行文本的长度
LineScroll()	滚动多行编辑控件的文本
Paste()	将剪贴板中的数据插入编辑控件中当前的光标位置,只有当剪贴板中的数据的格式为 CF_TEXT 时才可插入
ReplaceSel()	用指定文本替代编辑控件中当前选中内容的部分
SetModify()	设置或清除编辑控件的修改标志
SetPasswordChar()	当用户输入密码文本时设置或删除一个显示于编辑控件中的密码字符
SetReadOnly()	将编辑控件设置为只读状态
SetSel()	在编辑控件中选中内容字符的范围
Undo()	编辑控件撤销最后一项操作

当编辑控件具有 ES_MULTILINE 属性时,编辑控件支持在编辑窗口中进行多行文本编辑,有关 CEdit 类的成员函数请查阅 MSDN。

6.3.3　编辑框的通知消息

当编辑框的文本被修改或滚动时会向其父窗口发送一些消息。编辑控件的主要通知消息如表 6.7 所示。

表 6.7　编辑框的主要通知消息

通 知 消 息	说　　　明
EN_CHANGE	当编辑框中的文本已被修改,在新的文本显示之后发送
EN_HSCROLL	当编辑框的水平滚动条已被使用,在更新显示之前发送
EN_KILLFOCUS	编辑框失去键盘的输入焦点时发送
EN_MAXTEXT	文本数目到达了限定值时发送

通 知 消 息	说 明
EN_UPDATE	编辑框中的文本已被修改,在新文本显示之前发送
EN_VSCROLL	当编辑框的垂直滚动条已被使用,在更新显示之前被使用
EN_SETFOCUS	编辑框获得键盘的输入焦点时发送

【例 6.1】 编写一个基于对话框的 MFC 应用程序 Li6_1,该应用程序维护着一张记录合法用户的用户名和密码的列表,只有合法用户才能通过登录程序,如图 6.6 所示。要求输入后密码以"♯"代替显示。

视频讲解

其操作步骤如下:

(1)创建基于对话框的应用程序 Li6_1,将对话框的"描述文字"改为"用户登录"。

(2)在对话框模板中添加控件,并设置控件的属性。

① 添加两个静态文本控件,其"描述文字"分别为"用户名"及"密码"。

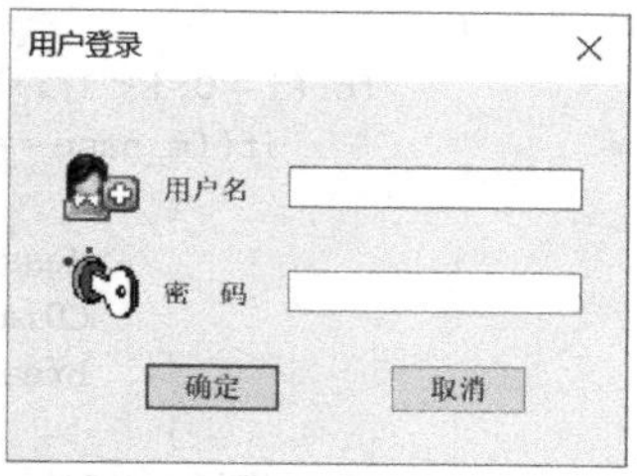

② 添加用户名及密码编辑框控件,ID 分别为 IDC_USER 及 IDC_PWD,并在密码编辑框控件的属性窗口中选中 Number 和 Password 属性。

图 6.6 登录程序的运行效果

③ 添加用户名及密码静态图片控件。首先插入两个 Icon 型的图片资源,接受其默认 ID(IDI_ICON1、IDI_ICON2),然后在对话框模板中添加两个静态图片控件,在 General 选项卡中设置 Type 属性为 Icon,Image 属性分别为 IDI_ICON1 和 IDI_ICON2。

(3)在 CLi61Dlg 类中添加 CString 类型的公有成员变量——二维数组 user[3][2],存放 3 个合法用户的用户名及密码,并在构造函数中进行初始化。

(4)使用"类向导"工具在 CLi61Dlg 类中为两个编辑框添加 Value 及 Control 类型的成员变量。

① 用户名编辑框控件成员变量:Value 类的 CString 型变量 m_name,Control 类的 CEdit 对象 m_user。

② 密码编辑框控件成员变量:Value 类的 CString 型变量 m_password,Control 类的 CEdit 对象 m_pwd。

(5)使用"类向导"工具在对话框类 CLi61Dlg 中为密码编辑框控件映射 EN_SETFOCUS 消息处理函数 OnSetfocusPwd(),并添加代码。

```
void CLi61Dlg::OnSetfocusPwd()
{
    m_pwd.SetPasswordChar('♯');
}
```

(6)利用"类向导"工具为"确定"按钮在对话框类 CLi61Dlg 中映射 BN_CLICKED 消息处理函数 OnOk(),并添加代码。

```
void CLi61Dlg::OnOK()
{
    int i;
    UpdateData(true);                   //更新控件值变量
```

171

第 6 章

Windows 常用控件

```
if(m_name.IsEmpty())                          //检查用户名不能为空
{
    MessageBox(L"用户名不能为空!");
    m_user.SetFocus();                        //焦点返回用户名输入框
}
else if(m_password.IsEmpty())                 //检查密码不能为空
{
    MessageBox(L"密码不能为空!");
    m_pwd.SetFocus();                         //焦点返回密码输入框
}
else
{
    for(i = 0;i < 3;i++)
        if((m_name == user[i][0])&&(m_password == user[i][1]))
            {
                MessageBox(L"欢迎您!");
                CDialog::OnOK();
                break;
            }                                 //合法用户
        if(I >= 3)                            //不合法用户
            MessageBox(L"对不起!您的用户名或密码有误!");
}
}
```

（7）编译、链接并运行应用程序。

6.4　CButton 类控件

CButton 类控件包括按键按钮、单选按钮、复选框和组框 4 种类型,图 6.7 给出了这 4 种类型的按钮控件。

6.4.1　概述

　　虽然封装 4 种按钮（button）控件的 MFC 类都是 CButton 类,但它们具有不同的功能。按键按钮在被按下时会立即执行某个命令,它也被称为命令按钮;单选按钮用于在一组互相排斥的选项中选择一项;复选框用于在一组选项中选择一项或多项;组框可以使一组控件关联起来,它经常与一组单选按钮或复选框一起使用。

图 6.7　4 种类型的按钮控件

1. 按键按钮

几乎所有的对话框都使用简单的按键按钮,例如"确定"按钮。通过控件的属性窗口可以设置按钮的不同风格,例如通过设置"默认"属性来设置一个默认按钮,默认按钮是指对话框刚显示时的命令执行按钮,此时按下 Enter 键将执行该按钮的命令功能。一个对话框只能有一个默认按钮,通常情况下将"确定"按钮设置为默认按钮。

按键按钮还有其他常用的属性,其中"所有者描述"属性使得用户可以利用对话框的 WM_DRAWITEM 消息处理函数 OnDrawItem() 定制按钮的外观,"图标"和"位图"属性表示创建一个显示图标或文本按钮。

2. 单选按钮

单选按钮由一个圆圈和紧随其后的文本标题组成,当被选中时,圆圈中就标上一个黑点。单选按钮设置"自动"属性为默认属性,"自动"属性表示用户若选中同组中的某个单选按钮,则自动清除其余单选按钮的选中状态,保证一组选项中始终只有一项被选中。通常将一组单选按钮放在一个组框控件中,在一组单选按钮中,第一个(Tab 键顺序)按钮最重要,其 ID 值可用于在对话框中为控件建立相关联的成员变量。注意,必须为同组中的第一个单选按钮设置"组"属性,同组中的其他单选按钮不可再设置"组"属性。

打开"类向导"工具的"成员变量"选项卡,可以发现对于一组单选按钮,列表中只出现第一个控件 ID,这意味着只能在对话框类中设置一个值类型的成员变量。该变量的值是 int 型,表示所选中的单选按钮在组中的序号,序号从 0 开始。例如,如果选中第 2 个单选按钮,则返回值为 1。同样,一组单选按钮只能在对话框类中设置一个单选按钮对象,也就是说一个单选按钮对象控制一组单选按钮。

3. 复选框

复选框由一个空心方框和紧随其后的文本组成,当它被选中时,空心方框中就加上一个"√"或"×"标记。不同于单选按钮,在一组复选框中每次可以同时选择多项。除了选中和没选中两种状态以外,复选框还有第 3 种状态,此时复选框显示为暗色,它表示该项不可以由用户选择。用户可以通过设置"三态"属性得到这种三态复选框。

使用"类向导"工具可以为每一个复选框按钮在它所在的对话框类中添加一个值类型的成员变量用于传递数据,该变量的值是 BOOL 型,值为 TRUE 时表示选中复选框,值为 FALSE 时表示未选中复选框。

4. 组框

组框用来显示一个文本标题和一个矩形边框,通常用来作为一组控件周围的虚拟边界,并将一组控件组织在一起。它属于静态控件,具有静态控件的特性,所以习惯说的按钮控件主要是指前 3 种,本书以后也默认这种习惯。

6.4.2 按钮控件的基本操作

CButton 类提供了一些成员函数以实现对按钮控件对象的控制和管理,如表 6.8 所示。

表 6.8　CButton 类的成员函数

成 员 函 数	功　　能
GetBitmap()	获得用 SetBitmap()设置的位图的句柄
GetButtonStyle()	获得有关按钮控件的样式信息
GetCheck()	获得按钮控件的选中状态
GetCursor()	获得通过 SetCursor()设置的光标图像的句柄
GetIcon()	获得由 SetIcon()设置的图标句柄
GetState()	获得按钮控件的选中、选择和聚焦状态
SetBitmap()	指定按钮上显示的位图
SetButtonStyle()	设置按钮样式
SetCheck()	设置按钮控件的选中状态
SetCursor()	指定按钮控件上的光标图像
SetIcon()	指定按钮上显示的图标
SetState()	设置按钮控件的选择状态

另外,CWnd 提供了专用于按钮控件的成员函数。其中,CheckDlgButton()函数用于设定指定按钮 ID 的选中或不选中状态;CheckRadioButton()函数用于选中指定按钮 ID 的单选按钮并清除组内其他所有的单选按钮;GetCheckedRadioButton()函数用于获取指定组中当前被选中的单选按钮;IsDlgButtonChecked()函数用于判断指定按钮 ID 是否被选中。

6.4.3 按钮控件的通知消息

按钮控件的通知消息常见的有两个,即 BN_CLICKED 和 BN_DOUBLE_CLICKED。一般都需要进行 BN_CLICKED 事件映射,并编写具体的命令执行代码,但默认的"确定"和"取消"按钮一般不需要进行 BN_CLICKED 事件映射并编写具体的命令执行代码。

视频讲解

【例 6.2】 编写一个基于对话框的 MFC 应用程序 Li6_2,程序运行时用画刷填充一块矩形区域,区域的颜色及亮度分别由组框中的复选框及单选按钮确定,如图 6.8 所示。

其操作步骤如下:

(1)创建基于对话框的应用程序 Li6_2,将对话框的"描述文字"改为"单选和复选"。

(2)删除对话框模板中的静态文本及"确定"按钮,将"取消"按钮的"描述文字"改为"退出"。添加新控件,其 ID 及"描述文字"如表 6.9 所示。除了将单选按钮 IDC_LIGHT 的"组"属性设置为 True 以外,其他控件的属性均为默认值。

图 6.8 程序 Li6_2 的运行效果

表 6.9 控件 ID 及"描述文字"设置

控 件 类 型	ID	描 述 文 字
组框	IDC_STATIC	颜色
组框	IDC_STATIC	亮度
组框	IDC_SAMPLE	示例
复选框	IDC_RED	红
复选框	IDC_GREEN	绿
复选框	IDC_BLUE	蓝
单选按钮	IDC_LIGHT	亮
单选按钮	IDC_DARK	暗

(3)在 CLi62Dlg 类中添加 CRect 类型的公有成员变量 m_sample,该矩形变量用来显示颜色效果。在初始化函数中添加代码。

```
BOOL CLi62Dlg::OnInitDialog()
{
    CDialog::OnInitDialog();
    ...
    //TODO: 在此添加额外的初始化代码
    GetDlgItem(IDC_SAMPLE) -> GetWindowRect(&m_sample);   //获取填充区域的大小
    ScreenToClient(&m_sample);                //将显示的矩形的屏幕坐标转换为客户端坐标
    //计算填充矩形的左右边线离组框的左右边线的距离
```

```
    int Border = (m_sample.right - m_sample.left)/6;
    //设定填充矩形的左右、上下边线离组框的距离
    m_sample.InflateRect( - Border, - Border);
    return TRUE;
}
```

（4）使用"类向导"工具为 3 个复选框添加 Value 类的 BOOL 型成员变量，变量名分别为 m_red、m_green 和 m_blue；为单选按钮 IDC_LIGHT 添加 Value 类的 int 型成员变量，变量名为 m_light。

（5）使用"类向导"工具为 3 个复选框及两个单选按钮添加 BN_CLICKED 消息处理函数，并添加代码。

```
void CLi62Dlg::OnRed()
{
    m_red = IsDlgButtonChecked(IDC_RED);        //红色被选中
    InvalidateRect(&m_sample);                  //重绘指定矩形内的客户区
    UpdateWindow();                             //更新显示
}
void CLi62Dlg::OnBlue()
{
    m_blue = IsDlgButtonChecked(IDC_BLUE);
    InvalidateRect(&m_sample);
    UpdateWindow();
}
void CLi62Dlg::OnGreen()
{
    m_green = IsDlgButtonChecked(IDC_GREEN);
    InvalidateRect(&m_sample);
    UpdateWindow();
}
void CLi62Dlg::OnLight()
{
    if(IsDlgButtonChecked(IDC_LIGHT))
    {
        m_light = TRUE;
        InvalidateRect(&m_sample);
        UpdateWindow();
    }
}
void CLi62Dlg::OnDark()
{
    if(IsDlgButtonChecked(IDC_DARK))
    {
        m_light = FALSE;
        InvalidateRect(&m_sample);
        UpdateWindow();
    }
}
```

InvalidateRect()函数的功能是重绘指定的某个区域。UpdateWindow()的作用是使窗口立即重绘。调用 InvalidateRect()和 Invalidate()等函数后窗口不会立即重绘,这是由于 WM_PAINT 消息的优先级很低,它需要等消息队列中的其他消息发送完后才能被处理。调用 UpdateWindow()函数可使 WM_PAINT 被直接发送到目标窗口,从而导致窗口立即重绘。

(6) 在 CLi62Dlg 类的成员函数 OnPaint()中添加如下代码。

```
void CLi62Dlg::OnPaint()
{
    if(IsIconic())
    {
        ...
    }
    else
    {
        if(IsDlgButtonChecked(IDC_LIGHT))
            m_light = TRUE;
        COLORREF Color = RGB
            (m_red?(m_light == TRUE?255:128):0,
             m_green?(m_light == TRUE?255:128):0,
             m_blue?(m_light == TRUE?255:128):0);
        CBrush Brush(Color);
        CPaintDC dc(this);
        dc.FillRect(&m_sample,&Brush);
        CDialog::OnPaint();
    }
}
```

(7) 编译、链接并运行应用程序。

6.4.4　CBitmapButton 类

CButton 派生的 CBitmapButton 类支持位图按钮控件的建立。CBitmapButton 类的成员函数如表 6.10 所示。

表 6.10　CBitmapButton 类的成员函数

成员函数	功　　能
AutoLoad()	连接对话框中的按钮与 CBitmapButton 类对象,调入指定名称的位图,调整按钮的大小以适合该位图
CBitmapButton()	构造一个 CBitmapButton 对象
LoadBitmaps()	从应用程序的资源文件中通过调入一个或多个命名位图资源来初始化 CBitmapButton 对象,并把该位图连接到 CBitmapButton 对象
SizeToContent()	调整按钮的大小以适合位图

CBitmapButton 类可以对按钮设置位图,以便不同的图像对应于按钮的不同状态,即弹起(或正常)、按下(或被选中)、获得焦点和无效。注意,只有第一个位图是必需的,其他是可选的。

位图按钮的图像包括图像周围的边框和图像本身。边框典型地在显示按钮的状态中扮演了一部分角色。例如,对获得焦点的情况,图像通常像弹起的状态,但带有一个虚线矩形镶边或在边框上有一个厚的实线;对无效状态的情况,位图通常类似于弹起状态,但有低的对比度(像一个暗淡的或灰的菜单选择项)。这些位图可以是任意尺寸的,但所有位图都是以弹起时的尺寸大小来对待的。

下面通过一个实例讲解如何在对话框中包含一个位图按钮控件。

视频讲解

【例 6.3】 创建一个基于对话框的应用程序,演示位图按钮的使用,如图 6.9 所示。其操作步骤如下:

(1) 创建基于对话框的应用程序 Li6_3,将对话框的"描述文字"改为"位图按钮"。

(2) 删除对话框模板中的"确定"与"取消"按钮,并将静态文本的"描述文字"改为"这是一个演示 CBitmapButton 类的使用方法示例"。添加两个新按钮控件,其 ID 接受系统默认值,"描述文字"分别为 OK 和 Cancel,并将"所有者描述"属性设置为 True。

(3) 为每个按钮创建 4 个位图文件,分别代表按钮处于正常状态、按下、获得输入焦点和被禁止 4 种状态。将位图导入资源中,并设置每个位图资源的 ID,操作时在 ID 框中使用字符串标识符,并且要用引号括起来,如图 6.10 所示。

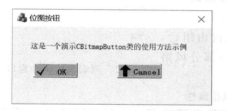

图 6.9　位图按钮的效果

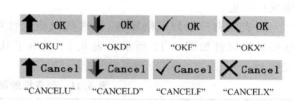

图 6.10　位图资源与其字符串标识符

(4) 为对话框类 CLi63Dlg 添加两个 CBitmapButton 类型的成员变量 button_ok 和 button_cancel,分别代表两个位图按钮。

(5) 在对话框类 CLi6_3Dlg 的成员函数 OnInitDialog()中添加如下代码。

```
BOOL CLi6_3Dlg::OnInitDialog()
{
    …
    button_ok.AutoLoad(IDC_BUTTON1,this);
    button_cancel.AutoLoad(IDC_BUTTON2,this);
    return TRUE;
}
```

(6) 编译、链接并运行程序,得到如图 6.9 所示的运行效果。该效果表示的是 OK 按钮处于正常状态、Cancel 按钮获得输入焦点时的界面。

6.5 CListBox 类控件

为了使信息的显示更加直观，许多信息采用列表的形式显示。Windows 提供了几个列表类型控件，例如列表框、组合框、列表视图控件和树视图控件，其中列表框是一种最简单的列表类型控件。列表框(list box)是一个列出了一些文本项的窗口，常用来显示类型相同的一系列清单，例如文件、字体和用户等。与复选框类似，程序员可以选择其中的一项或多项，但同时列表框中选项的数目和内容可以动态变化，通过编程可往列表框中添加或删除某些选项。当列表框中含有的列表项超出其范围时，列表框将自动加入一个滚动条。

图 6.11 列表框的属性窗口

6.5.1 列表框的风格

按性质来划分，列表框的风格有单选、多选、扩展多选以及非选 4 种类型。默认情况下的单选列表框只能让用户一次选择一项，多选列表框可以让用户一次选择几项，而扩展多选框允许用户用鼠标拖动或按其他组合键进行选择，非选列表框则不提供选择功能。

列表框有一系列风格属性，且这些风格属性可以自由组合，这些风格属性如图 6.11 所示。表 6.11 列出了其中一部分风格属性。

表 6.11 列表框的部分风格属性

属 性 项	含 义
选择	指定列表框的类型：单选(Single)、多选(Multiple)、扩展多选(Extended)、非选(None)
所有者描述	自画列表框，默认为 No
包含字符串	选中时，在自画列表框的项目中含有字符串文本
边框	选中时，使列表框含有边框
排序	选中时，列表框的项目按字母顺序排序
通知	选中时，当用户对列表框操作时会向父窗口发送通知消息
多列	选中时，指定一个具有水平滚动条的多列列表框
水平滚动	选中时，在列表框中创建一个水平滚动条
垂直滚动条	选中时，在列表框中创建一个垂直滚动条
无重绘	选中时，列表框方式变化后不自动重画
使用制表位	选中时，允许使用停止位来调整列表项的水平位置
想要键输入	选中时，当用户按键且列表框有输入焦点时就会向列表框的父窗口发送相应消息
禁用"无滚动"	选中时，即使列表框中的列表项能全部显示，垂直滚动条也会显示，但此时是禁用的
无整数高度	选中时，在创建列表框的过程中系统会把用户指定的尺寸完全作为列表框的尺寸，而不管是否会有项目在列表框中不能完全显示出来

6.5.2 列表框的基本操作

封装列表框控件的 MFC 类是 CListBox 类，当列表框创建之后，在程序中可以通过调用 CListBox 类的成员函数实现列表项的添加、删除、修改和获取等操作。CListBox 类常用的成员函数及其功能如表 6.12 所示。

表 6.12 列表框常用的成员函数

成 员 函 数	功　能
AddString()	向列表框中增加列表项，当列表框具有 Sort 属性时，添加的列表项将自动排序
InsertString()	在指定的位置插入列表项，若位置参数为 −1，则在列表框的末尾添加列表项
DeleteString()	删除指定的列表项
ResetContent()	清除列表框中所有的列表项
FindString()	在列表框中查找前缀匹配的列表项
FindStringExact()	在列表框中查找完全匹配的列表项
SelectString()	在列表框中查找所匹配的列表项，若查找成功则选择该列表项
GetCurSel()	获得列表框中当前选择的列表项，返回该列表项的位置序号
SetCurSel()	设定某个列表项为选中状态（呈高亮显示）
GetText()	获取列表项的文本
SetItemData()	将一个 32 位数与一个列表项关联起来
SetItemDataPtr()	将一个指针与一个列表项关联起来，该指针可以指向数组或结构体
GetItemData()	获取通过 SetItemData() 函数设置的某个列表项的关联数据
GetItemDataPtr()	获取通过 SetItemDataPtr() 函数设置的某个列表项的关联数据的指针

注意：列表框的项除了用字符串来标识外，还往往通过索引来确定。索引表明项目在列表框中排列的位置，它是以 0 为基数的，即列表框中第一项的索引是 0，第二项的索引是 1，以此类推。

6.5.3 列表框的通知消息

当列表框中发生了某个动作，例如用户双击选择了列表框中的某一项时，列表框就会向其父窗口发送一条消息。列表框常用的通知消息如表 6.13 所示。

表 6.13 列表框常用的通知消息

通 知 消 息	说　明
LBN_DBLCLK	用户双击列表框的列表项时发送此消息
LBN_ERRSPACE	列表框不能申请足够的动态内存来满足需要时发送此消息
LBN_KILLFOCUS	列表框失去键盘输入焦点时发送此消息
LBN_SELCANCEL	当前选择项被取消时发送此消息
LBN_SELCHANGE	列表框中的当前选择项将要改变时发送此消息
LBN_SETFOCUS	列表框获得键盘输入焦点时发送此消息

【例 6.4】 编写一个对话框应用程序 Li6_4,对话框中有一个列表框,当用户单击列表框中的一个列表项(一位学生)时,在 5 个编辑框中分别显示这个学生的姓名、学号、性别、年龄及班级。当单击"添加"按钮时,"姓名"编辑框中的文本将被添加到列表框中;当单击"删除"按钮时,当前的列表项将被删除。对话框的运行效果如图 6.12 所示。

图 6.12　程序 Li6_4 的运行效果

其操作步骤如下:

(1) 创建基于对话框的应用程序 Li6_4,将对话框的"描述文字"改为"学生信息"。

(2) 删除对话框模板中的静态文本及"确定"按钮,将"取消"按钮的"描述文字"改为"退出"。添加如图 6.12 所示的控件,并利用"类向导"工具为有关控件添加关联成员变量,如表 6.14 所示。

表 6.14　对话框控件及成员变量

控 件 类 型	ID	Caption	成 员 变 量
静态文本	IDC_STATIC	学生姓名	
列表框	IDC_LIST		CListBox m_list
组框	IDC_STATIC	基本信息	
静态文本	IDC_STATIC	姓名	
静态文本	IDC_STATIC	学号	
静态文本	IDC_STATIC	性别	
静态文本	IDC_STATIC	年龄	
静态文本	IDC_STATIC	班级	
编辑框	IDC_NAME		CString m_name
编辑框	IDC_NUMBER		long m_number
编辑框	IDC_SEX		CString m_sex
编辑框	IDC_AGE		int m_age
编辑框	IDC_CLASS		CString m_class
按钮	IDC_ADD	添加	
按钮	IDC_DELETE	删除	

（3）打开 Li6_4Dlg.h 头文件，在对话框类 CLi64Dlg 中定义一个结构体类型 student，用于声明与列表项关联的数据项。

```
private:
    struct student
    {
        CString name;
        long number;
        CString sex;
        int age;
        CString classno;
    };
```

（4）利用"类向导"工具在对话框类 CLi64Dlg 中为"添加"与"删除"按钮添加消息 BN_CLICKED 的处理函数，并添加代码。当单击"添加"按钮时，如果编辑的"姓名"是一个新项，则向列表框中添加该项。单击"删除"按钮将删除列表框中当前的列表项。

```
void CLi64Dlg::OnAdd()
{
    //TODO: 在此添加控件通知处理程序代码
    UpdateData(true);                              //获得控件中的数据
    if(m_name.IsEmpty())                           //判断"姓名"是否为空
    {
        MessageBox("学生姓名不能为空!");
        return;
    }
    m_name.TrimLeft();                             //去掉姓名左边的空格
    m_name.TrimRight();                            //去掉姓名右边的空格
    m_class.TrimLeft();
    m_class.TrimRight();
    m_sex.TrimLeft();
    m_sex.TrimRight();
    if((m_list.FindStringExact(-1,m_name))!= LB_ERR)  //-1 表示从头到尾找
    {
        MessageBox(L"列表框中已有该项,不能再添加!");
        return;
    }
    int nIndex = m_list.AddString(m_name);         //向列表框中添加学生姓名
    student stu;
    stu.name = m_name;
    stu.number = m_number;
    stu.sex = m_sex;
    stu.age = m_age;
    stu.classno = m_class;
//将学生数据项与新增的列表项关联起来
    m_list.SetItemDataPtr(nIndex,new student(stu));
}
void CLi64Dlg::OnDelete()
{
    int nIndex = m_list.GetCurSel();               //获得当前列表项的索引
    if(nIndex!= LB_ERR)
    {
        //释放关联数据所占的内存空间
```

```
            delete(student * )m_list.GetItemDataPtr(nIndex);
            m_list.DeleteString(nIndex);            //删除列表框中的当前选项
            //设置编辑框控件数据
            m_name = m_class = m_sex = "";
            m_number = m_age = 0;
            UpdateData(false);                      //在编辑框中显示数据
        }
        else
            MessageBox(L"没有选择列表项或列表框操作失败!");
    }
```

（5）利用"类向导"工具为列表框添加消息 LBN_SELCHANGE 的处理函数，并添加代码。当在列表框中选中某位学生，即当前列表框中的选择项发生改变时，在编辑框中显示该学生的相关信息。

```
void CLi64Dlg::OnSelchangeList()
{
    int nIndex = m_list.GetCurSel();
    if(nIndex!= LB_ERR)
    {
        //获得关联数据
        student * pst = (student * )m_list.GetItemDataPtr(nIndex);
        //设置控件成员变量
        m_name = pst -> name;
        m_number = pst -> number;
        m_sex = pst -> sex;
        m_age = pst -> age;
        m_class = pst -> classno;
        UpdateData(false);                          //显示数据
    }
}
```

（6）利用"类向导"工具为对话框类添加关闭消息 WM_DESTROY 的处理函数，并添加代码。

```
void CLi64Dlg::OnDestroy()
{
    CDialog::OnDestroy();
    //TODO: Add your message handler code here
    for(int nIndex = m_list.GetCount() - 1;nIndex >= 0;nIndex -- )
        //删除所有与列表项相关联的数据,释放内存
        delete(student * )m_list.GetItemDataPtr(nIndex);
}
```

（7）编译、链接并运行程序。

6.6 CComboBox 类控件

前面学习过的编辑框和列表框有不同的特点，在使用它们时会受到一些限制。编辑框允许用户输入文本内容，但用户却不能直接选择以前已输入的文本内容。列表框可列出各

种可能的选项,但用户却不能在列表框中输入新的列表项。组合框(combo box)吸收了列表框和编辑框的优点,它可以显示列表项供用户进行选择,也允许用户输入新的列表项。实质上,组合框是多个控件的组合,包括编辑框、列表框和按钮。

6.6.1　组合框的属性

按组合框的主要风格特征进行分类,可把组合框分为 3 类,即简单组合框、下拉式组合框和下拉式列表框。

1. 简单组合框

简单组合框包含一个编辑框和一个总是显示的列表框。用户可以输入列表框中没有包括的项,当列表框中包括的项显示不下时会自动包含一个滚动条。

2. 下拉式组合框

下拉式组合框除了包含一个编辑框和列表框外,还包含一个下拉按钮,仅当单击下拉按钮时才出现列表框。在编排控件时单击下拉按钮,当光标变成 ↕ 形状时,可以调整程序运行后列表框部分显示的大小(单击下拉按钮),如图 6.13 和图 6.14 所示。

3. 下拉式列表框

下拉式列表框仅当单击下拉按钮时才出现列表框,但没有文字编辑功能,用户只能选择列表框中已有的项。

另外,还有其他一些风格,这些风格可在如图 6.15 所示的组合框属性窗口中设置,其部分属性及含义如表 6.15 所示。

图 6.15　组合框的属性窗口

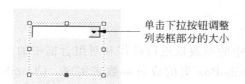

图 6.13　调整组合框的大小

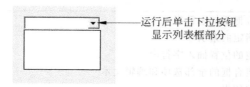

图 6.14　运行后的效果

表 6.15 组合框的部分属性及含义

属 性 项	含 义
类型	指定组合框的类型：简单(Single)、下拉(Dropdown)、下拉列表框(DropdownList)
所有者描述	自画组合框，默认为 No
包含字符串	选中时，在自画组合框中的项目中含有字符串文本
排序	选中时，组合框中的项目按字母顺序排列
垂直滚动条	选中时，在组合框中创建一个垂直滚动条
无整数高度	选中时，在创建组合框的过程中，系统会把用户指定的尺寸完全作为组合框的尺寸，而不管是否会有项目在组合框中的列表中不能完全显示出来
OEM 转换	选中时，实现对特定字符集的字符转换
自动	选中时，当用户在行尾输入一个字符时，文本自动向右滚动
禁用"无滚动"	选中时，即使组合框中的列表项能全部显示，垂直滚动条也会显示，但此时是禁用的
大写	选中时，输入在编辑框中的字符全部转换成大写形式
小写	选中时，输入在编辑框中的字符全部转换成小写形式

组合框的大部分属性与编辑框或列表框的相关属性有相同的含义，但它有一个新的功能属性，即可以通过组合框控件的"数据"属性添加初始的列表项，如图 6.16 所示。注意，需要用分号(；)来分隔每一项。

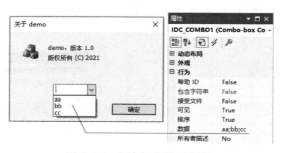

图 6.16 组合框的数据设置

6.6.2 组合框的基本操作

组合框的操作可以分为两类，即对组合框中的列表框进行操作和对组合框中的编辑控件进行操作。这些操作都可以通过调用 CComboBox 类的成员函数来实现。CComboBox 类的主要成员函数如表 6.16 所示。

表 6.16 CComboBox 类的主要成员函数

成 员 函 数	功 能
AddString()	向组合框添加字符串
DeleteString()	删除指定的索引项
InsertString()	在指定的位置插入字符串
ResetString()	删除组合框的全部选项和编辑文本
FindString()	查找字符串
FindStringExact()	精确查找字符串

成 员 函 数	功　　　能
SelectString()	选择指定的字符串
GetCurSel()	获得当前选择项
SetCurSel()	设置当前选择项
GetCount()	获取组合框的项数
SetDroppedWidth()	设置下拉组合框的最小像素宽度
SetItemData()	将一个 32 位值和指定列表项联系起来
SetItemDataPtr()	将一个指针和指定列表项联系起来
GetItemData()	获取和指定与列表项相联系的一个 32 位值
GetItemDataPtr()	获取和指定与列表项相联系的一个指针
GetLBTextLen()	获取指定项的字符串的长度
GetLBText()	获取指定项的字符串

6.6.3　组合框的通知消息

在组合框的通知消息中,有的是列表框发出的,有的是编辑框发出的,具体的通知消息如表 6.17 所示。

表 6.17　组合框的通知消息

通 知 消 息	说　　　明
CBN_CLOSEUP	当组合框的列表关闭时发送此消息
CBN_DBLCLK	当用户双击组合框的某项字符串时发送此消息
CBN_DROPDOWN	当组合框的列表打开时发送此消息
CBN_EDITCHANGE	同编辑框的 EN_CHANGE 消息
CBN_EDITUPDATE	同编辑框的 EN_UPDATE 消息
CBN_SELENDCANCEL	当前选择项被取消时发送此消息
CBN_SELENDOK	当用户选择一项并按下 Enter 键或单击下拉箭头隐藏列表框时发送此消息
CBN_KILLFOCUS	组合框失去键盘输入焦点时发送此消息
CBN_SELCHANGE	组合框中的当前选择项将要改变时发送此消息
CBN_SETFOCUS	组合框获得键盘输入焦点时发送此消息

【例 6.5】　将例 6.4 中的列表框改用组合框,完成同样的功能,如图 6.17 所示。

视频讲解

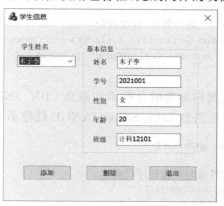

图 6.17　例 6.5 程序的运行效果

其操作步骤如下：

（1）打开 Li6_4 应用程序，修改对话框模板。删除原有的列表框控件，添加一个组合框控件，其 ID 为 ID_COMBO。

（2）使用"类向导"工具为组合框控件在对话框类中添加一个 CComboBox 类型的成员变量 m_combo，并删除原有的列表框控件的成员变量。

（3）修改对话框类的 OnAdd()、OnDelete()及 OnDestroy()消息处理函数。

```
void CLCBoxDlg::OnAdd()
{
    …
    m_sex.TrimRight();
    if((m_combo.FindStringExact(-1, m_name))!= CB_ERR)
    {
        MessageBox("组合框中已有该项,不能再添加!");
        return;
    }
    int nIndex = m_combo.AddString(m_name);           //向组合框中添加学生姓名
    …
    m_combo.SetItemDataPtr(nIndex, new student(stu));  //建立关联
}
void CLCBoxDlg::OnDelete()
{
    int   nIndex = m_combo.GetCurSel();               //获得当前列表项的索引
    if(nIndex!= CB_ERR)
    {
        //释放关联数据所占的内存空间
        delete(student * ) m_combo.GetItemDataPtr(nIndex);
            m_combo.DeleteString(nIndex);             //删除组合框中的当前选项
        …
    }
    else
        MessageBox(L"没有选择列表项或组合框操作失败!");
}
void CLCBoxDlg::OnDestroy()
{
    CDialog::OnDestroy();
    //删除所有与列表项相关联的数据,释放内存
    for( int nIndex = m_combo.GetCount() - 1;nIndex >= 0;nIndex -- )
        delete(student * )m_combo.GetItemDataPtr(nIndex);
}
```

（4）利用 ClassWizard 类向导为组合框添加消息 CBN_SELCHANGE 处理函数，并添加代码，同时删除原有列表框消息 LBN_SELCHANGE 处理函数。

```
void CLCBoxDlg:: OnSelchangeCombo()
{
    // TODO: 在此添加控件通知处理程序代码
    int nIndex =  m_combo.GetCurSel( );
    if(nIndex!= CB_ERR)
    {
```

```
        //获得关联数据
        student * pst = (student * ) m_combo.GetItemDataPtr(nIndex);
        m_name = pst -> name;                //设置控件成员变量
        m_number = pst -> number;
        m_sex = pst -> sex;
        m_age = pst -> age;
        m_class = pst -> classno;
        UpdateData(false);                   //显示数据
    }
}
```

（5）编译、链接并运行程序。

6.7　CSpinButtonCtrl 类控件

旋转按钮（spin）控件也称为上下控件或微调控件，是一对箭头按钮，用户通过单击它们来增加或减小某个值，这个值表示旋转按钮的滚动位置或相应控件中的一个数字。当程序需要用户在某个范围内输入一个值时可以使用旋转按钮，其好处是无须担心用户输入一个无效值而导致程序崩溃，因为在这种控件中用户无法输入一个范围以外的值。

一个旋转按钮控件通常是与一个相伴的控件一起使用的，这个控件称为"伙伴窗口"。若相伴控件的 Tab 键次序刚好在旋转按钮控件的前面，则这时的旋转按钮控件可以自动定位在它的伙伴窗口的旁边，看起来就像一个单一的控件。通常，将一个旋转按钮控件与一个编辑控件一起使用，以提示用户进行数字的输入。单击向上箭头使当前位置向最大值方向移动，单击向下箭头使当前位置向最小值方向移动。

6.7.1　旋转按钮控件的常用风格

旋转按钮控件有许多风格，它们都可以通过旋转按钮控件的属性窗口进行设置，旋转按钮控件的主要风格属性如图 6.18 所示。表 6.18 列出了其中部分属性及其含义。

图 6.18　旋转按钮的属性窗口

表 6.18　旋转按钮的部分属性及其含义

属　性　项	含　　义
方向	控件放置方向：Vertical(垂直)、Horizontal(水平)
对齐	控件与伙伴的位置安排：Unattached(不关联)、Right(右边)、Left(左边)
自动合作者	选中此项，自动选择一个 Tab 键次序中的前一个窗口作为控件的伙伴窗口
设置合作者整数	选中此项，使控件设置伙伴窗口数值，这个值可以是十进制或十六进制
无千位分隔符	选中此项，不在每隔 3 个十进制数字的地方加千位分隔符
箭头键	选中此项，当按下向上或向下方向键时也能增加或减少

Windows 常用控件

6.7.2　旋转按钮控件的基本操作

MFC 的 CSpinButtonCtrl 类封装了旋转按钮控件的各种操作函数,使用它们可以进行范围、位置的设置和获取等基本操作。

(1) 基数的设置和获取:成员函数 SetBase()用来设置其基数,这个基数值决定了伙伴窗口中显示的数字是十进制还是十六进制。

(2) 范围及当前位置的设定和获取:成员函数 SetPos()和 SetRange()分别用来设置旋转按钮控件的当前位置和范围。成员函数 GetPos()和 GetRange()分别用来获取旋转按钮控件的当前位置和范围。

6.7.3　旋转按钮控件的通知消息

由于对旋转按钮的操作一般只影响它的关联控件,所以 MFC 将 SDK 方式下的 Windows 旋转按钮控件的消息处理封装在 MFC 旋转按钮类 CSpinButtonCtrl 中。在编程时很少需要程序员处理旋转按钮控件消息。利用“类向导”工具可以添加 UDN_DELTAPOS 和 NM_OUTOFMEMORY 两种消息的处理函数,当用户单击旋转按钮时发送消息 UDN_DELTAPOS,当由于内存不够不能完成滚动操作时发送消息 NM_OUTOFMEMORY。

在进行旋转按钮编程时需要编写的程序代码很少。在向对话框模板资源添加旋转按钮控件和映射的成员变量后,只需在对话框的初始化成员函数 OnInitDialog()中通过控件映射成员变量调用 CSpinButtonCtrl 类的成员函数,设置旋转按钮的最小、最大值范围和当前位置。下面的例子说明了旋转按钮控件的使用方法。

视频讲解

【例 6.6】　编写一个对话框应用程序 Li6_6,程序运行时用红色填充一块矩形区域,该区域的宽度由旋转按钮调节。程序的运行效果如图 6.19 所示。

其操作步骤如下:

(1) 创建一个基于对话框的应用程序 Li6_6,并将其主对话框标题设置为“旋转按钮控件”。

(2) 删除对话框模板中的静态文本及“取消”按钮,将“确定”按钮的“描述文字”改为“退出”。添加如图 6.19 所示的控件,并利用“类向导”工具为有关控件添加关联成员变量,如表 6.19 所示。为了把旋转按钮和编辑框关联在一起,需将它们的 Tab 键顺序号连续设置,如图 6.20 所示,并设置旋转按钮的 Vertical、Right、Auto buddy、Set buddy integer、Wrap 和 Arrow keys 属性。为了限制用户输入一个无效值,设置编辑框的 Read-only 属性为 TRUE。

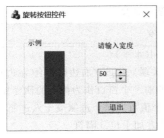

图 6.19　例 6.6 程序的运行效果

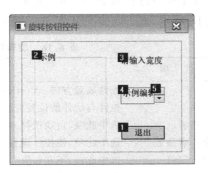

图 6.20　控件的 Tab 键顺序

表 6.19 对话框控件及成员变量

控 件 类 型	ID	Caption	成 员 变 量
组框	IDC_SAMPLE	示例	
静态文本	IDC_STATIC	请输入宽度	
编辑框	IDC_LENGTH		
旋转按钮	IDC_SPIN		CSpinButtonCtrl m_spin

（3）为对话框类 CLi66Dlg 添加两个成员变量，一个是 int 类型的 m_lengthvalue，用于存放用户输入的宽度值；另一个是 CRect 类型的 m_rectsample，用于指定填充区域。

（4）在对话框类 CLi66Dlg 的初始化成员函数 OnInitDialog()中添加如下代码，设定填充区域的初始宽度及旋转按钮的调节范围和初始位置。

```
BOOL CLi66Dlg::OnInitDialog()
{
    CDialog::OnInitDialog();
    …
    //TODO: 在此添加额外的初始化代码
    m_lengthvalue = 50;
    m_spin.SetRange(10,100);        //设置旋转按钮的最大值与最小值
    m_spin.SetPos(50);              //设置旋转按钮的初始位置

    return TRUE;
}
```

（5）利用"类向导"工具为旋转按钮在对话框类 CLi66Dlg 中添加消息 UDN_DELTAPOS 的处理函数，并添加代码。当输入宽度发生改变时，在示例组框中显示填充效果。

```
void CLi66Dlg::OnDeltaposSpin(NMHDR * pNMHDR, LRESULT * pResult)
{
    LPNMUPDOWN pNMUpDown = reinterpret_cast < LPNMUPDOWN >(pNMHDR);
    //TODO: 在此添加控件通知处理程序代码
    m_lengthvalue = m_spin.GetPos();        //获得宽度值
    InvalidateRect(&m_rectsample);          //使填充区域无效
    UpdateWindow();                         //更新窗口
    * pResult = 0;
}
```

（6）修改对话框类 CLi66Dlg 的成员函数 OnPaint()，实现区域的填充。

```
void CLi66Dlg::OnPaint()
{
    if(IsIconic())
    {
        …
    }
    else
    {
        COLORREF Color = RGB(255,0,0);
        //获取填充区域的大小
```

```
GetDlgItem(IDC_SAMPLE) -> GetWindowRect(&m_rectsample);
//将填充矩形的屏幕坐标转换为客户端坐标
ScreenToClient(&m_rectsample);
//计算填充矩形的左右边线离组框的左右边线的距离
int Border = (m_rectsample.right - m_rectsample.left - m_lengthvalue)/2;
//设定填充矩形的左右、上下边线离组框的距离
m_rectsample.InflateRect( - Border, - 30);
CBrush Brush(Color);
CPaintDC dc(this);
dc.FillRect(&m_rectsample,&Brush);          //填充矩形区域
CDialog::OnPaint();
    }
}
```

（7）编译、链接并运行程序。

6.8　CSliderCtrl 类控件

滑动条(slider)控件是由滑块和可选的刻度线组成的。当用户用鼠标或方向键移动滑块时,该控件通过发送通知消息来表明这些改变。

滑动条按照应用程序中指定的增量来移动。例如,如果用户指定此滑动条的范围为5,则滑块只能有6个位置:在滑动条控件最左边的一个位置和另外5个在此范围内每隔一个增量的位置。通常,这些位置都由相应的刻度线来标识。

6.8.1　滑动条的风格

滑动条控件有许多风格,它们都可以通过滑动条控件的属性窗口进行设置。滑动条控件的主要风格属性如图 6.21 所示。表 6.20 列出了其中部分属性及其含义。

图 6.21　滑动条控件的 Styles 选项卡

表 6.20　滑动条控件的部分属性及其含义

属　性　项	含　　义
方向	控件放置方向：Vertical(垂直)、Horizontal(水平),默认为 Horizontal
点	刻度线在滑动条控件中放置的位置：Both(两边都有)、Top/Left(水平滑动条的上边或垂直滑动条的左边,同时滑块的尖头指向有刻度线的一边)、Bottom/Right(水平滑动条的下边或垂直滑动条的右边,同时滑块的尖头指向有刻度线的一边)
打钩标记	选中此项,在滑动条控件上显示刻度线
自动打钩	选中此项,在滑动条控件上的每个增量位置都有刻度线,并且增量的大小自动根据其范围来确定
边框	选中此项,控件的周围有边框
启用选择范围	选中此项,控件中供用户选择的数值范围高亮显示

6.8.2 滑动条的基本操作

MFC 的 CSliderCtrl 类封装了滑动条控件的各种操作,包括位置和范围的设置及获取等。

1. 滑动条的位置和范围的设置及获取

成员函数 SetPos( )和 SetRange( )分别用来设置滑动条的位置和范围,成员函数 GetPos( )和 GetRange( )分别用来获取滑动条的位置和范围。

2. 刻度线尺寸的设置和清除

成员函数 SetTic( )用来设置滑动条控件中的一个刻度线的位置。成员函数 SetTicFreq( )用来设置显示在滑动条中的刻度线的疏密程度。成员函数 ClearTics( )用来从滑动条控件中删除当前的刻度线。

3. 选择范围的设置

成员函数 SetSelection( )用来设置一个滑动条控件中当前选择的开始和结束位置。

6.8.3 滑动条的通知消息

当滑块滑动时,滑动条控件将发送滚动消息来通知父窗口,垂直滑动条发送 WM_VSCROLL 消息,水平滑动条发送 WM_HSCROLL 消息。注意,利用"类向导"工具为滑动条控件添加 WM_VSCROLL 或 WM_HSCROLL 消息处理函数与其他控件消息有所不同,因为当操作滑动条控件或滚动视图窗口时都发送这两条消息。因此,在"类向导"工具的"对象 ID"列表框中只有选择对话框资源的 ID 才能显示上述两条滚动消息,而选择滑动条控件的 ID 时无法添加消息处理函数。用户可以在消息处理函数中根据函数参数获取发出滚动消息的控件 ID,以区分不同控件的滚动消息。

使用滑动条控件与使用旋转按钮控件类似,下面通过例 6.7 介绍滑动条控件的使用。

【**例 6.7**】 完善例 6.6 中的应用程序 Li6_6,程序运行时,用滑动条调整 RGB 的 3 个颜色分量,并根据指定色填充矩形区域。程序的运行效果如图 6.22 所示。

其操作步骤如下:

(1) 打开例 6.6 中的应用程序 Li6_6,在对话框模板中添加如图 6.22 所示的新控件,设置控件属性,并利用"类向导"工具为控件添加关联成员变量,如表 6.21 所示。

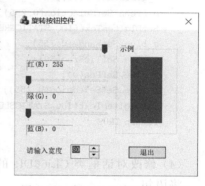

图 6.22 例 6.7 程序的运行效果

视频讲解

表 6.21 新增控件及成员变量

控 件 类 型	ID	描 述 文 字	成 员 变 量
组框	IDC_STATIC	颜色设置	
静态文本	IDC_STATICRED	红(R):	
静态文本	IDC_STATICGREEN	绿(G):	
静态文本	IDC_STATICBLUE	蓝(B):	
滑动条	IDC_SLIDERRED		CSliderCtrl m_red
滑动条	IDC_SLIDERGREEN		CSliderCtrl m_green
滑动条	IDC_SLIDERBLUE		CSliderCtrl m_blue

（2）为对话框类 CLi66Dlg 添加 3 个 int 类型的成员变量 m_redvalue、m_greenvalue 和 m_bluevalue，分别用来存放用户输入的红色、绿色和蓝色分量值。

（3）修改对话框类 CLi66Dlg 的初始化成员函数 OnInitDialog()。

```
BOOL CLi66Dlg::OnInitDialog()
{
    CDialog::OnInitDialog();
    …
    //TODO: 在此添加额外的初始化
    m_lengthvalue = 50;
    m_redvalue = 255;
    m_greenvalue = 0;
    m_bluevalue = 0;
    m_spin.SetRange(10,100);                            //设置旋转按钮的最大值与最小值
    m_spin.SetPos(50);                                  //设置旋转按钮的初始位置
    m_red.SetRange(0,255);
    m_red.SetTicFreq(50);
    m_red.SetPos(255);                                  //设置红色分量值滑块的初始位置
    m_red.SetSelection(0,255);
    SetDlgItemText(IDC_STATICRED,L"红(R): 255");        //红色分量值的初始显示
    m_green.SetRange(0,255);
    m_green.SetTicFreq(50);
    m_green.SetPos(0);
    m_green.SetSelection(0,255);
    SetDlgItemText(IDC_STATICGREEN,L"绿(G): 0");
    m_blue.SetRange(0,255);
    m_blue.SetTicFreq(50);
    m_blue.SetPos(0);
    m_blue.SetSelection(0,255);
    SetDlgItemText(IDC_STATICBLUE,L"蓝(B): 0");
    return TRUE;
}
```

（4）修改对话框类 CLi66Dlg 的成员函数 OnPaint()。

将语句

```
COLORREF Color = RGB(255,0,0);
```

修改为

```
COLORREF Color = RGB(m_redvalue,m_greenvalue,m_bluevalue);
```

（5）利用"类向导"工具添加对话框类 CLi66Dlg 的 WM_HSCROLL 消息处理函数，并添加代码。当滑块滑动时，接受用户输入的颜色值，并在示例组框中显示填充效果。

```
void CLi66Dlg::OnHScroll(UINT nSBCode, UINT nPos, CScrollBar * pScrollBar)
{
    CString str;
    if(pScrollBar -> GetDlgCtrlID() == IDC_SLIDERRED)
    {
        m_redvalue = m_red.GetPos();                     //获得红色值
```

```
        str.Format(L"红(R): %d",m_redvalue);
        SetDlgItemText(IDC_STATICRED,str);          //在静态文本中显示红色值
    }
    if(pScrollBar->GetDlgCtrlID() == IDC_SLIDERGREEN)
    {
        m_greenvalue = m_green.GetPos();
        str.Format(L"绿(G): %d",m_greenvalue);
        SetDlgItemText(IDC_STATICGREEN,str);
    }
    if(pScrollBar->GetDlgCtrlID() == IDC_SLIDERBLUE)
    {
        m_bluevalue = m_blue.GetPos();
        str.Format(L"蓝(B): %d",m_bluevalue);
        SetDlgItemText(IDC_STATICBLUE,str);
    }
    InvalidateRect(&m_rectsample);
    UpdateWindow();
    CDialog::OnHScroll(nSBCode, nPos, pScrollBar);
}
```

（6）编译、链接并运行程序。

6.9　CProgressCtrl 类控件

进度条（progress bar）是一个向用户显示较长操作过程进度的控件，它由一个矩形窗口组成，随着操作的进行逐渐被填充。在 Windows 应用程序的运行过程中，例如文件的复制或移动、文件的安装等，经常会出现进度条控件。

6.9.1　进度条的创建

MFC 的 CProgressCtrl 类封装了进度条控件。该类的 Create()成员函数负责创建进度条控件。该函数的原型为

```
BOOL Create ( DWORD dwStyle, const RECT& rect, CWnd *
pParentWnd,UINT nID);
```

其中，参数 dwStyle 指定进度条控件的风格，由于进度条没有专门的风格，所以参数 dwStyle 只能指定普通的窗口风格；参数 rect 确定进度条控件的位置和尺寸；参数 pParentWnd 确定父窗口指针，该参数不能为 NULL；参数 nID 确定进度条控件的 ID 值。如果进度条创建成功，该函数返回 TRUE，否则返回 FALSE。

6.9.2　进度条的风格

进度条是 Windows 控件中比较简单的一种控件，在使用时需要设置的内容较少，其常用的属性及默认值如图 6.23 所示。

图 6.23　进度条控件的属性窗口

Windows 常用控件

6.9.3 进度条的基本操作

MFC 的 CProgressCtrl 类封装了进度条控件的各种操作,包括对范围、位置的设置等。

1. 设置进度条的范围

成员函数 SetRange()用来设置进度条的范围。该函数的原型为

```
void SetRange(int nLower,int nUpper);
```

其中,参数 nLower 和 nUpper 分别指定了进度条范围的最小值和最大值。

2. 设置进度条的当前进度

成员函数 SetPos()用来设置进度条的当前进度。该函数的原型为

```
int SetPos(int nPos);
```

该函数的返回值为进度条的前一个进度。

3. 使进度条增加一个步长

成员函数 StepIt()使进度条增加一个步长。该函数的原型为

```
int StepIt();
```

其中,步长值是由 SetStep()函数设置的,默认步长值是 10。该函数的返回值为进度条的前一个进度。

4. 设置进度条的步长值

成员函数 SetStep()用来设置进度条的步长值。该函数的原型为

```
int SetStep(int nStep);
```

其中,参数 nStep 为新步长值。该函数的返回值为原来的步长值。

5. 使进度条前进给定值

成员函数 OffsetPos()使进度条前进给定值。该函数的原型为

```
int OffsetPos(int nStep);
```

其中,参数 nStep 为前进的步长值。

视频讲解

【例 6.8】 编写一个单文档的应用程序 Li6_8,在选择"测试进度条"|"开始测试"菜单命令时弹出"正在扫描"对话框,模拟显示一个扫描操作过程的进程,运行效果如图 6.24 所示。

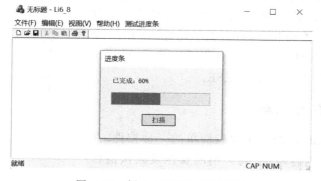

图 6.24 例 6.8 程序的运行效果

其操作步骤如下：

（1）利用"MFC 应用"项目模板创建一个单文档应用程序 Li6_8。

（2）插入新的对话框模板，按图 6.24 设计对话框的界面，并利用"类向导"工具创建对话框类 CProgDlg。

（3）设置控件的属性，并利用"类向导"工具为有关控件添加关联成员变量，如表 6.22 所示。

表 6.22　控件的 ID 及成员变量

控件类型	ID	描述文字	成员变量
静态文本	IDC_TEXT	（动态显示操作进度）	
进度条	IDC_PROGRESS1		CProgressCtrlm_prog
按钮	IDC_CANCEL	取消	

（4）使用菜单编辑器增加一个"测试进度条"主菜单，并在其中添加"开始测试"菜单项，其 ID 为 ID_TEST。

（5）利用"类向导"工具在视图类 CLi68View 中为 ID_TEST 菜单项添加 COMMAND 消息的处理函数，并添加代码。

```
void CLi68View::OnTest()
{
    CProg dlg;
    dlg.DoModal();
}
```

（6）在视图类实现文件 Li68View.cpp 的头部加入包含对话框类头文件的语句：

```
# include "ProgDlg.h"
```

（7）利用"类向导"工具在 CProgDlg 类中添加 WM_INITDIALOG 消息的处理函数，并添加设置进度条位置、范围及步长的初始化代码。

```
BOOL CProgDlg::OnInitDialog()
{
    CDialog::OnInitDialog();
    m_prog.SetRange(0,100);          //设置进度条的范围
    m_prog.SetStep(10);              //设置步长
    m_prog.SetPos(0);                //设置起始位置
    SetTimer(1,1000,NULL);           //设置时钟
    return TRUE;
}
```

（8）利用"类向导"工具在 CProgDlg 类中添加 WM_TIMER 消息的处理函数，并添加代码，模拟显示一个扫描操作过程的进程。

```
void CProgDlg::OnTimer(UINT nIDEvent)
{
    KillTimer(1);                    //关闭时钟
    CString str;
```

```
        int m = 0;
        for(int i = 0;i < 10;i++)
        {
            m_prog.StepIt();                      //填充蓝色块
            m = 10 * (i + 1);
            str.Format(L"%d%c",m,'%');
            SetDlgItemText(IDC_TEXT,str);         //显示操作完成的百分数
            Sleep(1000);                          //填充间隔时间
        }
        CDialog::OnCancel();                      //关闭对话框
        CDialog::OnTimer(nIDEvent);
    }
```

（9）编译、链接并运行程序。

视频讲解

6.10 应用实例

6.10.1 实例简介

编写一个简单的统计购书应付款的应用程序,该程序完成在组合框中选择要购买书籍的类别,然后从列表框中选择要购买的书籍,并统计出应付款。

6.10.2 创建过程

1. 创建 MFC 应用程序框架

使用"MFC 应用"项目模板生成一个基于对话框的应用程序 SaleList,并将主窗口对话框的标题设置为"购书清单"。

2. 编辑对话框

打开对话框编辑器,在对话框设计模板中添加如图 6.25 所示的控件,为组合框添加初始列表项建筑类、社科类和医学类,并利用"类向导"工具为有关控件添加关联成员变量,如表 6.23 所示。旋转按钮的属性设置与例 6.6 中相同,编辑框的"只读"属性设置为 True,其他均接受系统默认值。

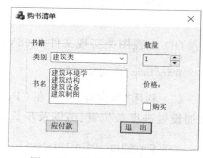

图 6.25 对话框控件的布局

表 6.23 对话框控件及成员变量

控件类型	ID	描述文字	成员变量
组框	IDC_SAMPLE	书籍	
静态文本	IDC_STATIC	类别	
静态文本	IDC_STATIC	书名	
静态文本	IDC_STATIC	数量	
静态文本	IDC_STATIC	价格:	
静态文本	IDC_PRICE	(动态显示价格文本)	CString m_strPrice
组合框	IDC_SALE_TYPE		CComboBox m_cmbType
			CString m_strType

控 件 类 型	ID	描 述 文 字	成 员 变 量
列表框	IDC_SALE_LIST		CListBox m_lstName
			CString m_strName
编辑框	IDC_COUNT		
旋转按钮	IDC_SPIN		CSpinButtonCtrl m_spin
复选框	IDC_IS_BUY	购买	BOOL m_bIsBuy
按钮	IDC_CAL_SUM	应付款	
按钮	IDOK	退出	

3. 添加结构体数组

打开 SaleListDlg.cpp 文件,在其顶端添加结构体数组,用于存储可购买书籍的类别、名称、购买与否以及价格信息。

```
struct commodity
{
    CString strType;
    CString strName;
    int bIsBuy;
    int nPrice;
    int count;
}comm[ ] =
{L"建筑类",L"建筑环境学",0,36,1,
L"建筑类",L"建筑制图",0,28,1,
L"建筑类",L"建筑结构",0,45,1,
L"建筑类",L"建筑设备",0,62,1,
L"社科类",L"民法",0,55,1,
L"社科类",L"哲学",0,68,1,
L"社科类",L"社会学",0,45,1,
L"社科类",L"中国近代史",0,28,1,
L"医学类",L"内科",0,76,1,
L"医学类",L"临床医学",0,56,1,
L"医学类",L"解剖学",0,39,1,
L"医学类",L"护理学",0,90,1
};
```

4. 添加初始化代码

在对话框类 CSaleListDlg 的初始化成员函数 OnInitDialog()中添加代码,设定书籍的类别、名称的初始显示值、数量的限制范围及初始值。

```
BOOL CSaleListDlg::OnInitDialog()
{
    CDialog::OnInitDialog();
    …
    //TODO: 在此添加额外的初始化代码
    m_cmbType.SetCurSel(0);                  //设置组合框中初始显示的书籍类别
    for(int i = 0;i < 4;i++)                 //设置列表框中初始显示的书籍名称
        m_lstName.AddString(comm[i].strName);
```

```
    m_spin.SetRange(1,100);                     //设置购书的最大数量
    m_spin.SetPos(1);                           //设置购书数量的初始显示值
    return TRUE;
}
```

5. 添加消息处理函数

使用"类向导"工具在对话框类 CSaleListDlg 中为组合框、列表框、复选框以及"应付款"按钮添加如表 6.24 所示的消息处理函数,并在处理函数中添加代码。

表 6.24　控件及消息处理函数

控件类型	ID	事件消息	消息处理函数
组合框	IDC_SALE_TYPE	CBN_SELCHANGE	OnSelchangeSaleType()
		CBN_DROPDOWN	OnDropdownSaleType()
列表框	IDC_SALE_LIST	LBN_SELCHANGE	OnSelchangeSaleList()
复选框	IDC_IS_BUY	BN_CLICKED	OnIsBuy()
按钮	IDC_CAL_SUM	BN_CLICKED	OnCalSum()

```
void CSaleListDlg::OnSelchangeSaleType()
{
    CString strtype;
    int mindex = m_cmbType.GetCurSel();          //获取类别选择项的位置序号
    m_lstName.ResetContent();                    //清除书名列表框中所有的列表项
    m_cmbType.GetLBText(mindex,strtype);         //获取类别选择项文本
    for(int i = 0;i < 12;i++)                    //将所选类别的书籍名称添加到列表框
        if(strtype == comm[i].strType)
            m_lstName.AddString(comm[i].strName);
}
void CSaleListDlg::OnDropdownSaleType()
{   //用户再次选择书籍类别时重新设置数量、价格及购买复选框的状态
    //TODO:在此添加控件通知处理程序代码
    m_spin.SetPos(1);                            //数量置 1
    m_strPrice = " ";                            //价格置空
    m_bIsBuy = 0;                                //设置不购买状态
    UpdateData(false);
}
void CSaleListDlg::OnSelchangeSaleList()
{
    //TODO:在此添加控件通知处理程序代码
    UpdateData();
    for(int i = 0;i < 12;i++)
    {
        if(m_strName == comm[i].strName)
        {
            CString str;
            str.Format("%d 元",comm[i].nPrice);   //获得价格
            m_strPrice = str;
            m_bIsBuy = comm[i].bIsBuy;           //是否已购所选书籍
            m_spin.SetPos(comm[i].count);        //设置购书数量
            UpdateData(false);                   //更新显示
```

```
                break;
            }
        }
    }
void CSaleListDlg::OnIsBuy()
{
    //TODO: 在此添加控件通知处理程序代码
    UpdateData(true);
    for(int i = 0;i < 12;i++)
        if(m_strName == comm[i].strName)
        {
            comm[i].bIsBuy = m_bIsBuy;          //获取购买信息
            comm[i].count = m_spin.GetPos();    //获得购书数量
            break;
        }
}
void CSaleListDlg::OnCalSum()
{
    //TODO: 在此添加控件通知处理程序代码
    int total = 0;
    CString str;
    for(int i = 0;i < 12;i++)
        if(comm[i].bIsBuy == 1)
            total += comm[i].nPrice * comm[i].count;//计算应付款
    str.Format("您应当支付%d元",total);
    MessageBox(str);
}
```

　　编译、链接并运行程序,选择购买建筑类的"建筑环境学"(两本)和社科类的"民法"(3本),单击"应付款"按钮,结果如图 6.26 所示。程序运行时,请按照"类别"→"书名"→"数量"→"购买"的顺序进行操作,另外已购买的书籍不能重新购买,也不能更改其数量。

图 6.26　程序的运行结果

习　　题

1. 填空题

（1）Windows 系统提供的标准控件主要包括_____、_____、_____、_____、

Windows 常用控件

_____和_____等。

（2）Windows 标准控件的属性设置通常由_____、_____及_____等分组构成。

（3）当编辑框中的文本已被修改,在新的文本显示之后发送_____通知消息。

（4）CButton 类控件包括_____、_____、_____和_____4 种类型。

（5）一组单选按钮在对话框类中只能映射一个_____类型的值变量,对应单选按钮在组中的序号,序号从_____开始。

（6）向列表框中添加列表项使用 CListBox 类的成员函数_____或_____。

（7）组合框是多个控件的组合,包括_____、_____和_____。

（8）一个旋转按钮控件通常是与一个相伴的控件一起使用的,这个控件称为_____。该控件的 Tab 键次序必须_____旋转按钮。

（9）当滑块滑动时,滑动条控件将发送滚动消息通知父窗口。垂直滑动条发送_____消息,水平滑动条发送_____消息。

（10）MFC 的_____类封装了进度条控件的各种操作,该类的成员函数_____用来设置进度条的范围。

2. 简答题

（1）在应用程序中访问控件的方法有哪些?

（2）单选按钮控件如何成组?

（3）组合框与列表框相比有什么不同? 如何给组合框添加初始的列表项?

3. 操作题

（1）编写一个对话框应用程序,当程序运行时,通过编辑框输入被减数与减数的值,单击"计算"按钮将显示这两个数的差。

（2）编写一个单文档应用程序,用菜单命令打开一个对话框,通过该对话框中的红色、绿色和蓝色单选按钮选择颜色,在视图中绘制不同颜色的矩形。

（3）编写一个单文档应用程序,为程序添加一个工具栏按钮,单击该按钮将弹出一个对话框,通过该对话框中的红色、绿色和蓝色复选按钮选择颜色,在视图中输出一行文本。

（4）编写一个对话框应用程序,根据用户从列表框中选择的线条样式在对话框中绘制一个矩形区域。线条样式有水平线、竖直线、向下斜线、十字线 4 种。

（5）用组合框取代列表框,实现与操作题(4)相同的功能。

（6）编写一个对话框应用程序,当程序运行时,用红色填充一块矩形区域,该区域的亮度由旋转按钮调节。

（7）用滑动条控件完成颜色的选择,实现与操作题(3)相同的功能。

（8）编写一个对话框应用程序,单击对话框中的"产生随机数"按钮,产生 100 个随机数,用进度条控件显示随机数产生的进度。

第7章　文档与视图

MFC 之所以为应用程序框架，最重要的一个特征就是它能够将管理数据的程序代码和负责数据显示的程序代码分离开来，这种能力由 MFC 的文档/视图结构提供。文档/视图结构是 MFC 的基石，了解它，对于有效地运用 MFC 有极其关键的影响。在前面章节的学习中，大家已经接触了不少文档/视图结构应用程序。

文档/视图结构应用程序的主要工作在于文档和视图的设计，本章将结合实例对文档/视图结构进行全面剖析，介绍文档和视图的设计方法，并进行运用。

7.1　文档/视图结构

几乎每一个软件都致力于数据的处理，毕竟信息以及数据的管理是计算机技术的主要用途。把数据管理和显示方法分离开来需要考虑以下几个方面：

- 程序的哪一部分拥有数据；
- 程序的哪一部分负责更新数据；
- 如何以多种方式显示数据；
- 如何让数据的更改有一致性；
- 如何储存数据（放到永久储存装置上）；
- 如何管理使用者接口，不同的数据类型可能需要不同的使用者接口，而一个程序可能管理多种类型的数据。

为了统一和简化数据处理方法，微软公司在 MFC 中提出了文档/视图结构的概念。其办公软件 Office 中的系列程序就是典型的采用文档/视图结构的应用程序，它们代表了Windows 应用程序的标准风格。

7.1.1　概述

在 Visual C++ 开发平台下，使用 MFC 的"MFC 应用"项目模板可以创建 3 种类型的应用程序，即基于对话框的应用程序、单文档界面（SDI）应用程序和多文档界面（MDI）应用程序，后两种均是文档/视图结构的应用程序。

在第 2 章已提到在文档/视图结构应用程序的初始化过程中同时还构造了文档模板，产生了最初的文档、视图和主框架窗口，即创建了文档/视图结构。下面以例 2.1 中创建的应用程序 Li2_1 为例，详细讨论文档/视图结构的基本概念及创建过程。

1. 文档（Document）

在文档/视图结构中，文档是用来管理和组织数据的。文档在 MFC 的 CDocument 类中被实例化。CDocument 类支持文档的标准操作,为了在应用程序中处理文档,首先应该从 CDocument 类派生出一个属于自己的文档类,并且在类中声明一些成员变量,用来存放数据;然后完成读取和修改文档数据的成员函数;最后再至少重定义专门负责文件读写操作的 Serialize() 函数。事实上,在使用"MFC 应用"项目模板创建新的应用程序框架时,它为用户把文档类的空壳准备好了。下面是应用程序 Li2_1 中文档类的定义的部分代码(要特别注意阴影部分)。

```
//Li2_1Doc.h: CLi21Doc 类的接口
class CLi21Doc: public CDocument          //从 CDocument 类派生出一个属于自己的文档类
{
protected:
    CLi21Doc();
    DECLARE_DYNCREATE(CLi21Doc)
public:
    virtual BOOL OnNewDocument();
    virtual void Serialize(CArchive& ar);      //专门负责文件 I/O 的函数
…
};
```

由于 CDocument 类派生自 CObject,所以它就有了 CObject 所支持的一切性质。又由于它也派生自 CCmdTarget 类,所以它可以接收来自菜单或工具栏的 WM_COMMAND 消息。

2. 视图(View)

在文档/视图结构中,视图的作用是显示和编辑文档数据,提供用户与文档数据的交互接口。视图在 MFC 的 CView 类中被实例化。当用户开发自己的程序时,应该从 CView 类派生出一个属于自己的视图类,并且在类中至少改写专门负责显示数据的 OnDraw() 函数或 OnPrint() 函数。事实上,"MFC 应用"项目模板为用户把视图类的空壳准备好了,文档/视图结构的应用程序的视图类都是默认从 CView 类派生的。下面是应用程序 Li2_1 中视图类定义的部分代码(要特别注意阴影部分)。

```
//Li2_1View.h: CLi21View 类的接口
class CLi21View: public CView          //从 CView 类派生出一个属于自己的视图类
{
protected:                              //仅从序列化创建
    CLi21View() noexcept;
    DECLARE_DYNCREATE(CLi21View)
public:
    CLi21Doc * GetDocument() const;      //得到与之相关联的文档对象的指针
public:
    virtual void OnDraw(CDC * pDC);      //负责显示数据的 OnDraw()函数
    virtual BOOL PreCreateWindow(CREATESTRUCT& cs);
protected:
    virtual BOOL OnPreparePrinting(CPrintInfo * pInfo);
    virtual void OnBeginPrinting(CDC * pDC, CPrintInfo * pInfo);
    virtual void OnEndPrinting(CDC * pDC, CPrintInfo * pInfo);
```

```
public:
    virtual ~CLi21View();
…
};
```

MFC 应用基本上只在视图中绘制,很多程序仅在 OnDraw()中绘制。OnDraw()执行两类操作,一种是通过文档类成员函数取得文档数据,另一种是使用图形设备接口的 CDC 类成员函数以特定方式显示数据。当视图窗口首次生成、大小改变或被另一个窗口遮盖重现时,或来自程序刻意的要求,Windows 会向窗口发送 WM_PAINT 消息,应用程序框架将调用视图的 OnPaint()消息处理函数,该函数会创建一个 CPaintDC 对象,然后调用 OnDraw(),从而实现实际绘制。

由于 CView 类派生自 CWnd 类,所以它可以接收一般的 Windows 消息(例如 WM_SIZE、WM_PAINT 等),又由于它也派生自 CCmdTarget 类,所以它可以接收来自菜单或工具栏的 WM_COMMAND 消息。视图类通过对相应消息的处理或通过文档类处理来完成文档数据的编辑和显示。

CView 类和它的 9 个派生类封装了视图的各种不同的功能,它们为用户实现最新的 Windows 特性提供了很大的便利。这些派生类也可以作为用户程序中视图类的基类,而将这些视图类设置为基类的最基本的方法是在使用"MFC 应用"项目模板创建 SDI/MDI 的第 6 步中进行基类的选择。这些派生类如表 7.1 所示。

表 7.1   CView 的派生类及其功能

类 名	功 能 描 述
CScrollView	提供自动滚动或缩放功能
CFormView	提供可滚动视图,它由对话框模板创建,并具有和对话框一样的设计方法
CRecordView	提供表单视图直接与 ODBC 记录集对象相关联;和所有的表单视图一样,CRecordView 也是基于对话框模板设计的
CDaoRecordView	提供表单视图直接与 DAO 记录集相关联,其他同 CRecordView
CCtrlView	CEditView、CRichEditView、CListView 和 CTreeView 类的基类,它们提供的文档/视图结构也适用于 Windows 中的新控件
CEditView	提供了一个简单的多行文本编辑器的视图,支持文本的编辑、查找、替换以及滚动功能。用户可以将 CEditView 用作对话框中的一个控件,也可以将它用作文档的视图
CRichEditView	提供包含复合编辑控件的视图,它除了具有 CEditView 功能外还支持字体、颜色、图表及 OLE 对象的嵌入等
CListView	提供包含列表控件的视图,它类似于 Windows 资源管理器的右侧窗口
CTreeView	提供包含树状控件的视图,它类似于 Windows 资源管理器的左侧窗口

3. 框架(Frame)窗口

视图事实上是没有边框的窗口,它并不能完全独立,当真正出现时,其外围还必须有一个有边框的窗口,称为 Frame 窗口。Frame 窗口负责文档与视图的界面管理,当 Frame 窗口关闭时,其中的视图也自动删除。图 7.1 说明了文档、视图、框架窗口之间的关系,可见 MFC 把文档、视图和框架视为一个整体。

一个视图只能拥有一个文档,但一个文档可以同时拥有多个视图。例如,同一个文档可以在切分的子窗口中同时显示或者在 MDI 应用程序的多个子窗口中同时显示。一个文档

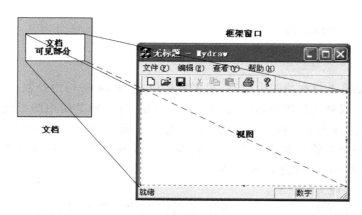

图 7.1   文档、视图、框架窗口之间的关系

在程序中可以支持不同类型的视图。例如,一个字处理程序可以提供一个完整的文档的视图,也可以提供只显示部分标题的大纲式的视图。

4. 文档模板(Document Template)

在文档/视图应用程序中,文档模板负责创建文档/视图结构。一个应用程序对象可以管理一个或多个文档模板,每个文档模板用于创建和管理一个或多个同种类型的文档(这取决于应用程序是 SDI 程序还是 MDI 程序)。那些支持多种文档类型(例如电子表格和文本)的应用程序有多种文档模板对象。应用程序中的每一种文档都必须有一种文档模板和它相对应。如果应用程序既支持绘图又支持文本编辑,就需要一种绘图文档模板和一种文本编辑模板。

MFC 提供了一个文档模板类 CDocTemplate 支持文档模板。文档模板类是一个抽象类,它定义了文档模板的基本处理函数接口。由于它是一个抽象类,所以不能直接用它来定义对象,而必须用它的派生类。对于一个单文档界面程序,使用 CSingleDocTemplate 类(单文档模板类),对于一个多文档界面程序,使用 CMultiDocTemplate 类(多文档模板类)。

文档模板定义了文档、视图和框架窗口 3 个类的关系。通过文档模板,可以知道在创建或打开一个文档时需要用什么样的视图、框架窗口来显示它。这是因为文档模板保存了文档、对应的视图和框架窗口的 CRuntimeClass 对象的指针。此外,文档模板还保存了所支持的全部文档类的信息,包括这些文档的文件扩展名信息、文档在框架窗口中的名字、代表文档的图标等信息。

5. 文档/视图结构的产生

一般在应用程序的初始化函数 InitInstance()中创建一个或多个文档模板。下面是应用程序 Li2_1 中的初始化函数 InitInstance()的部分代码。

```
//CLi21App 的初始化
BOOL CLi21App::InitInstance()
{
…
//注册应用程序的文档模板
//文档模板将用作文档、框架窗口和视图之间的连接
    CSingleDocTemplate * pDocTemplate;
```

```
pDocTemplate = new CSingleDocTemplate(
    IDR_MAINFRAME,
    RUNTIME_CLASS(CLi21Doc),
    RUNTIME_CLASS(CMainFrame),              //主 SDI 框架窗口
    RUNTIME_CLASS(CLi21View));
if(!pDocTemplate)
    return FALSE;
AddDocTemplate(pDocTemplate);
//分析标准 shell 命令、DDE,打开文件操作的命令行
CCommandLineInfo cmdInfo;
ParseCommandLine(cmdInfo);
//调用在命令行中指定的命令
if(!ProcessShellCommand(cmdInfo))
    return FALSE;
//唯一的一个窗口已经初始化,因此显示它并对其进行更新
m_pMainWnd -> ShowWindow(SW_SHOW);
m_pMainWnd -> UpdateWindow();
return TRUE;
}
```

在 InitInstance()函数中,首先声明一个 CSingleDocTemplate * 类型的单文档模板对象指针(因为该实例使用单文档界面),然后动态地创建该类型的模板对象。如果是使用多文档界面,需要将这里的 CSingleDocTemplate 改为 CMultiDocTemplate,将主框架资源 IDR_MAINFRAME 改为子框架资源的 ID,当然 CMainFrame 也要改为 CMDIChildWnd 的派生类 CChildFrame。

在 CSingleDocTemplate 类的构造函数中还包含一个 IDR_MAINFRAME 参数,它指向一个字符串资源。这个字符串给出了文档所使用及显示时要求的几个选项,包括文档名字、文档的文件扩展名、在框架窗口上显示的名字等,称为文档模板字符串。然后 InitInstance()函数调用 AddDocTemplate()函数,将创建好的文档模板加入应用程序可用的文档模板链表中,完成文档模板的注册。

这样,如果用户选择"文件"|"新建"或"文件"|"打开"菜单命令要求创建或打开一个文档,应用程序类的 OnNewDocument()成员函数和 OnOpenDocument()成员函数就可以从文档模板链表中检索出文档模板,提示用户选择适合的文档类型,并创建文档及相关的视图、框架的相应对象及窗口。

经过上述分析,不难得到如图 7.2 所示的文档/视图结构的创建过程。从图 7.2 可以看出,视图类对象由文档模板通过框架窗口类创建。

注意:View 窗口是 Windows 窗口,而管理该 View 窗口的类是 CView 类,所以先构造一个 View 对象,然后由其构造函数产生对应的 View 窗口。Frame 对象和 Frame 窗口的关系也是如此。

7.1.2 文档与视图之间的相互作用

在面向对象程序设计中,类包含了可以通过成员函数访问的成员变量,这种封装确保了类基本上是自己管理自己。包含多个类的 MFC 文档/视图结构应用程序如果要管理这些

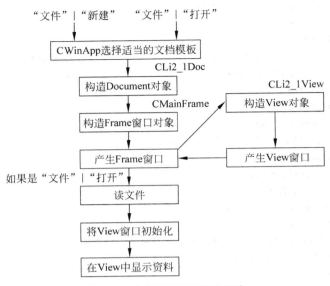

图 7.2　文档/视图结构的创建

类中的数据,除了要考虑在程序的哪一部分拥有数据和在哪一部分显示数据之外,一个主要的问题是文档数据更改后如何保持视图显示的同步,即文档与视图如何进行交互。

在文档、视图和应用程序框架之间包含了一系列复杂的相互作用过程,文档与视图的交互是通过类的公有成员变量和成员函数实现的。文档类 CDocument 和视图类 CView 是 MFC 中常用的两个类,它们的成员函数很多,这里先介绍几个主要的成员函数。

1. 视图类 CView 的成员函数 GetDocument( )

一个视图对象只有一个与之相关联的文档对象。在 MFC 应用程序中,视图对象通过调用成员函数 GetDocument( )得到与之相关联的文档对象的指针,利用这个指针就可以访问文档类及其派生类的公有数据成员和成员函数。大家已经看到,在使用"MFC 应用"项目模板创建 SDI 单文档应用程序 Li2_1 时生成了 CView 类的一个派生类,并在派生类中定义了 GetDocument( )函数。

这样就可以在视图派生类的成员函数中通过调用 GetDocument( )函数得到当前文档对象的指针,例如在成员函数 OnDraw( )中就调用了 GetDocument( )函数。

2. CDocument 类的成员函数 UpdateAllViews( )

一个文档对象可以有多个与之相关联的视图对象,但一个文档对象只反映当前视图的变化。当一个文档数据通过某个视图被修改后,与它关联的每一个视图都必须反映出这种修改。因此视图在需要时必须重绘,即当文档数据发生改变时必须通知所有相关联的视图对象,以便更新所显示的数据。更新与该文档有关的所有视图的方法是调用成员函数 CDocument::UpdateAllViews( )。该函数的声明如下:

```
void UpdateAllViews(CView * pSender, LPARAM lHint = 0L, CObject * pHint = NULL);
```

如果在文档派生类的成员函数中调用 UpdateAllViews( )函数,其第一个参数 pSender 设为 NULL,表示所有与当前文档相关的视图都要重绘。如果在视图派生类的成员函数中通过当前文档指针调用 UpdateAllViews( )函数,其第一个参数 pSender 设为当前视图,形式如下：

```
GetDocument()->UpdateAllViews(this);
```

其中，非空参数表示不再通知当前视图，因为假定当前视图已经自己进行了更新。

可以利用 UpdateAllViews() 中的参数 lHint 和 pHint 给视图提供一些特殊的与应用程序有关的信息，以便视图决定哪些部分应该更新，这是对函数更高级的用法。

3. 视图类的成员函数 OnUpdate()

当应用程序调用 CDocument::UpdateAllViews() 函数时，实际上是调用了所有相关视图的 OnUpdate() 函数，以更新相关的视图。当需要时，可以直接在视图派生类的成员函数中调用该函数刷新当前视图。另外，在初始化视图成员函数 CView::OnInitialUpdate() 中也调用了 OnUpdate() 函数。基类的成员函数 CView::OnUpdate() 如下：

```
void  CView::OnUpdate(CView * pSender, LPARAM /* lHint */, CObject * /* pHint */)
{
    ASSERT(pSender!= this);
    UNUSED(pSender);              //在发布版本中不使用会使整个窗口无效
    //也会擦除背景
    Invalidate(TRUE);            //使整个窗口无效,通过调用 OnDraw()更新整个视图窗口
}
```

在 CView::OnUpdate() 函数中通过调用 CWnd::Invalidate() 函数刷新整个客户区，也可以在自己的 CWnd 派生类中直接调用 CWnd::Invalidate() 函数。

OnUpdate() 是一个虚函数，如果为了提高效率，只对视图的小部分区域进行更新，可以在派生类中重新定义 OnUpdate() 函数。在重新定义 OnUpdate() 函数时，根据 UpdateAllViews() 传过来的 lHint 参数设定要更新的部分区域，然后通过调用另外一个函数 CWnd::InvalidateRect() 使该部分区域无效，发出 WM_PAINT 消息，从而触发视图类的 OnDraw() 函数，进而重绘要更新的区域。注意，此时 OnDraw() 函数也应做相应的修改。

总而言之，刷新视图时默认的函数调用过程是 CDocument::UpdateAllViews() → CView::OnUpdate()→CWnd::Invalidate()→OnPaint()→OnDraw()。

4. CView 类的 OnInitialUpdate() 函数

当应用程序被启动，或者用户从"文件"菜单中选择了"新建"或"打开"菜单命令时，CView 的 OnInitialUpdate() 函数会被调用，该函数是虚函数。CView 类的 OnInitialUpdate() 函数除了调用 OnUpdate() 函数之外不做其他任何事情。

用户也可以使用 CView 类的派生类的 OnInitialUpdate() 函数对视图对象进行初始化。当应用程序启动后，应用程序框架在调用了 OnCreate() 函数后（如果对 OnCreate() 函数进行了映像）会立即调用 OnInitialUpdate() 函数。OnCreate() 函数只能被调用一次，而 OnInitialUpdate() 函数可以被调用多次。

7.1.3 使用文档/视图结构的意义

文档/视图结构的提出对于广大程序员来说是一个福音，它大大简化了多数应用程序的设计开发过程。文档类与视图类、磁盘之间的数据交换可以参考图 7.3。

208

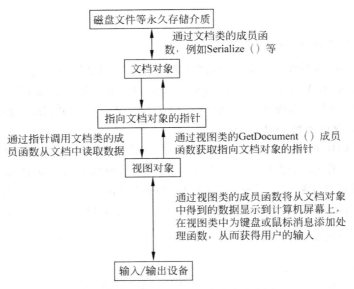

图 7.3　典型的文档/视图结构示意图

文档/视图结构带来的好处主要有:

(1) 将数据操作和数据显示、用户界面分离开。这是一种"分而治之"的思想,这种思想使得模块划分更加合理,模块独立性更强,同时也简化了数据操作和数据显示、用户界面工作。文档只负责数据管理,不涉及用户界面;视图只负责数据输出与用户界面的交互,可以不考虑应用程序的数据是如何组织的,甚至当文档中的数据结构发生变化时也不必改动视图的代码。

(2) MFC 在文档/视图结构上提供了许多标准操作界面,包括新建文件、打开文件、保存文件、打印等,减轻了用户的工作量。用户不必再书写这些重复的代码,从而可以把更多的精力放到完成应用程序特定功能的代码上,主要是从数据源中读取数据和显示数据。

(3) 支持打印预览和电子邮件发送功能。用户无须编写代码或只需要编写很少的代码就可以为应用程序提供打印预览功能。同样的功能如果需要用户自己编写,则需要数千行的代码。另外,MFC 支持在文档/视图结构中以电子邮件的形式直接发送当前文档,当然本地要有支持 MAPI(微软电子邮件接口)的应用程序,例如 Microsoft Exchange。可以这样理解: MFC 已经把微软开发人员的智慧和技术融入你自己的应用程序中。

但是,并非所有基于窗口的应用程序都要使用文档/视图结构。像 Visual C++附带的例子 Hello、MDI 都没有使用文档/视图结构。下面两种情况不宜采用文档/视图结构:

(1) 不是面向数据的应用或数据量很少的应用程序,例如一些工具程序,包括磁盘扫描程序、时钟程序,以及一些过程控制程序等。

(2) 不使用标准窗口用户界面的程序,例如一些游戏等。

7.2　简单的文档/视图结构应用程序

在文档/视图应用程序中,文档和视图是分离的,即文档用于保存数据,而视图用来显示这些数据。文档模板维护它们之间的关系。这种文档/视图结构在开发大型软件项目时特别方便、有用。本节结合实例介绍简单的文档/视图结构应用程序(不需要支持多视图、多类型)的原理与运用。

7.2.1 文档中数据的初始化

当用户启动应用程序,或从应用程序中选择"文件"|"新建"菜单命令时,都需要对文档类的数据成员进行初始化。

一般情况下,类的数据成员的初始化都是在构造函数中完成的,在构造函数调用结束时对象才真正存在。但对于文档来说却不同,文档类的数据成员的初始化工作是在OnNewDocument()成员函数中完成的,此时文档对象已经存在。为什么?这是因为在单文档界面(SDI)应用程序中,在应用程序启动时文档对象就已经被创建。文档对象直到主框架窗口被关闭时才被销毁。在用户选择"文件"|"新建"菜单命令时,应用程序对象并不是销毁原来的文档对象然后重建新的文档对象,而只是重新初始化文档对象的数据成员,这个初始化工作就是应用程序对象的OnFileNew()消息处理成员函数通过调用OnNewDocument()函数来完成的。试想,如果把初始化数据成员的工作放在构造函数中,由于对象已经存在,构造函数就无法被调用,也就无法完成初始化数据成员的工作。为了避免代码的重复,在应用程序启动时,应用程序对象也是通过调用OnNewDocument()成员函数来初始化文档对象的数据成员的。如果是多文档界面(MDI)程序,则数据成员的初始化也可以放到构造函数中完成。因为在MDI中,选择"文件"|"新建"菜单命令时,应用程序对象就让文档模板创建一个新文档并创建对应的框架窗口和视图。但是,为了保证应用程序在单文档和多文档界面之间的可移植性,也将文档数据成员的初始化工作放到OnNewDocument()中完成,因为在MDI的应用程序对象的OnFileNew()成员函数中同样会调用文档对象的OnNewDocument()成员函数。

7.2.2 文档中数据的清理

在关闭应用程序删除文档对象时,或选择"文件"|"打开"菜单命令打开一个文档时,需要清理文档中的数据。

和文档的初始化类似,文档的清理也不是在文档的析构函数中完成的,而是在文档类的DeleteContents()成员函数中完成的。这是因为析构函数只在对象结束时调用,用于清除在对象生存期存在的数据项。在选择"文件"|"打开"菜单命令打开一个文档时,并不销毁原来的文档对象,只是清理文档中的数据,析构函数将无法被调用,也就无法完成数据成员的清理工作。DeleteContents()成员函数的作用是删除文档的数据和确认一个文档在使用前为空,并可以反复调用。为了避免代码的重复,在应用程序关闭时,应用程序对象也是通过调用DeleteContents()成员函数来清理文档中的数据。

默认的DeleteContents()函数什么也不做,如果用户要编写自己的文档清理代码,需要重新定义DeleteContents()函数。

视频讲解

7.2.3 简单的文档/视图结构应用程序示例

首先看一个简单的绘图程序。

【例7.1】 编写一个MFC单文档应用程序Li7_1,程序运行后,当用户在客户区窗口按下鼠标左键时以鼠标所在位置为圆心绘圆。

其操作步骤如下：

(1) 使用"MFC 应用"项目模板生成一个单文档应用程序 Li7_1。

(2) 使用"类向导"工具在视图类 CLi71View 中添加 WM_LBUTTONDOWN 消息，并添加代码：

```
void CLi71View::OnLButtonDown(UINT nFlags, CPoint point)
{
    //TODO:在此添加消息处理程序代码或调用默认值
    CClientDC dc(this);
    //以鼠标所在位置为圆心绘圆
    dc.Ellipse(point.x - 4, point.y - 4, point.x + 4, point.y + 4);
    CView::OnLButtonDown(nFlags, point);
}
```

(3) 编译、链接并运行程序。在视图窗口中单击，就可以鼠标所在位置为圆心绘圆，运行结果如图 7.4 所示。

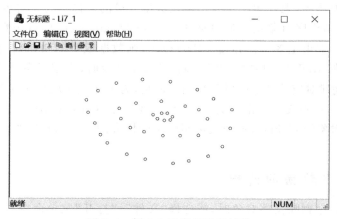

图 7.4　例 7.1 程序的运行结果

结果分析与讨论：视图中绘制的图形符合题目要求，但当改变窗口的大小或将窗口最小化后再重新打开时，原来的圆没有显示出来。其原因是此时调用的是视图类的刷新函数 OnDraw()，而在该函数中并没有实现绘圆的功能。

为了避免上述情况的发生，必须在 OnDraw() 函数中重绘以前单击鼠标所绘制的圆，因此需要将单击时的坐标数据保存起来。例 7.2 在文档类中定义一个大小为 100 的 points 数组来保存圆心的坐标数据。

下面通过完善例 7.1 来介绍简单的文档/视图结构应用程序的编写方法。

【例 7.2】　完善例 7.1 的应用程序，使得在重绘窗口时能够显示已绘制的圆。

其操作步骤如下：

(1) 在 CLi71Doc 类中添加公有数据成员。

```
CPoint points[100];                    //定义一个数组
int m_index;                           //数组中圆的数目
```

视频讲解

（2）在 CLi71Doc∷OnNewDocument()成员函数中添加初始化数据成员的代码。

```
BOOL CLi71Doc::OnNewDocument()
{
    ...
    m_index = 0;                                    //初始化圆的数量
    return TRUE;
}
```

（3）在视图类 CLi71View 的 WM_LBUTTONDOWN 消息处理函数中添加代码。

```
void CLi71View::OnLButtonDown(UINT nFlags, CPoint point)
{
    //TODO: 在此添加消息处理程序代码或调用默认值
    CMydrawDoc * pDoc = GetDocument();              //获得文档对象指针
    if(pDoc - > m_index == 99)                      //数组是否还有空间
        return;
    pDoc - > m_index++;                             //圆的数量加 1
    pDoc - > points[pDoc - > m_index] = point;      //加圆心值到文档类的数组中
    CClientDC dc(this);
    dc.Ellipse(point.x - 4, point.y - 4, point.x + 4, point.y + 4);  //绘制圆
    CView::OnLButtonDown(nFlags, point);
}
```

在该函数中，通过调用 GetDocument()函数得到当前文档对象的指针，通过该指针获得文档中的数据。为了"实时"反映鼠标的左键操作，不能等到 WM_PAINT 产生才有所反应，所以在 OnLButtonDown()中也进行图形的绘制操作。为了在 OnDraw()函数中重绘，除了绘制圆以外，还保存了当前圆心的坐标数据。

（4）修改视图类 CLi71View 的 OnDraw()函数。

```
void CLi71View::OnDraw(CDC * pDC)
{
    CLi71Doc * pDoc = GetDocument();
    ASSERT_VALID(pDoc);
    if (!pDoc)
        return;
    //TODO: 在此处为本机数据添加绘制代码
    int index;
    index = pDoc - > m_index;                       //得到圆的数量
    for (int i = 1; i < = index; i++)               //循环画出每一个圆
    pDC - > Ellipse(pDoc - > points [i].x - 4, pDoc - > points[i].y - 4,
                    pDoc - > points[i].x + 4, pDoc - > points[i].y + 4);
}
```

当应用程序的窗口需要重绘时，MFC 就会调用视图类的成员函数 OnDraw()，它的参数 pDC 是一个指向 CDC 对象的指针，即负责文档显示的设备上下文。通过调用 CView 类的成员函数 GetDocument()可以得到指向程序文档类对象的指针，然后通过此指针调用视图类的成员函数来重绘所有保存的圆。

（5）编译、链接并运行程序。

可以在程序运行生成的窗口中进行各种操作，它具有基本的 Windows 风格，包括系统菜单，最小化、最大化和关闭按钮，用户菜单等基本控件。当最大化、最小化窗口或者窗口遮盖又重新恢复时，图形始终显示在窗口中。

开发一个简单的文档/视图结构应用程序，基本步骤与此例类似。一般都是首先使用"MFC 应用"项目模板创建基于文档/视图结构的单文档或多文档框架程序，然后在文档类中添加公共数据成员，它们主要用来存储应用程序中的数据，最后在 CView 或其派生类中通过指向文档的指针访问这些数据，完成应用程序的特定功能。

7.2.4 集合类的使用

通常使用简单的数组或链表来存储集合数据。例如在例 7.2 中，用一个大小为 100 的普通数组来保存圆心的坐标数据。MFC 提供了数组类、列表类和映像类等集合类来实现数组、列表和映像操作。

数组类类似于标准的 C 数组，允许用户使用下标访问和操作数组元素，MFC 数组类还可以在需要时动态地缩减和增加数组所需的内存空间。列表类就是一个有序元素列表，类似 C 语言中的双向链表，提供用于在任意地方插入和删除节点，向前、向后遍历元素的功能。映像类是使用关键字进行访问的对象的集合，类似于字典的组织方式，通过使用哈希（Hashing）技术来使映像值与关键字配对，能实现对项目的快速访问。

MFC 提供了两种集合类，一种是基于模板的集合类，如表 7.2 所示。由这些集合类可以创建任何类型的数组、列表和映像。为了使用这些类，必须在程序中包含头文件 afxtempl.h。

表 7.2 基于模板的 MFC 集合类

集 合 内 容	数　　　组	列　　　表	映　　　像
任意类型的对象	CArray	CList	CMap
指向任意对象的指针	CTypedPtrArray	CTypedPtrList	CTypedPtrMap

另一种是非模板集合类。对于非模板集合类，MFC 提供了许多预定义的类，分别用来实现特定类型的数组、列表和映像，如表 7.3 所示。

表 7.3 非模板的 MFC 集合类

数　　　组	列　　　表	映　　　像
CObArray	CObList	CMapPtrToWord
CByteArray	CPtrList	CMapPtrToPtr
CDWordArray	CStringList	CMapStringToOb
CPtrArray		CMapStringToPtr
CStringArray		CMapStringToString
CWordArray		CMapWordToOb
CUIntArray		CMapWordToPtr

集合类的使用方法类似，下面以 CTypedPtrArray 类为例介绍集合类在文档中的使用。大家在后续内容中还会看到其他集合类的运用。

1. CTypedPtrArray 类的定义

CTypedPtrArray 类的定义如下：

```
template < class BASE_CLASS, class TYPE >
class CTypedPtrArray: public BASE_CLASS
```

其中，参数 BASE_CLASS 用来指定基类，必须是一个用来收集指针的非模板集合类中的某个数组类，例如 CPtrArray 或 CObArray；参数 TYPE 指定存储在基类数组中的元素的类型，例如：

```
CTypedPtrArray < CPtrArray, CCircle * > m_CircleArray
```

表示 m_CircleArray 是 CPtrArray 的派生类对象，用来存放 CCircle 对象的指针。

2. 有关属性的函数

（1）返回数组中元素的个数的函数，格式如下：

```
int GetSize( ) const;
```

（2）设置空的或现存数组的大小的函数，格式如下：

```
void SetSize(int nNewSize, int nGrowBy = -1);
```

具体大小由参数 nNewSize 决定，nNewSize 必须大于或等于 0，在必要时会重新分配内存。

（3）用于返回当前数组对象可访问元素的索引上限的函数，格式如下：

```
int GetUpperBound( ) const;
```

其返回值比 GetSize() 的返回值小 1，若返回值为 -1，表示数组中没有元素。

3. 访问数组元素

（1）返回指定索引位置的数组元素的值，格式如下：

```
TYPE GetAt(int nIndex) const;
```

具体位置由 nIndex 指定，它是以 0 为基础的，最大取值不能超过 GetUpperBound() 的返回值。TYPE 是数组元素的数据类型。在以下函数的叙述中 TYPE 的含义相同。

（2）设置指定元素的值，格式如下：

```
void SetAt(int nIndex, ARG_TYPE newElement);
```

索引位置由参数 nIndex 指定，新的元素值由 newElement 参数指定。ARG_TYPE 为引用数组元素时的数据类型。在以下函数中 ARG_TYPE 的含义相同。

（3）返回由 nIndex 指定的数组元素的引用，格式如下：

```
TYPE& ElementAt(int nIndex);
```

返回的引用值只能用于"左值"，用来间接修改数组元素的值。

（4）操作符[]类似 C 语言中的语法，可以替代 SetAt()、GetAt() 函数，提供简洁的数组访问方式。当数组对象被定义为 const 类型时，[]操作符只能用于"右值"。

4. 增加、删除元素的有关操作

（1）向数组的尾部增加一个新的数组元素，格式如下：

```
int Add(ARG_TYPE newElement);
```

元素值为 newElement，数组的大小将加 1，返回值为插入的当前元素在数组中的索引位置。

（2）将源数组中的所有元素插到当前数组的最后，格式如下：

```
int Append(const CArray& src);
```

两个数组的类型必须一致，函数会分配必要的内存以容纳新增的数组元素。其返回值为第一个插入的数组元素的索引位置。

（3）将源数组中的所有元素复制到当前数组中，并覆盖原有的数组元素，格式如下：

```
void Copy(const CArray& src);
```

该函数不会释放原有的内存，如果有必要，会分配额外的内存，以容纳新增的数组元素。

（4）在数组的指定位置插入一个数组元素或该元素值的多个副本，格式如下：

```
void InsertAt(int nIndex, ARG_TYPE newElement, int nCount = 1);
```

元素值由参数 newElement 指定，副本的份数由参数 nCount 指定。

（5）在数组的指定位置插入另一个数组中的元素的函数，格式如下：

```
void InsertAt(int nStartIndex, CArray * pNewArray);
```

两个数组的类型必须一致。

（6）删除数组中从指定位置开始的一个或多个元素，格式如下：

```
void RemoveAt(int nIndex, int nCount = 1);
```

nIndex 表明起始位置，该值必须介于 0 至 GetUpperBound()函数的返回值之间，删除后余下的元素下移。此外，调用函数删除超过指定位置后余下的元素个数将产生运行错误。

（7）删除数组中的所有元素，格式如下：

```
void RemoveAll();
```

视频讲解

【例 7.3】 编写一个 MFC 单文档应用程序 Li7_3，利用数组类实现例 7.2 的功能。

其操作步骤如下：

（1）使用"MFC 应用"项目模板生成一个单文档应用程序 Li7_3。

（2）为圆定义新类 CCircle。为了与后续序列化的要求符合，该类从 CObject 派生。

在"解决方案资源管理器"窗口中右击项目 Li7_3，在弹出的快捷菜单中选择"类向导…"菜单命令，打开"类向导"工具。单击"MFC 类…"按钮打开"添加 MFC 类"对话框，在"类名"框中输入 CCircle，在"基类"组合框中选择 CObject，设置头文件和实现文件名分别为 Circle. h 和 Circle. cpp，单击"确定"按钮完成 CCircle 类的创建。

（3）为 CCircle 类添加成员变量和成员函数。

① 在头文件 Circle. h 中定义一个表示圆心坐标的成员变量 m_pt，其类型为 CPoint

类；定义根据 pt 画一个圆的成员函数 DrawCircle()。

```
class CCircle: public CObject
{
    private:
    CPoint m_pt;                            //定义成员变量,表示一个圆的圆心坐标
public:
    CCircle();
    virtual ~CCircle();
    CCircle(CPoint pt);                     //定义圆的构造函数
    void DrawCircle(CDC * pDC);             //定义绘制圆的成员函数
};
```

② 在实现源文件 Circle.cpp 中添加成员函数的实现代码。

```
CCircle::CCircle()
{

}
CCircle::CCircle(CPoint pt)
{
    m_pt = pt;
}
CCircle::~CCircle()
{

}
void CCircle::DrawCircle(CDC * pDC)
{
    pDC -> Ellipse(m_pt.x - 4, m_pt.y - 4, m_pt.x + 4, m_pt.y + 4);
}
```

（4）编辑文档类 CLi73Doc。

① 在文档类 CMycircleDoc 的头文件 MyDrawDoc.h 中包含定义 CCircle 类的头文件和使用 MFC 类模板的头文件 afxtempl.h,并添加成员变量和成员函数。

```
# include "Circle.h"
# include < afxtempl.h >                    //使用 MFC 类模板
class CMycircleDoc: public CDocument
{
    …
    protected:
                                            //存放圆对象指针的动态数组
    CTypedPtrArray < CObArray, CCircle * > m_CircleArray;
    public:
    CCircle * GetCircle(int nIndex);        //获取指定序号的圆对象的指针
    void AddCircle(CPoint pt);              //向动态数组中添加新的圆对象的指针
    int GetNumCircles();                    //获取圆的数量
    …
};
```

② 在文档类 CLi73Doc 的实现文件 Li7_3Doc.cpp 中添加成员函数的实现代码。

```
void Cli73Doc::AddCircle(CPoint pt)
{
    CCircle * pCircle = new CCircle(pt);      //新建一个圆对象
    m_CircleArray.Add(pCircle);               //将该圆对象添加到动态数组
}
CCircle * CMycircleDoc::GetCircle(int nIndex)
{
    //判断是否越界,GetUpperBound()函数返回数组下标的上界
    if(nIndex < 0||nIndex > m_CircleArray.GetUpperBound())
    return NULL;
    return m_CircleArray.GetAt(nIndex);       //返回给定序号的圆对象的指针
}
int Cli73Doc::GetNumCircles()
{
    //返回圆的数量,GetSize()函数返回数组的大小
    return m_CircleArray.GetSize();
}
```

(5) 在视图类 Cli73View 中添加鼠标左键按下消息处理函数 OnLButtonDown()。

```
void Cli73View::OnLButtonDown(UINT nFlags, CPoint point)
{
    //TODO: 在此添加消息处理程序代码或调用默认值
    CMycircleDoc * pDoc = GetDocument();                    //获得文档对象的指针
    ASSERT_VALID(pDoc);                                     //测试文档对象是否运行有效
    pDoc -> AddCircle(point);                               //添加圆到指针数组
    CClientDC dc(this);
    dc.Ellipse(point.x - 4,point.y - 4,point.x + 4,point.y + 4); //绘制圆
    CView::OnLButtonDown(nFlags, point);
}
```

(6) 为了在改变程序窗口大小或最小化窗口后重新打开窗口时保留窗口原有的图形,必须在 OnDraw()函数中重新绘制前面所绘制的圆。这些圆的圆心坐标作为 CCircle 类对象的成员变量,所有 CCircle 对象的指针已保存在动态数组 m_CircleArray 中。

```
void CLi73View::OnDraw(CDC * pDC)
{
    CLi73Doc * pDoc = GetDocument();
    ASSERT_VALID(pDoc);
    if(!pDoc)
        return;
    //TODO: 在此处为本机数据添加绘制代码
    int nIndex = pDoc -> GetNumCircles();                   //取得圆的数量
    TRACE("nIndex1 = % d\n",nIndex);                        //调试程序用
                                                            //循环画出每一个圆
    while(nIndex -- )                                       //数组下标从 0 到 nIndex - 1
    {
        TRACE("nIndex2 = % d\n",nIndex);                    //调试程序用
        pDoc -> GetCircle(nIndex) -> DrawCircle(pDC);       //CCircle 类的成员函数
    }
}
```

（7）编译、链接并运行，结果与例 7.2 程序的结果一样。

7.3　文档的读/写

GetDocument（）函数负责文档类和视图类之间的数据传递，而文档类的数据要存盘或读盘就要与磁盘进行数据传递，这自然能想到用 CFile 类和 CFileDialog 文件对话框来实现。这样做没有问题，但 MFC 中还提供了一种读/写文件的简单方法——"序列化"（Serialize）。序列化机制通过更高层次的接口功能向开发者提供了更利于使用和透明于字节流的文件操作方法。序列化也叫串行化。

7.3.1　MFC 文档的读/写机制

使用 MFC 文档/视图结构可以很简便地进行文档读/写操作，先来看 MFC 对不同文档的具体程序的运行过程。

1. 创建文档

当文档/视图结构的应用程序运行到应用程序类的 InitInstance（）函数时，在调用了 AddDocTemplate（）函数之后，ProcessShellCommand（）取出运行时命令行传入的命令行参数。如果命令行参数包含文件名，则 ProcessShellCommand（）会打开相应的文件，否则间接调用 CWinApp 的另一个非常有用的成员函数——OnFileNew（）自动生成一个新文档。在生成新文档时，应用程序类将检查文档模板链表，如果链表中只有一个文档模板对象，就直接调用该对象的 OpenDocumentFile（）函数；如果链表中有多个文档模板对象，就会弹出一个对话框，让用户选择模板，然后调用所选文档模板对象的 OpenDocumentFile（）函数，这个函数将依次完成下列操作：

（1）构造文档对象，但并不从磁盘中读数据。

（2）构造主框架窗口类 CMainFrame 的对象，并创建该主框架窗口，但不显示。

（3）构造视图对象并创建视图窗口，也不显示。

（4）通过内部机制使文档、主框架和视图"对象"之间"真正"建立联系。注意与 AddDocTemplate（）函数的区别，AddDocTemplate（）函数建立的是"类"之间的联系。

（5）调用文档对象的 CDocument∷OnNewDocument（）虚函数。

OnNewDocument（）将首先调用 CDocument∷DeleteContents（）虚函数来清除文档对象的内容，然后再调用 SetModifiedFlag(false)将文档修改标志清除，如图 7.5 所示。

（6）调用视图对象的 CView∷OnInitialUpdate（）虚函数对视图进行初始化操作。

（7）调用框架对象的 CFrameWnd∷ActivateFrame（）虚函数，以便显示出带有菜单栏、工具栏、状态栏以及视图窗口的主框架窗口。

说明：在单文档应用程序中，文档、主框架以及视图对象仅被创建一次，并且这些对象在整个运行过程中都有效。CWinApp∷OnFileNew（）函数被 InitInstance（）函数所调用。当用户选择"文件"|"新建"菜单命令时，CWinApp∷OnFileNew（）也会被调用，与 InitInstance（）不同的是，在这种情况下不再创建文档、主框架以及视图对象，但上述过程的最后 3 个步骤仍然会被执行。

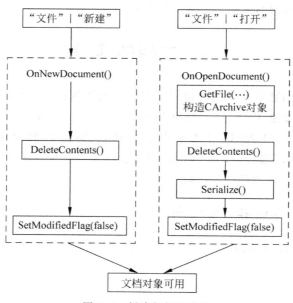

图 7.5　创建与打开文档

2. 打开文档

在使用"MFC 应用"项目模板创建文档应用程序时,会自动将"文件"菜单中的"打开"菜单命令（ID 为 ID_FILE_OPEN）映射到 CWinApp 的 OnFileOpen()成员函数。这一结果可以从应用类的消息入口处得到验证:

```
BEGIN_MESSAGE_MAP(CExSDlapp, CWinApp)
…
        ON_COMMAND(ID_FILE_NEW,CWinApp::OnFileNew)
        ONCOMMAND(ID_FILE_OPEN,CWinApp::OnFileOpen)
…
END MESSAGE MAP()
```

OnFileOpen()函数还会进一步完成下列操作:

（1）弹出"打开"对话框,供用户选择一个文档。

（2）指定文档后,调用文档对象的 CDocument::OnOpenDocument()虚函数。

CDocument::OnOpenDocument()将首先调用 CDocument::GetFile()获得给定文件的 CFile 指针,再调用 DeleteContents()清除文档对象的内容,然后用 CFile 指针创建一个 CArchive 对象交给 Serialize()函数完成读文件重建文档对象的操作,最后调用 SetModifiedFlag(false)将文档修改标志清除,如图 7.5 所示。

（3）调用视图对象的 CView::OnInitialUpdate()虚函数。

除了可以使用"文件"|"打开"菜单命令外,用户还可以通过选择最近使用过的文件列表来打开相应的文档。在应用程序的运行过程中,系统会记录下 4 个（默认）最近使用过的文件,并将文件名保存在 Windows 的注册表中。在每次启动应用程序时,应用程序都会将最近使用过的文件名显示在"文件"菜单中。

3. 保存文档

在使用"MFC 应用"项目模板创建应用程序时,会自动将"文件"菜单中的"保存"菜单命令与文档类 CDocument 的 OnFileSave() 函数在内部关联起来,用户在程序框架中看不到相应的代码。OnFileSave() 函数还会进一步完成下列操作:

(1) 弹出"保存"对话框,让用户提供一个文件名。

(2) 调用文档对象的 CDocument∷OnSaveDocument() 虚函数。

CDocument∷OnSaveDocument() 虚函数将首先询问文件的名称,调用 GetFile() 获得给定文件的 CFile 指针,然后用 CFile 指针创建一个 CArchive 对象交给 Serialize() 函数完成写文件的操作,最后调用 SetModifiedFlag(false) 将文档修改标志清除,如图 7.6 所示。

说明:只有在保存文档之前还没有存过盘(也没有文件名)或读取的文档是"只读"时,OnFileSave() 函数才会弹出"保存"对话框,否则只执行步骤(2)。

在"文件"菜单中还有一个"另存为"菜单命令,它与文档类 CDocument 的 OnFileSaveAs() 函数相关联。不管文档有没有保存过,OnFileSaveAs() 都会执行上述两个步骤。

上述将文档存盘的必要操作都是由系统自动完成的。

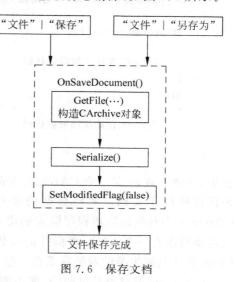

图 7.6 保存文档

4. 关闭文档

当用户试图关闭文档(或退出应用程序)时,应用程序会根据用户对文档修改与否来进一步完成下列任务:

(1) 若文档内容已被修改,则弹出一个消息对话框,询问用户是否需要将文档保存。若用户选择"是",则应用程序执行 OnFileSave() 过程。

(2) 调用 CDocument∷OnCloseDocument() 虚函数,关闭所有与该文档相关联的文档窗口及相应的视图,调用文档类 CDocument 的 DeleteContents() 函数清除文档数据。

说明:MFC 应用程序通过 CDocument 类的 protected 类型成员变量 m_bModified 的逻辑值来判断程序员是否对文档进行过修改,如果 m_bModified 为 TRUE,则表示文档被修改过。对于程序员来说,可以通过 CDocument 类的 SetModifiedFlag() 成员函数来设置或通过 IsModified() 成员函数来访问 m_bModified 的逻辑值。在创建文档,从磁盘中读出以及保存文档时,文档的这个标记就被置为 FALSE,而当文档中的数据被修改时,程序员必须使用 SetModifiedFlag() 函数将该标记置为 TRUE。这样,当用户关闭文档时应用程序才会显示询问对话框。由于多文档应用程序的读/写过程基本上和单文档相似,所以这里无须重复讲述。

7.3.2 MFC 文档的序列化

序列化的基本思想是一个类应该能够对自己的成员变量的数据进行读/写操作,对象可以通过读操作重新创建,即对象可以将其当前状态(由其成员变量的值表示)写入永久性存储体(通常是指磁盘)中,以后可以从永久性存储体中读取(载入)对象的状态,从而重建对象。这种对象的保存和恢复的过程称为序列化。

从上述的单文档读/写过程可以看出,在打开和保存文档时,系统都会自动调用 Serialize()函数。事实上,"MFC 应用"项目模板在创建文档应用程序框架时已经在文档类中重新定义了 Serialize()函数,通过在该函数中添加代码可以达到实现文档序列化的目的。

"MFC 应用"项目模板生成的 Serialize()函数由一个 if-else 结构组成,例如应用程序 Li7_1 中有如下代码:

```
void  CLi71Doc::Serialize(CArchive& ar)
//CLi7_1CDoc 类是 CDocument 类的派生类
{
    if(ar.IsStoring())
    {
        //TODO:在此添加存储代码
    }
    else
    {
        //TODO:在此添加加载代码
    }
}
```

其中,函数参数 ar 是一个 CArchive 类的对象,在一般情况下,总是使用 CArchive 类的对象来保存和打开文档。文档数据的序列化操作通过 CArchive 类对象作为中介来完成。CArchive 类对象由应用程序框架创建,CArchive 类包含一个 CFile 类指针的成员变量,其构造函数也有一个 CFile 类指针的参数。当创建一个 CArchive 类对象时,该对象与一个 CFile 类或其派生类的对象联系在一起,代表一个已打开的文件。

CArchive 类对象是单向的,即不能通过一个 CArchive 类对象既进行文档的保存又进行文档的读取。通过调用 CArchive 类的成员函数 IsStoring()来检索当前 CArchive 类对象的属性。如果 CArchive 类对象用于写数据,IsStoring()函数返回 TRUE;如果 CArchive 类对象用于读数据,IsStoring()函数返回 FALSE。

由于不同程序的数据结构各不相同,应在 Serialize()函数中添加代码,使其支持对特定数据的序列化,并且任何需要保存的变量(数据)都应该在文档派生类中声明。

视频讲解

【例 7.4】 继续完善例 7.2 的应用程序 Li7_1,以便将绘制好的图形保存在磁盘上。其操作步骤如下:

(1) 在 CLi71Doc∷Serialize()函数中添加如下代码,完成文档的序列化。

```
void CLi71Doc::Serialize(CArchive& ar)
{
    if(ar.IsStoring())
    {
        //TODO: 在此添加存储代码
        ar << m_index;
        for(int i = 0;i <= m_index;i++)
            ar << points[i];
    }
    else
    {
        //TODO: 在此添加加载代码
```

```
        ar >> m_index;
        for(int i = 0;i < = m_index;i++)
            ar >> points[i];
    }
}
```

（2）在 CLi71View::OnLButtonDown()中增加阴影部分的代码，提示用户是否保存当前文档。

```
void CLi71View::OnLButtonDown(UINT nFlags, CPoint point)
{
    ...
    pDoc -> SetModifiedFlag();                              //设置文档修改标志
    CClientDC dc(this);
    dc.Ellipse(point.x - 4,point.y - 4,point.x + 4,point.y + 4);  //绘制圆
    CView::OnLButtonDown(nFlags, point);
}
```

（3）编译、链接并运行，然后保存文件，重新单击后打开保存的文件，得到如图 7.7 所示的结果。

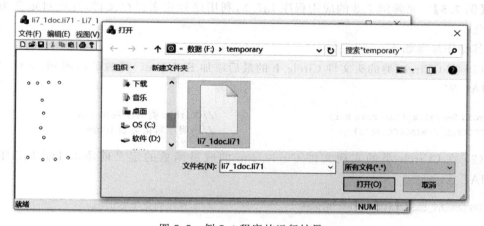

图 7.7　例 7.4 程序的运行结果

文档序列化与一般的文件处理最大的不同在于：在序列化中，对象本身对读和写负责。在例 7.4 中，CArchive 类对象并不知道也不需要知道它所读/写数据的内部结构，CArchive 类对象为读/写 CFile 类对象中的可序列化数据提供了一种安全的缓冲机制，它们之间形成了如下关系：

Serialize()函数↔CArchive 类对象↔CFile 类对象↔磁盘文件

CArchive 类对象使用重载的插入(<<)和提取(>>)操作符执行读和写操作。这种方式与 cin 和 cout 中的输入/输出流非常相似，只是这里处理的是二进制对象，而 cin 和 cout 处理的是 ASCII 字符串。

可见序列化使得程序员可以不直接面对一个物理文件而进行文档的读/写。序列化实现了文档数据的保存和装入的幕后工作，MFC 通过序列化实现应用程序的文档读/写功能。

7.3.3　自定义可序列化的类

　　文档序列化是通过调用文档中需要保存的各个对象的序列化函数 Serialize( )进行数据的读/写的。

　　在例 7.4 中,使用 CPoint 数组和整型量来保存圆的信息,由于它们是 MFC 类,所以可以序列化自己,即通过将自己写入磁盘或从磁盘文件中读取二进制数据来建立对象。那么,如果不是标准的 MFC 类,比如用户自己定义的类,如何让它支持序列化呢?

　　要让用户定义的类支持序列化,该类必须满足以下 5 个条件:

　　(1) 类从 CObject 类派生。

　　(2) 类的声明部分必须有 DECLARE_SERIAL 宏,此宏需要一个参数,即类名称。

　　(3) 类的实现部分有 IMPLEMENT_SERIAL 宏,此宏需要 3 个参数,一是类名称,二是基类名称,三是版本号。

　　(4) 类中重新定义 Serialize( )虚函数,使它能够适当地把类的成员变量写入文件。

　　(5) 类中含有一个默认构造函数,这是因为如果一个对象来自文件,MFC 必须先动态地创建它,而且在没有任何参数的情况下调用构造函数,然后才从文件中读取对象数据。

视频讲解

　　【例 7.5】　完善例 7.3 的应用程序 Li7_3,利用序列化来保存文件,并使自定义类支持序列化。

　　其操作步骤如下:

　　(1) 在 CCircle 类的头文件 Circle. h 的最后添加 Serialize( )函数的声明和 DECLARE_SERIAL 宏。

```
void Serialize(CArchive &ar);            //CCircle 类的序列化函数
DECLARE_SERIAL(CCircle)                   //声明序列化类 CCircle
```

　　(2) 在 CCircle 类的实现文件 Circle. cpp 的成员函数的定义前添加 IMPLEMENT_SERIAL 宏。

```
IMPLEMENT_SERIAL(CCircle,CObject,1)        //实现序列化类 CCircle
```

　　(3) 编写 CCircle 类的序列化函数 Serialize( )。

```
void CCircle::Serialize(CArchive &ar)
{
    if(ar.IsStoring())
        ar << m_pt;                       //保存对象的数据
    else
        ar >> m_pt;                       //读出对象的数据
}
```

　　(4) 在 CLi73Doc∷Serialize( )函数中添加代码,完成文档的序列化。

```
void CLi73Doc∷Serialize(CArchive& ar)
{
    if(ar.IsStoring())
    {
        //TODO: 在此添加存储代码
```

```
        m_CircleArray.Serialize(ar);                    //调用 CObArray 类的序列化函数
    }
    else
    {
        //TODO: 在此添加加载代码
        m_CircleArray.Serialize(ar);                    //调用 CObArray 类的序列化函数
    }
}
```

在步骤(3)实现了 CCircle 类的序列化,但只是一个圆的序列化。变量 m_CircleArray 中存放的是 CCircle 类对象的指针,自然会调用 CCircle 类的序列化函数。这样通过对变量 m_CircleArray 的序列化完成了多个 CCircle 类对象的序列化,即完成所有圆数据的读/写操作。

(5)利用"类向导"工具重新定义文档类函数 DeleteContents(),删除当前文档对象的内容。

```
void CLi73Doc::DeleteContents()
{
    //TODO: 在此添加专用代码或调用基类
    int nIndex = GetNumCircles();
    while(nIndex --- )
    delete m_CircleArray.GetAt(nIndex);               //清除圆
    m_CircleArray.RemoveAll();                        //释放指针数
    CDocument::DeleteContents();
}
```

(6)在 CLi73Doc::AddCircle()的最后添加为程序增加提示保存功能的代码。

```
SetModifiedFlag();                                    //设置文档修改标志
```

(7)编译、链接并运行,其效果与例7.4一样。

7.4 分割视图窗口

分割窗口将窗口分成几个部分,每个部分通常代表一个视图,又称窗格。如果想在一个窗口里面观察文档的不同部分,或者在一个窗口里用不同类型的视图(例如用图表或表格)观察同一个文档,那么采用分割窗口是非常方便的。许多优秀的软件都采用了分割窗口技术,因此读者有必要掌握分割窗口的用法。

分割窗口分为两类,即动态分割窗口和静态分割窗口。

动态分割窗口是指用户可以动态地分割和除去分割窗口,分割窗口会创建和删除相应的窗格。Microsoft Word 就是使用动态分割窗口的例子,这是一种最常用的分割窗口。动态分割窗口最多可以有 2(行)×2(列)个窗格。

静态分割窗口是指在窗口创建时分割窗口的窗格就已经创建好了,且窗格的数量和顺序不会改变。窗格被一个分割条所分割,用户可以拖动分割条调整相应窗格的大小。Visual Studio 的图标编辑器就是静态分割窗口的例子。在编辑器的左边窗格中显示图标的微缩图像,在右边显示图标的编辑窗口,用户可以拖动中间的分割条调整两个窗格的大小。静态分割窗口最多可以有 16(行)×16(列)个窗格。

7.4.1　CSplitterWnd 类

CSplitterWnd 是 MFC 类库中实现分割窗口的基类,可以根据需要从该类派生自己的分割窗口类。分割窗口是含多个窗格的窗口,每个窗格通常是应用程序特定的 CView 派生类的对象,也可以是具有适当子窗口 ID 的任何 CWnd 对象。CSplitterWnd 类是 CWnd 类的派生类,因此 CSplitterWnd 类除了具有表 7.4 所示的成员函数外,还继承了 CWnd 类的成员函数。

表 7.4　CSplitterWnd 类的成员函数

成 员 函 数	说　明
CSplitterWnd()	该函数构造一个 CSplitterWnd 类的对象的对象
Create()	该函数创建动态分割窗口,并将此窗口链接给 CSplitterWnd 类的对象
CreateStatic()	该函数创建静态分割窗口,并将此窗口链接给 CSplitterWnd 类的对象
CreateView()	该函数在分割窗口中创建一个窗格
GetRowCount()	返回当前窗格的行计数值
GetColumnCount()	返回当前窗格的列计数值
GetRowInfo()	返回指定行上的信息
SetRowInfo()	设置指定行上的信息
GetColumnInfo()	返回指定列上的信息
SetColumnInfo()	设置指定列上的信息
GetPane()	返回指定行和列处的窗格
IsChildPane()	确定一个窗口当前是否为这个分割窗口的子窗口
IdFromRowCol()	返回指定行和列处的窗格的子窗口 ID 值
RecalcLayout()	在调整行或列的尺寸后,调用该函数重新显示该分割窗口
GetScrollStyle()	返回共享滚动条的风格
SetScrollStyle()	为该分割窗口共享的滚动条指定新的滚动条风格

7.4.2　分割视图窗口的实现技术

"MFC 应用"项目模板也支持动态拆分窗口。在使用"MFC 应用"项目模板创建 MFC 应用程序时,若在"用户界面功能"窗口的"主框架样式"中选择"拆分窗口",就会在父框架窗口类(单文档应用程序是 CFrameWnd 的派生类,多文档应用程序是 CMDIChildWnd 的派生类)中嵌入一个 CSplitterWnd 成员变量,重载父框架窗口类的 OnCreateClient() 成员函数。

```
//在 MainFrame 头文件中
class CMainFrame: public CFrameWnd
{
    …
    protected:
        CSplitterWnd m_wndSplitter;
    …
    public:
```

```
             virtual BOOL OnCreateClient(LPCREATESTRUCT lpcs,
                                CCreateContext * pContext);
```
```
        virtual BOOL PreCreateWindow(CREATESTRUCT& cs);
        …
};
        //在 MainFrame 实现文件中
        BOOL CMainFrame::OnCreateClient(LPCREATESTRUCT / * lpcs * /,
        CCreateContext * pContext)
{
        return m_wndSplitter.Create(this,
                            1, 2,              //调整行数和列数
                            CSize(10, 10), //指定窗格的最小尺寸
                            pContext);
}
```

如果在创建 MFC 应用程序的过程中没有勾选"拆分窗口"的"主框架样式"选项,在应用程序的相应部分添加上述代码即可。

在 7.1.1 节中主要说明使用者打开或新建一个文件时 MFC 内部关于文档/视图结构的动态创建过程。实际上 View 的动态创建过程经过了一串操作,如图 7.8 所示。为了实现窗口的拆分,改写其中的第 3 个虚函数 CFrameWnd::OnCreateClient()。

从 7.4.1 节得知,CSplitterWnd 类既可以实现动态分割窗口,又可以实现静态分割窗口。分割窗口最方便的方法是先用"MFC 应用"项目模板产生动态分割的代码,再修改 OnCreateClient()中的部分代码。下面通过实例详细介绍分割窗口的实现技术。

```
┌─────────────────────────────┐
│  CFrameWnd::OnCreate()      │
└─────────────────────────────┘
              │
              ▼
┌─────────────────────────────┐
│  CFrameWnd::OnCreateHelper()│
└─────────────────────────────┘
              │
              ▼
┌─────────────────────────────┐
│  CFrameWnd::OnCreateClient()│
└─────────────────────────────┘
              │
              ▼
┌─────────────────────────────┐
│  CFrameWnd::CreateView()    │
└─────────────────────────────┘
```

图 7.8　View 的动态创建过程

1. 动态分割窗口

动态分割窗口是调用 Create()成员函数创建的,通常用于创建同一文档的多个窗格,此处窗格属于同一个类。

CSplitterWnd 类的成员函数 Create()是动态拆分窗口的关键,该函数的原型为

```
BOOL Create(CWnd * pParentWnd, int nMaxRows, int nMaxCols, SIZE sizeMin, CCreateContext *
        pContext, DWORD dwStyle = WS_CHILD | WS_VISIBLE |WS_HSCROLL | WS_VSCROLL | SPLS_
        DYNAMIC_SPLIT, UINT nID = AFX_IDW_PANE_FIRST);
```

其中,第 1 个参数表示父窗口;第 2 个参数为拆分窗口的最大行数;第 3 个参数为拆分窗口的最大列数;第 4 个参数为窗格的最小尺寸且为一个 CSize 对象;第 5 个参数为在窗格上使用的 View 类,可直接取 OnCreateClient()的第 2 个参数;第 6 个参数指定拆分窗口的风格,默认为可见的子窗口,有水平滚动条和垂直滚动条,并支持动态拆分;第 7 个参数为拆分窗口的 ID。

视频讲解

【例 7.6】　创建一个具有一行两列窗格的动态分割窗口的单文档应用程序 Li7_6。

其操作步骤如下:

(1) 使用"MFC 应用"项目模板创建一个单文档应用程序 Li7_6。注意在"用户界面功能"窗口中勾选"拆分窗口"选项,这样一个新的"分隔"菜单项将被添加到"查看"菜单中。

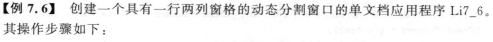

225

第 7 章

文档与视图

（2）对 CMainFrame∷OnCreateClient()函数做如下修改。

将以下代码

```
//创建一个 2 行×2 列窗格的动态分割窗口
return m_wndSplitter.Create(this,
                            2, 2,            //调整行数和列数
                            CSize(10, 10),   //指定窗格的最小尺寸
                            pContext);
```

替换为

```
//创建一个 1 行×2 列窗格的动态分割窗口
    return m_wndSplitter.Create(this,
                            1, 2,            //调整行数和列数
                            CSize(10, 10),   //指定窗格的最小尺寸
                            pContext);
```

（3）编译、链接并运行程序 Li7_6，拖动滚动条上名为"拆分棒"的横杆，得到如图 7.9 所示的结果。

结果分析与讨论：当通过拖动滚动条上名为"拆分棒"的横杆使新窗口拆分时，程序将以动态创建的方式产生新的视图窗口，因此 View 类必须支持动态创建，也就是说必须使用 DECLARE_DYNCREATE 和 IMPLEMENT_DYNCREATE 宏。

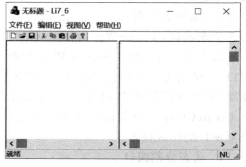

图 7.9　动态分割窗口

2. 静态分割窗口

静态分割窗口是调用成员函数 CreateStatic()创建的，通常用于创建同一文档的多个不同窗格，而这里的多个窗格往往属于不同类，这些窗格在创建分割窗口时就必须分别创建，通常使用 CreateView()函数创建窗格。

1）CreateStatic()函数

该函数的原型为

```
BOOL CreateStatic(CWnd * pParentWnd, int nRows, int nCols, DWORD dwStyle = WS_CHILD | WS_
                  VISIBLE, UINT nID = AFX_IDW_PANE_FIRST);
```

其中，第 1 个参数代表此拆分窗口的父窗口；第 2 个和第 3 个参数代表横列和纵行的个数；第 4 个参数代表窗口的风格；第 5 个参数代表窗口 ID 的起始值。

2）CreateView()函数

该函数的原型为

```
virtual BOOL CreateView(int row,  int col, CRuntimeClass * pViewClass, SIZE sizeInit,
CCreateContext * pContext);
```

其中，第 1 个和第 2 个参数是窗口的标号（从 0 算起）；第 3 个参数是 View 类的 CRunTimeClass 指针，可以利用 RUNTIME_CLASS 宏取此指针，也可以利用 OnCreateClient()的第 2 个参

数 CCreateContext * pContext 所存储的成员变量 m_pNewViewClass 来取指针；第 4 个参数是窗格的初始大小；第 5 个参数与 Create() 中的同名参数的含义一样。

【例 7.7】 创建一个具有一行两列窗格的静态分割窗口的单文档应用程序 Li7_7，其中左窗格是一个 CFormView 视图，用于选择画线、矩形、圆及图形的颜色，右窗格是一个 CView 视图，响应这些选择用于画指定颜色的线、矩形、圆，如图 7.10 所示。

视频讲解

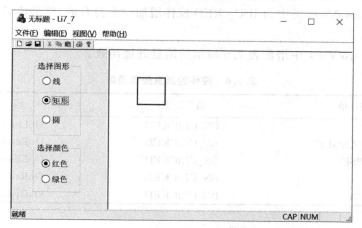

图 7.10　静态分割窗口

其操作步骤如下：

（1）使用"MFC 应用"项目模板创建一个单文档应用程序 Li7_7，并在"用户界面功能"窗口中勾选"拆分窗口"选项。

（2）在 Cli77Doc 类中增加两个公有的整型成员变量，即 m_Choose 和 m_Color，用于存放选择值，供 CLi77View 选择图形和颜色。

（3）编辑 Cli77Doc::CLi77Doc() 函数，初始化变量 m_Choose 和 m_Color。

```
m_Choose = 0;
m_Color = 0;
```

（4）创建选择对话框资源。

① 创建一个新的对话框资源，其 ID 为 IDD_FORMVIEW。

② 增加对话框控件，见表 7.5。

表 7.5　对话框控件

对　　象	ID	属　　性
对话框	IDD_CHOOSE	无边界，不可见，子控件
组框	IDC_STATIC	选择图形
单选按钮	IDC_LINE	组
单选按钮	IDC_RECTANGLE	
单选按钮	IDC_ELLIPSE	
组框	IDC_STATIC	选择颜色
单选按钮	IDC_RED	组
单选按钮	IDC_GREEN	

227

（5）创建一个新的对话框类 CChooseView。

① 在上述对话框模板可见的情况下，用"类向导"工具创建一个新的 MFC 类 CChooseView，其基类为 CFormView。

② 在 CChooseView 类中为 IDC_LINE 控件增加一个公有的、整型成员变量 m_Choose，将其初始化为 0。

③ 在 CChooseView 类中为 IDC_RED 控件增加一个公有的、整型成员变量 m_Color，将其初始化为 0。

④ 在 CChooseView 中增加表 7.6 所示的消息处理函数。

表 7.6 控件的消息处理函数

对象 ID 值	消　息	函　　数
IDC_LINE	BN_CLICKED	OnLine()
IDC_RECTANGLE	BN_CLICKED	OnRectangle()
IDC_ELLIPSE	BN_CLICKED	OnEllipse()
IDC_RED	BN_CLICKED	OnRed()
IDC_GREEN	BN_CLICKED	OnGreen()

（6）编辑 CChooseView.cpp 文件。

① 在 CChooseView.cpp 文件的开始处添加包括 CLi77Doc 类头文件的语句。

```
#include "Li7_7Doc.h"
```

② 编辑 CChooseView.cpp 文件中的消息处理函数。

```
CChooseView::OnLine()
{
    CLi77Doc * pDoc = (CLi77Doc * )GetDocument();
    pDoc->m_Choose = 0;
    pDoc->UpdateAllViews(this);
}
CChooseView::OnRectangle()
{
    CLi77Doc * pDoc = (CLi77Doc * )GetDocument();
    pDoc->m_Choose = 1;
    pDoc->UpdateAllViews(this);
}
CChooseView::OnEllipse()
{
    CLi77Doc * pDoc = (CLi77Doc * )GetDocument();
    pDoc->m_Choose = 2;
    pDoc->UpdateAllViews(this);
}
void CChooseView::OnRed()
{
    CLi77Doc * pDoc = (CLi77Doc * )GetDocument();
    pDoc->m_Color = 0;
    pDoc->UpdateAllViews(this);
```

```
}
void CChooseView::OnGreen()
{
    CLi77Doc * pDoc = (CLi77Doc * )GetDocument();
    pDoc->m_Color = 1;
    pDoc->UpdateAllViews(this);
}
```

（7）编辑 MainFrm. cpp 文件。

① 修改 CMainFrame::OnCreateClient()函数。

```
VERIFY(m_wndSplitter.CreateStatic(this,1,2));
m_wndSplitter.CreateView(0,0,RUNTIME_CLASS(CChooseView),CSize(0,0),pContext);
m_wndSplitter.CreateView(0,1,RUNTIME_CLASS(CLi7_7View),CSize(0,0),pContext);
CChooseView * pWnd = (CChooseView * )m_wndSplitter.GetPane(0,0);
CSize size = pWnd->GetTotalSize();
m_wndSplitter.SetColumnInfo(0,size.cx,1);
/*第1个参数为窗口的列号,第2个参数为列的实际宽度,第1个参数为列的最小宽度,单位为像
素*/
return true;
```

② 在 MainFrm. cpp 文件的头部添加两个包含语句。

```
#include "Li7_7View.h"
#include "ChooseView.h"
```

（8）编辑 CLi7_7View::OnDraw(CDC * pDC),根据指定的选择来画图形。

```
void CLi77View::OnDraw(CDC * pDC)
{
    CLi77Doc * pDoc = GetDocument();
    ASSERT_VALID(pDoc);
    if(!pDoc)
        return;
    CPen * PenOld,PenNew;
    COLORREF PenColor = RGB(0,0,0);;
    PenColor = (pDoc->m_Color)?RGB(0,255,0):RGB(255,0,0);
    PenNew.CreatePen(PS_SOLID,3,PenColor);            //创建画笔
    PenOld = pDC->SelectObject(&PenNew);              //选用画笔
    switch(pDoc->m_Choose)
    {
        case 0:
            pDC->MoveTo(70,100);
            pDC->LineTo(140,100);
            break;
        case 1:
            pDC->Rectangle(70,70,140,140);
            break;
        case 2:
            pDC->Ellipse(70,70,140,140);
            break;
    }
```

文档与视图

```
        pDC -> SelectObject(PenOld);                          //还原画笔
        PenNew.DeleteObject();                                //释放画笔
    }
```

（9）编译、链接并运行程序,选择左窗格中的"矩形"和"红色"单选按钮,得到如图 7.10 所示的结果。

7.5　多文档的应用程序

MDI 应用程序是另一类重要的文档/视图结构程序。它的特点是用户一次可以打开多个文档,每个文档对应不同的窗口;主窗口的菜单会自动随当前活动的子窗口的变化而变化;可以对子窗口进行层叠、平铺等各种操作;子窗口可以在 MDI 主窗口区域内定位、改变大小、最大化和最小化,当最大化子窗口时,它将占满 MDI 主窗口的全部客户区。

7.5.1　多文档应用程序的界面

使用"MFC 应用"项目模板可以很方便地建立一个多文档应用程序。

视频讲解

【例 7.8】　编写一个多文档应用程序 Li7_8,程序运行后在客户区窗口中显示信息"这是一个多文档程序!"。

其操作步骤如下:

（1）利用"MFC 应用"项目模板创建一个 MDI 应用程序框架 Li7_8(只需在 MFC 应用程序向导的"应用程序类型"窗口中选择"多个文档"程序类型)。

（2）在成员函数 CLi78View::OnDraw()中添加代码。

```
void CLi78View::OnDraw(CDC * pDC)
{
    CLi78Doc * pDoc = GetDocument();
    ASSERT_VALID(pDoc);
    if(!pDoc)
        return;
    //TODO: 在此处为本机数据添加绘制代码
    pDC -> TextOut(60, 60, L"一个简单的多文档应用程序");
}
```

（3）编译、链接并运行程序,新建多个文档后得到如图 7.11 所示的结果。

从图 7.11 可以看到,与 SDI 不同,MDI 的主框架窗口并不直接与一个文档和视图相关联。MDI 框架窗口拥有 MDICLIENT(MDI 客户窗口),在显示或隐藏控制条(包括工具栏、状态栏等)时重新定位该子窗口。

MDI 客户窗口是 MDI 子窗口的直接父窗口,它负责管理主框架窗口的客户区以及创建子窗口。每个 MDI 主框架窗口都有且只有一个 MDI 客户窗口。

7.5.2　多视图的应用程序

文档与视图分离使得一个文档对象可以和多个视图相关联,这样可以更容易地实现多视图的应用程序。例如 Excel 制表程序能够对表格数据采用多种视图来显示,可以是网络

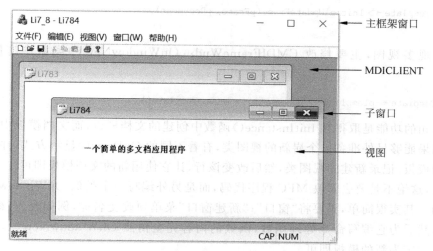

图 7.11　多文档应用程序的界面

状表格,也可以是条形表格。同一份文档数据可以用文字表示,也可以用图形表示。

　　只要具备 MDI 性质,MFC 应用程序就具备了"多视图"功能。虽然说静态分割窗口的窗口可视为完全独立的 View 窗口,但它们毕竟不是。它们还框在一个大窗口中。事实上,MDI 不仅可以在同一时间内同时打开多个文档,还可以为同一文档打开多个视图。在"窗口"菜单中选择"新建窗口"菜单命令,就为当前活动文档打开了一个新的子窗口。本节介绍一种利用子框架窗口实现多视图的方法。

　　在应用程序框架中并没有自动生成"窗口"|"新建窗口"菜单命令的处理函数,这个命令流到哪里去了?

　　打开 Winmdi. cpp 文件中 ID 为 ID_WINDOW_NEW 的菜单项的命令处理函数 CMDIFrameWnd::OnWindowNew(),其代码如下:

```
void CMDIFrameWnd::OnWindowNew()
{
    CMDIChildWnd * pActiveChild = MDIGetActive();
    CDocument * pDocument;
    if(pActiveChild == NULL ||
        (pDocument = pActiveChild->GetActiveDocument()) == NULL)
    {
        TRACE0("Warning: No active document for WindowNew command.\n");
        AfxMessageBox(AFX_IDP_COMMAND_FAILURE);
        return;                                           //命令失败
    }
    CDocTemplate * pTemplate = pDocument->GetDocTemplate();
    ASSERT_VALID(pTemplate);
    CFrameWnd * pFrame = pTemplate->CreateNewFrame(pDocument, pActiveChild);
    if(pFrame == NULL)
    {
        TRACE0("Warning: failed to create new frame.\n");
        return;                                           //命令失败
    }
```

```
        pTemplate->InitialUpdateFrame(pFrame, pDocument);
    }
```

要实现多视图,主要修改 CMDIFrameWnd::OnWindowNew() 函数中有阴影的那一行:

```
CDocTemplate * pTemplate = pDocument->GetDocTemplate();
```

该语句的功能是取得在 InitInstance() 函数中创建的文档模板,而文档模板中记录有视图类。如果能够另外准备一个崭新的视图类,有着不同的 OnDraw() 显示方式,并再准备另一个文档模板,记录新建的视图类,然后改变该行,让它使用新的文档模板即可。

当然,这绝不是要去修改 MFC 程序代码,而是另外编写一个类似 OnWindowNew() 的函数来用。其实很简单,只要将"窗口"|"新建窗口"菜单项改变名称,例如改为"窗口"|"斜体窗口",然后为它编写命令处理函数,函数的内容完全仿照 OnWindowNew(),把有阴影的那一行设定为新的模板即可。

视频讲解

【例 7.9】 编写一个 MDI 应用程序 Li7_9,当选择"窗口"|"斜体窗口"菜单命令时重新打开一个窗口,并以斜体显示一个文档的内容,如图 7.12 所示。

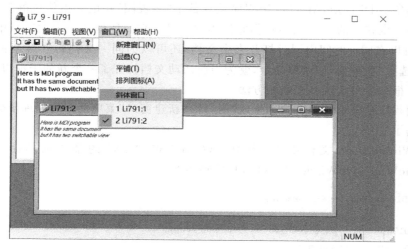

图 7.12 多视图效果

其操作步骤如下:

(1) 利用 MFC 应用程序向导创建一个 MDI 应用程序框架 Li7_9。

(2) 利用"类向导"工具创建一个新的视图类 CItalicView,其基类为 CView。

(3) 编辑应用程序类 CLi79App。

① 为应用程序类定义一个模板对象指针的成员变量,并利用"类向导"工具重新定义其虚函数 ExitInstance()。

```
class CLi79App: public CWinApp
{
public:
    CLi79App();
    CMultiDocTemplate * m_pTemplateItalic;
```

```
public:
    virtual BOOL InitInstance();
    virtual int ExitInstance();
    …
};
```

② 在应用程序类实现源文件 Li7_9.cpp 的 InitInstance() 函数中添加构建新的模板对象的代码，并编写虚函数 ExitInstance() 的实现代码。

```
BOOL CLi79App::InitInstance()
{
    …
    CMultiDocTemplate * pDocTemplate;
    pDocTemplate = new CMultiDocTemplate(
    IDR_LI7_9TYPE,
    RUNTIME_CLASS(CLi79Doc),
    RUNTIME_CLASS(CChildFrame),                    //自定义 MDI 子框架
    RUNTIME_CLASS(CLi79View));
    AddDocTemplate(pDocTemplate);
    m_pTemplateItalic = new CMultiDocTemplate(IDR_Li79TYPE,
        RUNTIME_CLASS(CLi79Doc),
        RUNTIME_CLASS(CChildFrame),                //自定义 MDI 子框架
        RUNTIME_CLASS(CItalicView));
    if(!m_pTemplateItalic)
        return FALSE;
    AddDocTemplate(m_pTemplateItalic);
    //创建主 MDI 框架窗口
    …
}
int CLi79App::ExitInstance()
{
    delete m_pTemplateItalic;                      //删除新构建的文档模板对象
    return CWinApp::ExitInstance();
}
```

③ 在 Li7_9.cpp 文件的开头位置加入包含指令：

```
# include "ItalicView.h"
```

（4）在文档类 CLi79Doc 中添加成员变量，并对其初始化。

```
class CLi79Doc: public CDocument
{
    …
public:
    CStringArray m_strText;
    …
}
BOOL CLi79Doc::OnNewDocument()
{
    if(!CDocument::OnNewDocument())
    return FALSE;
```

```
    m_strText.SetSize(3);
    m_strText[0] = "Here is MDI program";
    m_strText[1] = "It has the same document";
    m_strText[2] = "but It has two switchable view";
    //TODO: 在此处添加重新初始化代码
    //(SDI 文档将重用此文档)
    return TRUE;
}
```

（5）编辑主框架类 CMainFrame。

① 打开 IDR_LI7_9TYPE 菜单资源，在"窗口"主菜单中添加菜单项"斜体窗口"，其 ID 为 ID_WINDOW_ITALIC。利用"类向导"工具在 CMainFrame 类中为"斜体窗口"菜单项添加命令处理函数，并添加代码。

```
void CMainFrame::OnWindowItalic()
{
    CMDIChildWnd * pActiveChild = MDIGetActive();        //获得子窗口
    CDocument * pDocument;
    if(pActiveChild == NULL||
    (pDocument = pActiveChild->GetActiveDocument()) == NULL)
    {
        TRACE0("Warning: No active document for WindowNew command.\n");
        AfxMessageBox(AFX_IDP_COMMAND_FAILURE);
        return;
    }
    //获得新的文档模板指针
    CDocTemplate* pTemplate = ((CLi7_9App*)AfxGetApp())->m_pTemplateItalic;
        ASSERT_VALID(pTemplate);
    //创建新的框架窗口
    CFrameWnd* pFrame = pTemplate->CreateNewFrame(pDocument, pActiveChild);
    if(pFrame == NULL)
    {
        TRACE0("Warning: failed to create new frame.\n");
        return;
    }
    pTemplate->InitialUpdateFrame(pFrame, pDocument);  //更新视图
}
```

② 在 MainFrm.cpp 文件的开头位置加入包含指令。

```
# include "Li7_9Doc.h"
```

（6）修改 CLi79View::OnDraw() 函数，实现文本正常显示的功能。

```
void CLi79View::OnDraw(CDC* pDC)
{
    CLi7_9Doc* pDoc = GetDocument();
    ASSERT_VALID(pDoc);
    //TODO: 在此添加原始代码数据
    TEXTMETRIC tm;
    pDC->GetTextMetrics(&tm);                    //获得当前字体的 TEXTMETRIC 结构
```

```
int y = 10;
for(int i = 0;i < pDoc -> m_strText.GetSize();i++)
{
    pDC -> TextOut(0,y,pDoc -> m_strText[i]);
    y += tm.tmHeight + tm.tmExternalLeading;         //计算纵坐标
}
}
```

（7）在 ItalicView. cpp 文件的开头位置加入包含指令＃include "Li79Doc. h",并改写其成员函数 OnDraw(),实现文本以斜体显示的功能。

```
void CItalicView::OnDraw(CDC * pDC)
{
    CLi79Doc * pDoc = (CLi79Doc * )GetDocument();
    LOGFONT lf;
    memset(&lf,0,sizeof(LOGFONT));
    lf. lfItalic = TRUE;
    lf. lfUnderline = FALSE;
    CFont font;
    font.CreatePointFontIndirect(&lf);
    CFont * poldfont = pDC -> SelectObject(&font);
    TEXTMETRIC tm;
    pDC -> GetTextMetrics(&tm);
    int y = 10;
    for(int i = 0;i < pDoc -> m_strText.GetSize();i++)
    {
        pDC -> TextOut(0,y,pDoc -> m_strText[i]);
        y += tm.tmHeight + tm.tmExternalLeading;
    }
    pDC -> SelectObject(poldfont);
}
```

（8）编译、链接并运行程序。程序运行后,刚开始显示的是默认视图 CLi79View 窗口,这时文档内容以默认字体显示;当选择"窗口"|"斜体窗口"菜单命令后,打开一个视图 CItalicView 窗口,并以斜体显示文档内容。该程序的运行结果如图 7.12 所示。

7.5.3 多类型的应用程序

前面所介绍的都是以不同的方式在不同的窗口中显示同一份文件数据。事实上,多文档应用程序除了支持单一文件类型外,还支持多文件类型,即一个应用程序可以处理多种文件格式,例如 Word 既可以打开文本文件,也可以打开电子表格文件。为了支持多文件类型,需要在程序中定义一个基于 CDocument 的派生类和一个支持这种文件显示的视图类,补充其功能,然后通过文档模板加入。

MDI 应用程序中的应用类里的 InitInstance()函数可以通过多次调用 AddDocTemplate()函数来支持多个文档模板,每个模板可指定不同的文档类、视图类和 MDI 子边框窗口类进行组合。当用户从多文档模板应用程序中选择"文件"|"新建"菜单命令时,应用程序框架会弹出"新建"对话框,允许用户根据字符串资源中所指定的名字(文档类型的子字符串)来选择一个模板。

注意：在 SDI 应用程序中并不支持多次 AddDocTemplate() 的调用，因为此时在应用程序的生存期内，文档对象、视图对象和边框窗口对象都只能被创建一次。

在建有多个文档模板的 MDI 应用程序运行时，应用程序对象保持了活动文档模板对象的一个列表。CWinApp 成员函数 GetFirstDocTemplatePosition() 和 GetNextDocTemplate() 允许在模板列表中迭代。这些函数与 CDocTemplate 的成员函数 GetFirstDocPosition() 和 GetNextDoc() 允许访问所有应用程序的文档对象。

如果不需要显示模板列表框，可以编辑"文件"菜单，为每一种文档类型添加一个"新建"菜单项。为此，可按下面的方式编写命令消息处理函数，每一种模板使用相应的文档类型子字符串。

视频讲解

【例 7.10】 建立一个多类型文档的应用程序 Li7_10，该应用程序能显示两种类型的窗口，一种输出文本，在另一种窗口中可以输出图形，同时根据不同的文件类型显示不同的菜单，如图 7.13 所示。

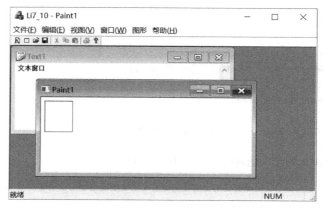

图 7.13 多类型应用程序效果

其操作步骤如下：

（1）使用"MFC 应用"项目模板创建一个 MDI 应用程序 Li7_10，并将视图类 Li710View 的基类设置为 CEditView，其他取默认值。

（2）利用"类向导"工具按表 7.7 建立另一种用途的子边框类、视图类、文档类。

表 7.7 新建类与基类的关系

子 边 框 类		视 图 类		文 档 类	
派生类	基类	派生类	基类	派生类	基类
CPaintChildFrame	CMDIChildWnd	CPaintView	CScrollView	CPaintDoc	CDocument

（3）在 CLi710App 头文件中增加文档模板对象指针。

```
CMultiDocTemplate * pDocTemplate1;
```

（4）编辑串表资源。

① 将原来的 ID 值 IDR_L710TYPE 改为 IDR_TEXT，将其"描述文字"字符串\nLI7_10\nLI7_10\n\n\nLI710. Document\nLI7_10 Document 改为\nText\nText\n\n\nText.

Document\nText Document。

② 插入一个串资源。

其 ID 为 IDR_PAINT，其"描述文字"字符串为\nPaint\nPaint\n\n\nPaint. Document\
nPaint Document。

字符串资源的主要作用是设定文件类型、扩展名等。字符串资源包括 7 个域，用\n 分
割。第 1 个域代表当打开这种文件类型时出现在主框架窗口的标题，该字符串仅出现在
SDI 程序中，对于多文档程序为空，因此 IDR_PAINT 以"\n"开头；第 2 个域代表打开文件
预定使用的文件名称；第 3 个域代表文件类型名称；第 4 个域是扩展名说明；第 5 个域代
表文件扩展名；第 6 个域指定文件类型代号，此代号将存储于操作系统的登录数据库中，系
统可利用此代号识别打开文件所需要的程序；第 7 个域是文件类型名称，它存储在系统的
文件登录数据库中。其中，第 3～5 个参数用于打开文件的对话框中。

（5）在 CLi710App 应用类的 InitInstance()中添加构建新的文档模板对象的代码，并删
除或注解掉部分代码（如果保存这些代码，在运行时将出现活动文档模板对象的一个列表）。

```
BOOL CLi7_10App::InitInstance()
{
    …
    CMultiDocTemplate * pDocTemplate;
    pDocTemplate = new CMultiDocTemplate(
                IDR_LI7_10TYPE,
                RUNTIME_CLASS(CLi7_10Doc),
                RUNTIME_CLASS(CChildFrame),          //自定义 MDI 子框架
                RUNTIME_CLASS(CLi7_10View));
AddDocTemplate(pDocTemplate);
pDocTemplate1 = new CMultiDocTemplate(
                IDR_PAINT,
                RUNTIME_CLASS(CPaintDoc),
                RUNTIME_CLASS(CPaintChildFrame),     //定制 MDI 子框架窗口
                RUNTIME_CLASS(CPaintView));
AddDocTemplate(pDocTemplate1);
CMainFrame * pMainFrame = new CMainFrame;
if(!pMainFrame -> LoadFrame(IDR_MAINFRAME))
return FALSE;
m_pMainWnd = pMainFrame;
//删除下列自动生成的代码，否则运行时将出现活动文档模板对象的一个列表
//Parse command line for standard shell commands, DDE, file open
//CCommandLineInfo cmdInfo;
//ParseCommandLine(cmdInfo);
//Dispatch commands specified on the command line
//if(!ProcessShellCommand(cmdInfo))
//return FALSE;
//主窗口已经初始化，所以显示并更新它
pMainFrame -> ShowWindow(m_nCmdShow);
pMainFrame -> UpdateWindow();                        //创建 MDI 主框架窗口
    …
}
```

(6) 建立文档的菜单资源。

打开菜单编辑器,可以看到生成的 Li7_10 程序中有两个菜单,其 ID 为 IDR_MAINFRAME 和 IDR_LI710TYPE。ID 为 IDR_MAINFRAME 的菜单是主框架窗口菜单,在没有子窗口打开时使用。ID 为 IDR_LI710TYPE 的菜单是应用程序向导为默认文档生成的菜单,当默认文档在子窗口中打开时使用该菜单。如果把 ID 为 IDR_LI710TYPE 的菜单删除,则无论文档是否打开,都只使用 ID 为 IDR_MAINFRAME 的菜单。相应地,如果定义一个 ID 为 IDR_PAINT(新加入的资源 ID)的菜单,那么当新加入的文档打开时就应该使用 ID 为 IDR_PAINT 的菜单,从而实现多菜单。

为了与串表资源统一,将 ID 为 IDR_LI710TYPE 的菜单的 ID 修改为 IDR_TEXT。

新建一个 ID 为 IDR_PAINT 的菜单,创建和 ID 为 IDR_TEXT 的菜单相同的菜单项,并添加"图形"菜单项,在"图形"菜单项下添加"直线"和"矩形"两个子菜单项,其 ID 分别为 ID_LINE 和 ID_RECTANGLE。

(7) 完善 CPaintView 类的设计。

① 在 CPaintView 类中增加一个公有的整型成员变量 k,将其初始化为 0。该变量用于记载选择何种图形。

② 利用"类向导"工具在 CPaintView 类中为 ID 为 ID_LINE 和 ID_RECTANGLE 的子菜单项添加消息处理函数,并添加代码。

```cpp
void CPaintView::OnRectangle()
{
    k = 2;
    Invalidate();
}

void CPaintView::OnLine()
{
    k = 1;
    Invalidate();
}
```

③ 在成员函数 OnDraw()中添加代码。

```cpp
void CPaintView::OnDraw(CDC * pDC)
{
    CDocument * pDoc = GetDocument();
    switch(k)
    {
        case 1:
            pDC -> MoveTo(100,60);
            pDC -> LineTo(200,100);
            break;
        case 2:
            pDC -> Rectangle(10,10,80,90);
            break;
        default:
            return;
    }
}
```

(8) 打开文档。

① 对于 ID 为 IDR_MAINFRAME 的菜单,将其中的 ID 值 ID_FILE_NEW 改为 ID_FILE_NEWTEXT,将"描述文字"改为"新建文本(&N)\tCtrl+N"。然后插入 ID 为 ID_FILE_NEWPAINT、"描述文字"为"新建图形(&P)\tCtrl+P"的菜单项。

② 同理修改工具栏资源。

③ 利用"类向导"工具在 CL710App 类中为 ID 为 ID_FILE_NEWTEXT 和 ID_FILE_NEWPAINT 的菜单项添加打开文件的消息处理函数,并添加代码。

```
void CLi710App::OnFILENEWTEXT()
{
    CString strDocName;
    CDocTemplate * pSelectedTemplate;
    POSITION pos = GetFirstDocTemplatePosition();
    while(pos != NULL)
    {
        pSelectedTemplate = (CDocTemplate * )GetNextDocTemplate(pos);
        SelectedTemplate->GetDocString(strDocName,CDocTemplate::docName);
        if(strDocName == "Text")
        {
            pSelectedTemplate->OpenDocumentFile(NULL);
            return;
        }
    }
}
void CLi710App::OnFILENEWPAINT()
{
    CString strDocName;
    CDocTemplate * pSelectedTemplate;
    POSITION pos = GetFirstDocTemplatePosition();
    while(pos != NULL)
    {
    pSelectedTemplate = (CDocTemplate * )GetNextDocTemplate(pos);
    pSelectedTemplate->GetDocString(strDocName,CDocTemplate::docName);
        if(strDocName == "Paint")
        {
            pSelectedTemplate->OpenDocumentFile(NULL);
            return;
        }
    }
}
```

(9) 将以下 3 个 include 预编译语句放在 Li7_10.cpp 文件的开始处。

```
# include "PaintChildFrame.h"
# include "PaintDoc.h"
# include "PaintView.h"
```

(10) 编译、链接并运行程序。程序运行后,当选择"文件"|"新建文本"菜单命令或单击 🅰 按钮后,打开一个文本输出窗口;当选择"文件"|"新建图形"菜单命令或单击 🔲 按钮

后,打开一个图形输出窗口,选择"图形"|"矩形"菜单命令,一个矩形将绘制在该视图窗口中,结果如图 7.13 所示。

7.6 应 用 实 例

7.6.1 实例简介

编写一个简单的文本编辑器,以此说明文档/视图结构的原理及应用。在该编辑器中用户只能完成字符的逐行输入、通过 Enter 键换行、为文本选择字体及颜色等简单功能。

7.6.2 创建过程

1. 创建项目

使用"MFC 应用"项目模板生成一个单文档应用程序 MyNote,并设置其文档模板属性,如图 7.14 所示。在应用程序向导的"生成的类"窗口中将 CMyNoteView 的基类修改为 CScrollView,使视图窗口具有滚动功能。

图 7.14 "文档模板属性"设置窗口

2. 编辑文档类

(1) 添加成员变量及成员函数。

在文档类中添加两个公有成员变量,一个为 CStringList 类型,变量名为 lines,用来保存文本行信息;一个为 int 类型,变量名为 nLineNum,用来记录当前编辑行的行号。另外再添加一个 CSize 类型的保护成员变量 m_DocSize,用来记录编辑器显示文本的最大行/列数。

在文档类的头文件中添加成员函数 GetDocSize(),用来获取编辑器所能显示的文本的最大行/列数。

```cpp
public:
    CSize GetDocSize(){return m_DocSize;}
```

（2）在 OnNewDocument()函数中添加代码初始化成员变量。

```cpp
BOOL CMyNoteDoc::OnNewDocument()
{
    …
    nLineNum = 0;
    POSITION pos;
    pos = lines.GetHeadPosition();                  //令 pos 指向链表的头部
    while(pos!= NULL)
    {                                               //清除所有文本行内容
        ((CString)lines.GetNext(pos)).Empty();
    }
    lines.RemoveAll();                              //清除链表中的所有指针
    return TRUE;
}
```

（3）使用类向导重定义 DeleteContents()函数，并添加代码清除文档内容。

```cpp
void CMyNoteDoc::DeleteContents()
{
    //TODO: 在此添加专用代码或调用基类
    nLineNum = 0;
    POSITION pos;
    pos = lines.GetHeadPosition();
    while(pos!= NULL)
    {
        ((CString)lines.GetNext(pos)).Empty();
    }
    lines.RemoveAll();
    CDocument::DeleteContents();
}
```

（4）修改序列化函数 Serialize()。

```cpp
void CMyNoteDoc::Serialize(CArchive& ar)
{
    CString s("");
    int nCount = 0;
    CString item("");
    if(ar.IsStoring())
    {
                                                    //TODO: 在此添加存储代码
                                                    //将文档对象中的数据存入文件

        POSITION pos;
        pos = lines.GetHeadPosition();              //指向字符串链表的头部
        if(pos == NULL)
            return;
```

```
        while(pos!= NULL)
        {
            item = lines.GetNext(pos);          //读取一行,并使 pos 指向下一行
            ar << item;                          //将文本行写入 ar 对象
            item.Empty();
        }
    }
    else
    {
                                                 //TODO: 在此添加加载代码
                                                 //将文件中的数据读入文档对象

        while(1)
        {
            try{ar >> item;                      //读取文本行到 item
            lines.AddTail(item);                 //将文本串加在字符串链表的尾部
            nCount++;}                           //记录行数
            catch(CArchiveException * e)         //捕捉文件读取完毕异常
            {
                e -> Delete();
                break;
            }
        }
        nLineNum = nCount;                       //修改字符串的总行数
    }
}
```

3. 编辑视图类

(1) 添加成员变量。

在视图类中添加 4 个公有成员变量,其中 CFont 类型的指针变量 pFont 记录选择的字体;COLORREF 类型的变量 pColor 记录选择的颜色;两个 int 类型的变量 lHeight 和 cWidth 分别用于记录字体的高度与宽度。

(2) 初始化成员变量。

视图类成员变量的初始化一般在 OnInitialUpdate() 函数中进行,使用类向导重新定义该虚函数并添加代码。

```
void CMyNoteView::OnInitialUpdate()
{
    CScrollView::OnInitialUpdate();
    CDC * pDC = GetDC();
    pFont = new CFont();
    pColor = RGB(0,0,0);                         //字体颜色的初始化
    //初始化字体
    if(!(pFont -> CreateFont(0,0,0,0,FW_NORMAL,FALSE,FALSE,FALSE,
        ANSI_CHARSET,OUT_TT_PRECIS,CLIP_TT_ALWAYS,
        DEFAULT_QUALITY,DEFAULT_PITCH,"courier New")))
    {
        pFont -> CreateStockObject(SYSTEM_FONT);
    }
    CFont * oldFont = pDC -> SelectObject(pFont);
```

```
    TEXTMETRIC tm;
    pDC -> GetTextMetrics(&tm);
    lHeight = tm.tmHeight + tm.tmExternalLeading;
    cWidth = tm.tmAveCharWidth ;
    pDC -> SelectObject(oldFont);
    SetScrollSizes(MM_TEXT,GetDocument() -> GetDocSize());
}
```

（3）修改析构函数。

在关闭视图时需要调用视图类的析构函数，删除所创建的字体对象。

```
CMyNoteView::~CMyNoteView()
{
    if(pFont)
        delete pFont;
}
```

（4）修改 OnDraw（）函数。

```
void CMyNoteView::OnDraw(CDC * pDC)
{
    CMyNoteDoc * pDoc = GetDocument();
    ASSERT_VALID(pDoc);
    if(!pDoc)
        return;
    //选择字体
    CFont * oldFont;
    oldFont = pDC -> SelectObject(pFont);
    //计算字体的高度和宽度
    TEXTMETRIC tm;
    pDC -> GetTextMetrics(&tm);
    lHeight = tm.tmHeight + tm.tmExternalLeading;
    cWidth = tm.tmAveCharWidth;
    int y = 0;                              //设定纵坐标为 0
    POSITION pos;
    CString line;
    if(!(pos = pDoc -> lines.GetHeadPosition()))
        return;
    pDC -> SetTextColor(pColor);            //设置字体的颜色
    //循环输出各文本行
    while(pos!= NULL)
    {
        line = pDoc -> lines.GetNext(pos);
        pDC -> TextOut(0,y,line,line.GetLength());
        //更新 y 坐标,下一个文本行的位置
        y += lHeight;
    }
    //恢复原来 DC 所用的字体
    pDC -> SelectObject(oldFont);
}
```

4. 添加消息处理函数

（1）添加 WM_CHAR 消息处理函数。

```cpp
void CMyNoteView::OnChar(UINT nChar, UINT nRepCnt, UINT nFlags)
{
    CMyNoteDoc * pDoc = GetDocument();
    CClientDC dc(this);
    OnPrepareDC(&dc);
    dc.SetTextColor(pColor);
    //选择当前字体
    CFont * oldFont;
    oldFont = dc.SelectObject(pFont);
    CString line(" ");                              //存放编辑器中的当前字符串
    POSITION pos = NULL;                            //字符串链表的位置指示
    if(nChar == '\r')                               //若是回车增加一行
    {
        pDoc -> nLineNum++;
    }
    else
    {
        //按行号返回字符串链表中的位置值
        pos = pDoc -> lines.FindIndex(pDoc -> nLineNum);
        if(!pos)
        {   //没有找到该行号对应的行,因此是一个空行,加到字符串链表中
            CString str;
            str.Format(L" % c", nChar);
            line += str;
            pDoc -> lines.AddTail(CString(line));
        }
        else
        {   //当前文本还没有换行结束,将字符加到行末
            line = pDoc -> lines.GetAt(pos);
            CString str;
            str.Format(L" % c", nChar);
            line += str;
            pDoc -> lines.SetAt(pos,line);
        }
        TEXTMETRIC tm;
        dc.GetTextMetrics(&tm);
                                                    //将修改后的文本行显示到屏幕
        dc.TextOut(0,(int)pDoc -> nLineNum * tm.tmHeight,line,line.GetLength());
    }
    pDoc -> SetModifiedFlag(TRUE);                  //设置文本修改标志
    dc.SelectObject(oldFont);
    SetScrollSizes(MM_TEXT,GetDocument() -> GetDocSize());
    CScrollView::OnChar(nChar, nRepCnt, nFlags);
}
```

（2）实现字体及颜色的选择。

在菜单栏中添加"设置"主菜单及其"设置字体"和"设置颜色"菜单项,它们的 ID 分别为

ID_SELECT_FONT 和 ID_SELECT_COLOR，在消息处理函数中添加代码。

```
void CMyNoteView::OnSelectFont()
{
    //TODO: 在此添加命令处理程序代码
    CFontDialog dlg;
    if(dlg.DoModal() == IDOK)
    {
        LOGFONT LF;
        dlg.GetCurrentFont(&LF);               //获取所选字体信息
        pFont->DeleteObject();                 //删除原来字体所占的资源
        pFont->CreateFontIndirect(&LF);        //建立新的字体
        this->Invalidate();                    //向视图发送 WM_PAINT 消息
        //由于 WM_PAINT 消息的级别比较低,不会立即被处理,调用 UpdateWindow()强制更新
        UpdateWindow();
    }
}
void CMyNoteView::OnSelectColor()
{
    //TODO: 在此添加命令处理程序代码
    CColorDialog dlg;
    if(dlg.DoModal() == IDOK)
    {
        pColor = dlg.GetColor();               //获取所选颜色
        this->Invalidate();
        UpdateWindow();
    }
}
```

编译、链接并运行程序，得到如图 7.15 所示的结果。

图 7.15　应用实例程序的运行结果

习　　题

1. 填空题

(1) 在文档/视图结构中，文档用来_____，视图的作用是_____。文档与视图的
关系是_____的关系。

（2）在文档/视图应用程序中，文档模板负责_____，而_____管理文档模板，可以在应用程序的_____函数中创建一个或多个文档模板。

（3）通常情况下，在视图派生类的成员函数中通过调用_____函数得到当前文档对象的指针。

（4）文档类的数据成员的初始化和文档的清理工作分别在_____成员函数和_____成员函数中完成。

（5）MFC提供了两种集合类，一种是_____，另一种是_____。

（6）MFC应用程序通过CDocument的protected类型成员变量_____的逻辑值来判断程序员是否对文档进行过修改。程序员可以通过CDocument的_____成员函数来设置该值。

（7）MFC应用程序向导在创建文档应用程序框架时已在文档类中重新定义了_____函数，通过在该函数中添加代码可以达到实现文档序列化的目的。

（8）调用_____成员函数创建动态分割窗口，而静态分割窗口是调用_____成员函数创建的。

2. 简答题

（1）通过哪几个主要成员函数完成文档与视图之间的相互作用？并简述这些成员函数的功能。

（2）简述文档序列化与一般文件处理的区别。

（3）如何让用户定义的类支持序列化？

3. 操作题

（1）编写一个单文档应用程序，为文档对象增加数据成员 recno（int 型），表示学号；增加数据成员 stuname（CString 型），表示姓名，并在视图中输出文档对象中的内容。要求当按向上箭头或按向下箭头时学号每次递增 1 或递减 1，能在视图中反映学号的变化，并保存文档对象的内容。

（2）编程实现一个静态切分为左、右两个窗口的 MDI 应用程序，并在左视图中统计右视图中所绘制圆的个数。

（3）编写一个多文档的应用程序，分别以标准形式和颠倒形式显示同一文本内容。

（4）编写一个多类型文档的应用程序，该应用程序能显示两种类型的窗口，一种编辑文本，在另一种窗口中实现鼠标拖曳绘制功能，并能保存所绘制的图形。

第8章 打印编程

打印功能是大多数 Windows 应用程序需要具备的。在文档/视图结构的应用程序中，MFC 应用程序框架提供了基本的打印和打印预览功能，但在许多情况下并不符合要求。

本章主要介绍 MFC 应用程序框架实现打印和打印预览的过程，并结合实例说明如何一步一步扩展应用程序的打印功能。

8.1 基本打印功能

在使用"MFC 应用"项目模板生成应用程序的过程中，如果在"高级功能"窗口中不取消对打印和打印预览的设置，那么应用程序就已经具备了简单的打印和打印预览功能。

8.1.1 打印原理

在文档/视图结构的应用程序中，CDocument 类负责数据的生成和储存，CView 类负责数据的显示以及和用户的交互。输出到屏幕和输出到打印机都是数据的显示，它们实际上是一样的，因此打印功能也是由 CView 类来实现的。表 8.1 列出了 CView 类中与打印操作相关的虚函数。

表 8.1　CView 类中与打印操作相关的虚函数

类　　名	功　能　描　述
OnPreparePrinting()	在开始打印时，MFC 应用程序框架首先调用该函数。该函数调用 DoPreparePrint() 以显示"打印"对话框，并创建一个打印机设备环境。用户可以重载 OnPreparePrinting() 函数，定制传递给 DoPreparePrinting() 函数的参数——CPrintInfo 结构来提供打印文档的相关信息
DoPreparePrinting()	显示"打印"对话框，创建一个打印设备环境 DC
OnBeginPrinting()	分配用于打印的 GDI 资源，例如字体、画笔和画刷。设置打印起始页和最大打印页数。当从该函数返回时开始打印文档，每次打印一页
OnPrepareDC()	在打印每一页之前都要调用该函数，以对当前打印页需要的设备环境进行必要的修改，例如改变映射模式、设置当前页的视图原点。这些设置在 OnPrint() 和 OnDraw() 中都起作用。该函数还可用于分析 CPrintInfo 结构的属性，例如文档的页数、当前打印的页号等
OnPrint()	用于打印或预览当前页面。一般 MFC 应用程序在 OnPrint() 函数中调用 OnDraw() 函数，按照视图中的样式打印文档。可以在 OnPrint() 函数中调用用户自定义函数打印页面元素，例如页眉和页脚

续表

类　　名	功能描述
OnEndPrinting()	当打印或预览结束时调用该函数,释放分配给打印的 GDI 资源。如果是预览,则在调用该函数之前先调用 OnEndPrintPreview()函数
OnDraw()	绘制用于屏幕显示、打印或打印预览的文档的图像
OnEndPrintPreview()	结束打印预览时调用该函数

在 MFC 应用程序中,视图类的 OnDraw()函数包含了绘制代码,用于向显示或打印设备输出绘制结果。OnDraw()函数有一个指向 CDC 类对象指针的参数,该对象代表了接收 OnDraw()函数输出的设备上下文,它可以是代表显示器的显示设备上下文,也可以是代表打印机的打印设备上下文。

当窗口显示文档内容时,视图窗口将收到 WM_PAINT 消息,程序框架将调用 OnPaint()函数,OnPaint()函数会调用 OnDraw()函数,此时传递给 OnDraw()函数的设备上下文参数为显示设备上下文,OnDraw()函数的绘制结果将会输出到显示器。

向打印机输出结果与向显示器输出结果类似。Windows GDI 和硬件无关,只要选择合适的设备上下文对象,使用相同的 GDI 函数,既可以用来向显示器进行输出,也可以向打印机输出。在进行打印时,用于打印和打印预览的 OnPrint()函数也会调用 OnDraw()函数,此时传递给 OnDraw 函数的设备上下文参数为打印机设备上下文,OnDraw()函数的绘制结果也会输出到打印机。在进行打印预览时,传递给 OnDraw()函数的是一个指向 CPreviewDC 对象的指针。

OnPaint()、OnDraw()和 OnPrint() 3 个虚函数的分工如图 8.1 所示。

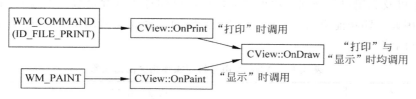

图 8.1　OnPaint()、OnDraw()和 OnPrint()的分工

默认 Cview::OnPrint()函数中只是调用成员函数 OnDraw(),没有进行其他操作。在以前的程序中并不考虑打印问题,因此用户只需考虑在 OnDraw()中如何完成屏幕输出的工作。现在在 OnDraw()中添加代码时必须小心,这有可能是在进行打印,并不是仅向一个窗口输出。如果这两个函数在程序中不统一,就必须分开考虑,分开考虑有两种方法:

(1) 分别在 OnPaint()和 OnPrint()两个函数中完成屏幕输出和打印输出的工作,而不必依赖于 OnDraw()函数。

(2) 在 OnDraw()函数中调用 pDC->IsPrinting()或设置变量来识别目前进行的输出工作并区别对待。

为了说明在 MFC 应用程序中如何实现打印功能,下面先看一个简单的例子。

【例 8.1】　编写一个单文档应用程序 Li8_1,实现简单的打印功能。

其操作步骤如下:

(1) 使用"空白解决方案"项目模板创建一个名为 chap08 的解决方案。

视频讲解

（2）在解决方案中创建一个单文档应用程序 Li8_1，保留"打印和打印预览"功能选项，并将视图类的基类设置为 CScrollView。

（3）在 CLi81View::OnDraw()成员函数中加入画矩形的代码。

```
void CLi81View::OnDraw(CDC * pDC)
{
    CLi81Doc * pDoc = GetDocument();
    ASSERT_VALID(pDoc);
    if (!pDoc)
        return;
    //TODO: 在此处为本机数据添加绘制代码
    pDC -> Rectangle(10, 10, 150, 50);
}
```

（4）编译、链接并运行程序，可以看到程序视图窗口中画了一个矩形，如图 8.2 所示。选择"文件"|"打印预览"菜单命令，将会看到打印预览结果，如图 8.3 所示。如果安装了打印机，选择"文件"|"打印"菜单命令就会打印出与预览完全一样的内容。

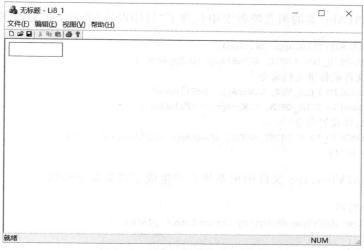

图 8.2　例 8.1 程序的运行结果

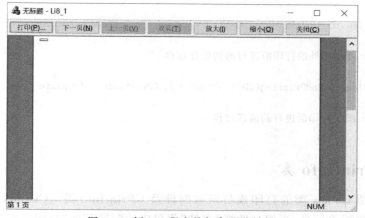

图 8.3　例 8.1 程序的打印预览效果

从上面的实例可以看出,利用"MFC 应用"项目模板建立的应用程序框架带有基本的打印设置、打印预览和打印功能,虽然打印结果的大小比例还不合适。

MFC 应用程序向导在应用程序的"文件"菜单中自动添加"打印""打印预览"和"打印设置"3 个菜单项,如图 8.4 所示。应用程序基本打印功能的实现主要是由消息映射宏和消息处理函数完成的。

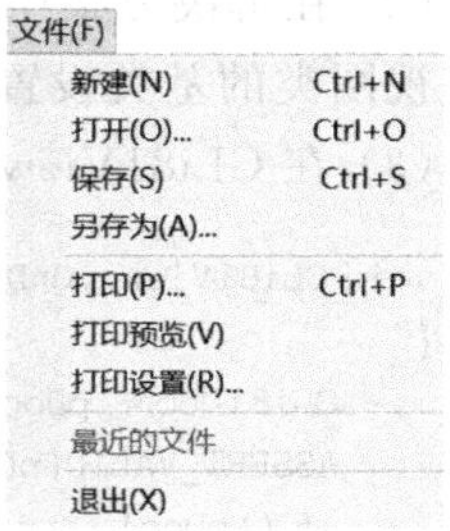

(1) 在应用程序视图类 CLi81View 的消息映射宏中包含了以下打印和打印预览命令的消息映射代码:

图 8.4　含有打印功能的
"文件"菜单

```
BEGIN_MESSAGE_MAP(CLi81View, CScrollView)
    //标准打印命令
    ON_COMMAND(ID_FILE_PRINT, &CScrollView::OnFilePrint)
    ON_COMMAND(ID_FILE_PRINT_DIRECT, &CScrollView::OnFilePrint)
    ON_COMMAND(ID_FILE_PRINT_PREVIEW, &CScrollView::OnFilePrintPreview)
END_MESSAGE_MAP()
```

(2) 在 CLi81App 类的消息映射宏中包含了"打印设置"的以下消息映射代码。

```
BEGIN_MESSAGE_MAP(CLi81App, CWinApp)
    ON_COMMAND(ID_APP_ABOUT, &CLi81App::OnAppAbout)
    //基于文件的标准文档命令
    ON_COMMAND(ID_FILE_NEW, &CWinApp::OnFileNew)
    ON_COMMAND(ID_FILE_OPEN, &CWinApp::OnFileOpen)
    //标准打印设置命令
    ON_COMMAND(ID_FILE_PRINT_SETUP, &CWinApp::OnFilePrintSetup)
END_MESSAGE_MAP()
```

(3) 在 CLi81View.cpp 文件中由系统自动生成了以下 3 个函数:

```
//CLi81View 打印
BOOL CLi81View::OnPreparePrinting(CPrintInfo * pInfo)
{
    //默认准备
    return DoPreparePrinting(pInfo);
}
void CLi81View::OnBeginPrinting(CDC * /* pDC */, CPrintInfo * /* pInfo */)
{
    //TODO: 添加额外的打印前进行的初始化过程
}
void CLi81View::OnEndPrinting(CDC * /* pDC */, CPrintInfo * /* pInfo */)
{
    //TODO: 添加打印后进行的清理过程
}
```

8.1.2　CPrintInfo 类

在上面介绍 CView 类的打印成员函数时涉及 CPrintInfo 类。CPrintInfo 类保存了打印和打印预览的相关信息,当用户选择"文件"菜单中的"打印"或"打印预览"命令时,系统自动创建一个 CPrintInfo 类对象,用于保存用户打印设置的信息。当打印操作结束时,系统自动删除 CPrintInfo 类对象。在打印过程中,CPrintInfo 类在框架窗口和 CView 类之间起着传递消息的作用。在程序中可以访问和修改所创建的 CPrintInfo 结构中公有的数据成员。例如通过访问 CPrintInfo 结构的数据成员 m_nCurPage,程序就知道哪一页正在被打印。CPrintInfo 类中常用的成员变量和成员函数见表 8.2。

表 8.2　CPrintInfo 类中常用的成员变量和成员函数

类　名	功　能　描　述
m_nCurPage	表示当前打印/预览的页号
m_nNumPreviewPage	表示预览方式是单页预览(值为 1)还是双页预览(值为 2)
m_bPreview	表明当前是否为预览状态(值为 TRUE 时)
m_hDirect	是否不显示"打印"对话框而直接打印(值为 TRUE 时)
m_bContinuePrinting	指明是否继续进行打印循环(值为 TRUE 时)
SetMaxPage()	设置文档的最大打印页数
SetMinPage()	设置文档的最小打印页数
GetMaxPage()	得到文档的量大打印页数
GetMinPage()	得到文档的最小打印页数
GetFromPage()	得到选择打印方式时第一页的页号
GetToPage()	得到选择打印方式时最后一页的页号

8.1.3　打印过程

当用户从"文件"菜单中选择"打印"或"打印预览"命令时就引发了一个打印过程,开始一个打印作业。如果是"打印"命令,框架窗口根据消息映射表提供的入口自动调用 OnFilePrint() 函数。一个打印作业通常由以下几步构成:

(1) 框架窗口将调用 CView::OnPreparePrinting() 函数,创建与当前默认打印机相关的设备描述对象,对 CPrintInfo 类中的一些成员变量赋值,或调用类成员函数来控制打印的方式,调用 DoPreparePrinting() 函数。如果选择"打印"命令,DoPreparePrinting() 函数将显示"打印"对话框。在该对话框中,用户可以设置打印范围,选择打印机以及设置打印份数。

(2) 调用 CView::OnBeginPrinting() 函数分配打印过程所需要的系统资源。

(3) 调用 CDC::StartDoc() 启动主打印循环。

(4) 打印新页时,框架窗口首先调用 CView::OnPrepareDC(),在打印之前根据当前打印机的设备描述表进行调整。

如果事先不知道需要打印多少页,则被重新定义的 OnPrepareDC() 函数可以检测文档是否结束。如果文档结束,将 CPrintInfo::m_bContinuePrinting 的值设置为 FALSE,跳到步骤(6);否则设置 CPrintInfo::m_bContinuePrinting 的值为 TRUE,继续进行打印。

(5) 调用 CDC::StartPage()、CView::OnPrint() 和 CDC::EndPage() 进行打印。在默认情况下,OnPrint() 首先调用 OnPrepareDC() 函数对坐标进行变换,然后调用 OnDraw() 函数向打印机中输出数据。

（6）当 m_bContinuePrinting 为 FALSE 时打印结束，调用 CDC：：EndDoc()函数释放在打印过程中占用的各种资源。

（7）调用 OnEndPrinting()函数结束打印。

打印过程的流程图如图 8.5 所示。

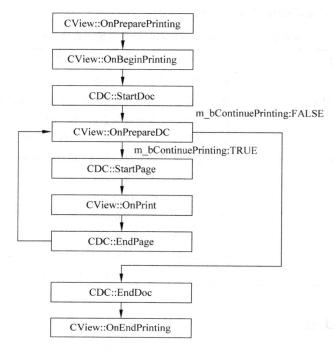

图 8.5　打印过程的流程图

8.1.4　打印预览

打印预览和屏幕输出不同，它是应用程序利用屏幕来模拟打印机输出的过程。为了实现打印预览的功能，MFC 类库从 CDC 类中派生出 CPreviewDC 类。一般 CDC 类中保存了两套相同的设备描述表，而 CPreviewDC 类中则保存了两套不同的设备描述表，其中的属性设备描述表指向打印机，输出设备描述表指向屏幕。

在"文件"菜单中选择"打印预览"命令时，框架窗口根据消息映射表提供的入口自动调用 OnFilePrintPreview()函数，开始执行"打印预览"命令。"打印预览"命令的执行可以分为以下几个步骤。

（1）主框架窗口执行 OnFilePreparePrint()函数。在 OnFilePreparePrint()函数中执行 OnPreparePrinting(CPrintlnfo * pInfo)函数，检测 m_bPreview 变量是否为 TRUE。如果是，则对 CPrintInfo 类中的一些成员变量赋值或调用类成员函数来控制打印预览的方式。

（2）调用 CView：：DoPreparePrinting()函数，显示打印预览界面。

下面的步骤与打印过程基本一样，只是在调用 OnDraw()函数时按照打印机的设备描述表向屏幕输出数据，利用屏幕来模拟显示打印结果。

8.2　设置打印坐标系

大家在例 8.1 中可以观察到,在打印预览窗口中显示的图形比在屏幕上显示的图形小一些。这是因为 Windows 默认的屏幕映射模式不适合作为打印映射模式,必须修改打印映射模式。

8.2.1　Windows 映射模式

Windows 映射模式就是 Windows 下的坐标方式。在 Windows 操作系统中有两种类型的坐标,即设备坐标和逻辑坐标。当向设备输出图形时,Windows 先映射当前逻辑坐标到物理坐标(例如打印机),然后显示图形输出。每个 GDI 函数和 CDC 类中的 MFC 封装函数都使用逻辑坐标,不同的映射模式将影响输出设备显示的图形尺寸。表 8.3 列出了用户可以选择的映射模式。Windows 的默认映射模式是 MM_TEXT,在 MM_TEXT 映射模式中每一个逻辑单位对应一个设备像素。这种模式的好处是用户图形坐标和设备的像素完全一致。当屏幕的像素大小为 800×600 时,每逻辑英寸包含的屏幕像素为 96。当使用激光打印机打印一个文档时,普通激光打印机的分辨率能达到 300dpi(即 300 个屏幕像素点的宽度),将在打印纸上打印 1in(英寸)的长度。这时,由于打印机和屏幕的一页容纳了不同的像素,所以打印机实际输出的大小比屏幕显示的要小得多。而且,不同的输出设备,其分辨率也不一样,所以产生图形的大小并不一样。

表 8.3　映射模式

模　　式	单　　位	X	Y
MM_HIENGLISH	0.001in	向右增加	向上增加
MM_HIMETRIC	0.01mm	向右增加	向上增加
MM_ISOTROPIC	用户自定义	用户自定义	用户自定义
MM_LOENGLISH	0.01in	向右增加	向上增加
MM_LOMETRIC	0.1mm	向右增加	向上增加
MM_TEXT	设备像素	向右增加	向下增加
MM_TWIPS	1/1440in	向右增加	向上增加

要想对任何输出设备都输出相同大小的图形,即实现所见即所得的打印效果,用户可以采用 Windows 提供的另外几种映射模式,例如 MM_LOMETRIC、MM_HIMETRIC、MM_HIENGLISH、MM_LOENGLISH 和 MM_TWIPS 等。在这些映射模式中,坐标都是按标准的度量单位指定的,也就是说每个逻辑坐标对应物理坐标的长度是一样的。

在进行映射模式的变换时,用户应根据采用的具体映射模式变换程序中坐标的正/负号,同时还应根据图形的打印大小,结合每一种映射模式中逻辑坐标和设备坐标的对应关系修改逻辑坐标。例如,在实际的绘图程序中,为与直角笛卡儿坐标系相一致,常采用 MM_LOMETRIC 映射模式,它将一个逻辑单位映射到 0.01in。但 MM_LOENGLISH 坐标系统的 Y 轴方向与 MM_TEXT 相反,不符合一般程序的处理习惯,必须进行简单处理。

8.2.2 映射模式的设置

在 MFC 应用程序中,通过调用 CDC 类的 SetMapMode()函数设置映射模式。例如在视图类的 OnDraw()函数中可以通过以下代码设置映射模式:

```
pDC -> SetMapMode(n);
```

其中,n 为表 8.3 中列出的映射模式。

下面以例 8.1 中的 Li8_1 为例说明如何设置合适的映射模式及进行坐标的处理。

视频讲解

【例 8.2】 完善例 8.1 中的程序 Li8_1,使打印输出的图形与显示器显示的图形大小基本一样。

其操作步骤如下:

(1) 在 OnDraw()函数中,首先将映射模式改为 MM_LOENGLISH,然后在程序 Li8_1 中相应地使所有 Y 坐标值为负才能使图形落在客户区域内。

```
void CLi81View::OnDraw(CDC * pDC)
{
    CLi81Doc *  pDoc = GetDocument();
    ASSERT_VALID(pDoc);
    if(!pDoc)
        return;
    //TODO: 在此处为本机数据添加绘制代码
    pDC -> SetMapMode(MM_LOENGLISH);                  //设置映射模式
    pDC -> Rectangle(10, -10, 150, -50);
}
```

与 MM_TEXT 映射模式相比,MM_LOENGLISH 的 Y 轴正方向朝上,这样在客户区域的 Y 坐标都为负,图形在屏幕或打印机上输出时就会落在客户区域之外,要相应地使所有 Y 坐标值为负才能使图形落在客户区域内。

(2) 编译、链接并运行程序,输出和打印预览的结果如图 8.6 和图 8.7 所示。

从图 8.6 和图 8.7 可以看到,打印输出的图形与显示器显示的图形大小基本一致。

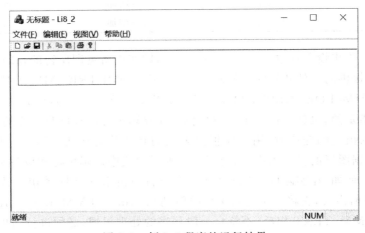

图 8.6 例 8.2 程序的运行结果

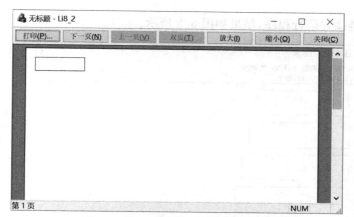

图 8.7 例 8.2 程序的打印预览效果

8.3 多页打印

前面创建的应用程序,文档的长度只有一页,打印输出和屏幕显示一致,不需要进行特殊处理。当用户的文档很大,需要多页打印时,必须在相应的重载函数中添加代码。

8.3.1 默认打印存在的不足

为了说明问题,下面修改程序 Li8_1,当在屏幕上显示多个矩形时,观察程序 Li8_1 能否打印所有的矩形。

【例 8.3】 完善例 8.2 中的程序 Li8_1,程序运行后,在屏幕上能显示 50 个矩形。

其操作步骤如下:

(1) 在文档类 CLi8_1Doc 中添加一个公有属性、int 型的成员变量 m_number,用于保存所显示矩形的个数。在其构造函数中添加下列代码,表示显示 50 个矩形。

视频讲解

```
CLi81Doc::CLi81Doc() noexcept
{
    //TODO: 在此添加一次性构造代码
    m_number = 50;
}
```

(2) 修改 CLi81View::OnDraw()函数,显示 50 个矩形。为了能看清楚不同的矩形,每个矩形的长度会逐步增加。

```
void CLi81View::OnDraw(CDC * pDC)
{
    CLi81Doc * pDoc = GetDocument();
    ASSERT_VALID(pDoc);
    if(!pDoc)
        return;
    //TODO: 在此处为本机数据添加绘制代码
    pDC -> SetMapMode(MM_LOENGLISH);
    for (int i = 0; i < pDoc -> m_number; i++)
        pDC -> Rectangle(10, -(10 + 50 * i),150 + 10 * i, -(50 + 50 * i));
}
```

（3）编译、链接并运行程序,结果如图 8.8 所示。

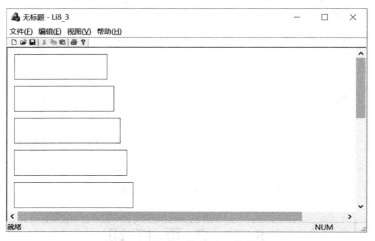

图 8.8　例 8.3 程序的运行结果

从运行结果可以看到,程序能以不同的长度显示 50 个矩形。若当前显示屏显示不了所有矩形,可以通过应用程序的滚动条进行查看。在选择"打印预览"菜单命令后,运行界面如图 8.9 所示,此时只能在第 1 页显示多个矩形,第 1 页显示不了的矩形无法在第 2 页正确显示。

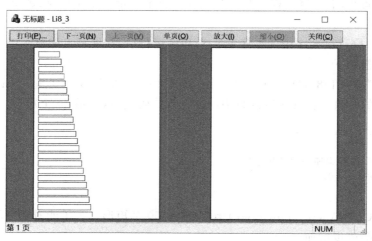

图 8.9　没有分页的打印预览效果

在默认情况下,OnPrint( )调用 OnDraw( )函数来完成打印任务,而 OnDraw( )中绘制图形的函数又与页码无关,这使得不同的打印页上会打印出相同的内容,即第 1 页的内容。

8.3.2　实现多页打印功能

如果要使程序支持多页打印功能,首先在打印之前设置要打印的页数,然后设置每一页视图原点的打印坐标。

1. 设置要打印的页数

一般在 OnBeginPrinting（）函数中设置要打印的页数，可以通过 CPrintInfo 类的 SetMaxPage（）和 SetMinPage（）函数实现这一功能。

有时页数必须通过计算得到，这就需要获取打印设备上下文的信息，例如一页的高度和每英寸点阵数，这可以通过调用 CDC 类的成员函数 GetDeviceCaps（）得到。例如调用 GetDeviceCaps（VERTRES）得到页的高度（垂直方向的点阵数），调用 GetDeviceCaps（LOGPIXELISH）得到每英寸的点阵数。由于采用 MM_LOENGLISH 映射模式，每一个逻辑单位为 0.01in，每个矩形高 40 个逻辑单位，矩形之间的间距占 50 个逻辑单位，共占 90 个逻辑单位，即 0.9in。再乘以打印设备每英寸的点阵数就得到每个矩形纵向所占的点阵数，据此计算出需要打印的页数。

【例 8.4】 完善例 8.3 中的程序 Li8_1，设置要打印的页数。

其操作步骤如下：

（1）在 OnBeginPrinting（）函数中添加代码。

视频讲解

```
void CLi81View::OnBeginPrinting(CDC * pDC, CPrintInfo * pInfo)
{
    CLi81Doc * pDoc = GetDocument();
    ASSERT_VALID(pDoc);
    int  pageHeight = pDC -> GetDeviceCaps(VERTRES);          //得到页的高度
    int  logPixelsY = pDC -> GetDeviceCaps(LOGPIXELSY);       //得到每英寸的点阵数
    int  rectHeight = (int)(0.9 * logPixelsY);                //每个矩形纵向所占的点阵数
    int  numPages = pDoc -> m_number * rectHeight/pageHeight + 1;  //要打印的页数
    pInfo -> SetMaxPage(numPages);                            //设置最大打印页数
}
```

（2）编译、链接并运行程序。选择"打印预览"菜单命令，结果如图 8.10 所示。

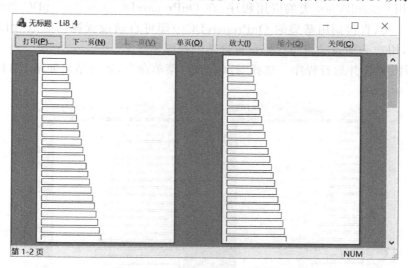

图 8.10　显示多页的打印预览效果

此时虽然能够在多页上显示矩形，但第 2 页以后显示的内容不正确，它们与第 1 页所显示的内容完全一样。在默认情况下，打印每一页都是从文档的开始处打印。

2. 设置正确的视图原点

为了正确地打印每一页,需要设置每页打印的内容对应于坐标的哪一部分区域。第 1 页视图原点的打印坐标为 0,第 2 页视图原点的打印坐标下移一个页的高度,以此类推。

可以在 OnPrepareDC() 函数中通过调用 CDC 类的成员函数 SetViewPortOrg() 设置当前页的视图原点坐标。由于这些设置在 OnPrint() 和 OnDraw() 都起作用,既影响打印又影响显示器的显示,所以必须调用 CDC 类的成员函数 IsPrinting() 来判断当前状态是打印输出还是以显示器显示。

视频讲解

【例 8.5】 完善例 8.4 中的程序 Li8_1,设置正确的视图原点。

其操作步骤如下:

(1) 使用"类向导"工具在视图类 CLi81View 中重载 OnPrepareDC() 虚函数。

(2) 在 CLi81View::OnPrepareDC() 函数中添加代码。

```
void CLi81View::OnPrepareDC(CDC * pDC, CPrintInfo * pInfo)
{
    //TODO: 在此添加专用代码或调用基类
    if(pDC -> IsPrinting())                              //判断当前是否打印输出
    {
        int pageHeight = pDC -> GetDeviceCaps(VERTRES);
        int originY = pageHeight * (pInfo -> m_nCurPage - 1);   //当前页原点的纵坐标
        pDC -> SetViewportOrg(0, - originY);              //设置视图原点的坐标
        CView::OnPrepareDC(pDC, pInfo);
    }
    else
        CScrollView::OnPrepareDC(pDC, pInfo);
}
```

对于使用 CScrollView 类的应用程序,在 OnPrepareDC() 函数中,pDC 指针如果表示显示设备上下文,直接调用基类的 OnPrepareDC() 即可自动设置视图原点,而对于其他的设备上下文,用户必须自己编写代码设置合适的视图原点。

(3) 编译、链接并运行程序。选择"打印预览"菜单命令,运行结果如图 8.11 所示。

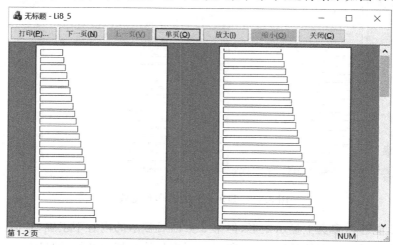

图 8.11 正确分页后的打印预览效果

8.4 高级打印

在前面的例子中打印和显示的内容是一致的,但在实际应用中它们并不总是一致的,本节将以设计页眉/页脚为例介绍这方面的应用。

8.4.1 页眉和页脚

完整的打印和打印预览程序包括控制页边距、设计页眉/页脚、多页打印以及预览等功能。页眉和页脚可以醒目地向用户提示一些重要的信息,例如文章标题、页码等,因此提供页眉和页脚的打印功能是十分必要的。添加打印页眉和页脚的程序代码可以分两步进行。

（1）页眉和页脚将在打印纸上占用一定的空间,如果打印区域太大,有可能和正文打印区域相重叠,被正文所覆盖,因此应在 OnPrint()函数中利用 CPrintInfo * pInfo 的成员变量 m_rectDraw 来设置打印页上打印区域的大小。

（2）在 m_rectDraw 范围之外打印页眉和页脚。

在视图类的 OnPrint()函数中处理页眉和页脚是最合适的,因为每打印一页就调用该函数一次,且只在打印过程中调用。

8.4.2 设置页边距

页边距是指打印的文本区域与打印纸边界之间的距离,包括左、右、上和下边距。用户在设置页边距时可参考 CPrintInfo 的成员变量 m_rectDraw 的数值,但 m_rectDraw 的数值表示的是有效打印区域,它本身与打印纸边界有一定的边距,这个边距是由打印机自身造成的,称之为物理边距,并且这些物理边距在不同大小的纸上是不一样的,因此首先要调用全局函数 GetDeviceCaps()获取这些数值。该函数的原型为

```
GetDeviceCaps(HDC hdc, int nIndex);
```

其中,hdc 用来指定设备环境句柄,nIndex 用来指定要获取的参量索引。对于打印机而言,常用到下列预定义值。

- LOGPIXELSX：打印机的水平分辨率。
- LOGPIXELSY：打印机的垂直分辨率。
- PHYSICALWIDTH：打印纸的实际宽度。
- PHYSICALHEIGHT：打印纸的实际高度。
- PHYSICALOFFSETX：实际可打印区域的物理左边距。
- PHYSICALOFFSETY：实际可打印区域的物理上边距。

【例 8.6】 编写一个多文档的应用程序 Li8_6,设置页眉和页脚,在页眉处输出标题,在页脚处输出页码。程序的运行结果如图 8.12 所示。

其操作步骤如下:

（1）使用 MFC 应用项目模板创建一个多文档的应用程序 Li8_6。

（2）在 Li8_6Doc.h 中添加访问类型为 public 的 int 型成员变量 m_number;在 Li8_6View.h 中添加 9 个 public 型成员变量,如表 8.4 所示。

视频讲解

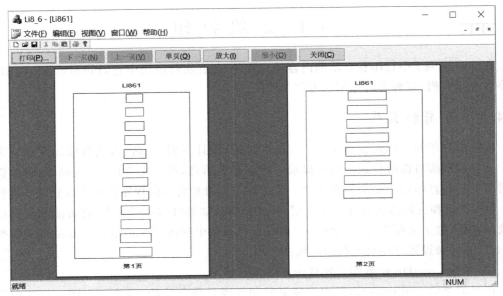

图 8.12   具有页眉和页脚的打印预览效果

表 8.4   成员变量列表

变 量 名	数 据 类 型	说 明
nPageWidth	int	打印纸宽
nPageHeight	int	打印纸高
m_nPhyLeft	int	物理左边距
m_nPhyTop	int	物理上边距
m_nPhyRight	int	物理右边距
m_nPhyBottom	int	物理下边距
valid_height	int	有效打印高度
numpages	int	打印页数
draw_number	int	记录已绘制矩形的个数

（3）初始化成员变量 m_number 和 numpages。

```cpp
CLi86Doc::CLi86Doc()
{
    m_number = 20;                                    //矩形的最大个数
}
CLi86View::CLi86View()
{
    numpages = 1;                                     //最少打印页数
}
```

（4）为 CLi86View 类添加 public 型成员函数 SetPageMargin()，用于设置页边距。该
函数的原型为

```cpp
void SetPageMargin(CDC * pDC, CPrintInfo * pInfo, int l, int t, int r, int b)
```

其中,l 为左边距、t 为上边距、r 为右边距、b 为下边距,单位为 0.1mm。

```cpp
void CLi86View::SetPageMargin(CDC * pDC, CPrintInfo * pInfo, int l, int t, int r, int b)
{
    int nOldMode = pDC -> GetMapMode();                             //获得当前映射模式
    pDC -> SetMapMode(MM_LOMETRIC);
    //计算一个设备单位等于多少 0.1mm
    double scaleX = 254.0/(double)GetDeviceCaps(pDC -> m_hAttribDC, LOGPIXELSX);
    double scaleY = 254.0/(double)GetDeviceCaps(pDC -> m_hAttribDC, LOGPIXELSY);
    //可打印区域的物理左边距
    int x = GetDeviceCaps(pDC -> m_hAttribDC, PHYSICALOFFSETX);
    //可打印区域的物理上边距
    int y = GetDeviceCaps(pDC -> m_hAttribDC, PHYSICALOFFSETY);
    //纸宽(单位: 像素)
    int w = GetDeviceCaps(pDC -> m_hAttribDC, PHYSICALWIDTH);
    //纸高(单位: 像素)
    int h = GetDeviceCaps(pDC -> m_hAttribDC, PHYSICALHEIGHT);
    //纸宽(单位: 0.1mm)
    nPageWidth = (int)((double)w * scaleX + 0.5);
    //纸高(单位: 0.1mm)
    nPageHeight = (int)((double)h * scaleY + 0.5);
    //物理左边距(单位: 0.1mm)
    m_nPhyLeft = (int)((double)x * scaleX + 0.5);
    //物理上边距(单位: 0.1mm)
    m_nPhyTop = (int)((double)y * scaleY + 0.5);
    pDC -> DPtoLP(&pInfo -> m_rectDraw);
    CRect rcTemp = pInfo -> m_rectDraw;
    rcTemp.NormalizeRect();
    //物理右边距(单位: 0.1mm)
    m_nPhyRight = nPageWidth - rcTemp.Width() - m_nPhyLeft;
    //物理下边距(单位: 0.1mm)
    m_nPhyBottom = nPageHeight - rcTemp.Height() - m_nPhyTop;
    //计算并调整 pInfo -> m_rectDraw 的大小
    pInfo -> m_rectDraw.left = l - m_nPhyLeft;
    pInfo -> m_rectDraw.top = - t + m_nPhyTop;
    pInfo -> m_rectDraw.right -= r - m_nPhyRight;
    pInfo -> m_rectDraw.bottom += b - m_nPhyBottom;
    //有效高度(单位: 0.1mm)
    valid_height = nPageHeight - (t - m_nPhyTop) - (b - m_nPhyBottom);
    pDC -> LPtoDP(&pInfo -> m_rectDraw);
    pDC -> SetMapMode(nOldMode);                                    //恢复原来的映射模式
}
```

(5) 编辑 OnPreparePrinting()函数。

```cpp
BOOL CLi86View::OnPreparePrinting(CPrintInfo * pInfo)
{
    draw_number = 0;
    return DoPreparePrinting(pInfo);
}
```

（6）使用"类向导"工具重载虚函数 OnPrint()并添加代码。

```cpp
void CLi86View::OnPrint(CDC * pDC, CPrintInfo * pInfo)
{
    CLi86Doc * pDoc = GetDocument();
    ASSERT_VALID(pDoc);
    SetPageMargin(pDC,pInfo,250,350,250,250);              //页边距的设置
    int number_page,rect_height;
    rect_height = 200;                                     //矩形高度 + 间距
    number_page = int((valid_height + 70)/rect_height);    //每页打印矩形的个数
    numpages = int(pDoc -> m_number/number_page) + 1;      //打印页数
    int nOldMode = pDC -> GetMapMode();
    pDC -> SetMapMode(MM_LOMETRIC);
    pInfo -> SetMaxPage(numpages);
    pDC -> DPtoLP(&pInfo -> m_rectDraw);
    pDC -> Rectangle(pInfo -> m_rectDraw);                 //绘制打印区域矩形
    int nHeadMargin = 200;                                 //设置页眉边距为20mm
    CRect rc(pInfo -> m_rectDraw);
    rc.top = - nHeadMargin + m_nPhyTop;
    rc.bottom = pInfo -> m_rectDraw.top;
    CString str = GetDocument() -> GetTitle();             //设置页眉为文档标题
    pDC -> DrawText(str,rc,DT_TOP|DT_CENTER);              //打印页眉
    int nFootMargin = 200;                                 //设置页脚边距为20mm
    rc.top = pInfo -> m_rectDraw.bottom;
    rc.bottom = rc.top - (nFootMargin - m_nPhyBottom);
    str.Format("第 % d 页",pInfo -> m_nCurPage);            //设置页脚内容为打印的页码
    pDC -> DrawText(str,rc,DT_BOTTOM|DT_SINGLELINE|DT_CENTER);   //打印页脚
    //绘制图形
    int orgy = (pInfo -> m_nCurPage - 1);
    pDC -> SetWindowOrg(0, - (orgy * nPageHeight));
    int nStart = pInfo -> m_rectDraw.top - (pInfo -> m_nCurPage - 1) * nPageHeight;
    int nEnd = pInfo -> m_rectDraw.bottom + 130 - (pInfo -> m_nCurPage - 1) * nPageHeight;
    for(int i = nStart;abs(i)< = abs(nEnd);i = i - 200)
    {
        pDC -> Rectangle(nPageWidth/2 - 100 + int(0.05 * i),i - 15,
        nPageWidth/2 + 100 - int(0.05 * i),i - 145);
        draw_number++;
        if(draw_number > = (pDoc -> m_number))
            break;
    }
    pDC -> LPtoDP(&pInfo -> m_rectDraw);
    pDC -> SetMapMode(nOldMode);                           //恢复原来的映射模式
    CView::OnPrint(pDC, pInfo);
}
```

（7）编译、链接并运行程序。选择"文件"|"打印预览"菜单命令，得到如图 8.12 所示的结果。

习　　题

1. 填空题

（1）MFC 通过_____类提供打印功能和打印预览功能。

（2）在打印过程中，CPrintInfo 类的主要作用是在_____和_____之间传递消息。

（3）CPrintInfo 类中的成员变量_____表示当前打印/打印预览的页号，成员函数_____设置文档的最大打印页数。

（4）在 Windows 操作系统中有两种类型的坐标，即_____和_____。

（5）不同的映射模式将影响输出设备显示的图形尺寸，Windows 的默认映射模式是_____，在该映射模式中，每一个逻辑单位对应一个设备像素。

（6）在 MFC 应用程序中，通过调用 CDC 类的_____函数设置映射模式。

（7）如果要使程序支持多页打印功能，首先在打印之前设置_____，然后设置_____。

（8）一般在_____函数中设置要打印的页数，在 OnPrepareDC（）函数中通过调用 CDC 类的成员函数_____设置当前页的视图原点坐标。

2. 简答题

（1）打印和屏幕显示有何异同？

（2）如何在打印和屏幕显示时输出不同的内容？

（3）打印预览和打印有何异同？

（4）MM_LOMETRIC 映射模式有何特点？

（5）简述添加打印页眉、页脚的程序代码的步骤。

3. 操作题

练习例 8.1～例 8.5，并将程序 Li8_1 中大小不同的矩形改为大小相同、颜色不同的椭圆。

第9章 | 动态链接库编程

在多任务环境中,为了提高系统资源的利用率和系统的整体性能,应该使每一个应用程序尽量少占用系统内存等资源。动态链接库便是这一设想的体现,允许多个应用程序同时共享动态链接库在内存中的同一份副本。

本章主要通过实例讲述用向导进行开发和使用 MFC 动态链接库的方法,同时简要介绍动态链接库的相关概念。

9.1 概　述

在 Windows 操作系统环境中,编写程序离不开系统提供的库函数,有些常规运算和系统调用等函数都是通过库函数方式提供的。Windows 库函数都是可执行代码,其库类型主要有静态链接库(Static Link Library,SLL)和动态链接库(Dynamic Link Library,DLL)两种。在开发软件产品时,对于通用功能的函数,一般以 DLL 的形式来实现,例如 Windows 的设备驱动程序就是一个动态链接库。

9.1.1 动态链接库的概念

动态链接库与静态链接库类似,它其实是一种用来为其他可执行文件(包括 EXE 文件和其他 DLL)提供共享的函数库。DLL 中一般定义了两种类型的函数,即导出函数(Export Function)和内部函数(Internal Function)。导出函数是可以被外部程序调用的函数,内部函数只能在 DLL 内部使用。尽管 DLL 类型各异,但每个 DLL 都含有一个入口点函数 DllMain(),就像大家编写的应用程序必须有 main()或 WinMain()函数一样。DllMain()的作用是初始化 DLL,并在卸载时清理 DLL。

9.1.2 动态链接库和静态链接库的区别

动态链接是相对于静态链接来说的。在程序开发过程中,产生一个 Windows 可执行文件需要链接不同的目标模块(* .obj)、库文件(* .lib)以及编译过的资源文件(* .res),此时的链接称为静态链接,可见静态链接发生在程序进行编译/链接时,与之相对应,动态链接发生在程序运行时。

动态链接库和静态链接库的主要区别是与应用程序的链接方式不同,前者进行的是动态链接,后者进行的是静态链接。如果编写的应用程序中需要使用 DLL 的应用程序,可以调用 DLL 中的导出函数,不过在应用程序本身的执行代码中并不包含这些函数的执行代码,它们经过编译和链接之后独立保存在 DLL 中。使用 DLL 的应用程序只包括了用于从

DLL 中定位所引用的函数的信息,而没有函数的具体实现,要等到程序运行时才从 DLL 中获得函数的实现代码。显然,在开发中使用了 DLL 的应用程序,在运行时必须要有相应的 DLL 的支持。而使用静态链接库的应用程序从函数库中得到所引用的函数的执行代码,然后把执行代码放进程序自身的执行文件中,这样应用程序在运行时就可以不需要静态函数库的支持了。

9.1.3 使用动态链接库的优势

Windows 库大量使用动态链接库,使用动态链接库与使用传统的静态链接库相比具有更多的优势。

（1）动态链接库实现了多个应用程序共享数据和代码的方式。

（2）多个应用程序还可以同时共享动态链接库在内存中的同一份副本,这样就有效地节省了应用程序所占用的内存资源,减少了频繁地内存交换,从而提高了应用程序的执行效率和运行速度。

（3）由于动态链接库是独立于可执行文件的,所以如果需要向动态链接库中增加新的函数或增强现有函数的功能,只要原有函数的参数和返回值等属性不变,那么所有使用该 DLL 的原有应用程序都可以在升级后的 DLL 的支持下运行,而不需要重新编译。这就为应用程序的升级和售后支持带来了极大的方便。

（4）动态链接库除了包括函数的执行代码以外,还可以包括图标、位图、字符串和对话框之类的资源,因此可以把应用程序所使用的资源独立出来做成 DLL。对于一些常用的资源,在把它们做到 DLL 中之后,就可以为多个应用程序所共享。

（5）动态链接库便于建立多语言的应用程序。开发者可以将支持多语言的函数放到 DLL 中,用户可以根据自己所需要的语言选择运行适当的 DLL,以获取正确的本地信息。

9.1.4 DLL 文件的存放位置

程序所需要的 DLL 文件必须位于下面 4 个目录之一。

（1）当前目录。

（2）Windows 系统的目录,例如 Windows\system。

（3）Windows 所在的目录,例如 WINNT。

（4）环境变量 PATH 中所指定的目录。

在程序运行时,系统将按上面的顺序查找程序所使用的动态链接库。

9.1.5 动态链接库的分类

Visual C++ 2019 支持多种 DLL,包括以下几种。

1. 非 MFC DLL

一般来说,非 MFC DLL(non-MFC DLL)的内部不使用 MFC,非 MFC DLL 的导出函数都使用标准的 C 接口(Standard C Interface),因此无论应用程序是否使用了 MFC,都可以调用非 MFC DLL。

2. MFC 常规 DLL(MFC Regular DLL)

MFC 常规 DLL 实际上包含了两方面的含义:一方面它是"MFC 的",这意味着可以在这种 DLL 的内部使用 MFC；另一方面它是"常规的"，这意味着它不同于 MFC 扩展 DLL，在 MFC 常规 DLL 的内部虽然可以使用 MFC，但它与应用程序的接口不能是 MFC，而是 C 函数或者 C++类。因此 MFC 常规 DLL 可以被非 MFC 或 MFC 编写的应用程序所调用。

3. MFC 扩展 DLL（MFC Extension DLL）

MFC 扩展 DLL 一般用来提供派生于 MFC 的可重用的类，以扩展已有的 MFC 类库的功能。MFC 扩展 DLL 使用 MFC 的动态链接版本。注意，只有使用 MFC 生成的可执行程序（无论是 EXE 还是 DLL）才能访问 MFC 扩展 DLL。

选择哪一种 DLL 类型可以从以下几个方面来考虑：

（1）相比之下，对于使用 MFC 的 DLL 而言，非 MFC DLL 显得更加短小精悍。因此，如果 DLL 不需要使用 MFC，那么使用非 MFC DLL 是一个很好的选择，它将显著地节省磁盘和内存空间。同时，无论应用程序是否使用了 MFC，都可以调用非 MFC DLL 中所导出的函数。

（2）如果需要创建使用了 MFC 的 DLL，并希望 MFC 和非 MFC 应用程序都能使用所创建的 DLL，那么可以选择 MFC 常规 DLL。动态链接到 MFC 的常规 DLL 比较短小，因此可以节省磁盘和内存。

（3）如果希望在 DLL 中实现从 MFC 派生的可重用的类，或者希望在应用程序和 DLL 之间传递 MFC 的派生对象，必须选择 MFC 扩展 DLL。

本章着重介绍 MFC DLL 的建立和使用方法。

9.2　创建 MFC DLL

利用"MFC 动态链接库"项目模板可以创建 MFC DLL。DLL 文件与可执行文件非常相似，不同点在于 DLL 包含导出表（Export Table）。导出表包含 DLL 中每个导出函数的名字，这些函数是进入 DLL 的入口点。另外，只有导出表中的函数可以被外部程序调用。

从 MFC DLL 中导出函数常用以下两种方法，即使用模块定义（Module Definition，DEF）文件（＊.def）和使用关键字_declspec(dllexport)。下面以创建 MFC 常规 DLL 为例，说明如何使用这两种方法创建 MFC DLL。

MFC 常规 DLL 能够被所有支持 DLL 技术的语言所编写的应用程序调用，当然也包括使用 MFC 的应用程序。在这种动态链接库中包含一个从 CWinApp 继承下来的类，DllMain() 函数则由 MFC 自动提供。

MFC 常规 DLL 分为静态链接到 MFC 的常规 DLL 和动态链接到 MFC 的常规 DLL 两类。用户可以在"MFC 动态链接库"项目模板中设置 MFC 常规 DLL 是静态链接到 MFC 还是动态链接到 MFC。

9.2.1　使用 DEF 文件

DEF 文件是一个包含 EXE 文件或 DLL 文件声明的文本文件。每个 DEF 文件必须至少包含 LIBRARY 语句和 EXPORTS 语句，其他语句可以省略。

DEF 文件常用的模块语句如下：

（1）第一个语句必须是 LIBRARY 语句，这个语句指出 DLL 的名字，链接器将这个名字放到 DLL 导入库（Import Library，LIB）中，DLL 导入库中包含了指向外部 DLL 的函数的索引指针。

（2）EXPORTS 语句列出被导出函数的名字，以及导出函数的数值（由 @ 号与数字构成）。序数值可以省略，编译器（Compiler）会为每个导出函数指定一个，但这样指定的值不如自己指定的明确。

（3）使用 DESCRIPTION 语句描述 DLL 的用途，这个语句可以省略。

（4）使用"；"开头的注释语句。例如：

```
LIBRARY BTREE
DESCRIPTION "实现二叉搜索树"
EXPORTS
    Insert   @1
    Delete   @2
    Member   @3
    Min      @4
    ;其他函数
```

在使用"MFC 动态链接库"项目模板创建一个 MFC DLL 时，向导将创建一个 DEF 文件的框架，并自动添加到项目中。在建立 DLL 时，链接器使用 DEF 文件来创建一个导出文件（*.exp）和一个导入库文件（*.lib），然后使用导出文件来创建 DLL 文件。

【例 9.1】 创建一个计算正方形和圆的面积的 MFC 常规 DLL 的动态链接库 Regulardll。其操作步骤如下：

视频讲解

（1）启动 Visual Studio IDE，创建一个名为 chap09 的解决方案。

（2）使用"MFC 动态链接库"项目模板在 chap09 解决方案中新建一个名为 Regulardll 的 MFC 动态链接库项目，如图 9.1 所示。

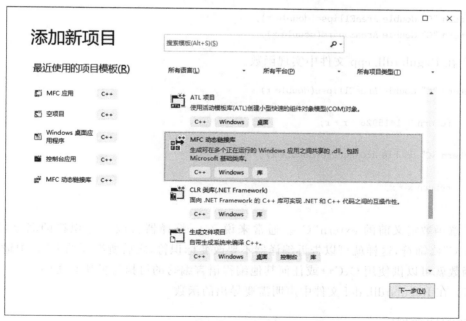

图 9.1 "MFC 动态链接库"项目模板

动态链接库编程

（3）单击"下一步"按钮后进入 MFC DLL 类型设置界面，如图 9.2 所示。本例采用默认设置，单击"确定"按钮，向导自动生成相关的文件和资源。

打开 IDE 的"解决方案资源管理器"窗口，可以看到向导生成的文件。在头文件夹中有 Regulardll.h 文件，在源文件夹中有 Regulardll.cpp 文件，可以在 Regulardll.h 文件中添加自定义函数的原型，在 Regulardll.cpp 文件中定义函数。此外，在源文件夹中还有一个 Regulardll.def 文件，如图 9.3 所示。

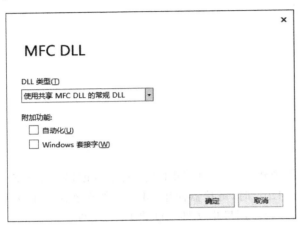

图 9.2　MFC 动态链接库的设置

图 9.3　MFC 动态链接库的文件视图

（4）在动态链接库中添加 AreaEllipse() 和 AreaSquare() 两个函数，分别实现计算正方形和圆的面积的功能。

① 在 Regulardll.h 文件中添加函数的原型。

```
extern "C" double AreaEllipse(double r);
extern "C" double AreaSquare(double x);
```

② 在 Regulardll.cpp 文件中实现函数。

```
extern "C" double AreaEllipse(double r)
{
    return 3.1415926 * r * r;
}
extern "C" double AreaSquare(double x)
{
    return x * x;
}
```

注意函数定义前的 extern"C"。通常来说，C++编译器会改变标识符的名字，而加上 extern"C"修饰符，这样就可以告诉编译器不要改变标识符，之后所编写的 DLL 中输出的变量和函数就可以供使用 C、C++或任何其他编程语言编写的可执行模块来访问。

（5）在 Regulardll.def 文件中声明需要导出的函数

```
AreaEllipse @1
AreaSquare @2
```

（6）编译、链接程序，生成了以. dll 为扩展名的动态链接库 Regulardll. dll。找到项目
Regulardll 所在的路径，在 Debug 文件夹下会看到生成的动态链接库 Regulardll. dll 和
Regulardll. lib，如图 9.4 所示。

图 9.4　生成的 Regulardll. dll 和 Reguhardll. lib 文件

9.2.2　使用关键字__declspec(dllexport)

从 MFC DLL 中导出函数的另一种方法是在定义函数时使用关键字__declspec
(dllexport)。在这种情况下不需要 DEF 文件。导出函数的形式为：

```
declspec(dllexport) <返回类型> <导出函数名>(<函数参数>);
```

【例 9.2】　创建一个与例 9.1 中 Regulardll 功能相同的动态链接库，使用关键字
__declspec(dllexport)导出函数。

视频讲解

其操作步骤如下：

（1）使用"MFC 动态链接库"项目模板在 chap09 解决方案中新建一个名为 Regulardll2
的 MFC 动态链接库项目。

（2）在 Regulardll2 项目中添加导出函数 AreaEllipse()和 AreaSquare()。

① 在 Regulardll2. h 文件中添加函数的原型。

```
extern "C" __declspec(dllexport) double AreaEllipse(double r);
extern "C" __declspec(dllexport) double AreaSquare(double x);
```

② 在 Regulardll2. cpp 文件中实现函数。

```
extern "C" __declspec(dllexport) double AreaEllipse(double r)
{
    return 3.1415926 * r * r;
}
extern "C" __declspec(dllexport) double AreaSquare(double x)
{
    return x * x;
}
```

（3）编译、链接程序，生成动态链接库 Regulardll2. dll。

使用关键字__declspec(dllexport)不仅可以导出函数，还可以导出一个完整的类。其中
的类可以是独立的类，也可以是派生类。使用关键字__declspec(dllexport)导出类的形式为

视频讲解

```
class __declspec(dllexport) <导出类名>[:public <基类名>]{…}
```

【例 9.3】　创建一个 MFC 常规 DLL 的动态链接库 Areadll，在该动态链接库中添加一
个导出类 CArea，通过该类获取正方形和圆的面积。

其操作步骤如下：

（1）使用"MFC 动态链接库"项目模板在 chap09 解决方案中新建一个名为 Areadll 的 MFC 动态链接库项目。

（2）实现导出类。如果要获取正方形和圆的面积，需要建立一个 CArea 类。

① 在 Areadll. h 文件的最后添加 CArea 类的声明。

```
extern "C" class declspec(dllexport) CArea
{
    public:
        CArea(double x = 0.0);
        ～CArea();
        double AreaSquare();        //计算正方形的面积
        double AreaEllipse();       //计算圆的面积
    private:
        double a;
        double result;
};
```

② 在 Areadll. cpp 文件的最后添加 CArea 类的实现。

```
CArea::CArea(double x)
{
    a = x;
}
CArea::～CArea()
{
}
double CArea::AreaSquare()
{
    result = a * a;
    return result;
}
double CArea::AreaEllipse()
{
    result = 3.1415926 * a * a;
    return result;
}
```

（3）编译、连接程序，生成动态链接库 Areadll. dll。

9.2.3 两种导出函数的方法比较

如何从 9.2.1 节和 9.2.2 节所述两种导出函数的方法中做出选择？可以从下面几个方面考虑。

如果需要使用导出顺序值（Export Ordinal Value），那么应该使用 DEF 文件来导出函数，只有在使用 DEF 文件导出函数时才能指定导出函数的顺序值。使用顺序值的一个好处是当向 DLL 中添加新的函数时，只要新的导出函数的顺序值大于原有的导出函数，就没有必要重新链接使用隐含链接的应用程序。相反，如果使用 __declspec(dllexport)来导出函数，若向 DLL 中添加了新的函数，使用隐含链接的应用程序有可能需要重新编译和链接。

使用 DEF 文件来导出函数，可以创建具有 NONAME 属性的 DLL。具有 NONAME 属性的 DLL 在导出表中仅包含了导出函数的顺序值，这种类型的 DLL 在包含大量的导出函数时,其文件的长度要小于通常的 DLL。

由于使用__declspec(dllexport)关键字导出函数不需要编写 DEF 文件,所以如果编写的 DLL 只供自己使用,使用__declspec(dllexport)较为简单。

9.3 使用 MFC DLL

应用程序与 DLL 链接后,DLL 才能通过应用程序调用运行。应用程序与 DLL 链接的方式主要有两种,即隐式链接(Implicit Linking)和显式链接(Explicit Linking)。

隐式链接又称为静态加载,指的是使用 DLL 的应用程序先链接到编译 DLL 时生成的导入库(LIB)文件,在执行应用程序的同时操作系统自动加载所需的 DLL。在应用程序退出之前,DLL 一直存在于该程序运行进程的地址空间中。

显式链接又称为动态加载,使用显式链接 DLL 的应用程序必须在代码中动态地加载所使用的 DLL,并使用指针调用 DLL 中的导出函数,在使用完毕后,应用程序必须卸载所使用的 DLL。使用显式链接的一个非常明显的好处是,应用程序可以在运行过程中决定需要加载的 DLL。

同一个 DLL 可以被应用程序隐式链接,也可以被应用程序显式链接,这取决于应用程序的目的和实现。下面以使用 MFC 常规 DLL 为例,说明如何通过这两种链接方式来使用 MFC DLL。

9.3.1 使用隐式链接

使用隐式链接除了需要相应的 DLL 文件外,还必须具备包含导出函数以及类声明的头文件和 DLL 的导入库(LIB)文件。

通常情况下,以上各文件是由 DLL 的开发者提供的。在编译时将 DLL 的 LIB 文件加入应用程序中主要有以下两种方法。

(1)选择"项目"|"添加现有项"菜单命令,在弹出的"添加现有项"对话框中选择所需的 LIB 文件;或者右击项目中的"源文件"文件夹,在弹出的快捷菜单中选择"添加"|"现有项"菜单命令,打开相应的对话框进行选择,如图 9.5 所示。

(2)在程序的 StdAfx.h 头文件中加入下列语句。

```
#pragma comment (lib,"指定的 LIB 文件名")
```

在第 9.2 节中创建了 3 个动态链接库,由于它们创建导出函数的方法不一样,在使用它们时也略有不同。

如果要使用例 9.1 建立的 Regulardll.dll 动态链接库,需要用户在自己的应用程序模块.cpp 文件中的开始处添加包含导出函数声明的头文件语句。

【例 9.4】 创建一个单文档的应用程序 ImLink,隐式链接例 9.1 创建的 Regulardll .dll,使用其中的导出函数求正方形的面积。选择"链接 DLL"|"链接 Regulardll"菜单命令,输入数据后,运行效果如图 9.6 所示。

其操作步骤如下:

(1)使用"MFC 应用"项目模板创建一个单文档应用程序 ImLink。

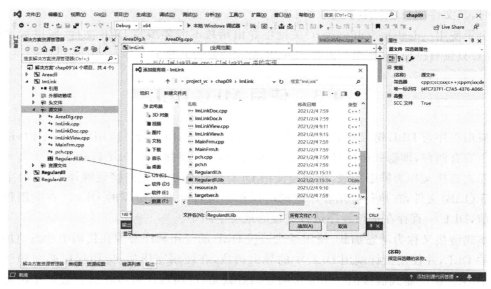

图 9.5　添加库文件

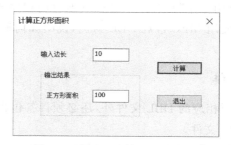

图 9.6　例 9.4 程序的运行效果

（2）插入如图 9.6 所示的对话框资源，为对话框设置关联的对话框类 CAreaDlg，并按表 9.1 设置控件的属性、添加成员变量。

表 9.1　对话框控件及成员变量

控件类型	ID	描述文字	成员变量
组框	IDC_STATIC	输出结果	
静态文本	IDC_STATIC	输入边长	
静态文本	IDC_STATIC	正方形面积	
编辑框	IDC_INPUT		doublem_input
编辑框	IDC_SQUARE		doublem_square
按钮	IDC_CALU	计算	
按钮	IDCANCEL	退出	

（3）将例 9.1 项目中的 Regulardll.h 头文件和 Regulardll.lib 库文件复制到 ImLink 项目的根目录下，并将它们添加到项目中。

（4）在 AreaDlg.cpp 文件中添加包含导出函数 AreaSquare()声明的头文件语句 ♯include "Regulardll.h"，并为"计算"按钮添加命令消息处理函数。

```
void CAreaDlg::OnCalu()
{
//TODO: 在此添加控件通知处理程序代码
    UpdateData();
    m_square = AreaSquare(m_input);
    UpdateData(false);
}
```

（5）在菜单中添加"链接 DLL"主菜单及其"链接 Regulardll"菜单项,设置其 ID 为 ID_
REGULAR。在 CImLinkView. cpp 文件中包含 AreaDlg. h 头文件,并在 CImLinkView 类
中添加菜单项命令消息处理函数。

```
void CImLinkView::OnRegular()
{
    //TODO: 在此添加命令处理程序代码
    CAreaDlg dlg;
    dlg.DoModal();
}
```

（6）编译、链接并运行程序。

例 9.2 在建立动态链接库 Regulardll. dll 时,对于要导出的函数所做的声明为:

```
extern "C" __declspec(dllexport) double AreaEllipse(double r);
extern "C" __declspec(dllexport) double AreaSquare(double x);
```

如果要使用例 9.2 建立的 Regulardll. dll,需要在自己的应用程序模块. cpp 文件中的开
始处添加导入函数代码。

```
extern "C" __declspec(dllimport) double AreaEllipse(double r);
extern "C" __declspec(dllimport) double AreaSquare(double x);
```

在导入函数时也可以省略__declspec(dllimport)关键字,但是使用它可以使编译器生
成效率更高的代码。如果需要导入的是 DLL 中的公有数据和对象,则必须使用__declspec
(dllimport)关键字。

【例 9.5】 修改例 9.4 创建的单文档应用程序 ImLink,隐式链接例 9.2 创建的
Regulardll. dll,使用其中的导出函数求正方形的面积。

其操作步骤如下:

（1）删除 AreaDlg. cpp 文件中自己添加的包含语句♯include "Regulardll. h"。

（2）在 AreaDlg. cpp 文件的代码开始处添加代码。

```
extern "C" __declspec(dllimport) double AreaSquare(double x);
```

（3）重新编译、链接并运行程序。

与例 9.4 类似,如果要使用例 9.3 建立的 Areadll. dll 动态链接库,需要在自己的应用
程序模块. cpp 文件中的开始处添加包含导出类声明的头文件语句。

【例 9.6】 在例 9.5 创建的单文档应用程序 ImLink 中增加一个菜单项,隐式链接例 9.3
创建的 Areadll. dll,使用其中的导出类求圆的面积。

其操作步骤如下:

　（1）在应用程序 ImLink 中插入如图 9.7 所示的对话框资源，为对话框设置关联的对话框类 CCAreaDlg，并按表 9.2 设置控件的属性、添加成员变量。

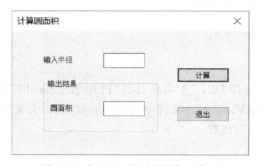

图 9.7　例 9.6 的对话框资源模板

表 9.2　对话框控件及成员变量

控件类型	ID	描述文字	成员变量
组框	IDC_STATIC	输出结果	
静态文本	IDC_STATIC	输入半径	
静态文本	IDC_STATIC	圆面积	
编辑框	IDC_INPUT		doublem_input
编辑框	IDC_CIRCLE		doublem_circle
按钮	IDC_CALU	计算	
按钮	IDCANCEL	退出	

　（2）在 CAreaDlg. cpp 文件中添加包含导出类 CArea 声明的头文件语句 ♯include "Areadll. h"，并为"计算"按钮添加命令消息处理函数。

```
void CCAreaDlg::OnCalu()
{
    //TODO: 在此添加控件通知处理程序代码
    UpdateData();
    CArea s(m_input);
    m_circle = s.AreaEllipse();
    UpdateData(false);
}
```

　（3）在"链接 DLL"主菜单中添加"链接 Areadll"菜单项，设置其 ID 为 ID_AREA。在 CImLinkView. cpp 文件中包含 CAreaDlg. h 头文件，并在 CImLinkView 类中添加菜单项命令消息处理函数。

```
void CImLinkView::OnArea()
{
    //TODO: 在此添加命令处理程序代码
    CCAreaDlg dlg;
    dlg.DoModal();
}
```

（4）将例 9.3 中的 Areadll. h 及 Areadll. lib 文件复制到应用程序的当前目录并将它们添加到项目中。打开项目的 pch. h 文件并添加以下代码，将 DLL 的 LIB 文件加入应用程序中。

```
...
#endif //PCH_H
#pragma  comment(lib,"Areadll.lib")
```

（5）编译、链接并运行程序。

9.3.2　使用显式链接

在使用显式链接时，需要知道导出函数返回值的类型和所传递的参数个数、类型和顺序等。应用程序在调用 DLL 中的导出函数前必须首先调用 LoadLibrary() 函数加载 DLL 并得到一个模块句柄，然后使用得到的模块句柄调用 GetProcAddress() 函数获取导出函数的指针，并使用该指针调用 DLL 中的导出函数。在 DLL 使用完毕后，调用 FreeLibrary() 函数释放加载的 DLL。

若 DLL 是 MFC 扩展 DLL，则应用程序应该分别使用 AfxLoadLibrary() 和 AfxFreeLibrary() 函数来加载和释放 DLL。下面介绍这些函数的原型。

1. LoadLibrary() 或 AfxLoadLibrary() 函数

（1）LoadLibrary() 函数的原型为

```
HINSTANCE LoadLibrary(LPCTSTR lpLibFileName);
```

（2）AfxLoadLibrary() 函数的原型为

```
HINSTANCE AFXAPI AfxLoadLibrary(LPCTSTR lpszModuleName);
```

其中，参数 lpLibFileName、lpszModuleName 为 DLL 或 EXE 文件名。

2. GetProcAddress() 函数

该函数的原型为

```
FARPROC GetProcAddress(HMODULE hModule,LPCSTR lpProcName);
```

其中，参数 hModule 为指向 DLL 模块的句柄，参数 lpProcName 为导出函数名。通过使用该函数得到指向导出函数的指针，可以使用该指针调用 DLL 中的导出函数。

3. FreeLibrary() 或 AfxFreeLibrary() 函数

（1）FreeLibrary() 函数的原型为

```
BOOL FreeLibrary(HMODULE hLibModule);
```

（2）AfxFreeLibrary() 函数的原型为

```
BOOL AFXAPI AfxFreeLibrary(HINSTANCE hInstLib);
```

两个函数的返回值一样，均为 BOOL 值，若释放成功，则返回 TRUE；否则，返回 FALSE。其中的参数 hLibModule 和 hInstLib 表示加载模块的句柄。

275

第 9 章

动态链接库编程

276

【例9.7】 创建一个单文档的应用程序 ExLink，显式链接例 9.1 创建的 Regulardll. dll。
其操作步骤如下：

（1）使用 MFC 应用项目模板创建一个单文档应用程序 ExLink。

（2）使用"类向导"工具在 CExLinkView 类中添加 WM_LBUTTONDOWN 消息处理
函数，并添加代码。

```
void CExLinkView::OnLButtonDown(UINT nFlags, CPoint point)
{
    //TODO: 在此添加消息处理程序代码或调用默认值
    typedef double( * GETDT)(double x);      //声明一个指向函数的指针类型
    GETDT GetDT;                             //声明一个指向函数的指针变量
    FARPROC lpfn = NULL;
    HINSTANCE hinst = NULL;
    hinst = LoadLibrary("Regulardll.dll");   //动态加载 DLL
    if(hinst == NULL)
    {
        MessageBox("不能加载动态链接库!");
         return;
    }
    lpfn = GetProcAddress(hinst,"AreaSquare");  //获取 AreaSquare()函数的地址
    if(lpfn == NULL)
        AfxMessageBox("不能加载所需的函数!");
    else
    {
        GetDT = (GETDT)lpfn;                 //类型转换
        CString str;
        double s = ( * GetDT)(10);           //计算正方形的面积
        str.Format("正方形面积: %6.2f",s);
        AfxMessageBox(str,MB_OK,0);
        FreeLibrary(hinst);                  //卸载 DLL
    }
    CView::OnLButtonDown(nFlags, point);
}
```

（3）在 CExLinkView 类的 OnDraw()函数中添加提示信息。

```
void CExLinkView::OnDraw(CDC * pDC)
{
    CExLinkDoc * pDoc = GetDocument();
    ASSERT_VALID(pDoc);
    if(!pDoc)
        return;

    //TODO: 在此处为本机数据添加绘制代码
    pDC -> TextOut(10,10,"正方形的边长为 10,按鼠标左键输出面积!");
}
```

（4）将例 9.1 中的 Regulardll. dll 文件复制到应用程序的根目录并将其添加到项目中。

（5）编译、链接并运行程序。当单击鼠标左键时出现如图 9.8 所示的结果。

图 9.8 例 9.7 程序的运行结果

9.4 MFC 扩展 DLL

MFC 扩展 DLL 的含义在于它是 MFC 的扩展,其主要功能是实现从现有 MFC 类库中派生出可重用的类。MFC 扩展 DLL 使用 MFC 动态链接库版本,因此只有用共享 MFC 版本生成的 MFC 可执行文件(应用程序或常规 DLL)才能使用 MFC 扩展 DLL。MFC 扩展 DLL 与 MFC 常规 DLL 的相同点在于在两种 DLL 的内部都可以使用 MFC 类库,其不同点在于 MFC 扩展 DLL 与应用程序的接口可以是 MFC 的。

MFC 常规 DLL 被 MFC 向导自动添加了一个 CWinApp 的对象,而 MFC 扩展 DLL 不包含该对象,它只是被自动添加了 DllMain()函数。

9.4.1 创建 MFC 扩展 DLL

对于 MFC 扩展 DLL,系统会自动在项目中添加如表 9.3 所示的宏,这些宏为 DLL 和应用程序的编写提供了方便。像 AFX_EXT_CLASS、AFX_EXT_API、AFX_EXT_DATA 这样的宏,在 DLL 和应用程序中将具有不同的定义,这取决于 _AFXEXT 宏是否被定义。这使得在 DLL 和应用程序中使用统一的一个宏就可以表示出输出和输入的不同意思。在 DLL 中,表示输出(因为 _AFXEXT 被定义,通常是在编译器的标识参数中指定/D_AFXEXT),在应用程序中,则表示输入(因为_AFXEXT 没有定义)。因此 MFC 扩展 DLL 除了可以使用关键字_declspec(dllexport)导出类外,还可以使用宏 AFX_EXT_CLASS 来导出类,而链接到 MFC 扩展 DLL 的可执行文件同样使用这个宏来导入类。

表 9.3　MFC 扩展 DLL 中的宏

宏	定　　义
AFX_CLASS_IMPORT	_declspec(dllexport)
AFX_API_IMPORT	_declspec(dllexport)
AFX_DATA_IMPORT	_declspec(dllexport)
AFX_CLASS_EXPORT	_declspec(dllexport)

续表

宏	定 义
AFX_API_EXPORT	_declspec(dllexport)
AFX_DATA_EXPORT	_declspec(dllexport)
AFX_EXT_CLASS	#ifdef _AFXEXT 　AFX_CLASS_EXPORT #else 　AFX_CLASS_IMPORT
AFX_EXT_API	#ifdef _AFXEXT 　AFX_API_EXPORT #else 　AFX_API_IMPORT
AFX_EXT_DATA	#ifdef _AFXEXT 　AFX_DATA_EXPORT #else 　AFX_DATA_IMPORT

视频讲解

【例 9.8】 创建一个 MFC 扩展 DLL 的动态链接库 Extensiondll,在这个 DLL 中导出一个对话框类,这个对话框类派生自 CDialog。

其操作步骤如下:

(1) 启动 Visual Studio IDE,使用"MFC 动态链接库"项目模板在 chap09 解决方案中新建一个名为 Extensiondll 的 MFC 动态链接库项目,其 DLL 类型为"MFC 扩展 DLL"。

(2) 在项目中添加对话框资源,如图 9.9 所示。其中控件的属性设置见表 9.4。

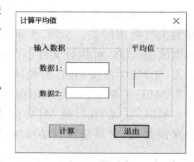

图 9.9 完成后的对话框资源

表 9.4 对话框及控件的属性设置

对 象	ID	描 述 文 字	属 性
对话框	IDD_DIALOG1	计算平均值	
组框	IDC_STATIC	输入数据	
组框	IDC_STATIC	平均值	
静态文本	IDC_STATIC	数据 1:	
静态文本	IDC_STATIC	数据 2:	
静态文本	IDC_AVE	(动态显示输出结果)	Static edge
编辑框	IDC_NUMBER1		
编辑框	IDC_NUMBER2		
按钮	IDC_CALCU	计算	
按钮	IDCANCEL	退出	

(3) 利用"类向导"工具为对话框添加一个关联类,类名为 CAveDlg,其基类为 CDialog。修改 CAveDlg 类的头文件 AveDlg.h 中的代码。

① 修改 CAveDlg 类的声明,使得 DLL 中的 CAveDlg 类得以导出。

```
class AFX_EXT_CLASS CAveDlg: public CDialog
{
    ...
}
```

② 加入 Resource.h 头文件。

```
# pragma once
# include "Resource.h"
```

(4) 利用"类向导"工具在 CAveDlg 类中为两个编辑框和用来显示平均成绩的静态文本控件添加关联的成员变量,变量类型分别为 int、int、CString,变量名分别为 m_num1、m_num2、m_ave。

(5) 利用"类向导"工具为对话框中的"计算"按钮添加消息处理函数,并添加代码。

```
void CAveDlg::OnCalcu()
{
    UpdateData();
    double ave = (double)(m_num1 + m_num2)/2;
    m_ave.Format(L"%5.1f",ave);
    UpdateData(FALSE);
}
```

(6) 编译、链接程序,生成以.dll 为扩展名的动态链接库 Extensiondll.dll。

9.4.2 使用 MFC 扩展 DLL

在应用程序中使用 MFC 扩展 DLL,既可以使用隐式链接,也可以使用显式链接。对于 MFC 扩展 DLL,使用隐式链接比使用显式链接简单得多,下面介绍隐式链接 MFC 扩展 DLL。

【例 9.9】 在例 9.6 创建的单文档应用程序 ImLink 中再增加一个菜单项,隐式链接例 9.8 创建的 Extensiondll.dll。

视频讲解

其操作步骤如下:

(1) 在应用程序 ImLink 的"链接 DLL"主菜单下添加"链接 Extensiondll"菜单项,其 ID 为 ID_EXTENSION,并在 CImLinkView 类中添加菜单项命令消息处理函数。

```
void CImLinkView::OnExtension()
{
    CAveDlg dlg;
    dlg.DoModal();
}
```

(2) 将例 9.8 中的 AveDlg.h 头文件复制并添加到当前项目中。在 ImLinkView.cpp 文件的开始处添加"# include "AveDlg.h""文件包含语句。

(3) 将例 9.8 中的 Extensiondll.lib 文件复制到应用程序的当前目录,并在 pch.h 文件中加入下列语句,将 DLL 的 LIB 文件加入应用程序中。

```
    …
    # endif //PCH_H
    # pragma comment(lib,"Areadll.lib")
    # pragma comment(lib,"Extensiondll.lib")
```

（4）删除 AveDlg.h 头文件中的资源定义。

```
    //enum {IDD = IDD_DIALOG1};
```

（5）编译、链接并运行程序。选择"链接 DLL"│"链接 Extensiondll"菜单命令，输入数据后，运行结果如图 9.10 所示。

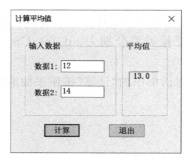

图 9.10　例 9.9 程序的运行结果

习　　题

1. 填空题

（1）Windows 的库类型主要有_____和_____。

（2）DLL 中一般定义了_____和_____两种类型的函数，其中_____可以被外部程序调用。

（3）每个 DLL 都含有一个入口函数_____，就像大家编写的应用程序必须有 main()或 WinMain()函数一样。该函数的作用是_____。

（4）Visual C++ 2019 支持多种 DLL，包括_____、_____和_____。

（5）在非 MFC DLL 的内部不使用_____，其导出函数为标准的 C 接口，能被_____编写的应用程序调用。

（6）在 MFC 常规 DLL 的内部可以使用_____，但它与应用程序的接口不能是_____，而是_____。

（7）MFC 扩展 DLL 的主要功能是_____。

（8）从 MFC DLL 中导出函数常用_____和_____两种方法。后者不仅可以导出函数，还可以导出一个完整的类。

（9）DEF 文件是一个包含_____的文本文件。每个 DEF 文件必须至少包含_____语句和_____语句。

（10）应用程序与 DLL 链接的方式主要有_____和_____。

（11）应用程序分别使用_____和_____函数来加载和释放 MFC 扩展 DLL。

（12）MFC 扩展 DLL 除了可以使用关键字 __declspec(dllexport)导出类外，还可以使用宏_____来导出类。

2. 简答题

（1）什么是动态链接库？它和静态链接库有何区别？生成的动态链接库放在哪些目录下才能被应用程序使用？

（2）Visual C++支持哪几种 DLL？如何选择 DLL 的类型？

（3）MFC 常规 DLL 实际上包含哪两方面的含义？

（4）如何从 MFC DLL 中导出函数？

（5）应用程序与 DLL 链接的方式有哪两种？它们之间有何区别？

3. 操作题

（1）创建一个计算正弦和余弦值的 MFC 常规 DLL 的动态链接库 MyDll。

（2）编写一个基于对话框的应用程序，利用动态链接库 MyDll 计算正弦和余弦值。

（3）创建一个 MFC 扩展 DLL 实现 MyDll 的功能。编写一个基于对话框的应用程序调用该动态链接库，计算正弦和余弦值。

动态链接库编程

第 10 章　　多线程编程

当使用 Windows 或者其他比较流行的操作系统时,可以同时运行几个程序,操作系统的这种能力称为多任务处理。目前许多操作系统支持线程,一个应用程序能够创建几个线程,线程处理使应用程序能够执行并发处理,从而可以同时执行多个操作。

本章将结合实例介绍创建线程、控制线程、线程间的通信以及同步等编程技术。

10.1　概　　述

Windows 操作系统用多进程/线程机制提供了对一个应用程序内多任务的支持,进程与线程之间是密不可分的,线程依附于进程,一个进程可包含多个线程。

10.1.1　问题的提出

在讲解多线程编程之前,首先编写一个耗时的程序。为了抓住核心,在下面的实例中将调用 Sleep()函数来模拟耗时的处理过程 A。

【例 10.1】　创建一个基于对话框的应用程序 Li10_1,其界面如图 10.1 所示。单击“开始打印”按钮后,模拟启动一个耗时的打印程序。

其操作步骤如下:

(1) 启动 Visual Studio IDE,创建一个名为 chap10 的解决方案,并在其中新建一个基于对话框的应用程序 Li10_1。

(2) 在主对话框中添加一个按钮,其 ID 为 IDC_TESTPRINT、“描述文字”为“开始打印”,并添加按钮的处理函数。

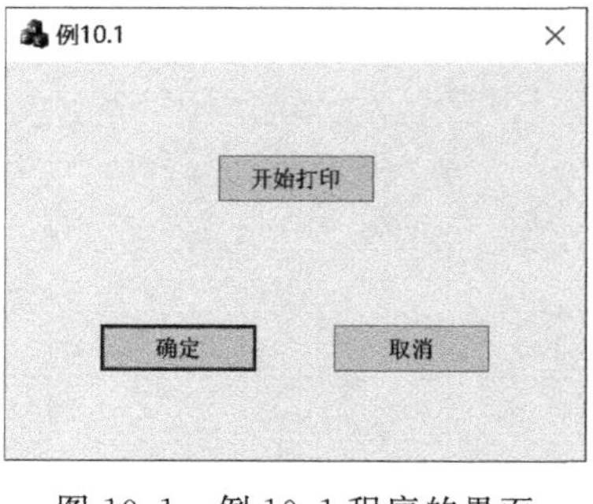

图 10.1　例 10.1 程序的界面

```
void CLi101Dlg::OnTestPrint()
{
    //TODO: 在此添加控件通知处理程序代码
    AfxMessageBox(L"正在打印…");
    Sleep(180000);                          //延时 3 分钟
    AfxMessageBox(L"打印完成!");
}
```

(3) 编译、链接并运行程序,单击“开始打印”按钮,发现在这 3 分钟内程序就像“死机”一样,不再响应其他消息。

如果能够生成两个控制流程，一个负责其中的长时间处理过程 A，另一个负责响应用户及系统消息，各司其职，则上述问题可以得到解决。赋予应用程序多控制流的能力与多线程编程有关。

10.1.2 进程和线程

Windows 是一个多任务的操作系统。Windows 的多任务可以分为两种，即多进程和多线程。

进程（Process）和线程（Thread）都是操作系统的概念。进程是应用程序的执行实例，例如一个正在运行的字处理软件 Word 就是一个进程。进程是操作系统分配资源的基本单位，每个进程由私有的虚拟地址空间、代码、数据和其他各种系统资源组成，进程在运行过程中创建的资源随着进程的终止而被销毁，所使用的系统资源在进程终止时被释放或关闭。线程是操作系统分配处理器的最基本单元，它是进程内部的一个独立的执行单元。

一个程序运行时，由系统自动创建一个进程。系统创建好进程后，实际上就启动执行了该进程的主线程，主线程以函数地址形式（一般为 main() 或 WinMain() 函数）将程序的启动点提供给操作系统。主线程终止了，进程也就随之终止。

每一个进程至少有一个主线程，无须用户去主动创建，它是由系统自动创建的。用户根据需要在应用程序中创建其他线程，多个线程并发地运行在同一个进程中。一个进程中的所有线程都在该进程的虚拟地址空间中，共同使用这些虚拟地址空间、全局变量和系统资源，所以线程间的通信非常方便，多线程技术的应用也较为广泛。

可以用 VC++ 所带的工具 Spy++ 来观察操作系统管理的进程和线程。

打开 Word 应用程序和 Windows 附件中的“记事本”，这样系统内部就产生了两个进程。选择“工具”|“Spy++”菜单命令，打开如图 10.2 所示的 Spy++ 应用程序窗口。

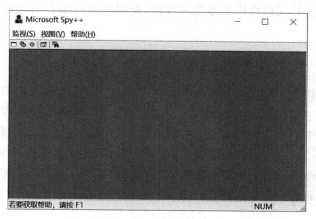

图 10.2 Spy++ 应用程序窗口

选择“监视”|“进程”菜单命令，在打开的窗口中可以看到操作系统管理的所有进程的信息，如图 10.3 所示。

图 10.3 中进程或线程前的十六进制数表示进程或线程的编号。右击进程或线程，选择“属性…”菜单命令，可以在打开的属性窗口中看到进程或线程的相关信息。

多线程可以实现并行处理，避免像上面的过程 A 中类似的任务长时间占用 CPU 时间。

284

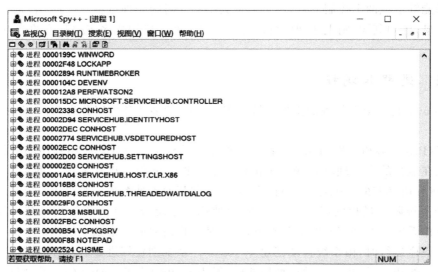

图 10.3　用 Spy++工具观察进程和线程

例如对上面的程序可采用多线程,在需要打印时通过主线程创建一个打印线程。当进行打印时,CPU 轮换着给主线程和打印线程分配时间片,好像打印操作和其他操作同时运行。这样,CPU 充分利用打印时等待的空闲时间片去处理其他工作。对于这种既要进行耗时的工作,又要保持对用户的输入响应的应用来说,使用多线程是最佳选择。

可见,通过多线程,应用程序可以充分利用 CPU 资源。需要说明的一点是,目前大多数的计算机都是单处理器的,为了运行所有线程,操作系统为每个独立线程安排一些 CPU 时间。试想如果两个非常活跃的线程为了抢夺对 CPU 的控制权,则在线程切换时会消耗很多的 CPU 资源,这样反而会降低系统的性能,所以在实际编程时要根据需要灵活地使用多线程。

10.1.3　MFC 对多线程编程的支持

多线程的操作由 MFC 类 CWinThread 及其派生类支持,该类的对象代表进程中执行的线程。从图 2.11 给出的 MFC 应用程序框架结构类的继承关系可以知道,MFC 应用程序类 CWinApp 是由 CWinThread 类派生而来的,用于启动进程的主线程。

MFC 还提供了支持多线程同步的同步类,例如,CEvent、CCriticalSection、CSemaphore 和 CMutex 等。另外,MFC 还提供了线程同步辅助类 CSingleLock 和 CMutiLock。这些类的具体用法将在后面的实例中讲解。

10.2　线程的创建

在 MFC 中有两类线程,分别称为工作者线程(Worker Thread)和用户界面线程(User-interface Thread)。两者的主要区别在于工作者线程没有消息循环,而用户界面线程有自己的消息队列和消息循环。

工作者线程没有消息机制,通常用来执行后台计算和维护任务,例如冗长的计算过程、打印机的后台打印等。用户界面线程一般用于处理独立于其他线程执行之外的用户输入，响应用户及系统所产生的事件和消息等。对于 Win32 的 API 编程而言，这两种线程是没有区别的，它们都只需要线程的启动地址即可启动线程来执行任务。

10.2.1 创建工作者线程

创建一个工作者线程，首先需要编写一个希望与应用程序的其余部分并行运行的自定义函数，该函数称为线程函数。然后在程序中合适的地方调用全局函数 AfxBeginThread() 创建线程，以启动线程函数。

1. 定义线程函数

线程函数是新线程创建后要执行的函数。新线程要实现的功能是由线程函数实现的，因此编写线程函数是多线程程序设计最主要的工作。线程函数的固定形式为

```
UINT FunctionName(LPVOID pParam)
```

其中，FunctionName 是用户自定义的函数名，LPVOID 表示指向空类型的指针，相当于 void *，必要时需要把这个指针转换成所需要的类型。函数的返回值将作为线程的结束码，线程函数结束后线程就会自动终止。如果函数的返回值为 0，表示线程函数正常结束。

2. 启动线程函数

在程序中合适的地方调用全局函数 AfxBeginThread() 创建线程，以启动线程函数。MFC 应用程序的线程由 CWinThread 对象表示，在调用 AfxBeginThread() 函数时会自动创建一个 CWinThread 对象，程序不需要自己创建 CWinThread 对象。AfxBeginThread() 全局函数的原型为

```
CWinThread * AfxBeginThread(AFX_THREADPROC  pfnThreadProc,
        LPVOID pParam, int nPriority = THREAD_PRIORITY_NORMAL,
        UINT nStackSize = 0, DWORD dwCreateFlags = 0,
        LPSECURITY_ATTRIBUTES  lpSecurityAttrs = NULL);
```

其中，参数 pfnThreadProc 是一个指向线程函数的指针；参数 pParam 的类型与线程函数的参数类型完全一致，该参数为启动线程时传递给线程函数的入口参数；其他 4 个参数用于设置线程的优先级、线程的堆栈大小、创建时是否立即运行及线程的安全属性，这 4 个参数通常使用默认值。

如果创建成功，AfxBeginThread() 函数返回一个指向 CWinThread 对象的指针，否则返回 NULL。如果需要，可保存这个指针，以便以后调用 CWinThread 类的成员函数。

线程创建后开始启动执行，但如果 dwCreationFlags 参数为 CREATE_SUSPENDED，线程并不立即执行，而是先挂起，等到调用 ResumeThread() 函数时才开始启动线程。

素数是指一个大于 2 且只能被 1 及自身整除的正整数。当一个数较小时，要判断其是否为素数并不太难，但是如果要判断的整数较大，问题就变得非常困难，计算的时间就会大大增加。下面的例子通过一个工作者线程来完成相应的工作。

视频讲解

【例 10.2】 编写一个创建工作者线程的单文档应用程序 Li10_2，当选择"计算素数"菜单命令时启动一个工作者线程，计算 1～1 000 000 素数的个数。

其操作步骤如下：

（1）使用"MFC 应用"项目模板，在解决方案 chap10 中新建一个单文档的应用程序 Li10_2。

（2）为应用程序添加"计算素数"菜单项，设置其 ID 为 ID_PRIME。

（3）使用"类向导"工具为 ID_PRIME 添加命令消息处理函数，并添加代码。

```
void CLi102View::OnPrime()
{
    //TODO: 在此添加命令处理程序代码
    //创建线程,以启动线程函数 Calculateprime()
    AfxBeginThread(Calculateprime,(LPVOID)n,THREAD_PRIORITY_BELOW_NORMAL,0);
    CString str;
    str.Format("The Prime Numbers from 1 to 1000000 is %d.",n);
    AfxMessageBox(str);                               //输出素数的个数
}
```

（4）在项目的 Li102View.h 文件中声明线程函数。

```
UINT Calculateprime(LPVOID pParam);                   //线程函数的声明
```

（5）在 CLi102View::OnPrime()函数之前定义一个存放素数的个数的全局变量 n，并添加线程函数 calculatePrime()。

```
//定义一个全局变量存放素数的个数,并作为线程函数的入口参数
int n = 0;
UINT Calculateprime(LPVOID pParam)                    //线程函数
{
    n = 0;
    long m,k,i;
    for(m = 1;m < = 1000000;m = m + 2)
    {
        k = (long)sqrt(m);
        for(i = 2;i < = k;i++)
            if(m % i == 0)break;
            if(i > = k + 1)n = n + 1;
    }
    return 0;
}
```

（6）编译、链接并运行程序，选择"计算素数"菜单命令，结果如图 10.4 所示。

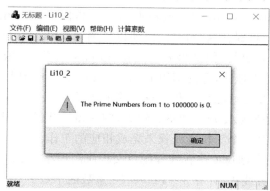

图 10.4 工作者线程未完成时的运行结果

工作者线程与主线程是并行执行的。主线程中的 OnPrime（）函数启动线程函数 Calculateprime（）后自己仍继续运行，在这期间素数的个数还未求出，所以输出的素数的个数为 0。当再次选择"计算素数"菜单命令后，看到输出的素数的个数为 78 498，如图 10.5 所示。

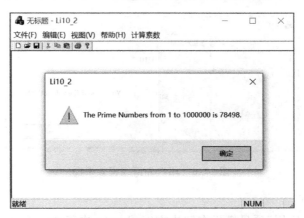

图 10.5　工作者线程完成后的运行结果

10.2.2　创建用户界面线程

用户界面线程与用户界面有关，可以具有自己的窗口界面。用户界面线程通常用来处理用户输入并响应各种事件和消息，它是通过自己的消息泵获取从系统接收到的消息。MFC 将为该线程增加一个消息循环，以便能够处理收到的消息。

创建用户界面线程的过程与创建一个工作者线程的过程完全不同。一个工作者线程由一个线程函数代表，但一个用户界面线程的行为由 CWinThread 类的派生类来控制。大家知道，代表进程主线程的 CWinApp 类就是 CWinThread 的派生类，实际上 CWinApp 类所启动的主线程就是一个用户界面线程。

用户界面线程的执行次序与应用程序主线程相同，因此如果要创建用户界面线程，首先需要从 CWinThread 类派生一个新类，并重写派生类的 InitInstance（）、ExitInstance（）及 Run（）等函数，然后使用 AfxBeginThread（）函数的另一个版本创建并启动用户界面线程。

创建用户界面线程的 AfxBeginThread（）函数的原型为

```
CWinThread * AfxBeginThread(CRuntimeClass *  pThreadClass,
    int  nPriority = THREAD_PRIORITY_NORMAL, UINT nStackSize = 0,
    DWORD dwCreateFlags = 0,
    LPSECURITY_ATTRIBUTES lpSecurityAttrs = NULL);
```

其中，参数 pThreadClass 指向一个 CRuntimeClass 对象，该对象是用 RUNTIME_CLASS 宏从 CWinThread 的派生类创建的。其他参数的含义与前述 AfxBeginThread（）函数的参数一样。

在程序中可以采取以下简单的调用方式创建一个用户界面线程，其中实参 class_name 是 CWinThread 的派生类的名字。

```
AfxBeginThread(RUNTIME_CLASS(class_name));
```

视频讲解

【例 10.3】 在基于对话框的应用程序 Li10_3 中创建用户界面线程。每单击一次"用户界面线程"按钮都会弹出一个线程对话框,在任何一个线程对话框内按下鼠标左键都会弹出一个消息框,效果如图 10.6 所示。

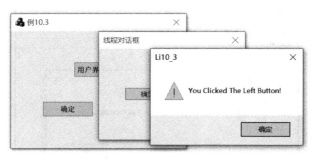

图 10.6　用户界面线程效果图

其操作步骤如下:

(1) 使用"MFC 应用"项目模板在解决方案 chap10 中新建一个基于对话框的应用程序 Li10_3。

(2) 使用"类向导"工具创建一个基于 CWinThread 的派生类,类名为 CUIThread。

(3) 给应用程序添加新对话框 IDD_UITHREADDLG,其"描述文字"属性为"线程对话框",并为该对话框创建一个基于 CDialog 的类 CUIThreadDlg。

(4) 使用"类向导"工具在 CUIThreadDlg 类中添加 WM_LBUTTONDOWN 消息的处理函数 OnLButtonDown(),并加入代码。

```
void CUIThreadDlg::OnLButtonDown(UINT nFlags, CPoint point)
{
    //TODO: 在此添加消息处理程序代码或调用默认值
    AfxMessageBox(L"You Clicked The Left Button!");
    CDialog::OnLButtonDown(nFlags, point);
}
```

(5) 在 CUIThread 类的头文件 UIThread.h 中添加 ♯include "UIThreadDlg.h"语句和 protected 变量 CUIThreadDlg m_dlg。

(6) 在 CUIThread 类中重载 InitInstance()函数和 ExitInstance()函数,并添加代码。

```
BOOL CUIThread::InitInstance()
{
    //TODO:在此执行线程的初始化
    m_pMainWnd = &m_dlg;               //得到用户区域
    m_dlg.DoModal();                   //打开对话框
    return TRUE;
}
int CUIThread::ExitInstance()
{
    //TODO:在此执行线程的清理
    m_dlg.DestroyWindow();             //关闭并销毁对话框
    return CWinThread::ExitInstance();
}
```

（7）在主对话框中添加一个按钮，其 ID 为 IDC_UI_THREAD、"描述文字"属性为"用户界面线程"。

（8）使用"类向导"工具为 IDC_UI_THREAD 按钮添加命令消息处理函数，并加入代码。

```
void CLi103Dlg::OnUiThread()
{
    //TODO: 在此添加控件通知处理程序代码
    AfxBeginThread(RUNTIME_CLASS(CUIThread)); //创建并启动用户界面线程
}
```

（9）在 Li10_3Dlg.cpp 的开头添加♯include "UIThread.h"文件包含语句。

（10）编译、链接并运行程序。

读者需要了解的是，这时的线程窗口不属于创建线程程序的主框架窗口，而是和主框架窗口（也可以说是主线程窗口）并列的。两者的父窗口都是系统的桌面。查看桌面底部的 Windows 系统任务栏就会发现，除了创建线程应用程序的窗口以外，还有单独的用户界面线程窗口。此时这两个窗口可以并行工作，互不影响。用户可以单独关闭子窗口——用户界面线程窗口，这相当于正常退出了该子线程窗口，不会对主线程创建进程窗口造成影响。反过来，如果用户关闭主线程窗口，则用户界面线程窗口也会被迫关闭。这种情况属于用户界面线程非正常退出，会造成内存泄漏。

10.3　线程的控制

线程控制是指控制线程的状态。一般从以下几个方面控制线程：创建一个线程、终止一个线程、挂起一个正在运行的线程、激活一个暂停运行的线程、读取和设置线程的优先级、使当前线程等待一定的时间以及放弃一个或多个运行时间片等。

10.3.1　终止一个线程

当一个工作者线程的线程函数执行一个返回语句或者调用 AfxEndThread()成员函数时，这个工作者线程就终止。对于用户界面线程，当一个 WM_QUIT 消息发送到它的消息队列中或者该线程中的一个函数调用 AfxEndThread()成员函数时，该线程就被终止。此时 AfxEndThread()函数的原型为

```
void AfxEndThread(UNIT nExitCode);
```

其中，参数 nExitCode 表示线程的 32 位退出码。

一般来说，线程只能自我终止。如果要从另一个线程来终止线程，必须在这两个线程之间设置通信方式。

10.3.2　悬挂和恢复线程

在 CWinThread 类中包含线程悬挂和恢复的成员函数。

悬挂就是挂起或暂停线程的运行。悬挂函数的原型为

```
DWORD SuspendThread();
```

恢复就是激活一个暂停运行的线程,即被悬挂的线程。恢复函数的原型为

```
DWORD ResumeThread();
```

10.3.3 线程的优先级

一个进程中的所有线程有一个相对于该进程的相对优先级,这些线程的优先级决定它们相对于彼此和相对于具有相同进程优先级的其他进程中的线程所获得的 CPU 时间的数量。

使用 CWinThread::SetThreadPriority()函数设置线程的相对优先级,该函数的原型为

```
BOOL SetThreadPriority(HANDLE hThread, int nPriority);
```

使用 CWinThread::GetThreadPriority()函数获取线程的相对优先级,该函数的原型为

```
int GetThreadPriority(HANDLE hThread);
```

其中,参数 hThread 是要设置或获取优先级线程的句柄,参数 nPriority 是要设置的优先级。一个线程的相对优先级有以下几种,从上往下优先级由高到低。

```
THREAD_PRIORITY_TIME_CRITICAL
THREAD_PRIORITY_HIGHEST
THREAD_PRIORITY_ABOVE_NORMAL
THREAD_PRIORITY_NORMAL
THREAD_PRIORITY_BELOW_NORMAL
THREAD_PRIORITY_LOWEST
THREAD_PRIORITY_IDLE
```

在调用 CWinThread::SetThreadPriority()函数设置线程的优先级时,传递上述优先级之一作为实参。在一个进程内一个线程如果没有设置过相对优先级,则为 THREAD_PRIORITY_NORMAL。一个线程的绝对优先级是该线程所属进程的优先级和线程的相对优先级之和,系统按照线程的不同优先级调度线程的运行。

视频讲解

【例 10.4】 在基于对话框的应用程序 Li10_4 中首先创建两个工作者线程,分别控制滑动条的位置及进度条的进度,然后对线程进行控制,包括挂起、唤醒、停止及优先级的设置。程序的运行界面如图 10.7 所示。

其操作步骤如下:

(1) 使用"MFC 应用"项目模板在解决方案 chap10 中新建一个基于对话框的应用程序 Li10_4。

(2) 打开主对话框资源模板,删除"取消"按钮,将"确定"按钮的"描述文字"属性改为"退出"。在对话框中添加一个滑动条控件、一个进度条控件和两个静态文本控件,其 ID 接受系统默认值,如图 10.7 所示。

(3) 选择"项目"|"插入资源"菜单命令,为应用程序添加如图 10.7 中所示的菜单资源,其 ID 接受系统

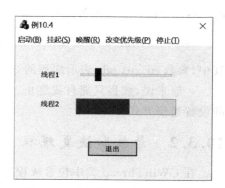

图 10.7 例 10.4 程序的运行界面

默认值,各主菜单项及其子菜单项的属性如表 10.1 所示。

表 10.1 菜单项的属性

主 菜 单 项	子 菜 单 项	
启动(B)	线程 1	IDC_THREAD1
	线程 2	IDC_THREAD2
挂起(S)	线程 1	ID_SUSPEND_THREAD1
	线程 2	ID_SUSPEND_THREAD2
唤醒(R)	线程 1	ID_RESUME_THREAD1
	线程 2	ID_RESUME_THREAD2
改变优先级(P)	线程 1	ID_PRIORITY_THREAD1
	线程 2	ID_PRIORITY_THREAD2
停止(T)	线程 1	ID_STOP_THREAD1
	线程 2	ID_STOP_THREAD2

(4) 打开主对话框的属性窗口,将"杂项"分组中的"菜单"属性设置为 IDR_MENU1,为主对话框连接菜单资源。

(5) 添加变量并初始化。

① 为主对话框类 CLi104Dlg 添加 6 个访问权限为 protected 的成员变量,其中两个 CWinThread 类指针变量 m_pThread1 和 m_pThread2 用来指向两个线程;两个 BOOL 型变量 m_bSuspend1 和 m_bSuspend2 用来标识线程当前的状态是挂起还是唤醒;两个 BOOL 型变量 m_Enable1 和 m_Enable2 用来设置"启动"主菜单的两个子菜单"线程 1"和"线程 2"的有效性。

② 在主对话框类 CLi104Dlg 的构造函数中添加初始化代码。

```
CLi104Dlg::CLi104Dlg(CWnd * pParent / * = nullptr * /)
    : CDialogEx(IDD_LI10_4_DIALOG, pParent)
{
    m_hIcon = AfxGetApp() -> LoadIcon(IDR_MAINFRAME);

    m_pThread1 = NULL;
    m_pThread2 = NULL;
    m_bSuspend1 = FALSE;
    m_bSuspend2 = FALSE;
    m_Enable1 = TRUE;
    m_Enable2 = TRUE;
}
```

③ 定义两个 BOOL 型的全局变量 bExit1 和 bExit2,使线程能根据菜单项命令停止。在 CLi10_4Dlg.cpp 文件的开始处添加阴影部分代码。

```
…
#endif
volatile BOOL bExit1 = FALSE;
volatile BOOL bExit2 = FALSE;
```

（6）在 Li10_4Dlg.h 文件中声明两个线程函数。

```
UINT WorkThread1(LPVOID pParam);
UINT WorkThread2(LPVOID pParam);
```

（7）在 CLi10_4Dlg.cpp 文件的后面添加两个全局线程函数 WorkThread1()和 WorkThread2()。

```
UINT WorkThread1(LPVOID param)                              //全局线程函数 1
{
    //获得主对话框窗口对象的指针
    CLi104Dlg * pMainWnd = (CLi104Dlg * )AfxGetMainWnd();
    if(param!= 0)
    {
        AfxMessageBox(L"参数传递出错,线程结束!",MB_OK|MB_ICONERROR);
        AfxEndThread(2);                                    //结束线程
    }
    bExit1 = FALSE;
    //获得滑动条对象的指针
    CSliderCtrl * Slider = (CSliderCtrl * )pMainWnd -> GetDlgItem(IDC_SLIDER1);
    pSlider -> SetRange(0,500);                             //设置滑动条的范围
    pSlider -> SetPos(0);                                   //设置滑动条的当前位置
    int nPos = pSlider -> GetPos();
    while(nPos < 500&&! bExit1)
    {
        pSlider -> SetPos(nPos);
        nPos++;
        Sleep(200);
    }
    return 0;
}
UINT WorkThread2(LPVOID param)                              //全局线程函数 2
{
    CLi104Dlg * pMainWnd = (CLi104Dlg * )AfxGetMainWnd();
    if(param!= 0)
    {
        AfxMessageBox(L"参数传递出错,线程结束!",MB_OK|MB_ICONERROR);
        AfxEndThread(3);                                    //结束线程
    }
    bExit2 = FALSE;
    CProgressCtrl * pProgress =
            (CProgressCtrl * )pMainWnd -> GetDlgItem(IDC_PROGRESS1);
    pProgress -> SetRange(0,500);
    pProgress -> SetPos(0);
    int nPos = pProgress -> GetPos();
    while(nPos < 500&&! bExit2)
    {
        pProgress -> OffsetPos(5);                          //使进度条前进 5 个单位
        nPos = pProgress -> GetPos();
        Sleep(200);
    }
    return 0;
}
```

（8）使用"类向导"工具为各菜单项添加命令消息处理函数，为"启动"主菜单的两个子菜单"线程 1"和"线程 2"添加 UPDATE_COMMAND_UI 消息处理函数，并添加代码。

```
void CLi104Dlg::OnThread1()
{
    m_pThread1 = AfxBeginThread(WorkThread1,0);        //启动线程 1
    m_Enable1 = FALSE;
}
void CLi104Dlg::OnThread2()
{
    m_pThread2 = AfxBeginThread(WorkThread2,0);        //启动线程 2
}
void CLi104Dlg::OnResumeThread1()
{
    if(m_pThread1 && m_bSuspend1)
    {
        m_pThread1 -> ResumeThread();                  //唤醒线程 1
        m_bSuspend1 = FALSE;
    }
}
void CLi104Dlg::OnResumeThread2()
{
    if(m_pThread2 && m_bSuspend2)
    {
        m_pThread2 -> ResumeThread();                  //唤醒线程 2
        m_bSuspend2 = FALSE;
    }
}
void CLi104Dlg::OnSuspendThread1()
{
    if(m_pThread1 && !m_bSuspend1)                     //线程 1 已启动成功
    {
        m_pThread1 -> SuspendThread();                 //挂起线程 1
        m_bSuspend1 = TRUE;
    }
}
void CLi104Dlg::OnSuspendThread2()
{
    if(m_pThread2 && !m_bSuspend2)                     //线程 2 已启动成功
    {
        m_pThread2 -> SuspendThread();                 //挂起线程 2
        m_bSuspend2 = TRUE;
    }
}
void CLi104Dlg::OnPriorityThread1()
{
    int prior;
    if(m_pThread1 && !bExit1)                          //取线程优先级之前保证线程未停止
    {
        prior = m_pThread1 -> GetThreadPriority();
        if(prior == THREAD_PRIORITY_NORMAL)
```

```
            {
                m_pThread1 -> SetThreadPriority(THREAD_PRIORITY_ABOVE_NORMAL);
                AfxMessageBox(L"线程 1 的优先级提升一级!",MB_OK);
            }
            else
            {
                m_pThread1 -> SetThreadPriority(THREAD_PRIORITY_NORMAL);
                AfxMessageBox(L"线程 1 的优先级降低一级!",MB_OK);
            }
        }
    }
    void CLi104Dlg::OnPriorityThread2()
    {
        int prior;
        if(m_pThread2 && !bExit2)
        {
            prior = m_pThread2 -> GetThreadPriority();
            if(prior == THREAD_PRIORITY_NORMAL)
            {
                m_pThread2 -> SetThreadPriority(THREAD_PRIORITY_ABOVE_NORMAL);
                AfxMessageBox(L"线程 2 的优先级提升一级!",MB_OK);
            }
            else
            {
                m_pThread2 -> SetThreadPriority(THREAD_PRIORITY_NORMAL);
                AfxMessageBox(L"线程 2 的优先级降低一级!",MB_OK);
            }
        }
    }
    void CLi104Dlg::OnStopThread1()
    {
        bExit1 = TRUE;                              //停止线程 1
        m_Enable1 = TRUE;
    }
    void CLi104Dlg::OnStopThread2()
    {
        bExit2 = TRUE;                              //停止线程 2
        m_Enable2 = TRUE;
    }
    void CLi104Dlg::OnUpdateThread1(CCmdUI *  pCmdUI)
    {
        pCmdUI -> Enable(m_Enable1);                //设置"启动"|"线程 1"菜单项的有效性
    }
    void CLi104Dlg::OnUpdateThread2(CCmdUI *  pCmdUI)
    {
        pCmdUI -> Enable(m_Enable2);                //设置"启动"|"线程 2"菜单项的有效性
    }
```

（9）编译、链接并运行程序。

10.4 线程间的通信

一般而言，应用程序中的一个次要线程总是为主线程执行特定的任务，这样主线程和次要线程间必定有一个传递信息的渠道，也就是主线程和次要线程间要进行通信。这种线程间的通信不仅是难以避免的,而且在多线程编程中也是复杂和频繁的。一般可以使用全局变量进行通信和自定义消息进行通信。

10.4.1 使用全局变量进行通信

由于属于同一个进程的各个线程共享操作系统分配给该进程的资源,故解决线程间的通信最简单的一种方法是使用全局变量。对于标准类型的全局变量,建议使用 volatile 修饰符,它告诉编译器无须对该变量做任何优化,即无须将它放到一个寄存器中,并且该值可以被外部改变。如果线程间所需传递的信息较复杂,可以定义一个结构,通过传递指向该结构的指针来传递信息。接着让线程监视这个变量,当该变量符合一定的条件时表示线程应该终止。

例如在前面的例 10.2 和例 10.4 中就分别定义了进行通信的全局变量 n 和 bExit1 以及 bExit2。

10.4.2 使用自定义消息进行通信

可以通过在一个线程的执行函数中向另一个线程发送自定义的消息来达到通信的目的。一个线程向另外一个线程发送消息是通过操作系统实现的。利用 Windows 操作系统的消息驱动机制,当一个线程发出一条消息时,操作系统首先接收该消息,然后把该消息转发给目标线程(接收消息的线程必须已经建立了消息循环)。

使用 Windows 消息来进行通信,首先需要定义一个自定义消息,然后需要在一个线程中调用全局函数::PostMessage()向另一个线程发送自定义消息。PostMessage()函数的原型为

```
BOOL PostMessage(HWND hwnd,UINT Msg,WPARAM wParam,LPARAM lParam);
```

其中,参数 hwnd 为发送窗口的句柄,参数 Msg 为消息的 ID,参数 wParam 和 lParam 为消息的相关参数。

例 10.2 存在一个缺陷,即工作者线程与主线程是并行执行的,对什么时候能看到正确结果不清楚,下面的实例将解决这个问题。

【例 10.5】 完善例 10.2 中的 Li10_2,calculatePrime()线程函数执行完后向主线程发送消息,主线程收到该消息后再显示计算结果。

视频讲解

其操作步骤如下:

(1) 在 Li10_2View.h 文件中的 CLi10_2View 类声明的上面添加如下代码。

```
Const INT WM_CALCULATE = WM_USER + 100;                //自定义消息
```

(2) 在 Li10_2View.h 文件中的消息映射部分添加如下代码。

```
afx_msg LONG OnThreadEnd(WPARAM wParam,LPARAM lParam);
```

(3) 在 Li10_2View.cpp 文件的消息映射部分添加如下代码。

```
ON_MESSAGE(WM_CALCULATE,OnThreadEnd)
```

(4) 在 CLi102View::OnPrime()函数之前定义一个存放素数的个数的全局变量 n,并

修改线程函数 calculatePrime()。

```
int n = 0;
UINT calculatePrime(LPVOID pParam)
{
    n = 0;
    long m,k,i;
    for(m = 1;m < = 1000000;m = m + 2)
    {
        k = (long)sqrt(m);
        for(i = 2;i < = k;i++)
            if(m % i = = 0)break;
            if(i > = k + 1)n = n + 1;
    }
    //向主线程发送 WM_CALCULATE 消息
    ::PostMessage((HWND)pParam,WM_CALCULATE,n,0);
    return 0;
}
```

（5）修改 CLi102View∷OnPrime()函数。

```
void CLi102View∷OnPrime()
{
    //TODO: 在此添加命令处理程序代码
    HWND hWnd = GetSafeHwnd();                        //设置线程函数的参数
    //启动线程
    AfxBeginThread(Calculateprime,hWnd,THREAD_PRIORITY_BELOW_NORMAL,0);
}
```

（6）在 Li10_2View.cpp 文件中添加消息处理函数 OnThreadEnd()。

```
LONG CLi102View∷OnThreadEnd(WPARAM wParam,LPARAM lParara)
{
    CString str;
    str.Format(L"The Prime Numbers from 1 to 1000000 is % d.",n);
    AfxMessageBox(str);
    return 0;
}
```

（7）编译、链接并运行程序。选择"计算素数"菜单命令,工作线程执行完后得到如图 10.5 所示的结果。

10.5　线程间的同步

在线程体内,如果一个线程完全独立,与其他线程没有数据访问等资源操作上的冲突,则可以按照通常单线程的方法进行编程。但是,在进行多线程处理时情况常常不是这样,线程之间经常要同时访问一些资源,有不少问题需要解决。例如,对于像磁盘驱动器这样的独占性系统资源,由于线程可以执行进程的任何代码段,且线程的运行是由系统调度自动完成的,具有一定的不确定性,所以有可能出现两个线程同时对磁盘驱动器进行操作,从而出现操作错误；又例如，对于银行系统的计算机来说，可能使用一个线程来更新其用户数据库，而用另外一个线程来读取数据库以响应储户的需要，极有可能读数据库的线程读取的是未完全更新的数据库，因为在读的时候可能只有一部分数据被更新过。

使隶属于同一进程的各线程协调一致地工作称为线程的同步。在多线程的环境中，需要对线程进行同步。常用的同步对象有临界区（Critical Section）、互斥（Mutex）、信号量（Semaphore）和事件（Event）等。MFC提供了如表10.2所示的几个同步类和同步辅助类，通过这些类可以比较容易地做到线程同步。为了使用这些类，需要手动将头文件 Afxmt.h 加到应用程序中。

表 10.2 支持多线程同步的同步类

类 名	说 明
同步对象基类 CSyncObject	纯虚类，为 Win32 中的同步对象提供通用性能
临界区类 CCriticalSection	当在一段时间内仅有一个线程可被允许修改数据或某些其他控制资源时使用，用于保护共享资源
互斥类 CMutex	当有多个应用（多个进程）同时存取相应资源时使用，用于保护共享资源
信号类 CSemaphore	当一个应用允许同时有多个线程访问相应资源时使用，主要用于资源的计数
事件类 CEvent	当某个线程必须等待某些事件发生后才能存取相应资源时使用，以协调线程之间的动作
同步辅助类 CSingleLock、CMultiLock	用于在一个多线程程序中控制对资源的访问。当在一段时间内只需等待一个同步化对象时使用 CSingleLock，否则使用 CMultiLock

10.5.1 使用 CCriticalSection 类

当多个线程访问临界区时可以使用临界区对象，即 CCriticalSection 类的对象。临界区是一个独占性共享资源，在任一时刻只有一个线程可以拥有临界区。拥有临界区的线程可以访问被保护起来的资源或代码段，其他希望进入临界区的线程将被挂起等待，直到拥有临界区的线程放弃临界区时为止，这样就保证了不会在同一时刻出现多个线程访问共享资源的情况。例如，假设有两个线程 A 和 B 都读/写某一数据结构，如果在同一时刻出现两个线程同时访问该数据结构，则可能会出现所谓的"数据污染"。由于线程调度是由系统自动完成的，不能确定线程何时被调入 CPU 中运行，故可能出现线程 A 正在更新数据且尚未完成时线程 B 被调度程序装入 CPU 中运行，并且更改了线程 A 尚未完成更新的数据。如果用 CCriticalSection 类的对象将该数据保护起来，则任一时刻只有一个线程可以读/写该数据，这样就不会出现上述问题。

CCriticalSection 类的用法相当简单，通常有两种用法。

方法一：单独使用 CCriticalSection 对象，步骤如下。

（1）定义 CCriticalSection 类的一个全局对象（以使各个线程均能访问），例如：

```
CCriticalSection critical_section;
```

CCriticalSection 类的构造函数只有一种形式，即不带任何参数，如上述代码所示。

（2）在访问临界区之前调用 CCriticalSection 类的成员 Lock() 获得临界区。

```
critical_section.Lock();
```

其中,Lock()的原型为

```
BOOL Lock();
```

在线程中调用该函数使线程获得它所请求的临界区。如果此时没有其他线程占用临界区,则调用 Lock()的线程获得临界区;否则线程即将挂起,并放入一个系统队列中等待,直到当前拥有临界区的线程释放了临界区时为止。

(3) 在本线程中访问临界区中的共享资源。

(4) 临界区访问完毕后,使用 CCriticalSection 的成员函数 UnLock()来释放临界区。

```
critical_section.UnLock();
```

方法二:与同步辅助类 CSingleLock 或 CMutiLock 一起使用,步骤如下(以 CSingleLock 类为例)。

(1) 定义 CCriticalSection 类的一个全局对象 critical_section。

```
CCriticalSection critical_section;
```

(2) 在访问临界区之前定义 CSingleLock 类的一个对象,并将 critical_section 的地址传送给构造函数,例如:

```
CSingleLock singlelock(&critical_section);
```

(3) 使用 CSingleLock 类的成员函数 Lock()请求获得临界区。

```
singlelock.Lock();
```

其中,CSingleLock 类的成员函数 Lock()的原型为

```
BOOL Lock(DWORD dwTimeOut = INFINITE);
```

该函数替它所在的线程申请获得临界区。如果临界区已经被其他线程占用,则本线程挂起,等待临界区被释放。获得临界区(返回 TRUE)或等待时间超过 dwTimeOut()毫秒(返回 FALSE)时均返回。

(4) 在本线程中访问临界区中的共享资源。

(5) 调用 CSingleLock 类的成员函数 UnLock()来释放临界区。

```
singlelock.UnLock();
```

下面通过一个实例进行演示。

视频讲解

【例 10.6】 建立一个基于对话框的应用程序 Li10_6,该应用程序中包含两个线程,一个线程向数组中"写'A'",另一个线程向数组中"写 'B'",使用 CCriticalSection 类保证在同一时刻只有一个线程能访问共享对象数组。当程序运行时,出现如图 10.8 所示的应用程序界面。

其操作步骤如下:

(1) 使用"MFC 应用"项目模板在解决方案 chap10

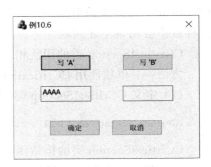

图 10.8　例 10.6 的应用程序界面

中新建一个基于对话框的应用程序 Li10_6。

（2）在主对话框中加入两个按钮和两个编辑框控件，两个按钮的 ID 分别为 IDC_WRITEA 和 IDC_WRITEB，"描述文字"属性分别为"写'A'"和"写'B'"；两个编辑框的 ID 分别为 IDC_A 和 IDC_B，属性都选中 Read-only。

（3）使用"类向导"工具分别为编辑框 IDC_A 和 IDC_B 添加 CEdit 类变量 m_ctrlA 和 m_ctrlB。

（4）使用"类向导"工具为按钮 IDC_WRITEA 和 IDC_WRITEB 添加消息处理函数，并加入代码。

```
void CLi106Dlg::OnWritea()
{
    pWriteA = AfxBeginThread(WriteA,&m_ctrlA);        //启动线程 1
}
void CLi106Dlg::OnWriteb()
{
    AfxBeginThread(WriteB,&m_ctrlB);                  //启动线程 2
}
```

（5）在 Li10_6Dlg.h 文件中声明两个线程函数。

```
UINT WriteA(LPVOID pParam);
UINT WriteB(LPVOID pParam);
```

（6）编辑 Li10_6Dlg.cpp 文件。

① 在文件的开头添加包含语句

```
#include "afxmt.h"
```

② 定义 CCriticalSection 类的一个全局对象和一个供两个线程共享的字符数组 g_Array。

```
CCriticalSection critical_section;
Char16_t g_Array[10];
```

③ 实现两个线程函数。

```
UINT WriteA(LPVOID pParam)                           //线程 1
{
    CEdit * pEdit = (CEdit * )pParam;
    pEdit - > SetWindowText(L" ");
    critical_section.Lock();
    //锁定临界区,其他线程遇到 critical_section.Lock();语句时要等待
    //直到执行 critical_section.Unlock();语句
    for(int i = 0;i < 10;i++)
    {
        g_Array[i] = 'A';
        pEdit - > SetWindowText((LPCTSTR)g_Array);
        Sleep(1000);
    }
    critical_section.Unlock();
    return 0;
```

```
    }
UINT WriteB(LPVOID pParam)                                    //线程 2
{
    CEdit * pEdit = (CEdit * )pParam;
    pEdit -> SetWindowText(L" ");
    critical_section.Lock();
    //锁定临界区,其他线程遇到 critical_section.Lock();语句时要等待
    //直到执行 critical_section.Unlock();语句
    for(int i = 0;i < 10;i++)
    {
        g_Array[i] = 'B';
        pEdit -> SetWindowText((LPCTSTR)g_Array);
        Sleep(1000);
    }
    critical_section.Unlock();
    return 0;

}
```

（7）编译、链接并运行程序。

可以看到,当第 1 个线程往数组中写数据时,第 2 个线程在任何时候都不能中断第 1 个线程对数据的写操作,反之亦然。

如果想证明临界区所起的作用,从其中一个线程函数（如 WriteA()函数）的末尾去掉 critical_section. Unlock()。重新编译、运行该程序。单击"写'B'"按钮,将不会往数组中写数据"B"。因为 WriteA()函数占用了临界区而没有把它释放,使系统永远挂起了 WriteB()线程而不会执行下去。

10.5.2 使用 CMutex 类

互斥对象与临界区对象很像。互斥对象源于"mutual exclusion"的组合。临界区对象与互斥对象的不同在于:互斥对象可以在进程间使用,而临界区对象只能在同一进程的各线程间使用。当然,互斥也可以用于同一个进程的各个线程间,但是在这种情况下使用临界区对象会更节省系统资源,更有效率。

CMutex 类的使用类似于 CCriticalSection 的用法,下面使用类似于 CCriticalSection 用法中的第 2 种用法进行演示。

【例 10.7】 修改例 10.6 中的应用程序 Li10_6,使用 CMutex 类保证在同一时刻只有一个线程能访问共享数据。

视频讲解

其操作步骤如下:

（1）将 Li10_6Dlg. cpp 文件中定义 CCriticalSection 类的一个全局对象的语句

```
CCriticalSection critical_section;
```

改为定义一个 CMutex 类和一个 CSingleLock 的全局对象。

```
CMutex mutex;
CSingleLock singlelock(&mutex);
```

（2）用对象标识 singlelock 替换线程函数中所有的 critical_section 对象标识。

```
UINT WriteA(LPVOID pParam)
{
    CEdit * pEdit = (CEdit * )pParam;
    pEdit - > SetWindowText(L" ");
    singlelock.Lock();
    //锁定临界区,其他线程遇到 singlelock.Lock();语句时要等待
    //直到执行 singlelock.Unlock();语句
    …
    singlelock.Unlock();
    return 0;
}
UINT WriteB(LPVOID pParam)
{
    CEdit * pEdit = (CEdit * )pParam;
    pEdit - > SetWindowText(L" ");
    singlelock.Lock();
    //锁定临界区,其他线程遇到 singlelock.Lock();语句时要等待
    //直到执行 singlelock.Unlock();语句
    …
    singlelock.Unlock();
    return 0;
}
```

（3）重新编译、链接并运行程序,效果与例 10.6 一样。

10.5.3 使用 CSemaphore 类

当需要一个计数器来限制可以使用某个资源的线程的数目时,可以使用信号量对象,即 CSemaphore 类的对象。CSemaphore 类的一个对象保存了对当前访问某一指定资源的线程的计数值,该计数值是当前还可以使用该资源的线程的数目。如果这个计数达到了零,则所有对这个 CSemaphore 类对象所控制的资源的访问尝试都被放入一个队列中等待,直到超时或计数值不为零时为止。当一个线程被释放可以访问被保护的资源时,计数值减 1;当一个线程完成了共享资源的访问时,计数值增 1。这个被 CSemaphore 类对象所控制的资源可以同时接受访问的最大线程数在该对象的构造函数中指定。CSemaphore 类的构造函数的原型及参数说明如下:

```
CSemaphore(LONG lInitialCount = 1,
        LONG lMaxCount = 1,
        LPCTSTR pstrName = NULL,
        LPSECURITY_ATTRIBUTES lpsaAttributes = NULL);
```

视频讲解

其中,参数 lInitialCount 为信号量对象的初始计数值,即可访问线程数目的初始值;参数 lMaxCount 为信号量对象计数值的最大值,该参数决定了同一时刻可访问由信号量保护的资源的线程的最大数目;后两个参数在同一进程中使用,一般取值为 NULL。

CSemaphore 类的用法与 CCriticalSection 类相似,下面通过一个实例进行演示。

【例 10.8】 建立一个基于对话框的应用程序 Li10_8,该应用程序中包含 3 个线程。第

1个线程向数组中写"A",第 2 个线程向数组中写"B",第 3 个线程向数组中写"C",使用 CSemaphore 类保证在同一时刻最多有两个线程能访问共享对象数组。当程序运行时,出现如图 10.9 所示的应用程序界面。

图 10.9　例 10.8 的应用程序界面

其操作步骤如下:

(1) 建立一个基于对话框的应用程序 Li10_8。

(2) 在主对话框中加入如图 10.9 所示的控件,按钮控件"同时写'A'、'B'、'C'"的 ID 为 IDC_START,3 个编辑框的 ID 分别为 IDC_A、IDC_B 和 IDC_C,属性都选中 Read-only。

(3) 利用"类向导"工具分别为编辑框 IDC_A、IDC_B 和 IDC_C 添加 CEdit 类变量 m_ctrlA、m_ctrlB 和 m_ctrlC。

(4) 利用"类向导"工具为按钮 IDC_START 添加消息处理函数,并添加代码。

```
void CLi108Dlg::OnStart()
{
    AfxBeginThread(WriteA,&m_ctrlA);
    AfxBeginThread(WriteB,&m_ctrlB);
    AfxBeginThread(WriteC,&m_ctrlC);
}
```

(5) 在 Li10_8Dlg. h 文件中声明 3 个线程函数。

```
UINT WriteA(LPVOID pParam);
UINT WriteB(LPVOID pParam);
UINT WriteC(LPVOID pParam);
```

(6) 编辑 Li10_8Dlg. cpp 文件。

① 在文件的开头添加包含语句。

```
#include "afxmt.h"
```

② 定义 CSemaphore 类的一个全局对象和一个供 3 个线程共享的字符数组 g_Array。

```
CSemaphore semaphore(2,2);
char g_Array[10];
```

③ 实现 3 个线程函数。

```
UINT WriteA(LPVOID pParam)
{
    CEdit * pEdit = (CEdit * )pParam;
    pEdit -> SetWindowText("");
    CString str;
    semaphore.Lock();
    for(int i = 0;i < 10;i++)
    {
        pEdit -> GetWindowText(str);
        g_Array[i] = 'A';
```

```
            str = str + g_Array[i];
            pEdit - > SetWindowText(str);
            Sleep(1000);
        }
        semaphore.Unlock();
        return 0;
    }
    UINT WriteB(LPVOID pParam)
    {
        CEdit  * pEdit = (CEdit * )pParam;
        pEdit - > SetWindowText("");
        semaphore.Lock();
        CString str;
        for(int i = 0;i < 10;i++)
        {
            pEdit - > GetWindowText(str);
            g_Array[i] = 'B';
            str = str + g_Array[i];
            pEdit - > SetWindowText(str);
            Sleep(1000);
        }
        semaphore.Unlock();
        return 0;

    }
    UINT WriteC(LPVOID pParam)
    {
        CEdit  * pEdit = (CEdit * )pParam;
        pEdit - > SetWindowText("");
        semaphore.Lock();
        for(int i = 0;i < 10;i++)
        {
            g_Array[i] = 'C';
            pEdit - > SetWindowText(g_Array);
            Sleep(1000);
        }
        semaphore.Unlock();
        return 0;
    }
```

（7）编译、链接并运行程序。单击按钮控件“同时写'A'、'B'、'C'”。第 1 个线程和第 2 个线程开始往数组中写数据，等它们停下来后，第 3 个线程开始往数组中写数据，如图 10.9 所示。

之所以出现上述运行情况，是因为第 1 个线程和第 2 个线程首先占有了资源的控制权，而信号量被设置成同一时刻只能有两个线程访问资源，所以第 3 个线程必须等待，直到前两个线程释放对信号量的控制权。

10.5.4 使用 CEvent 类

CEvent 类提供了对事件的支持。事件是一个允许一个线程在某种情况发生时唤醒另一个线程的同步对象。事件告诉线程何时去执行某一给定的任务,从而使多个线程流平滑。例如在某些网络应用程序中,一个线程(记为 A)负责监听通信端口,另一个线程(记为 B)负责更新用户数据。通过使用 CEvent 类,线程 A 可以通知线程 B 何时更新用户数据,这样线程 B 可以尽快地更新用户数据。每一个 CEvent 对象可以有两种状态,即有信号状态(Signaled)和无信号状态(Nonsignaled)。线程监视位于其中的 CEvent 类对象的状态,并在相应的时候采取相应的操作。

在 MFC 中 CEvent 类对象有两种类型,即人工事件和自动事件。一个自动的 CEvent 对象在被至少一个线程释放后会自动返回到无信号状态;人工的 CEvent 对象获得信号后释放可利用线程,但直到调用成员函数 ResetEvent() 才将其设置为无信号状态。在创建 CEvent 类的对象时,默认创建的是自动事件。

下面是 CEvent 类的各成员函数的原型和参数说明。

1. CEvent 类的构造函数

CEvent 类的构造函数的原型为

```
CEvent(BOOL bInitiallyOwn = FALSE,
        BOOL bManualReset = FALSE,
        LPCTSTR lpszName = NULL,
        LPSECURITY_ATTRIBUTES lpsaAttribute = NULL);
```

其中,参数 bInitiallyOwn 指定事件对象的初始化状态,TRUE 为有信号,FALSE 为无信号;参数 bManualReset 指定要创建的事件是人工事件还是自动事件,TRUE 为人工事件,FALSE 为自动事件;后两个参数分别表示 CEvent 对象的名称和安全属性,一般设为 NULL。

2. 改变 CEvent 对象状态的函数

事件一旦被创建,它就处于有信号或无信号两种状态之一,可以调用其成员函数来改变其状态。

1) SetEvent() 函数

该函数将 CEvent 类对象的状态设置为有信号状态,并且释放所有等待的线程;如果该事件是人工事件,则 CEvent 类对象保持有信号状态,直到调用成员函数 ResetEvent() 将其重新设为无信号状态时为止,这样该事件就可以释放多个线程;如果 CEvent 类对象为自动事件,则在 SetEvent() 将事件设置为有信号状态后,CEvent 类对象由系统自动重置为无信号状态,除非一个线程被释放。该函数的原型为

```
BOOL SetEvent();
```

如果该函数执行成功,返回非零值,否则返回零。

2) ResetEvent() 函数

该函数将事件的状态设置为无信号状态,并保持该状态直到 SetEvent() 被调用时为止,由于自动事件是由系统自动重置的,所以自动事件不需要调用该函数。该函数的原型为

```
BOOL ResetEvent();
```

如果该函数执行成功,返回非零值,否则返回零。

在应用程序中如果要使用 CEvent 类进行线程的同步,应先定义事件对象,需要等待事件的线程调用 Lock() 函数来监测有无事件。对于发生事件的线程,则调用 SetEvent() 和

ResetEvent()来设置事件的状态。

【例 10.9】 完善例 10.2 中的 Li10_2,通过 CEvent 类对象解决例 10.2 存在的缺陷。其操作步骤如下:

视频讲解

(1)在 Li10_2View.cpp 文件的开头添加包含语句。

```
# include "afxmt.h"
```

(2)在 Li10_2View.cpp 文件中定义一个 CEvent 类的全局对象。

```
CEvent event;
```

(3)在 CLi102View::OnPrime()中添加监测事件的代码。

```
void CLi102View::OnPrime()
{
    //创建线程,以启动线程函数 Calculateprime()
    AfxBeginThread(Calculateprime,(LPVOID)n,THREAD_PRIORITY_BELOW_NORMAL,0);
    event.Lock();                        //开始监测事件
    CString str;
    str.Format(L"The Prime Numbers from 1 to 1000000 is % d.",n);
    AfxMessageBox(str);                  //输出素数的个数
    event.Unlock();                      //将事件对象恢复为无信号状态
}
```

(4)在线程函数的最后添加将事件对象激活的代码。

```
UINT Calculateprime(LPVOID pParam)       //线程函数
{
    …
    event.SetEvent();                    //将事件对象激活
    return 0;
}
```

(5)重新编译、链接并运行程序,效果与例 10.5 一样。

习　　题

1. 填空题

(1)进程和线程都是操作系统的概念,_____是操作系统分配资源的基本单位,_____是操作系统分配处理器的最基本单元。

(2)可以用 VC++所带的工具_____来观察操作系统管理的进程和线程。

(3)每一个进程至少有一个_____线程,该线程由_____创建。

(4)一般可以使用_____进行线程间的通信。

(5)常用的同步对象有_____、_____、_____和_____4 种。

(6)为了使用同步类,需要手动将头文件_____加到应用程序中。

(7)使用 CSingleLock 类的成员函数_____请求获得临界区。

(8)CEvent 类对象有_____和_____两种类型。

2. 简答题

（1）什么叫进程？什么叫线程？它们有什么区别和联系？

（2）MFC 中的线程有哪两种类型？它们有何区别？如何创建它们？

（3）什么是线程函数？其作用是什么？如何给线程函数传递参数？

（4）如何终止线程？

（5）如何使用自定义消息进行通信？

（6）什么叫线程的同步？为什么需要同步？

（7）MFC 提供了哪些类来支持线程的同步？它们分别用在什么场合？

（8）如何使用 CSemaphore 类实现多线程同步？

3. 操作题

（1）编写一个创建工作者线程的单文档应用程序 WorkThread，当选择"工作者线程"菜单命令时启动一个工作者线程，计算 1～1 000 000 能被 3 整除的数的个数，要求主线程和工作者线程之间使用自定义消息进行通信。

（2）编写一个多线程的 SDI 程序，当单击工具栏上的 T 按钮时启动一个工作者线程，用于在客户区中不停地显示一个进度条，此时还可以继续单击 T 按钮显示另一个进度条，当单击工具栏上的 S 按钮时停止显示进度条。

（3）改写操作题(1)中的应用程序 WorkThread，要求主线程和工作者线程之间使用事件对象保持同步。

第 11 章 数据库编程

现在正处于信息爆炸的时代,应用程序大多需要使用数据库技术来保存和维护所使用和处理的数据。为了顺应这一发展需求,Visual C++中提供了 4 种不同的技术来使应用程序访问数据库,即 DAO(Data Access Objects)、ODBC(Open DataBase Connectivity)、OLE DB 和 ADO(ActiveX Data Objects)。其中,最简单也最常用的是 ODBC,ADO 是目前最流行的一种数据库编程方法,本章主要介绍使用这两种技术编写数据库应用程序的方法。

11.1 概　　述

数据库技术是数据管理的最新技术,本节将简单介绍数据库的基本概念和相关技术。

11.1.1 数据库和数据库管理系统

数据库(DataBase,DB)是以一定的组织方式将相关数据组织在一起,存放在计算机的外存储器上,能为多个用户共享的与应用程序彼此独立的一组相关数据的集合。

有了数据和数据库,还要进行数据库的管理,不仅可以科学地组织这些数据并将其存储在数据库中,而且能高效地处理这些数据。数据库管理系统(DataBase Management System,DBMS)是一种操纵和管理数据库的软件系统,例如 FoxPro、SQL Server、Oracle、Sybase、Access、MySQL 等都是比较常见的数据库管理系统。DBMS 是用于描述、管理和维护数据库的程序系统,是数据库系统的核心组成部分。它建立在操作系统的基础之上,对数据库进行统一的管理和控制。其功能包括数据库定义、数据库管理、数据库的建立和维护、与操作系统通信等。通常,数据库管理系统能够方便用户快速地建立、维护、修改、检索和删除数据库中的数据。

在数据库管理系统的支持下,数据完全独立于应用程序,并且能被多个用户或程序共享,其关系如图 11.1 所示。

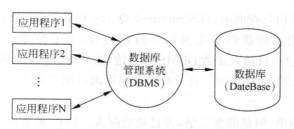

图 11.1　应用程序与数据库的关系

11.1.2 关系数据库

按照数据组织形式和结构的不同,一般可以将数据库分为层次数据库、网状数据库和关系数据库 3 种类型。关系数据库是目前应用最广泛的数据库,本章中所讲的数据库都是指关系数据库。

关系数据库由多个相关的表组成,用户可以在有相关数据的多个表之间建立联系。如图 11.2 所示的教学管理数据库由学生表、课程表和成绩表 3 个表组成。关系数据库利用公共关键字段将它的表联系起来,例如可以将学生表和成绩表通过学号这个关键字段联系起来。若一个数据库只有一个表,则称之为简单数据库。为了突出主题,本章实例讨论的都是简单数据库。

图 11.2　关系数据库示例

在关系数据库中,数据被分散到不同的表(Table)中。表是一个二维对象,是由行和列组成的数据集合。例如学生表(见表 11.1),它包含有关学生成绩的一系列信息,例如学号、姓名、性别、年龄以及系别等。

表 11.1　学生表

学　　号	姓　　名	性　　别	年　　龄	系　　别
01030402	林玉	女	19	管理
01020215	刘天海	男	21	计算机
01020304	于莉丽	女	18	计算机
01030306	张杰	男	18	管理
01030505	钱晓亮	男	20	管理
01040501	程丽媛	女	21	秘书
01050508	陈勇	男	20	机械
01070101	李和平	男	20	环境

表 11.1 中的每一列称为一个字段(Field),例如表 11.1 中的学号、姓名等;每一个字段都有相应的描述信息,例如数据类型、数据宽度等。

表中的每一行称为一条记录(Record)。在表中不允许有完全相同的记录,即不能有完全相同的两行。

11.1.3 SQL 语言

SQL 语言又称结构化查询语言(Structured Query Language),它是关系数据库系统的标准语言。SQL 向数据库提供了完善而一致的接口,它不是独立的计算机语言,需要DBMS 的支持才能执行,目前大多数 DBMS 都支持它。SQL 不仅能够在单机环境下提供对数据库的各种操作访问,而且作为一种分布式数据库语言用于客户/服务器模式数据库应用的开发。

SQL 语句虽然简单,但是非常灵活,并且功能强大。SQL 最常用的功能有数据定义、数据操纵和数据查询,下面进行简单介绍。

1. 数据定义

使用 CREATE TABLE 语句来定义一个表。例如，定义表 11.1 所示的学生表可使用下面的语句。

```
CREATE TABLE student
(   学号    CHAR(8),
    姓名    CHAR(8),
    性别    CHAR(2),
    年龄    INTEGER,
    系别    CHAR(8)
)
```

2. 数据操纵

SQL 中的数据操纵语言是一组操纵表中数据的语句，包括插入记录语句 INSERT、删除记录语句 DELETE 和更新记录语句 UPDATE。

1）插入记录语句 INSERT

该语句的功能是在指定表的尾部添加一条包含指定字段值的新记录。其一般格式如下：

```
INSERT INTO <表名>[(<属性列 1>[,<属性列 2>]…)]VALUES(<常量 1>[,<常量 2>]…)
```

当需要插入表中所有字段的数据时，<表名>后面的字段名可以默认，但插入数据的类型必须与各字段的数据类型一致。若只需要插入表中某些字段的数据，必须一一列出对应的字段名，并且数据的位置应与字段名的位置对应。

例如下面的语句可向 student 表中插入一条记录：

```
INSERT INTO student VALUES('11111111','苏培','男',20,'计算机')
```

2）删除记录语句 DELETE

该语句的功能是为指定表中满足条件的记录添加逻辑删除标记。其一般格式如下：

```
DELETE FROM <表名>[WHERE <条件>]
```

例如下面的语句将 student 表中所有男生的记录逻辑删除：

```
DELETE FROM student WHERE 性别 = '男'
```

3）更新记录语句 UPDATE

该语句的功能是用指定的值更新记录。其一般格式如下：

```
UPDATE <表名> SET <列名> = <表达式>[,<列名> = <表达式>]… [WHERE <条件>]
```

例如，如果要更改上面刚插入的记录，则语句如下：

```
UPDATE student SET 姓名 = '苏江',系别 = '机电工程' WHERE 姓名 = '苏培'
```

3. 数据查询

在 SQL 语言的所有功能中，数据查询是它的核心，也称为 SQL-SELECT 命令。通过使用 SQL-SELECT 命令可以对数据源进行各种组合，有效地筛选记录、管理数据，并对结果排序以及指定输出去向等，无论查询多么复杂，其内容只有一条 SELECT 语句。该命令的基本格式如下：

```
SELECT 子句 FROM 子句 [WHERE 子句] [GROUP BY 子句] [ORDER BY 子句]
```

其各子句的作用见表 11.2。

表 11.2 SELECT 语句中主要子句的说明

SELECT 子句	描 述
SELECT 子句	指定在查询结果中包含的字段、常量和表达式
FROM 子句	列出查询要用到的所有表文件
WHERE 子句	指定查询的筛选条件和多表查询时表间的连接条件
GROUP BY 子句	指定查询结果的分组条件，指明按照哪几个字段来分组
ORDER BY 子句	指定结果集的排序，可以按一个或多个（最多 16 个）字段排序查询结果，可以用升序 ASC，也可以用降序 DESC

下面看几个简单的例子：

（1）查询学生表 student 中的所有记录。

```
SELECT * FROM student
```

（2）查询所有学生的姓名。

```
SELECT 姓名 FROM student
```

（3）查询"王明"的系别。

```
SELECT 系别 FROM student WHERE 姓名 = '王明'
```

（4）将 student 表中的所有学生按年龄由大到小排序。

```
SELECT * FROM student ORDER BY 年龄 DESC
```

11.1.4 Visual C++ 中访问数据库的相关技术

不管是功能简单的数据库，还是复杂的大型数据库系统，Visual C++ 中都提供了一些编程接口，使用户的应用程序与特定的数据库管理系统脱离开来。

1. ODBC

ODBC 是为应用程序访问关系数据库时提供的一个标准的基于 SQL 的统一接口。对于不同的数据库，ODBC 提供了一套统一的 API，使应用程序可以利用所提供的 API 来访问任何提供了 ODBC 驱动程序的数据库，而且 ODBC 已经成为一种标准，目前所有的关系数据库都提供了 ODBC 驱动程序，这使得 ODBC 的应用非常广泛，基本上可用于所有的关系数据库。

由于 ODBC 是一种底层的访问技术，所以，ODBC API 可以使客户应用程序从底层设置和控制数据库，完成一些高层数据库技术无法完成的功能。

直接使用 ODBC API 编写应用程序需要编写大量的代码，Visual C++ 提供了 MFC ODBC 类，其中封装了 ODBC API，因此用 MFC 来创建 ODBC 的应用程序非常简单。

2. DAO

DAO 提供了一种通过程序代码创建和操作数据库的机制。DAO 类似于用 Access 或 Visual Basic 编写的数据库应用程序,它使用微软公司的 Jet 数据库引擎形成一系列的数据访问对象,例如数据库对象、表和查询对象、记录集对象等,各个对象协同工作。

DAO 支持 4 个数据库选项,即打开访问数据库、直接打开 ODBC 数据源、用 Jet 引擎打开 ISAM 型数据源以及给 Access 数据库附加外部表。

MFC DAO 是微软公司提供的用于访问 Microsoft Jet 数据库文件(*.mdb)的强有力的数据库开发工具,它通过 DAO 的封装向程序员提供了 DAO 丰富的操作数据库的手段。

3. OLE DB

OLE DB 是 Visual C++开发数据库应用中提供的新技术,它基于 COM 接口,因此 OLE DB 对所有的文件系统(包括关系型数据库和非关系型数据库)都提供了统一的接口。这些特性使得 OLE DB 技术比传统的数据库访问技术更加优越。

与 ODBC 技术相似,OLE DB 属于数据库访问技术中的底层接口,但直接使用 OLE DB 来设计数据库应用程序需要编写大量的代码。

4. ADO

ADO 技术是基于 OLE DB 的访问接口,它继承了 OLE DB 技术的优点,并且 ADO 对 OLE DB 的接口进行封装,定义了 ADO 对象,使程序的开发得到简化。ADO 技术属于数据库访问的高层接口。

11.2 ODBC 技 术

在进行 MFC 关系数据库应用程序的开发时经常采用开放式数据库连接 ODBC 和数据存取对象 DAO 两种数据库访问方式。MFC DAO 类和 MFC ODBC 类的许多方面都比较相似,只要用户掌握了 MFC ODBC,就很容易学会使用 MFC DAO。本节介绍 MFC ODBC 数据库编程的基本原理和实现方法。

11.2.1 ODBC 概述

开放数据库互连(Open DataBase Connectivity,ODBC)是微软公司开放服务结构 (Windows Open Services Architecture,WOSA)中有关数据库的一个组成部分,它建立了一组规范,并提供了一组对数据库访问的标准应用程序编程接口(Application Programming Interface,API)。这些 API 利用 SQL 来完成其大部分任务。ODBC 本身也提供了对 SQL 语言的支持,用户可以直接将 SQL 语句发送给 ODBC。

一个基于 ODBC 的应用程序对数据库的操作不依赖任何 DBMS,不直接与 DBMS“打交道”,所有的数据库操作由对应的 DBMS 的 ODBC 驱动程序完成。也就是说,不论是 FoxPro、Access 还是 Oracle 数据库,均可用 ODBC API 进行访问。由此可见,ODBC 最大的优点是能以统一的方式处理所有的数据库。

一个完整的 ODBC 由下列几个部件组成:

(1) 应用程序(application)。

(2) ODBC 管理器(administrator):该程序位于 Windows 控制面板(control panel)的

32 位 ODBC 内,其主要任务是管理安装的 ODBC 驱动程序和管理数据源。

(3) 驱动程序管理器(driver manager):驱动程序管理器包含在 ODBC32.DLL 中,对用户是透明的。其任务是管理 ODBC 驱动程序,它是 ODBC 中最重要的部件。

(4) ODBC API。

(5) ODBC 驱动程序:一些 DLL,提供了 ODBC 和数据库之间的接口。

(6) 数据源:数据源包含了数据库位置和数据库类型等信息,它实际上是一种数据连接的抽象。

各部件之间的关系如图 11.3 所示。

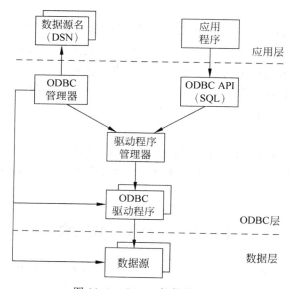

图 11.3　ODBC 部件关系图

应用程序要访问一个数据库,必须首先用 ODBC 管理器注册一个数据源。管理器根据数据源提供的数据库位置、数据库类型及 ODBC 驱动程序等信息建立起 ODBC 与具体数据库的联系,这样只要应用程序将数据源名提供给 ODBC,ODBC 就能建立起与相应数据库的连接。数据源的注册步骤将在第 11.3 节中结合实例进行介绍。

在 ODBC 中,ODBC API 不能直接访问数据库,必须通过驱动程序管理器与数据库交换信息。驱动程序管理器负责将应用程序对 ODBC API 的调用传递给正确的驱动程序,而驱动程序在执行完相应的操作后将结果通过驱动程序管理器返回给应用程序。

在访问 ODBC 数据源时需要 ODBC 驱动程序的支持。使用 Visual C++安装程序可以安装 SQL Server、Access、Paradox、dBase、FoxPro、Excel、Oracle 和 Microsoft Text 等驱动程序。在网络环境下,数据库服务器必须安装对应的关系数据库管理系统。

11.2.2　MFC ODBC 数据库类

ODBC 提供了访问 DBMS 的统一接口,但是直接使用 ODBC API 创建数据库应用程序需要编写大量的代码。MFC 的 ODBC 类对复杂的 ODBC API 进行封装,提供了简化的调用接口,从而大大方便了数据库应用程序的开发。如果要对数据库底层进行操作,在 MFC

ODBC 数据库应用程序中直接调用 ODBC API 是一个很好的折中方法。

MFC 的 ODBC 类主要包括以下几种类。

（1）CDatabase 类：主要功能是建立与数据源的连接。

（2）CRecordset 类：该类代表从数据源中提取的记录集。程序可以选择数据源中的某个表作为一个记录集，也可以通过对表的查询得到记录集，还可以合并同一数据源中多个表的列到一个记录集中。通过该类可以对记录集中的记录进行滚动、修改、增加和删除等操作。

（3）CRecordView 类：连到一个 CRecordset 对象的表单视图，用于显示数据库记录。利用对话框数据交换机制（DDX）在记录集与表单视图的控件之间传输数据。

（4）CFieldExchange 类：支持记录字段数据交换（Record Field Exchange，RFX），即记录集字段数据成员与相应数据库中表的字段之间的数据交换。该类的功能与 CDataExchange 类的对话框的数据交换功能类似。

（5）CDBException 类：用于处理 ODBC 类产生的异常。

从上面可以看出，CDatabase 针对某个数据库，它负责连接数据源；CRecordset 针对数据源中的记录集，它负责对记录的操作；CRecordView 负责界面；而 CFieldExchange 负责 CRecordset 与数据源的数据交换。

11.2.3　CRecordset 类

在实际的使用过程中，CRecordset 类是用户最关心的，它代表从数据源中提取的记录集。CRecordset 为用户提供了对表记录进行操作的许多功能，例如添加记录、删除记录、修改记录、查询记录等，并能直接为数据源中的表映射一个 CRecordset 类对象，方便用户的操作。

1. 打开和关闭记录集

要建立记录集，首先要构造一个 CRecordset 派生类对象，然后调用 CRecordset 类的 Open() 成员函数查询数据源中的记录并建立记录集。Open() 函数的原型为

```
virtual BOOL Open(UINT nOpenType = AFX_DB_USE_DEFAULT_TYPE,
                  LPCTSTR lpszSQL = NULL,DWORD dwOptions = none);
```

如果记录集对象被成功打开，返回非零值，否则返回零值。

Open() 函数的第 1 个参数是记录集的类型，其默认值为 AFX_DB_USE_DEFAULT_TYPE，也可以为表 11.3 中的枚举值之一。当指定数据源时，在应用程序向导中只有前两种记录集类型可用，即动态记录集（dynaset）和快照记录集（snapshot）。动态记录集能与用户所做的更改保持同步，而快照记录集则是数据的一个静态视图。这两种形式在记录集被打开时都提供一组记录，所不同的是：当在一个动态记录集中滚动一条记录时，由其他用户或应用程序中的其他记录集对该记录所做的更改会相应地显示出来，而快照记录集则不会。

表 11.3　记录集的类型

类　　型	说　　明
CRecordset::dynaset	可双向滚动的动态记录集
CRecordset::snapshot	可双向滚动的静态记录集
CRecordset::forwardOnly	一种只读记录集，只能用从第一个记录卷动到最后一个记录的方式浏览记录

Open()函数的第 2 个参数是用来给记录集赋值的 SQL 语句。如果为该参数传递 NULL,则执行应用程序向导创建的默认 SQL 语句。

Open()函数的第 3 个参数是一组标志,用来指定检索记录集的方式,可以是表 11.4 中值的组合。

表 11.4　记录集的打开标志

标　　志	说　　明
CRecordset::none	此参数的默认值,表示对该记录集的打开和使用方式没有特殊要求
CRecordset::appendOnly	禁止用户编辑或删除记录集中的任何现有记录,用户只能在该记录集中添加新的记录。此标志不能和 CRecordset::readOnly 标志共同使用
CRecordset::readOnly	该标志指定记录集为只读的,用户不能对其做任何更改。此标志不能和 CRecordset::appendOnly 标志共同使用

在建立记录集后,用户可以随时调用 Requery()成员函数来重新查询和建立记录集。Requery()有两个重要用途:

(1) 使记录集能反映用户对数据源的改变。

(2) 按照新的查找条件或排序方法查询记录并重新建立记录集。

在调用 Requery()成员函数之前,可调用 CanRestart()成员函数来判断记录集是否支持 Requery()操作。Requery()函数只能在成功调用 Open()函数后调用,所以程序应调用 IsOpen()成员函数来判断记录集是否已建立。这些函数的原型及功能分别为

```
virtual BOOL Requery();
```

返回 TRUE,表明记录集建立成功,否则返回 FALSE。若函数内部出错则产生异常。

```
BOOL CanRestart() const;
```

若支持 Requery()操作,则返回 TRUE。

```
BOOL IsOpen() const;
```

若记录集已建立,则返回 TRUE。

在完成对记录集的操作以后,可以调用 Close()函数来关闭记录集并释放被该记录集占用的资源。Close()函数不带任何参数。

2. 在记录集中定位

在数据库检索到记录集之后,必须能够在该记录集中定位。CRecordset 类提供了若干个用来在记录集中定位的成员函数,通过它们可以访问到记录集中的任何一条记录。表 11.5 列出了用来在记录集中导航的成员函数。

表 11.5　在记录集中导航的成员函数

函　　数	说　　明
MoveFirst()	移到记录集的第一条记录
MoveLast()	移到记录集的最后一条记录
MoveNext()	移到记录集的下一条记录

函　　数	说　　明
MovePrev()	移到记录集的上一条记录
Move()	从当前记录或第一条记录移动指定数量的记录
SetAbsolutePosition()	移到记录集中指定的记录

如果记录集是空的,那么调用上述函数将产生异常。另外,必须保证滚动没有超出记录集的边界。调用 IsEOF() 和 IsBOF() 可以进行这方面的检测。

(1) IsEOF() 函数:如果记录集为空或滚动到记录集的末尾,那么函数将返回 TRUE,否则返回 FALSE。

(2) IsBOF() 函数:如果记录集为空或滚动到记录集的首部,那么函数将返回 TRUE,否则返回 FALSE。

3. 更新记录集

在数据库的记录集中定位只是数据库程序具备的一部分功能,还必须能够实现在记录集中添加新记录、编辑现有记录以及删除不再需要的记录等操作。CRecordset 类中提供了用于完成所有这些操作的各种成员函数,见表 11.6。

表 11.6　记录集的编辑函数

函　　数	说　　明
AddNew()	向记录集添加一条新记录
Delete()	从记录集删除当前记录
Edit()	允许编辑当前记录
Update()	将当前更改存入数据库
CanAppend()	如果新记录可通过 AddNew() 成员函数增加到记录集中,则返回非 0
CanUpdate()	若记录集可修改,则返回非 0
GetRecordCount()	返回记录集中记录的数目
GetStatus()	获取记录集的状态,用来确定当前记录在记录集中的索引,或者判断是否达到最后记录
IsDeleted()	如果记录集定位在一个已删除的记录上,则返回非 0
GetFieldValue()	返回记录集中一个字段的值
IsFieldNull()	如果当前记录中的指定字段为 NULL,则返回非 0
SetFieldNull()	将当前记录中的指定字段的值设置为 NULL

在增加记录、删除记录和修改记录时必须遵循一些特定步骤才能得到正确的结果。

如果要修改当前记录,应该按下列步骤进行:

(1) 调用 Edit() 成员函数。

调用该函数后就进入了编辑模式,程序可以修改字段数据成员。注意不要在一个空的记录集中调用 Edit(),否则会产生异常。

(2) 设置字段数据成员的新值。

(3) 调用 Update() 完成编辑。

Update() 把变化后的记录写入数据源并结束编辑模式。

如果要向记录集中添加新的记录,应该按下列步骤进行:

（1）调用 AddNew()成员函数。

调用该函数后就进入了添加模式,该函数把所有的字段数据成员都设置成 NULL。

（2）设置字段数据成员。

（3）调用 Update()。

Update()把字段数据成员中的内容作为新记录写入数据源,从而结束了添加。

如果记录集是快照,那么在添加一个新的记录后需要调用 Requery()函数重新查询,因为快照无法反映添加操作。

如果要删除记录集的当前记录,应该按下面两步进行:

（1）调用 Delete()成员函数。

该函数会同时给记录集和数据源中的当前记录加上删除标记。注意不要在一个空记录集中调用 Delete()函数,否则会产生一个异常。

（2）滚动到另一个记录上以跳过删除记录。

在对记录集进行更新之前,程序最好先调用 CanUpdate()函数、CanAppend()函数来判断记录集是否为可以更新的,因为如果在不能更改的记录集中进行修改、添加或删除将导致异常的产生。

4. 记录集的查找和排序

在 CRecordset 类中提供了两个公有数据成员 m_strFilter 和 m_strSort,只要对这两个数据成员赋值,就能实现查找和排序。

数据成员 m_strFilter 用于指定查找条件。m_strFilter 实际上包含了 SQL 的 WHERE 子句的内容,但它不含 WHERE 关键字。

下面是查找记录集对象 stuSet 中年龄为 20 的记录:

```
stuSet.m_strFilter = "年龄 = 20";
```

数据成员 m_strSort 用于指定排序字段。m_strSort 实际上包含了 ORDER BY 子句的内容,但它不含 ORDER BY 关键字。

下面是按"年龄"字段降序排列记录集对象 stuSet 中的记录:

```
stuSet.m_strSort = "年龄 DESC";
```

其中,参数 DESC 表示降序,升序的参数用 ASC 表示。

如果字段名中包含空格,则必须用方括号将字段名括起来。例如,如果有一字段名为"学号",则应该写成"[学 号]"。示例代码如下:

```
stuSet.m_strSort = "[学  号] ASC";
```

如果要使查找或排序生效,应该在调用 CRecordset 类的 Open()函数之前设置好 m_strFilter 或 m_strSort 的值。如果已经调用 CRecordset 类的 Open()函数打开了记录集,则可以在设置好相应值后调用 CRecordset 类的 Requery()成员函数重新查询,以获取正确的记录集。

11.3 创建 MFC ODBC 数据库应用程序

Visual C++创建一个 MFC ODBC 数据库应用程序需要以下几个步骤：

(1) 准备数据库。

(2) 在系统的数据源管理器中注册数据源。

(3) 用应用程序向导创建基本的数据库应用程序。

(4) 向基本的数据库应用程序中添加代码，实现特定的数据库功能。

11.3.1 准备数据库

在开始创建数据库应用程序之前，必须首先有一个可供程序使用的数据库。几乎所有的数据库管理系统都有用来创建新数据库的工具，用户需要使用这些工具来建立所需的数据库。

【例 11.1】 利用 Microsoft Access 创建一个数据库 StudentDB.mdb，其中包含一个表 student，表的记录内容如表 11.1 所示，表的结构如表 11.7 所示。

表 11.7 学生成绩表的结构

序　号	字段名称	数据类型	字段大小
1	学号	文本	8 字符
2	姓名	文本	8 字符
3	性别	文本	2 字符
4	年龄	数值	整型
5	系别	文本	10 字符

11.3.2 注册数据源

在建立了数据库之后，必须配备 ODBC 数据源，使其指向刚建立的数据库。如果操作系统是 Windows 10，则运行控制面板中"系统安全"|"管理工具"下的"ODBC 数据源(32位)"；如果操作系统是 Windows 2000/XP，则运行控制面板中"系统安全"|"管理工具"下的"数据源(ODBC)"。

为 Microsoft Access 数据库 StudentDB.mdb 注册数据源的步骤如下：

(1) 双击 ODBC 图标，进入 ODBC 数据源管理器。在这里用户可以设置 ODBC 数据源的一些信息，其中的"用户 DSN"选项卡可以让用户定义在本地计算机使用的数据源名(DSN)，如图 11.4 所示。

(2) 单击"添加"按钮，弹出"创建新数据源"对话框，为新的数据源选择数据库驱动程序。由于使用的是 Microsoft Access 数据库，所以选择 Microsoft Access Driver(*.mdb)，然后单击"完成"按钮，如图 11.5 所示。

(3) 在"ODBC Microsoft Access 安装"对话框中为该数据源取一个简短的名称。应用程序将使用该名称来指定用于数据库连接的 ODBC 数据源配置，因此建议所起的名称能反映出该数据库的用途，或者与使用该数据库的应用程序的名称类似。对于该例，给该数据源

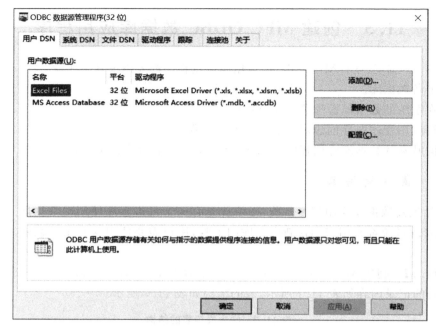

图 11.4　ODBC 数据源管理器

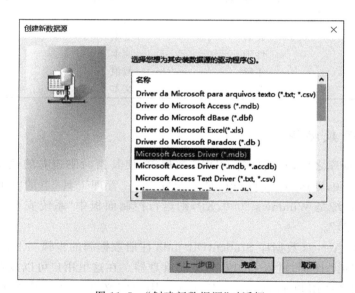

图 11.5　"创建新数据源"对话框

命名 Student,并在下一个编辑框中输入对该数据库的说明,如图 11.6 所示。

（4）指定数据库的位置。单击"选择"按钮,出现"选择数据库"对话框,定位并选择 StudentDB. mdb 文件,如图 11.7 所示。

（5）单击"确定"按钮完成数据库的选择,在"ODBC Microsoft Access 安装"对话框中单击"确定"按钮,完成数据源的创建。最后单击 ODBC 数据源管理器中的"确定"按钮,退出数据源管理器。

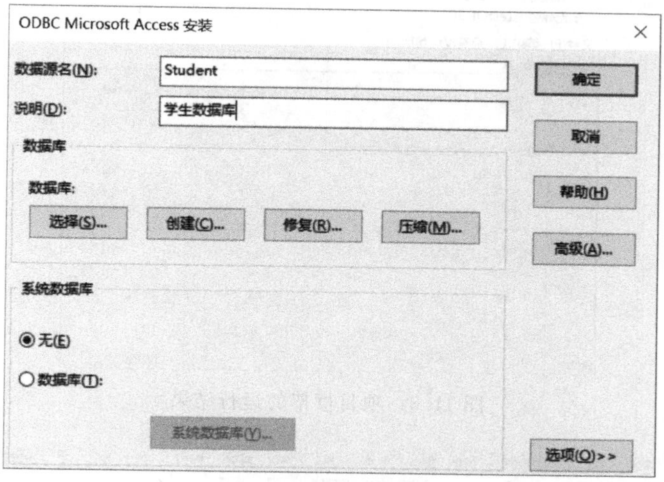

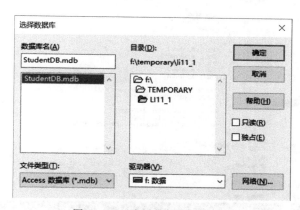

图 11.6 "ODBC Microsoft Access 安装"对话框

图 11.7 "选择数据库"对话框

至此,在用户的计算机系统中已经可以利用 Microsoft Access ODBC 驱动程序来访问 StudentDB.mdb 数据库文件。

11.3.3 创建应用程序框架

在 Visual C++6.0 和 Visual Studio 2017 之前版本的集成开发环境中,使用 MFC 应用程序向导都可以自动生成一个基于 MFC 的数据库应用程序框架。但从 Visual Studio 2017 开始,MFC 应用项目模板取消了 MFC 数据库应用程序框架的自动生成功能,所以使用 Visual Studio 2019 IDE 开发 MFC 数据库应用程序需要手动编写相关的程序代码。

【例 11.2】 创建一个支持数据库的标准 SDI 风格的应用程序 TestODBC。

其操作步骤如下:

(1) 使用"MFC 应用"项目模板创建一个 SDI 风格的应用程序 TestODBC,设置视图类 CTestODBCView 的基类为 CFormView,运行结果如图 11.8 所示。

(2) 在项目中添加一个名为 CTestODBCSet 的类,其基类为 CRecordset。其头文件和实现文件的代码分别如图 11.9 和图 11.10 所示。

视频讲解

319

第 11 章

数据库编程

320

图 11.8　项目框架的运行结果

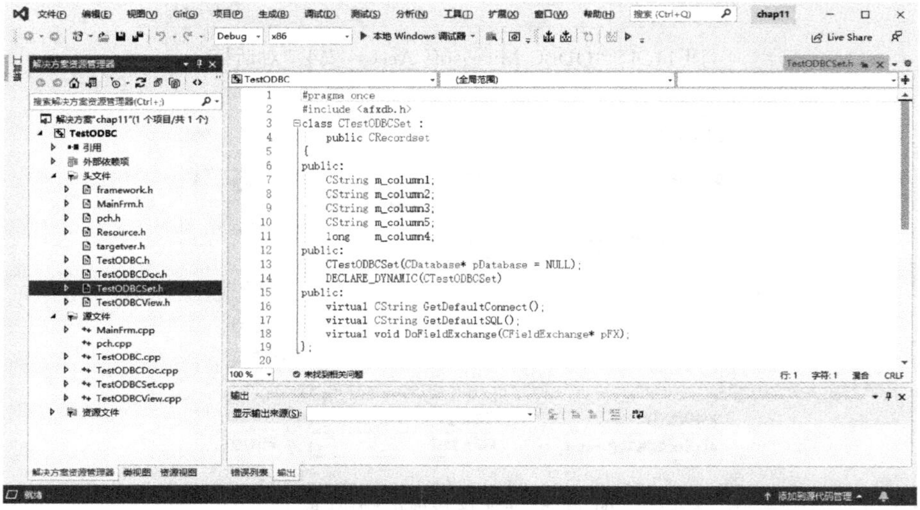

图 11.9　CTestODBCSet 类头文件的代码

图 11.10　CTestODBCSet 类实现文件的代码

（3）将项目视图类 TestODBCView 的基类修改为 CRecordView，并添加一个 CTestODBCSet 类的指针 m_pSet，完成虚函数 CRecordView::OnGetRecordset() 的实现、构造函数的修改等。详情请参见本书的源代码。

（4）在项目的 CTestODBCDoc 类中添加一个名为 m_testODBCSet 的 CTestODBCSet 对象，并在 CTestODBCView::OnInitialUpdate() 函数中添加代码将其以引用的方式赋给 CTestODBCView 类的 m_pSet 对象。详情请参见本书的源代码。

（5）在项目中添加菜单及工具栏资源。在项目的菜单栏中新增"记录"主菜单，用于浏览数据库中的数据，如图 11.11 所示。注意"记录"菜单的子菜单的 ID 必须使用 MFC 应用程序的默认值，它们分别为 ID_RECORD_FIRST、ID_RECORD_PREV、ID_RECORD_NEXT 和 ID_RECORD_LAST。在工具栏上添加与"记录"菜单命令一一对应的工具按钮，如图 11.12 所示。

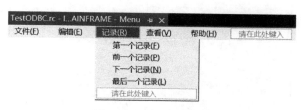

图 11.11　新增菜单项

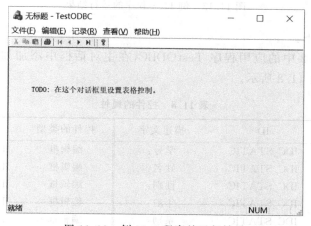

图 11.12　例 11.2 程序的运行结果

（6）编辑、链接并运行程序，运行结果如图 11.12 所示。

从图 11.12 所示的运行结果可以看出，为项目新增的"记录"菜单项及工具按钮均已处于可用状态，若用户选择这些浏览记录命令，系统会自动调用相应的函数来移动数据表到当前位置，但此时在屏幕上看不到任何信息，因为控件与表中要显示的字段之间还没有建立关联关系。

11.3.4　实现数据库程序的基本功能

记录视图类 CRecordView 是 CFormView 的派生类，它提供了一个表单视图来显示当前记录。

展开例 11.2 应用程序 TestODBC 的类视图,可以看到为应用程序添加的一些类的数据成员。其中,在 CTestODBCDoc 类中有一个 CTestODBCSet 对象 m_testODBCSet,它随文档对象的建立而自动建立,随文档对象的删除而自动删除;在 CTestODBCView 类中有一个指向 CTestODBCSet 对象的指针 m_pSet,在视图中通过该指针直接访问数据库,在表单视图和记录集之间建立联系。

视频讲解

【例 11.3】 完善例 11.2 中的应用程序 TestODBC,增加浏览记录集的功能,运行结果如图 11.13 所示。

图 11.13 例 11.3 程序的运行结果

其操作步骤如下:

(1) 打开例 11.2 中的应用程序 TestODBC,在主对话框中添加如图 11.13 所示的控件,控件的属性如表 11.8 所示。

表 11.8 控件的属性

控件的类型	ID	描述文字	控件的类型	ID
静态文本	IDC_STATIC	学号:	编辑框	IDC_NUMBER
静态文本	IDC_STATIC	姓名:	编辑框	IDC_NAME
静态文本	IDC_STATIC	性别:	编辑框	IDC_SEX
静态文本	IDC_STATIC	年龄:	编辑框	IDC_AGE
静态文本	IDC_STATIC	系别:	编辑框	IDC_DEPARTMENT

(2) 更改记录集类的字段数据成员名。

在例 11.2 的 CTestODBCSet 类中定义了若干个字段数据成员,其数量与相对应的表中字段的数量相同,这些字段数据成员分别命名为 m_column1、m_column2、…,如图 11.9 所示。这些名称在编程中不便于理解,也不利于记住其对应的是表中的哪一个字段,因此应该将它们的名称改为与表中字段意义相同的名称,从而起到见名知义的作用。

更改 CTestODBCSet 类中字段数据成员的名称的步骤如下:

① 右击类视图中的 CTestODBCSet 类,在弹出的快捷菜单中选择"类向导"菜单命令打开"类向导"工具。

② 切换到"成员变量"选项卡,选择需要更名的字段数据成员,先单击"删除变量"按钮

删除该成员,再单击"添加变量"按钮,在弹出的窗口中输入新的成员变量名后单击"确定"
按钮。

③ 在所有需要更名的字段数据成员都更名完毕并返回类向导工具窗口时,依次单击
"应用"和"确定"按钮完成更名操作,如图 11.14 所示。

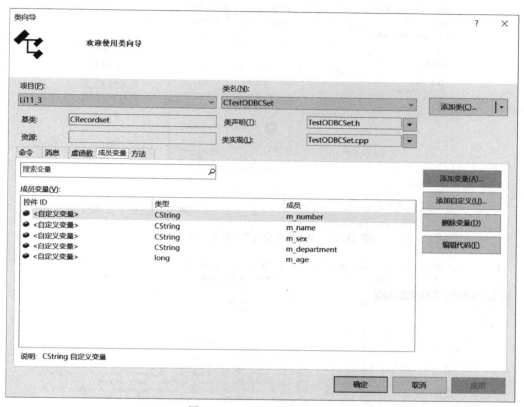

图 11.14 MFC 类向导工具

(3) 为视图类添加与控件关联的成员变量。

在 Visual C++6.0 和 Visual Studio 2017 之前的集成开发环境中,可以使用"类向导"工
具建立视图控件与记录集类中成员变量之间的关联关系,在 Visual Studio 2019 中"类向导"
工具的这个功能被取消了,如图 11.15 所示。

下面直接在 CTestODBCView∷DoDataExchange() 函数中添加代码,实现视图控件与
记录集之间的关联,如图 11.16 所示。

(4) 编译、链接并运行程序,得到如图 11.13 所示的效果。

记录视图使用 DDX 数据交换机制在表单中的控件和记录集之间交换数据。前面介绍
的 DDX 都是在控件和控件父窗口的数据成员之间交换数据,而记录视图则是在控件和一
个外部对象(CRecordset 的派生类对象)之间交换数据。下面的代码显示了一个
CRecordView 的派生类 CTestODBCView 的 DoDataExchange() 函数,可以看出,该函数是
与 m_pSet 指针指向的记录集对象的字段数据成员交换数据的。图 11.17 显示了 MFC 的
ODBC 应用程序中的 DDX 和 RFX 数据交换机制,RFX 数据交换的实现请看下面的
CTestODBCSet∷DoFieldExchange() 函数。

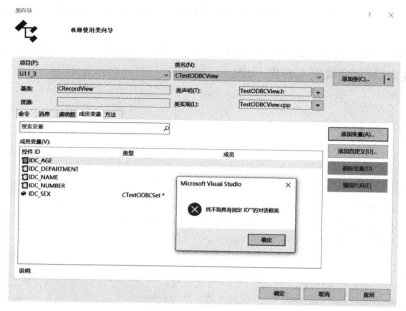

图 11.15　使用"类向导"工具添加成员变量

图 11.16　视图控件与 CTestODBCSet 类中成员变量的关联

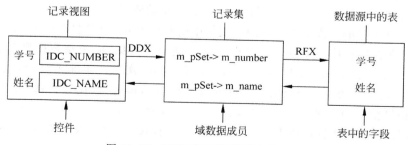

图 11.17　DDX 和 RFX 数据交换机制

```
//用来与记录集对象的字段数据成员交换数据的 DoDataExchange() 函数
void CTestODBCView::DoDataExchange(CDataExchange * pDX)
{
    CRecordView::DoDataExchange(pDX);
    DDX_FieldText(pDX, IDC_AGE, m_pSet − > m_age, m_pSet);
    DDX_FieldText(pDX, IDC_DEPARTMENT, m_pSet − > m_department, m_pSet);
    DDX_FieldText(pDX, IDC_NAME, m_pSet − > m_name, m_pSet);
    DDX_FieldText(pDX, IDC_NUMBER, m_pSet − > m_number, m_pSet);
    DDX_FieldText(pDX, IDC_SEX, m_pSet − > m_sex, m_pSet);
}
//记录集对象的字段数据成员与数据源之间交换数据的 DoFieldExchange() 函数
void CTestODBCSet::DoFieldExchange(CFieldExchange * pFX)
{
    pFX − > SetFieldType(CFieldExchange::outputColumn);
    RFX_Text(pFX, _T("[学号]"), m_number);
    RFX_Long(pFX, _T("[年龄]"), m_age);
    RFX_Text(pFX, _T("[系别]"), m_department);
    RFX_Text(pFX, _T("[姓名]"), m_name);
    RFX_Text(pFX, _T("[性别]"), m_sex);
}
```

11.3.5　实现数据库程序的高级功能

对数据库的操作除了对记录的浏览等基本功能外,还应该包括对记录的增加、删除和修改功能以及排序和查找等功能。

1. 增加、删除和修改记录

由于增加和显示记录在同一个界面中出现容易造成误操作,所以在修改和添加记录数据之前往往要设计一个对话框用来获得所需要的数据,然后用该数据进行当前记录的编辑。这样就能避免它们的相互影响,并且保证代码的相对独立性。

【例 11.4】　完善例 11.3 中的应用程序 TestODBC,使其支持记录的增加、删除和修改。

其操作步骤如下:

视频讲解

(1) 打开例 11.3 中的应用程序 TestODBC,在“记录”菜单项中添加 3 个子菜单项,即“添加记录”“删除记录”和“修改记录”,它们的 ID 分别为 ID_RECORD_ADD、ID_RECORD_DELE 和 ID_RECORD_EDIT。

(2) 插入如图 11.18 所示的对话框资源,接受系统默认的 ID,将“描述文字”改为“学生信息”。在对话框中添加控件,并按表 11.9 所示设置其属性。

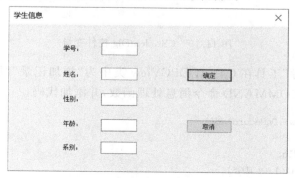

图 11.18　“学生信息”对话框

表 11.9 "学生信息"对话框中控件的属性

控件的类型	ID	描述文字	控件的类型	ID
静态文本	IDC_STATIC	学号：	编辑框	IDC_NUMBER1
静态文本	IDC_STATIC	姓名：	编辑框	IDC_NAME1
静态文本	IDC_STATIC	性别：	编辑框	IDC_SEX1
静态文本	IDC_STATIC	年龄：	编辑框	IDC_AGE1
静态文本	IDC_STATIC	系别：	编辑框	IDC_DEPARTMENT1

（3）使用"类向导"工具为"学生信息"对话框定义连接类 CStudentDlg，并为对话框中的编辑控件添加关联变量，如图 11.19 所示。

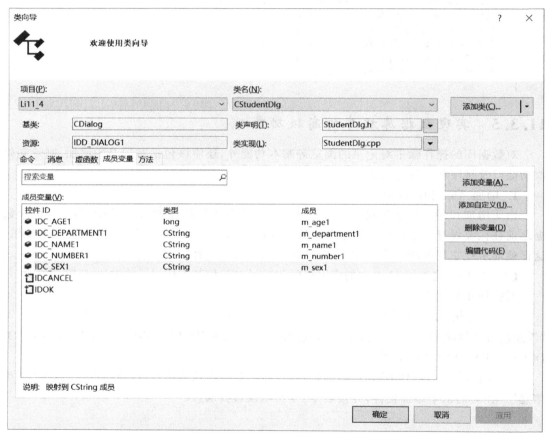

图 11.19　CStudentDlg 控件变量

（4）使用"类向导"工具在 CTestODBCView 类中为"添加记录""删除记录"和"修改记录"3 个菜单项添加 COMMAND 命令消息处理函数，并添加代码。

```cpp
void CTestODBCView::OnRecordAdd()
{
    CStudentDlg dlg;
    if(dlg.DoModal() == IDOK)
    {
```

```
        m_pSet - > AddNew();                        //在表的末尾增加新记录
        m_pSet - > m_number = dlg.m_number1;
        m_pSet - > m_name = dlg.m_name1;
        m_pSet - > m_sex = dlg.m_sex1;
        m_pSet - > m_age = dlg.m_age1;
        m_pSet - > m_department = dlg.m_department1;
        m_pSet - > Update();                          //将新记录存入数据库
        m_pSet - > Requery();                         //重建记录集
    }
}
void CTestODBCView::OnRecordDele()
{
    m_pSet - > Delete();                              //删除当前记录
    m_pSet - > MoveNext();                            //记录下移
    if(m_pSet - > IsEOF())                            //如果记录为最后一条记录
        m_pSet - > MoveLast();                        //移向最后一条记录
    if(m_pSet - > IsBOF())                            //如果无记录
        m_pSet - > SetFieldNull(NULL);                //设置当前记录中的指定字段的值为 NULL
    m_pSet - > Requery();
    UpdateData(false);                                //更新表单视图
}
void CTestODBCView::OnRecordEdit()
{
    CStudentDlg dlg;
    dlg.m_number1 = m_pSet - > m_number;
    dlg.m_name1 = m_pSet - > m_name;
    dlg.m_sex1 = m_pSet - > m_sex;
    dlg.m_age1 = m_pSet - > m_age;
    dlg.m_department1 = m_pSet - > m_department;
    if(dlg.DoModal() == IDOK)
    {
        m_pSet - > Edit();
        m_pSet - > m_number = dlg.m_number1;
        m_pSet - > m_name = dlg.m_name1;
        m_pSet - > m_sex = dlg.m_sex1;
        m_pSet - > m_age = dlg.m_age1;
        m_pSet - > m_department = dlg.m_department1;
        m_pSet - > Update();
        UpdateData(false);
    }
}
```

（5）在 CTestODBCSet 类的构造函数中将记录集的类型变量 m_nDefaultType 的值修改为 dynaset。在 TestODBCView.cpp 文件的开始处添加文件包含语句：

```
# include "StudentDlg.h"
```

（6）编译、链接并运行程序。

327

第
11
章

数据库编程

视频讲解

2. 记录的排序与查找

用户可以通过设置 CRecordset 类中的数据成员 m_strSorth 和 m_strFilter 实现记录的排序与查找。

【例 11.5】 完善例 11.4 中的应用程序 TestODBC,使其支持记录的排序与查找。

其操作步骤如下：

(1) 打开例 11.4 中的应用程序 TestODBC,在菜单栏中添加"排序"和"查找"两个主菜单,并为每个主菜单添加"学号"和"系别"两个菜单项,它们的 ID 分别为 ID_SORT_NUMBER、ID_SORT_DEPARTMENT 以及 ID_FIND_NUMBER、ID_FIND_DEPARTMENT。

(2) 插入如图 11.20 所示的对话框资源,接受系统默认的 ID,将"描述文字"改为"查找"。

(3) 在"查找"对话框中添加一个静态文本控件和一个编辑框控件,设置静态文本控件的 ID 为 IDC_FIELD、"描述文字"为空,设置编辑框控件的 ID 为 IDC_FIND_VALUE。

(4) 使用"类向导"工具为"查找"对话框定义连接类 CFindDlg,并为对话框中的控件添加关联变量,如图 11.21 所示。

图 11.20　"查找"对话框

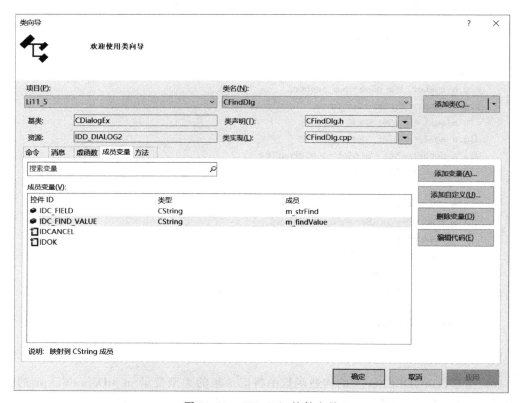

图 11.21　CFindDlg 控件变量

(5) 使用"类向导"工具在 CTestODBCView 类中为步骤(1)中增加的 4 个菜单项添加 COMMAND 命令消息处理函数,并添加代码。

```
void CTestODBCView::OnSortNumber()
{
    m_pSet->Close();                                    //关闭记录集
    m_pSet->m_strSort = L"学号";                         //设置排序字段
    m_pSet->Open();                                     //打开排序后的记录集
    UpdateData(false);
}
void CTestODBCView::OnSortDep()
{
    m_pSet->Close();
    m_pSet->m_strSort = L"系别";
    m_pSet->Open();
    UpdateData(false);
}
void CTestODBCView::OnFindNumber()
{
    CFindDlg dlg;
    dlg.m_strFind = L"学号: ";
    CString str = L"学号";
    if(dlg.DoModal() == IDOK)
    {
        str = str + L" = '" + dlg.m_findValue + L"'";
    }
    m_pSet->Close();
    m_pSet->m_strFilter = str;                          //设置过滤字符串
    m_pSet->Open();
    if(m_pSet->GetRecordCount() == 0)
    {
        MessageBox(L"没有匹配的记录!",L"查找",MB_ICONWARNING);
        m_pSet->Close();
        m_pSet->m_strFilter = L"";
        m_pSet->Open();
    }
    UpdateData(false);
}
void CTestODBCView::OnFindDepartment()
{
    CFindDlg dlg;
    dlg.m_strfind = L"系别: ";
    CString str = L"系别";
    if(dlg.DoModal() == IDOK)
    {
        str = str + L" = '" + dlg.m_findValue + L"'";
    }
    m_pSet->Close();
    m_pSet->m_strFilter = str;
    m_pSet->Open();
    if(m_pSet->GetRecordCount() == 0)
    {
        MessageBox(L"没有匹配的记录!",L"查找",MB_ICONWARNING);
        m_pSet->Close();
```

```
            m_pSet－>m_strFilter = L"";
            m_pSet－>Open();
        }
        UpdateData(false);
    }
```

（6）在 TestODBCView.cpp 文件的开始处添加文件包含语句：

```
# include "CFindDlg.h"
```

（7）编译、链接并运行程序。

11.4　ADO 技术

ADO 是 Microsoft 开发数据库应用程序的面向对象的新技术。ADO 访问数据库是通过访问 OLE DB 数据提供程序来进行的，提供了一种对 OLE DB 数据提供程序的简单高层访问接口。ADO 技术简化了 OLE DB 的操作，在 OLE DB 的程序中使用了大量的通用对象模型（COM）接口，而 ADO 封装了这些接口，因此 ADO 是一种高层的访问技术。

11.4.1　ADO 访问数据源的特点

ADO 技术具有易于使用、访问灵活、应用广泛的特点。使用 ADO 访问数据源的特点可总结如下：

（1）易于使用。这是 ADO 技术最重要的一个特征。由于 ADO 是高层应用，所以相对于 OLE DB 或者 ODBC 来说它具有面向对象的特性。

（2）高速访问数据源。由于 ADO 技术基于 OLE DB，所以它也继承了 OLE DB 访问数据库的高速性。ADO 是目前最快的数据库访问技术。

（3）可以访问不同数据源。ADO 技术可以访问包括关系数据库和非关系数据库在内的所有文件系统，此特点使应用程序具有灵活性和通用性。

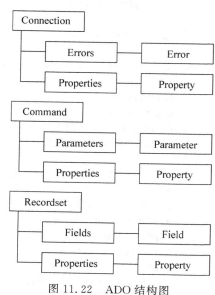

图 11.22　ADO 结构图

（4）可以用于 Microsoft ActiveX 页。ADO 技术可以以 ActiveX 控件的形式出现，因此可以被用于 Microsoft ActiveX 页，此特征可简化 Web 页的编程。

（5）程序占用的内存少。由于 ADO 是基于组件对象模型（COM）的访问技术，所以用 ADO 产生的应用程序占用的内存少。

11.4.2　ADO 的结构

ADO 中包含了一系列的对象与集合，ADO 数据对象的模型结构如图 11.22 所示。

从图 11.22 中可以看出，ADO 中包含了 7 个对象和 4 个集合，表 11.10 和表 11.11 分别给出了各个对象和集合的功能描述。

表 11.10　ADO 对象的功能描述

对　　象	说　　明
连接对象(Connection)	用于与数据源的连接以及处理一些命令和事务
命令对象(Command)	用于处理传递给数据源的命令
记录集对象(Recordset)	用于处理数据的表格集,例如获取和修改数据
域对象(Field)	用于表示记录集中的列信息,包括列值以及其他信息
参数对象(Parameter)	用于对传送给数据源的命令赋参数值
属性对象(Property)	用于操作在 ADO 中使用的其他对象的详细属性
错误对象(Error)	用于获得连接对象所发生的详细错误信息

表 11.11　ADO 集合的功能描述

对　　象	说　　明
域集合(Fields)	记录集对象中包含了域对象的集合,域对象的集合中包含了所有代表记录集中每列的域对象
参数集合(Parameters)	命令对象中包含了参数对象的集合,参数集合中包含了应用于命令对象的所有参数对象
属性集合(Properties)	在连接对象、命令对象、记录集对象和域对象中都包含了属性对象的集合,属性对象的集合中包含了这些对象的所有特性
错误集合(Errors)	连接对象中包含了错误对象的集合,错误集合中包含了在一次连接数据源时所产生的所有错误对象

11.4.3　ADO 常用的对象

要使用 ADO 进行数据库应用程序的开发,必须熟悉 ADO 对象模型以及其中所包含的方法和属性。

ADO 模型中常用的对象为 Connection 对象、Command 对象和 Recordset 对象。在使用这 3 个对象的时候需要定义与之对应的 3 个智能指针,分别为 _ConnectionPtr、_CommandPtr 和 _RecordsetPtr。然后调用它们的 CreateInstance() 函数实例化,从而创建这 3 个对象的实例。

1. Connection 对象

Connection 对象是 ADO 模型中的顶层对象,它代表与数据源之间的一个连接。其常用的方法如表 11.12 所示。

表 11.12　Connection 对象的方法及其说明

方　　法	说　　明
Open()	打开到数据源的连接
Execute()	执行指定的查询、SQL 语句、存储过程或特定提供者的文本等内容
Close()	关闭 Connection 对象,释放所有关联的系统资源
BeginTrans()	启动新的事务
CommitTrans()	保存所有更改并结束当前事务,也可启动新事务
RollbackTrans()	取消当前事务中所做的任何更改并结束事务,也可启动新事务

在编程过程中还会经常用到 Connection 对象的 ConnectionString 属性、CursorLocation 属性和 State 属性。

1) ConnectionString 属性

这个属性表示连接数据库的字符串。在进行连接之前,通过该属性来配置建立一个与数据源连接的信息。ConnectionString 属性在连接关闭时是可读/写的,在连接打开时是只读的。

连接字符串主要有两种方法,分别为使用 DSN 的方法和不使用 DSN 的方法。

① 使用 DSN 的方法的格式如下:

```
ConnectionString = "DSN = DSNName;User ID = user;Password = password";
```

其中,DSN 是指定的 ODBC 数据源;User ID 和 Password 分别是登录数据库的用户名和密码。

② 不使用 DSN 的方法的格式如下:

```
ConnectionString = "Provider = ProviderName;
                    Persist Security Info = true|false;
                    User ID = user;
                    Password = password;
                    Initial Catalog = DBName;
                    Data Source = server"
```

其中,Provider 为数据提供程序,不同的数据库其值不同。常见的 Access 数据库、Oracle 数据库和 MS SQL Server 数据库的 Provider 值分别为 Microsoft. Jet. OLEDB. 4. 0、MSDAORA 和 SQLOLEDB;Persist Security Info 指明是否进行安全信息验证;Initial Catalog 即为 DataBase,如果写为 DataBase 也是正确的;Data Source 指数据库。

2) CursorLocation 属性

这个属性是 Connection 对象和 Recordset 对象都具有的。该属性用来指定光标引擎的位置。该属性对于连接都是可读/写的,对于关闭的记录集是可读/写的,对于打开的记录集是只读的。该属性可以设置或返回如表 11.13 所示的某个常量(长整型值)。

表 11.13　CursorLocation 可设置的值

常　　量	说　　明
adUseNone	没有使用光标服务(该常量已过时并且只为了向后兼容才出现)
adUseClient	使用由本地光标库提供的客户端光标。本地光标服务通常允许使用的许多功能可能是驱动程序提供的光标无法使用的,因此使用该设置对于那些将要启用的功能是有好处的。adUseClient 具有向后兼容性,也支持同义的 adUseClientBatch
adUseServer	默认值,使用数据提供者或驱动程序提供的光标。这些光标有时非常灵活,对于其他用户对数据源所做的更改具有额外的敏感性。但是,Microsoft Client Cursor Provider(例如已断开关联的记录集)的某些功能无法由服务器端光标模拟,通过该设置将无法使用这些功能

当 CursorLocation 用于客户端 Recordset 或 Connection 对象时,只能将其设置为 adUseClient。

3）State 属性

该属性用于 Connection 对象、Command 对象和 Recordset 对象，用来描述对象的状态。该属性可以设置为如表 11.14 所示的几个常量。

表 11.14　State 属性所能取的常量值

常　　量	说　　明
adStateClosed	对象关闭（默认值）
adStateOpen	对象打开
adStateConnection	对象正在连接
adStateExecuting	对象正在执行一个命令
adStateFetching	Recordset 对象正在获取所需的行

2. Command 对象

命令对象即 Command 对象，一个 Command 对象代表一个对数据源执行的命令，利用此对象可以进行数据库的一些操作，例如查询、修改等。Command 对象的主要方法和属性如表 11.15 和表 11.16 所示。

表 11.15　Command 对象的方法及其说明

方　　法	说　　明
Execute()	执行在 CommandText 属性中指定的查询、SQL 语句或存储过程
CreateParameter()	用指定的名称、类型、方向、大小和值创建新的 Parameter 对象，在参数中传送的所有值都将写入相应的 Parameter 属性
Cancel()	终止执行异步 Execute() 方法调用

表 11.16　Command 对象的属性及其说明

属　　性	说　　明
CommandText	设置或返回 Command 对象的文本，通常该对象为 SQL 语句
CommandTimeout	指示在终止尝试和产生错误之前执行命令期间需等待的时间
CommandType	指定命令类型，可以是文本命令、表格名或者一个存储过程
ActiveConnection	指示指定的 Command 对象当前所属的 Connection 对象
State	随时使用 State 属性确定指定对象的当前状态
Prepared	指示执行前是否保存命令的编译版本

3. Recordset 对象

Recordset 对象表示一个从数据源选择的一组记录的集合，其主要方法如表 11.17 所示。

表 11.17　Recordset 对象的方法及其说明

方　　法	说　　明
Open()	直接打开一个记录集，而不是作为执行命令或连接命令产生记录集
Close()	关闭记录集
MoveFirst()	移到记录集的第一条记录处
MoveLast()	移到记录集的最后一条记录处

方　　法	说　　明
MovePrevious()	移到记录集中当前记录的前一条记录处
MoveNext()	移到记录集中当前记录的后一条记录处
Move()	移到指定的记录
AddNew()	添加一条新记录,在调用 Update()后记录被添加到记录集
Delete()	删除记录集中的当前记录
GetCollect()	得到指定字段的值
PutCollect()	准备将指定字段的值写入记录集,调用 Update()进行更新
Update()	将当前对记录集的改动保存到数据源中
CancelUpdate()	取消更新前所做的改动
Requery()	重新执行以前执行过的命令,重新获得记录集

11.4.4　_bstr_t 类和_variant_t 类

在利用 ADO 进行数据库开发的时候,_bstr_t 类和_variant_t 类很有用,省去了许多 BSTR 和 VARIANT 类型转换的麻烦。

COM 编程不使用 CString 类,因为 COM 必须设计成跨平台,它需要一种更普遍的方法来处理字符串和其他数据类型,这也是 VARIANT 变量数据类型的来历。BSTR 类型也是如此,用来处理 COM 中的字符串。VARIANT 是一个巨大的 union 联合体,几乎包含了所有的数据类型。简单来说,_variant_t 是一个类,封装了 VARIANT 的数据类型,并允许进行强制类型转换。同样,_bstr_t 是对 BSTR 进行了封装的类。有了这两个类,开发 ADO 程序将很方便。在后面的例子中,读者将会看到_bstr_t 类的使用方法和作用。

11.4.5　在 Visual C++ 中使用 ADO

使用 ADO 对象开发应用程序可以使程序开发者更容易控制对数据库的访问,从而产生符合用户需求的数据库访问程序。

1. 引入 ADO 库

在 Visual C++ 中使用 ADO 开发数据库之前需要引入 ADO 库,可以在 StdAfx.h 文件的末尾引入 ADO 库文件,方法如下。

```
# import "C:\Program Files\common files\system\ado\msado15.dll"
no_namespace rename("EOF","adoEOF")
```

使用预处理指令 import 使程序在编译过程中引入 ADO 动态库(msado15.dll)。no_namespace 表明不使用命令空间。Rename("EOF", "adoEOF")表明把 ADO 中用到的 EOF 改名为 adoEOF,以防止产生命名冲突。

2. 初始化 COM 环境

在能够使用 ADO 对象之前必须为应用程序初始化 COM 环境,要完成这一任务,可以通过调用 CoInitialize()函数并传递 NULL 作为唯一的参数,代码如下:

```
CoInitialize(NULL);
```

如果在应用程序中漏了这行代码,或者没有把它放在开始和对象交互之前,当运行应用程序时将得到一个 COM 错误。

在使用完 ADO 对象之后,需要用以下代码将初始化的对象释放,清除为 ADO 对象准备的 COM 环境:

```
CoUninitialize();
```

3. ADO 与数据库的连接

当初始化 COM 环境之后,就可以创建与数据库的连接,建立数据库的连接需要使用连接对象 Connection。首先定义一个_ConnectionPtr 类型的指针,然后调用 CreateInstance() 方法进行实例化,代码如下:

```
_ConnectionPtr m_pConnection;                              //声明数据库连接对象
m_pConnection.CreateInstance(__uuidof(Connection));        //创建连接实例
```

之后调用 Connection 对象的 Open()方法创建数据库的连接,Open()方法的原型如下:

```
HRESULT  Open(_bstr_t  ConnectionString,
              _bstr_t  UserID,
              _bstr_t  Password,
              long     Options);
```

其中,ConnectionString 是连接字符串,UserID 是访问数据库的用户名,Password 是密码,Options 是连接选项。这些参数都是可选的。如果在 Connection 对象的 ConnectionString 属性中设置好了 UserID 和 Password,那么上面的 3 个参数都可以不写。另外,如果参数 Options 设置为 adConnectAsync(其对应的值为 16),则连接被异步打开;如果该参数设置为 adConnectUnspecified(其对应的值为-1),则连接被同步打开,这是默认设置。

例如,要连接第 11.3 节创建的数据库 StudentDB. mdb,有以下两种方式:

```
(1) m_pConnection->Open("DSN = Student","","",-1);           //基于 DSN 的连接
(2) _bstr_t strConnect = "Provider = Microsoft.Jet.OLEDB.4.0;Data Source = StudentDB.mdb";
m_pConnection->Open(strConnect,"","",adConnectUnspecified);  //基于非 DSN 的连接
```

如果数据库带有密码,且设密码为 123456,则上述两种方式分别如下:

```
(1) m_pConnection->Open("DSN = Student;password = 123456","","",-1);
(2) _bstr_t strConnect = "Provider = Microsoft.Jet.OLEDB.4.0;Data Source = StudentDB.mdb;Jet
OLEDB;DataBase Password = 123456";
```

4. 获得和遍历记录集

在建立数据库的连接后,便可创建 ADO 记录集。一般来说,打开记录集有以下 3 种方式。

(1) 利用 Connection 对象的 Execute()方法执行 SQL 命令。

Execute()方法的原型如下:

```
Execute(_bstr_t CommandText, VARIANT * RecordsAffected, long Options);
```

其中,参数 CommandText 为命令字串,通常是一个 SQL 语句;RecordsAffected 为操作完成后影响的行数;Options 为 CommandText 中内容的类型,值为 adCmdText 表明是文本

命令,值为 adCmdTable 表明是一个表名,值为 adCmdProc 表明是一个存储过程。

假设 m_pConnection 是一个已经创建好的连接对象,则利用 Connection 对象的 Execute()方法打开 student 表的代码如下:

```
_variant RecordsAffected;
    m_pConnection->Execute("select * from student",
                             &ReeordsAffected, adcmdText);
```

(2) 利用 Command 对象执行 SQL 命令。

当要执行复杂的命令以及执行带参数的命令时,要使用命令对象对数据源进行操作。假设连接对象 m_pConnection 和记录对象 m_pRecordset 都已经创建好,利用 Command 对象打开 student 表的代码可以写成:

```
_CommandPtr m_Command;
m_pCommand.CreateInstance("ADODB.Command");              //创建实例
m_pCommand->ActiveConnection = m_Connection;             //指向当前连接
m_pCommand->CommandTcxt = "select * from student";       //设置命令字符串
m_pRecordset = m_Command->Execute(&vNULL, &vNULL, adCmdText);  //打开记录集
```

(3) 直接利用 Recordset 对象打开记录集。

调用 Recordset 对象的 Open()方法可以方便地打开记录集,Open()方法的原型如下:

```
HRESULT  Open(
    const  _variant_t  & Source,
    const  _variant_t  & ActiveConnection,
    enum CursorTypeEnum  CursorType,
    enum LockTypeEnum  LockType,
    long Options);
```

其中,Source 是记录源,它可以是一个 Command 对象、一条 SQL 语句、一个表或者一个存储过程,但具体还要看第 5 个参数的取值;ActiveConnection 指定相应的 Connection 对象;CursorType 指定打开 Recordset 时使用的游标类型,它的值见表 11.18;LockType 指定打开 Recordset 时使用的锁定类型,其常用的属性值见表 11.19;Options 指定 Source 参数的类型,其常用的属性值见表 11.20。

表 11.18　常用的 CursorType 取值

取　　值	说　　明
adOpenUnspecified	不做特别指定
adOpenForwardOnly	向前类型光标,默认值。除了只能在记录中向前滚动外,与静态游标相同
adOpenKeyset	键集类型光标。用户自己的记录集不能访问其他用户删除的记录,无法查看其他用户添加的记录,但仍可以看见其他用户更改的数据
adOpenDynamic	动态类型光标。可以看见其他用户所做的添加、更改和删除。允许在记录集中进行所有类型的移动,但不包括提供者不支持的书签操作
adOpenStatic	静态类型光标。可以用来查找数据或生成报告的记录集的静态副本。另外,对其他用户所做的添加、更改或删除不可见

表 11.19 常用的 LockType 取值

取 值	说 明
adLockUnspecified	不做特别指定
adLockReadOnly	只读记录集,默认值
adLockPessimistic	悲观式锁定方式,通过在编辑时立即锁定数据源的记录,以保证数据库的完整性和安全性
adLockOptimistic	乐观锁定方式,只有在调用 Update()方法时才锁定记录
adLockBatchOptimistic	乐观分批更新,在编辑时记录不会锁定,更改、插入和删除是在批处理模式下完成的

表 11.20 常用的 Options 取值

取 值	说 明
adCmdText	指示 Source 为命令文本,即普通的 SQL 语句
adCmdTable	生成 SQL 查询,从在 Source 中命名的表中返回所有行
adCmdTableDirect	直接从在 Source 中命名的表中返回所有行
adCmdStoredProc	指示 Source 为存储过程
adCmdUnknown	Source 参数中的命令类型未知

在打开记录集之后,就可以遍历打开的记录集和获取记录集中的字段值。在遍历记录的时候,利用 adoEOF()函数判断记录集是否到达末尾,如果没有,可以继续访问记录集,否则退出循环。

5. 编辑记录

ADO 技术提供了 3 种编辑记录的方法,一是使用连接对象的 Execute()方法,二是使用命令对象的 Execute()方法,三是使用记录集对象的相应方法,具体的使用方法见第 11.5 节中的应用实例。

11.5　ADO 数据库应用实例

11.5.1　实例简介

采用 ADO 对象编程模型编写一个数据库应用程序,该应用程序具有增加、删除、修改记录以及排序、查找等基本的数据库功能。

11.5.2　创建过程

1. 创建 MFC 应用程序框架

使用"MFC 应用"项目模板生成一个单文档应用程序 TestADO,将视图类的基类选择为 CFormView。

2. 建立 ADO 环境

(1) 链入 ADO 库文件。

在 pch.h 文件中加入如下语句:

```
# import "C:\program Files\common files\system\ado\msado15.dll" no_namespace rename("EOF","
adoEOF") rename("BOF","adoBOF")
```

（2）初始化 COM 环境。

```
BOOL CTestADOApp::InitInstance()
{
    …
    ::CoInitialize(NULL);
    return TRUE;
}
```

3. 界面设计

（1）打开 IDD_TESTADO_FORM 主对话框，添加如图 11.23 所示的控件，它们的属性如表 11.21 所示。

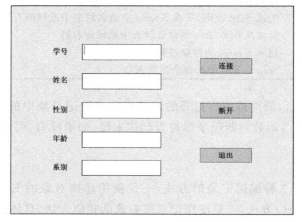

图 11.23　主对话框

表 11.21　主对话框中控件的属性

控 件 类 型	ID	描 述 文 字
静态文本	IDC_STATIC	学号
静态文本	IDC_STATIC	姓名
静态文本	IDC_STATIC	性别
静态文本	IDC_STATIC	年龄
静态文本	IDC_STATIC	系别
编辑框	IDC_NUMBER	
编辑框	IDC_NAME	
编辑框	IDC_SEX	
编辑框	IDC_AGE	
编辑框	IDC_DEPART	
按钮控件	IDC_CONNECT	连接
按钮控件	IDC_DISCONNECT	断开
按钮控件	IDC_QUIT	退出

（2）插入新对话框资源并设置连接类和成员变量。插入如图 11.24～图 11.26 所示的增加记录、修改记录以及查找对话框，并分别为它们设置连接类 CStuAddDlg、CStuModiDlg 和 CStuFindDlg。对话框中控件的属性及关联的成员变量如表 11.22～表 11.24 所示。

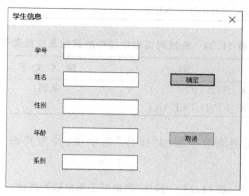

图 11.24　增加记录对话框

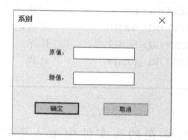

图 11.25　修改记录对话框

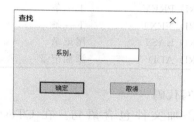

图 11.26　查找对话框

表 11.22　增加记录对话框中控件的属性及成员变量

控件类型	ID	描述文字	成员变量
静态文本	IDC_STATIC	学号	
静态文本	IDC_STATIC	姓名	
静态文本	IDC_STATIC	性别	
静态文本	IDC_STATIC	年龄	
静态文本	IDC_STATIC	系别	
编辑框	IDC_ADD_NUMBER		CString m_add_number
编辑框	IDC_ADD_NAME		CString m_add_name
编辑框	IDC_ADD_SEX		CString m_add_sex
编辑框	IDC_ADD_AGE		int m_add_age
编辑框	IDC_ADD_DEPART		CString m_add_depart

表 11.23　修改记录对话框中控件的属性及成员变量

控件类型	ID	描述文字	成员变量
静态文本	IDC_STATIC	原值：	
静态文本	IDC_STATIC	新值：	

续表

控 件 类 型	ID	描 述 文 字	成 员 变 量
编辑框	IDC_MODIFY_OLD		CString m_modi_old
编辑框	IDC_MODIFY_NEW		CString m_modi_new

表 11.24　查找对话框中控件的属性及成员变量

控 件 类 型	ID	描 述 文 字	成 员 变 量
静态文本	IDC_STATIC	系别：	
编辑框	IDC_FIND_DEPART		CString m_find_depart

（3）添加菜单项。在主菜单中添加"操作"菜单项,并为其添加如表 11.25 所示的下拉子菜单项。

表 11.25　"操作"菜单下子菜单项的属性

ID	描 述 文 字	ID	描 述 文 字
ID_RECORD_FIRST	首记录	ID_RECORD_DEL	删除记录
ID_RECORD_PREV	上一条	ID_RECORD_MODI	更新记录
ID_RECORD_NEXT	下一条	ID_RECORD_SORT	排序
ID_RECORD_LAST	尾记录	ID_RECORD_FIND	查找
ID_RECORD_ADD	添加记录		

4. 编写代码

（1）添加文件包含语句。在 CTestADOView 类的头文件中加入语句♯include "StuAddDlg.h"、♯include "StuFindDlg.h"和♯include "StuModiDlg.h"。

（2）添加成员变量并初始化。为 CTestADOView 类添加如表 11.26 所示的 public 型成员变量。

表 11.26　CTestADOView 类的成员变量

成 员 变 量	功 能
_ConnectionPtr m_Connection	连接数据源
_RecordsetPtr m_Recordset	打开记录集
CString m_strSQL	对数据库操作的 SQL 语句
CString m_number	存储在对话框中输入的学号
CString m_name	存储在对话框中输入的姓名
CString m_sex	存储在对话框中输入的性别
intm_age	存储在对话框中输入的年龄
CString m_depart	存储在对话框中输入的系别

对部分成员变量初始化:

```
CTestADOView::CTestADOView() noexcept
    : CFormView(IDD_TESTADO_FORM)
{
    //TODO:在此处添加构造代码
```

```
    m_depart = _T("");
    m_name = _T("");
    m_age = 0;
    m_sex = _T("");
    m_number = _T("");
}
```

（3）添加成员函数。为 CTestADOView 类添加成员函数 OnExecute()，用来完成数据库操作中的一些公共功能。

```
void CTestADOView::OnExecute()
{
    try
    {
        m_Recordset.CreateInstance(__uuidof(Recordset));        //创建实例
        m_Connection->CursorLocation = adUseClient;             //设定光标服务
        //根据字符串 m_strSQL 开启数据连接,得到结果集
        m_Recordset->Open(m_strSQL.GetBuffer(0),
                          m_Connection.GetInterfacePtr(),
                          adOpenDynamic,
                          adLockOptimistic, adCmdText);
    }
    catch(_com_error &e)                                         //捕获异常_com_error
    {
        MessageBox(e.Description());
    }
    catch( … ) {}                                                //捕获其他异常
}
```

（4）添加消息处理函数。

```
void CTestADOView::OnConnect()                                   //"连接"按钮命令消息处理函数
{
//TODO: 在此添加控件通知处理程序代码
    try
    {
        m_Connection.CreateInstance(__uuidof(Connection));    //创建实例
        m_Recordset.CreateInstance(__uuidof(Recordset));
        _bstr_t strConnect = "Provider = Microsoft. Jet. OLEDB. 4. 0; Data Source = StudentDB.
mdb; Jet OLEDB: DataBase Password = 123456";
        m_Connection->Open(strConnect, "", "", adConnectUnspecified);
        MessageBox(L"已连接到数据库 StudentDB!");
    }
    catch(_com_error& e)
    {
        MessageBox(e.Description());
    }
    catch( … ) {}
}

void CTestADOView::OnDisconnect()                                //"断开"按钮命令消息处理函数
```

```
    {
        try
        {
            m_Connection->Close();                    //关闭连接
        }
        catch(_com_error &e)
        {
            MessageBox(e.Description());
        }
        m_strSQL = "";
        UpdateData(FALSE);
    }

    void CTestADOView::OnQuit()                       //"退出"按钮命令消息处理函数
    {
    try
    {
        if(m_Recordset != NULL)
            m_Recordset->Close();                     //关闭记录集
        if(m_Connection != NULL)
            m_Connection->Close();                    //关闭连接
    }
    catch(…){}
    PostMessage(WM_QUIT);                             //退出
    }

    void CTestADOView::OnRecordFirst()                //"首记录"菜单命令消息处理函数
    {
        //TODO: 在此添加命令处理程序代码
        m_strSQL = "select * from student";
        try
        {
            m_Recordset.CreateInstance(__uuidof(Recordset));
            UpdateData(TRUE);
            m_Connection->CursorLocation = adUseClient;
            m_Recordset->Open(m_strSQL.GetBuffer(0), m_Connection.GetInterfacePtr(),
    adOpenDynamic, adLockOptimistic, adCmdText);
        }
        catch(_com_error& e)
        {
            MessageBox(L"请先连接数据库");
            return;
        }
        _bstr_t number = m_Recordset->GetCollect("学号");
        _bstr_t name = m_Recordset->GetCollect("姓名");
        _bstr_t sex = m_Recordset->GetCollect("性别");
        _variant_t age = m_Recordset->GetCollect("年龄");
        _bstr_t depart = m_Recordset->GetCollect("系别");
        m_number = (LPCTSTR)number;
        m_name = (LPCTSTR)name;
        m_sex = (LPCTSTR)sex;
        m_age = (int)age;
        m_depart = (LPCTSTR)depart;
        UpdateData(FALSE);
```

```
    }

void CTestADOView::OnRecordAdd()                    //"添加记录"菜单命令消息处理函数
{
    //TODO: 在此添加命令处理程序代码
    CStuDlg dlg;
    CString str;
    if(dlg.DoModal()!= IDOK) return;
    m_stuid = dlg.m_number1;
    m_name = dlg.m_name1;
    m_sex = dlg.m_sex1;
    m_age = dlg.m_age1;
    m_department = dlg.m_department1;
    str.Format("%d",m_age);
    m_strSQL = "insert into student values([" + m_stuid + "],[" + m_name + "],
                    [" + m_sex + "]," + str + ",[" + m_department + "])";
    OnExecute();
    OnRecordDisp();
}


void CTestADOView::OnRecordDel()                    //"删除记录"菜单命令消息处理函数
{
    try
    {
        if(MessageBox(NULL,L"确认要删除当前记录吗?",MB_YESNO) == IDYES)
        {
            m_Recordset -> Delete(adAffectCurrent);
            m_Recordset -> Update();
            m_Recordset -> MoveNext();
            if(m_Recordset -> adoBOF)
            m_Recordset -> MoveLast();
        }
    }
    catch(_com_error &e)
    {
        MessageBox(e.Description());
    }
    catch( … ) {}
}


void CTestADOView::OnRecordModi()                   //"更新记录"菜单命令消息处理函数
{
    //TODO: 在此添加命令处理程序代码
    CStuModiDlg dlg;
    CString strold, strnew;
    if(dlg.DoModal() != IDOK) return;
    strold = dlg.m_modi_old;
    strnew = dlg.m_modi_new;
    UpdateData(TRUE);
    m_strSQL.Format(L"update student set 系别 = '%s' where 系别 = '%s'", strnew, strold);
    OnExecute();
    OnRecordFirst();
}
```

```
void CTestADOView::OnRecordFind()                    //"查找"菜单命令消息处理函数
{
    //TODO: 在此添加命令处理程序代码
    CStuFindDlg dlg;
    if(dlg.DoModal() != IDOK) return;
    m_depart = dlg.m_find_depart;
    m_strSQL.Format(L"select * from student where  系别 = '%s'",m_depart);
    OnExecute();
    _bstr_t number = m_Recordset->GetCollect("学号");
    _bstr_t name = m_Recordset->GetCollect("姓名");
    _bstr_t sex = m_Recordset->GetCollect("性别");
    _variant_t age = m_Recordset->GetCollect("年龄");
    _bstr_t depart = m_Recordset->GetCollect("系别");
    m_number = (LPCTSTR)number;
    m_name = (LPCTSTR)name;
    m_sex = (LPCTSTR)sex;
    m_age = (int)age;
    m_depart = (LPCTSTR)depart;
    UpdateData(FALSE);
}
```

5. 关闭 COM 环境

利用"类向导"工具重载 CTestADOApp 类的虚函数 ExitInstance()。

```
int CTestADOApp::ExitInstance()
{
    ::CoUninitialize();
    return CWinApp::ExitInstance();
}
```

6. 运行程序

编译、链接并运行程序,首先单击"连接"按钮,在随后弹出的消息提示对话框中单击"确定"按钮,然后选择"操作"|"首记录"菜单命令,便可得到如图 11.27 所示的效果。

图 11.27　程序的运行效果

习　　题

1. 填空题

（1）MFC 的 ODBC 类中主要包括 5 个类，分别是_____、_____、_____、_____和_____，其中_____类是用户在实际使用过程中最关心的。

（2）CDatabase 类的作用是_____。

（3）CRecordset 类的功能是_____。

（4）CRecordView 的作用是_____。

（5）可以利用 CRecordset 类的成员函数_____添加一条新记录；可以利用 CRecordset 类的成员函数_____将记录指针移到第一条记录上；可以利用 CRecordset 类的成员函数_____完成保存记录的功能。

（6）在 CRecordset 类中提供了两个公有数据成员_____和_____，分别用来对记录进行查找和排序。

（7）ADO 对象模型提供了 7 种对象，它们分别是_____、_____、_____、_____、_____、_____和_____。

（8）在 Visual C++中使用 ADO 开发数据库之前需要用♯import 引入 ADO，其语句格式为_____。

（9）在使用 ADO 开发数据库时常用的 3 个智能指针为_____、_____和_____。

（10）Connection 对象的 ConnectionString 属性表示_____，CursorLocation 属性用来_____。

2. 简答题

（1）在 Visual C++中都提供了哪些访问数据库的技术？它们有何特点？

（2）如何注册 ODBC 的数据源？

（3）简述用 MFC ODBC 进行数据库编程的基本步骤。

（4）什么是动态记录集和快照集？它们的根本区别是什么？

（5）在使用 CRecordset 类的成员函数进行记录的编辑、添加和删除等操作时，如何使操作有效？

（6）CRecordset 类的成员函数 Requery()有哪两个重要用途？

（7）简述 MFC 的 ODBC 应用程序中的 DDX 和 RFX 数据交换机制。

（8）简述用 ADO 进行数据库编程的基本步骤。

3. 操作题

（1）使用 MFC ODBC 技术编写一个单文档数据库应用程序，实现通讯录的管理，要求包括添加、删除、更新、查找和排序等功能。

（2）采用 ADO 对象编程模型编写一个单文档数据库应用程序，其功能要求与操作题（1）相同。

第 12 章 多媒体编程

随着多媒体技术的迅猛发展和计算机性能的大幅提高,在计算机上运行的应用程序越来越多地采用了多媒体技术。由于在 MFC 中没有专门用于 Windows 多媒体应用程序开发的类,要想使用 Visual C++ 开发一个优秀的多媒体应用程序,有时需要深入 Windows API 的编程中,或者要用到 Visual C++ 提供的控件等。

多媒体编程技术涉及的范围很广,本章将介绍编写常用的音频和视频等多媒体程序的方法,并通过编写媒体播放程序加以运用。

12.1　多媒体程序设计基础

多媒体中的“媒体”是指一种表达某种信息内容的形式,例如声音、图像、图形和文字等。所谓多媒体,就是多种信息的表达方式或者是多种信息的类型。当前 Windows 操作系统提供了对多媒体的良好支持。

12.1.1　多媒体程序设计的原理

Windows 操作系统对多媒体的支持包括硬件和软件两个方面。硬件支持包括对硬件设备即插即用(PNP)的支持,系统自动分配输入/输出地址(I/O)和中断号(IRQ)。软件的支持体现在多媒体应用程序开发的设备无关性,表现为应用程序通过操作系统提供的多媒体驱动程序访问硬件设备。Windows 系统中一个典型的多媒体应用程序结构如图 12.1 所示。

图中的设备驱动层程序由硬件设备制造商提供;解释层的引擎提供一个多媒体功能的函数调用接口;功能映射层实现统一的 API 或其他类型功能的调用,从而把应用程序与设备驱动程序分开。

12.1.2　多媒体数据格式

Windows 支持多种不同的多媒体数据格式,但是总的来说可以分为两大类,即音频和视频。

1. 音频

音频信息是随时间变化的模拟信号,为将其变成计算机能够处理的数字信号,必须通过模/数转换器进行信号的转换。转换首先要对连续的音频信号进行采样,然后再将其量化。采样时间的间隔越短,信号转换就越精确,相应的存储空间也越大。同样,经计算机处理后

图 12.1　多媒体应用程序结构

的音频信息在播放时需通过数/模转换器将数字信号重新还原为模拟信号。实现这两种转换机制的模/数转换器和数/模转换器均集成在声卡中,实现计算机对波形音频信息的接受、记录、编辑和播放控制。

在计算机技术发展的初期,计算机中音频格式的数据文件主要是 MIDI 和 WAV 两种类型,但是随着计算机技术的发展又出现了 MP3、RM 等不同类型的音频数据格式。

2. 视频

在多媒体技术中,视频格式的内容主要满足人们的观赏需要。它可以是一系列活动的图像,也可以是静止的图像,同时也可以包括音频的内容。

在计算机技术发展的初期,计算机中视频格式的数据文件主要是 AVI 格式的活动图像和 BMP 格式的静止图像,但是随着计算机技术的发展又出现了 RM、MPEG 等不同类型的视频数据格式。

12.2　Windows 的多媒体服务

Windows 提供了丰富的多媒体服务功能,包括大量从低级到高级的多媒体 API 函数。利用这些功能强大的 API,用户可以在不同层次上编写多媒体应用程序。有关多媒体服务的内容完全可以写一本书,本节只是向读者简要地介绍一些最常用的多媒体服务。为了利用这些 API,使用 Visual C++设计多媒体应用程序通常需要下面 3 个步骤。

(1)引用头文件。对于大多数多媒体函数的引用必须在系统中包含头文件 mmsystem. h,该文件包含了有关多媒体函数的原型、数据结构及相关常数的定义。

(2)链接多媒体函数库 winmm. lib。绝大多数的多媒体函数存在于独立的多媒体函数中,因此必须在应用程序中予以说明。

(3)在应用程序中写入执行多媒体调用的代码。

12.2.1　高级音频函数

波形声音是最常用的 Windows 多媒体特性。波形声音设备可以通过麦克风捕捉声音,并将其转换为数值,然后把它们储存到内存中或者外存的波形声音文件中。波形(WAVE)声音文件的扩展名是. wav。Windows 提供了 3 个特殊的播放声音的高级音频函数,即 MessageBeep()、PlaySound()和 sndPlaySound()。

1. MessageBeep()函数

该函数主要用来播放系统的报警声音,函数的原型为

```
BOOL MessageBeep(UINT uType);
```

若成功则函数返回 TRUE。参数 uType 说明了告警级别,如表 12.1 所示。该参数指定的所播放的声音文件可以在控制面板的"声音"选项卡中设定。图 12.2 显示了默认声音 MB_ OK 的设置对话框。

表 12.1　系统告警级别

级　　别	描　　述
0xFFFFFFFF	使用计算机的扬声器发声
MB_ICONASTERISK	播放由 SystemAsterisk 定义的声音
MB_ICONEXCLAMATION	播放由 SystemExclamation 定义的声音
MB_ICONHAND	播放由 SystemHand 定义的声音
MB_ICONQUESTION	播放由 SystemQuestion 定义的声音
MB_OK	播放由 SystemDefault 定义的声音

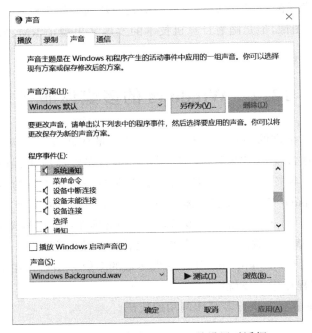

图 12.2　默认声音 MB_OK 的设置对话框

下面的代码可以使计算机播放系统默认的声音文件：

```
MessageBeep(MB_OK);
```

MessageBeep()函数只能用来播放少数定义的声音,如果程序需要播放波形声音文件(＊.wav)或音频资源,就需要使用 PlaySound()或 sndPlaySound()函数。

2. PlaySound()函数

PlaySound()函数的原型为

```
BOOL PlaySound(LPCSTR pszSound, HMODULE hmod, DWORD fdwSound);
```

其中,参数 pszSound 是指定了要播放声音的字符串,该参数可以是波形文件的文件名,或是波形资源的名字,或是内存中声音数据的指针,或是在系统注册表 WIN.INI 中定义的系统事件声音。如果该参数为 NULL,则停止正在播放的声音。参数 hmod 是应用程序的实例句柄,当播放 WAVE 资源时要用到该参数,否则它必须为 NULL。参数 fdwSound 是标志的组合,如表 12.2 所示。若成功则函数返回 TRUE,否则返回 FALSE。

表 12.2　播放标志

级　别	描　述
SND_APPLICATION	用应用程序指定的关联来播放声音
SND_ALIAS	pszSound 参数指定了注册表或 WIN.INI 中的系统事件的别名
SND_ALIAS_ID	pszSound 参数指定了预定义的声音标识符
SND_ASYNC	声音被异步播放,函数在开始播放后立即返回。如果要结束一个异步播出的声音,调用 pszSound 为空的 PlaySound()函数
SND_FILENAME	pszSound 参数指定了 WAVE 文件名
SND_LOOP	重复播放声音,直到调用 pszSound 为空的 PlaySound()函数。注意,它必须与 SND_ASYNC 标志一块使用
SND_MEMORY	播放载入内存中的声音,此时 pszSound 是指向声音数据的指针
SND_NODEFAULT	PlaySound()在没找到声音时安静返回,不播放默认的声音,若无此标志,则要播放默认的声音
SND_NOSTOP	如果一个声音文件正在播放,PlaySound()不打断原来的声音播放并立即返回 FALSE。如果不指定,则打断现有由 PlaySound()启动的声音文件的播放,但不打断 MessageBeep()函数启动的声音的播放
SND_NOWAIT	如果驱动程序正忙,则函数不播放声音并立即返回
SND_PURGE	停止所有与调用任务有关的声音。若参数 pszSound 为 NULL,停止所有的声音,否则停止 pszSound 指定的声音
SND_RESOURCE	pszSound 参数是 WAVE 资源的标识符,这时要用到 hmod 参数
SND_SYNC	声音被同步播放,函数只有在播放完后才返回

假设在 C:\Windows\Media 目录下有一个名为 Sound.wav 的声音文件。下面使用 3 种方法调用 PlaySound()函数来播放这个声音文件。

第 1 种方法是直接播放声音文件,相应的代码如下:

```
PlaySound("C:\\Windows\\Media\Sound.wav",NULL, SND_FILENAME|SND_ASYNC);
```

第 2 种方法是把声音文件加入资源中,然后从资源中播放声音。Visual C++ 支持 WAVE 型资源,用户在资源视图中右击并选择"导入"菜单命令,然后在文件选择对话框的"文件类型"选择框中选择 Wave File(* .wav)文件,接着在文件选择框中选择 Sound.wav,则将 Sound.wav 文件加入 WAVE 资源中。声音资源默认的 ID 为 IDR_WAVE1,则下面的调用会播放该声音:

```
PlaySound(MAKEINTRESOURCE(IDR_WAVE1),AfxGetInstanceHandle(), SND_RESOURCE|SND_ASYNC);
```

第 3 种方法是用 PlaySound()函数播放系统声音,Windows 启动的声音是由 SystemStart 定义的系统声音,因此可以用下面的方法播放启动声音:

```
PlaySound("SystemStart",NULL,SND_ALIAS|SND_ASYNC);
```

3. sndPlaySound()函数

sndPlaySound()函数的功能与 PlaySound()类似,但少了一个参数。该函数的原型为

```
BOOL sndPlaySound(LPCSTR lpszSound,UINT fuSound);
```

除了不能指定资源名字外,其参数 lpszSound 与 PlaySound()的是一样的。参数 fuSound 是

如何播放声音的标志,可以是 SND＿ASYNC、SND＿LOOP、SND＿MEMORY、SND＿NODEFAULT、SND_NOSTOP 和 SND_SYNC 的组合,这些标志的含义与 PlaySound()函数的一样。

可以看出,sndPlaySound()函数不能直接播放声音资源。如果要用该函数播放 WAVE 文件,可以按下面的方式调用:

```
sndPlaySound("Sound.wav",SND_ASYNC);
```

在 MFC 中没有专门用于 Windows 多媒体应用程序开发的类,但 Visual C++提供了对多媒体应用程序开发的一个部件——Windows Multimedia library,它能够提供对多媒体应用程序开发的支持。在项目加入 Windows Multimedia library 部件后,Visual C++将在应用程序中加入关于多媒体应用程序开发所需要的运行库 winmm. lib 和头文件 mmsystem. h。

【例 12.1】 编写一个基于对话框的应用程序 Funcwav,利用高级音频函数完成一个简单的 WAVE 播放器的制作。其运行结果如图 12.3 所示。

其操作步骤如下:

(1)利用"MFC 应用"项目模板创建一个基于对话框的应用程序 Funcwav。

(2)在应用程序中添加代码,导入 Windows 多媒体库文件,如图 12.4 所示。

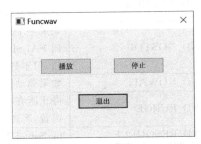

图 12.3 例 12.1程序的运行结果

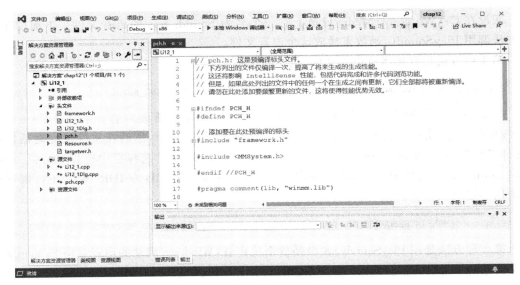

图 12.4 导入 Windows 多媒体库

(3)编辑主对话框资源模板。删除"取消"按钮,将"确定"按钮的 Caption 改为"退出",并添加"播放"及"停止"按钮;将"播放"按钮的 ID 改为 IDC_OPEN,将"停止"按钮的 ID 改为 IDC_STOP,如图 12.5 所示。

(4)利用"类向导"工具在 CFuncwavDlg 对话框类中添加"播放"按钮和"停止"按钮的单击消息处理函数,并分别为两个函数添加代码。

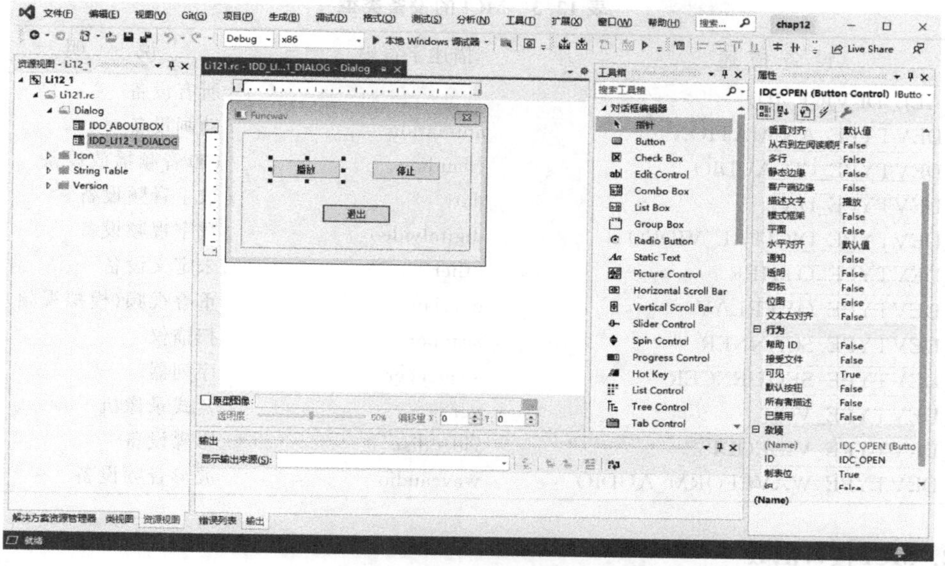

图 12.5　主对话框资源的编辑

```
void CFuncwavDlg::OnOpen()
{
    //TODO: 在此添加控件通知处理程序代码
    CFileDialog dlg(TRUE,NULL,NULL,OFN_HIDEREADONLY,L"WAV 文件( * .wav)| * wav||",this);
    if(dlg.DoModal() == IDCANCEL) return;
    CString sFilename = dlg.GetPathName();          //得到文件名
    sndPlaySound(sFilename,SND_ASYNC);              //同步播放指定的波形文件
}
void CFuncwavDlg::OnStop()
{
    //TODO: 在此添加控件通知处理程序代码
    sndPlaySound(NULL,SND_ASYNC);                   //停止播放
}
```

（5）编译、链接并运行程序，即可播放 WAVE 文件。

上述 3 个函数可以满足播放波形声音的一般需要,但它们播放的 WAVE 文件的大小不能超过 100KB,如果要播放较大的 WAVE 文件,应该使用下面的 MCI 服务。

12.2.2　媒体控制接口

媒体控制接口(Media Control Interface,MCI)是微软公司提供的一组多媒体设备和文件的标准接口,它可以方便地控制绝大多数多媒体设备,包括音频、视频、影碟、录像等多媒体设备,而且不需要知道它们内部的工作状况。

1. MCI 的设备类型

媒体控制接口允许控制两类设备:第一类为简单设备,是指那些不需要文件的设备,例如 CD 音频播放设备;第二类为复合设备,是指那些需要文件的设备,例如数字视频及波形音频设备等。表 12.3 列出了一些设备的标识符。

表 12.3　MCI 的设备类型

设 备 描 述	描述字符串	说　　明
MCI_ALL_DEVICE_ID		所有设备
MCI_DEVTYPE_ANIMATION	animation	动画设备
MCI_DEVTYPE_CD_AUDIO	cdaudio	CD 音频播放设备
MCI_DEVTYPE_DAT	dat	数字音频设备
MCI_DEVTYPE_DIGITAL_VIDEO	digitalvideo	数字视频设备
MCI_DEVTYPE_OTHER	other	未定义设备
MCI_DEVTYPE_OVERLAY	overlay	重叠视频(模拟视频)
MCI_DEVTYPE_SCANNER	scanner	扫描仪
MCI_DEVTYPE_SEQUENCER	sequencer	序列器
MCI_DEVTYPE_VCR	vcr	盒式录像机
MCI_DEVTYPE_VIDEODISC	videodisc	影碟设备
MCI_DEVTYPE_WAVEFORM_AUDIO	waveaudio	波形音频设备

2. MCI 接口函数

MCI 为用户提供了许多不同多媒体设备的函数库。一般来说,访问 MCI 通常使用两个高级接口函数,即命令字符串接口函数 mciSendString()和命令消息接口函数 mciSendCommand()。这两个接口函数具有同样的功能。

1) mciSendString()函数

该函数的原型为

```
MCIERROR mciSendString(LPCTSTR lpszCommand,
                       LPTSTR lpszReturnString,
                       UNIT ccReturn,
                       HANDLE hwndCallback);
```

若成功则返回 0,否则返回错误码。第 1 个参数为命令控制字符串,返回信息由系统填入第 2 个参数。第 3 个参数指明返回信息的最大长度。若对 MCI 装置设定了 notify 标志,则需要在第 4 个参数填上返回窗口句柄。在实际应用时,第 2~4 个参数一般分别取 NULL、0 和 NULL。

mciSendString()采用字符串的方式,使用起来比较简单。例如,打开一个 CD 播放机后,可以发送下列常用的命令来控制 CD 播放机:

```
play cdaudio from <位置> to <位置>
```

若省略 from 则从当前磁道开始播放,若省略 to 则播放到结束。又例如:

```
pause cdaudio                    //暂停播放
stop cdaudio                     //停止播放
resume cdaudio                   //继续被暂停的播放
status cdaudio number of tracks  //查询 CD 的磁道数
status cdaudio current track     //可以查询当前磁道
seek cdaudio to <位置>           //移到指定磁道
set cdaudio door open/closed     //弹出或缩进 CD 盘
close cdaudio                    //关闭设备
```

以上使用的都是 MCI 命令字符串。读者可能已经有了这样的体会：命令字符串具有简单、易学的优点，但这种接口与 C/C++ 的风格相距甚远，如果程序要查询和设置大量的数据，那么用字符串的形式将很不方便。

2）mciSendCommand（）函数

MCI 的命令消息接口提供了 C 语言接口，它速度更快，并且更能符合 C/C++ 程序员的需要。该函数的原型为

```
MCIERROR mciSendCommand(MCIDEVICEID wDeviceID,UINT uMsg,
                        DWORD dwFlags,DWORD dwParam);
```

若成功则返回 0，否则返回错误码。第 1 个参数指定了设备标识，这个标识会在程序员打开 MCI 设备时由系统提供。第 2 个参数为命令消息，比较常用的 MCI 命令消息如表 12.4 所示。第 3 个参数为命令消息的标志，第 4 个参数是指向包含一个命令消息的数据结构。

表 12.4　比较常用的 MCI 命令消息

常用的 MCI 指令	说　明	常用的 MCI 指令	说　明
MCI_OPEN	打开设备	MCI_LOAD	装入一个文件
MCI_PASTE	粘贴数据	MCI_STATUS	获取设备信息
MCI_PAUSE	暂停当前动作	MCI_STOP	停止播放
MCI_PLAY	播放	MCI_CLOSE	关闭设备

下面是几个常用 MCI 命令消息的用法及其数据结构参数的介绍。

（1）MCI_OPEN 命令消息。使用该命令初始化设备或文件。该命令的格式如下：

```
mciSendCommand(MCIDEVICEID wDeviceID, MCI _ OPEN, DWORD dwFlags, (DWORD)(LPMCI _ OPEN _ PARMS)
lpOpen);
```

其中，wDeviceID 是接收命令信息的 MCI 设备 ID；dwFlags 是命令消息的标志，为 MCI_WAIT、MCI_NOTIFY、MCI_OPEN_TYPE、MCI_OPEN_ELEMENT 和 MCI_OPEN_TYPE_ID 及其组合，后两个标志与第 4 个参数有关，且不能同时使用；lpOpen 为指向 MCI_OPEN_PARMS 结构的指针。

注意：此时 wDeviceID 不应赋值，而应作为返回参数，由用户保存并调用。命令中的 LPMCI_OPEN_PARMS 表示指向 MCI_OPEN_PARMS 结构的指针。

MCI_OPEN_PARMS 数据结构的定义如下：

```
typedef struct{
    DWORD dwCallback;
    MCIDEVICEID wDeviceID;
    LPCSTR lpstrDeviceType;
    LPCSTR lpstrElementName;
    LPCSTR lpstrAlias;
}MCI_OPEN_PARMS;
```

其中，数据成员 dwCallback 为指定使用 MCI_NOTIFY 标志的窗口句柄；wDeviceID 返回 MCI 设备 ID；lpstrDeviceType 为 MCI 设备的类型，可以是设备描述或设备描述字符串。如果是前者，则命令中的第 3 个参数需指定 MCI_OPEN_TYPE_ID，否则需指定 MCI_

OPEN_ELEMENT；lpstrElementName 为设备元素(常为路径名)；lpstrAlias 为可选的设备别名。

(2) MCI_PLAY 命令消息。使用该命令使设备播放媒体文件,CD 音频播放设备、数字视频设备、波形音频设备、MIDI 设备、录像设备、影碟设备等接收这一命令。该命令的用法如下:

```
mciSendCommand(MCIDEVICEID  wDeviceID,  MCI_PLAY,  DWORD  dwFlags,
(DWORD) (LPMCI_PLAY_PARMS) lpPlay);
```

MCI_PLAY_PARMS 数据结构的定义如下:

```
typedef struct {
    DWORD dwCallback;
    DWORD dwFrom;
    DWORD dwTo;
} MCI_PLAY_PARMS;
```

其中,数据成员 dwFrom 为播放的起点,dwTo 为播放的终点。

视频讲解

【例 12.2】 编写一个基于对话框的应用程序 Mciwav,利用 MCI 的命令消息接口完成一个简单的 WAVE 播放器的制作。

其操作步骤如下:

(1) 利用"MFC 应用"项目模板创建一个基于对话框的应用程序 Mciwav。

(2) 在应用程序中添加代码,导入 Windows 多媒体库文件,如图 12.4 所示。

(3) 设计与例 12.1 相同的对话框资源,如图 12.5 所示。

(4) 在 CMciwavDlg 对话框类中添加两个公有的成员变量。

```
MCI_OPEN_PARMS m_mciOpen;
MCIDEVICEID m_nDevice;
```

(5) 利用"类向导"工具在 CMciwavDlg 对话框类中添加"播放"按钮和"停止"按钮的单击消息处理函数,并分别为两个函数添加代码。

```
void CMciwavDlg::OnOpen()
{
    //TODO: 在此添加控件通知处理程序代码
    CFileDialog dlg(TRUE, NULL, NULL, OFN_HIDEREADONLY, L"WAV 文件(＊.wav)|＊.wav||", this);
    if(dlg.DoModal() == IDCANCEL) return;
    CString sFilename = dlg.GetPathName();              //得到文件名
    m_mciOpen.lpstrElementName = sFilename;
    m_mciOpen.lpstrDeviceType = L"waveaudio";           //设置打开设备类型为波形音频
                                                        //发送 MCI_OPEN 命令
    mciSendCommand(NULL, MCI_OPEN, MCI_OPEN_ELEMENT, (DWORD)(LPMCI_OPEN_PARMS)&m_mciOpen);
    m_nDevice = m_mciOpen.wDeviceID;                    //得到设备 ID
    MCI_PLAY_PARMS mciPlay;
                                                        //发送 MCI_PLAY 命令
    mciSendCommand(m_nDevice, MCI_PLAY, MCI_NOTIFY, (DWORD)(LPMCI_PLAY_PARMS)&mciPlay);
}
void CMciwavDlg::OnStop()
{
```

```
//TODO: 在此添加控件通知处理程序代码
//发送 MCI_CLOSE 命令
mciSendCommand(m_nDevice, MCI_CLOSE, MCI_WAIT, NULL);
}
```

（6）编译、链接并运行程序。

12.2.3   MCIWnd 类

从上面可以看出，使用 MCI 要调用低层函数并且要编写大量的代码，这对大多数不熟悉 Windows API 编程的人来说是非常困难的，好在 Visual C++把 MCI 封装成一个窗口类——MCIWnd，这样用户在编写多媒体窗体程序时调用 MCIWnd 类就可以了。若在应用程序中使用 MCIWnd 窗口类，必须在调用 MCIWnd 函数所在的源文件的前面添加 vfw.h 的头文件，以及在编译时加入 vfw32.lib 库。

1. MCIWnd 类简介

MCIWnd 类支持 WAVE、MIDI、CD 音频以及 AVI 视频的操作。设置 MCIWnd 类的风格，可以在窗口中显示对媒体操作的工具栏；调用宏，可以对媒体进行相应的操作。

（1）MCIWnd 类常用的风格如表 12.5 所示。

表 12.5   MCIWnd 类常用的风格

MCIWnd 类的风格	说　　明
MCIWND_NOAUTOSIZEWINDOW	视频大小改变时窗口大小不变
MCIWND_NOPLAYBAR	不在窗口中显示工具栏
MCIWND_NOTIFYMODE	播放状态改变时向父窗口发送消息
MCIWND_SHOWNAME	在标题窗口显示文件名
MCIWND_SHOWPOS	显示当前播放位置
MCIWND_NOTIFYSIZE	视频大小改变时向父窗口发送消息

（2）成员函数。MCIWndCreate()是使用 MCIWnd 类的重要函数，用来创建 MCIWnd 窗口。该函数的原型如下：

```
HWND MCIWndCreate(HWND hwndParent, HINSTANCE hinstance, DWORD dwStyle,LPSTR szFile);
```

该函数返回 MCIWnd 的窗口句柄，其参数说明如下。

- hwndParent：父窗口句柄。
- hinstance：与 MCIWnd 类相关的当前实例句柄。
- dwStyle：MCIWnd 窗口风格。
- szFile：多媒体文件名，一般取 NULL，因为有些系统不支持非空值。

（3）常用类的宏如表 12.6 所示，所有宏使用创建时获取的 HWND 句柄作为参数。

表 12.6   常用类的宏

常用类的宏	说　　明
MCIWndOpen(hwnd, szFile, wFlags)	发送 MCI_OPEN 消息，打开 szFile 文件
MCIWndPlay(hwnd)	从当前位置开始播放

续表

常用类的宏	说　明
MCIWndPlayFrom(hwnd,lPos)	从 lPos 开始播放
MCIWndStop(hwnd)	停止播放
MCIWndClose(hwnd)	关闭 MCI 设备
MCIWndDestroy(hwnd)	关闭 MCIWnd 类窗口

2. MCIWnd 类的使用

使用 MCIWnd 类的步骤如下:

(1) 使用 MCIWndRegister()注册窗口类,或直接用 MCIWndCreate()创建窗口。

(2) 取得窗口句柄。

(3) 调用宏打开设备及进行其他操作。由于 MCIWnd 窗口提供了相应的媒体控制按钮,所以不需要用户编写额外的代码。

(4) 作为技巧,用户还应该跟踪 MCIWnd 窗口的一些消息(例如 MCIWNDM_NOTIFYSIZE)来调整 MCIWnd 窗口。

(5) 在 pch.h 中加入头文件 vfw.h,并导入 vfw32.lib 库。

【例 12.3】 编写一个多文档应用程序 Ex_MCI,利用 MCIWnd 窗口类在多文档应用程序中添加一个多媒体播放器。

其操作步骤如下:

(1) 使用"MFC 应用"项目模板创建一个多文档项目 Ex_MCI。

(2) 在 pch.h 中放入包含文件使得应用程序能使用所有的多媒体代码。由于项目中的每一个文件已经包含了 pch.h,所以在其他地方就不必再包含这些多媒体文件。

```
…
# include < vfw.h >
# pragma   comment(lib,"vfw32.lib")
…
```

(3) 在 CEx_MCIApp::InitInstance()函数中使用 MCIWndRegisterClass()函数注册 MCI 窗口类。虽然后面创建窗口是直接调用 MCIWndCreate()函数来进行的,但还应该保证应用程序的运行系统拥有并支持 MCIWnd 窗口类。

```
BOOL CEx_MCIApp::InitInstance()
{
    if(!MCIWndRegisterClass())  return FALSE;
    AfxEnableControlContainer();
    …
}
```

(4) 在 Ex_MCIView 类中添加一个公共成员变量用来标识嵌入的 MCIWnd 窗口句柄。

```
public:
    CEx_MCIDoc * GetDocument();
    HWND m_hMyMCIWnd;
```

(5) 使用"类向导"工具重载 Ex_MCIView 类的 OnInitialUpdate()虚函数,并添加如下代码。

```
void CEx_MCIView::OnInitialUpdate()
{
    CView::OnInitialUpdate();
    m_hMyMCIWnd = MCIWndCreate(m_hWnd,AfxGetInstanceHandle(),
    MCIWNDF_NOTIFYSIZE|MCIWNDF_NOERRORDLG|
    WS_CHILD|WS_VISIBLE,NULL);                         //创建 MCIWnd 窗口
    if (m_hMyMCIWnd == NULL)    return;
    const CString &filename = GetDocument()->GetPathName(); //得到文件名
    if (filename.GetLength()>0)
    MCIWndOpen(m_hMyMCIWnd,(LPCTSTR)filename,0);    //打开设备文件
}
```

（6）在 CEx_MCIView 构造函数中将成员变量 m_hMyMCIWnd 初始化为 NULL。

```
CEx_MCIView::CEx_MCIView()
{
    m_hMyMCIWnd = NULL;
}
```

（7）添加消息来调整窗口的大小，以便能及时更新显示。

① 在 Ex_MCIView.h 文件中的消息声明处添加下列代码。

```
…
//生成的消息映射函数
protected:
    afx_msg LONG OnNotifySize(UINT wParam, LONG lParam);
DECLARE_MESSAGE_MAP()
```

② 在 Ex_MCIView.cpp 的消息入口处添加下列代码。

```
BEGIN_MESSAGE_MAP(CEx_MCIView, CView)
    …
    ON_MESSAGE(MCIWNDM_NOTIFYSIZE,OnNotifySize)
    …
END_MESSAGE_MAP()
```

③ 为 CEx_MCIView 类添加该消息的处理函数 OnNotifySize()的代码。

```
long CEx_MCIView::OnNotifySize(UINT wParam, LONG lParam)
{
    CRect rc;
    CFrameWnd * pParent = GetParentFrame();
    if(m_hMyMCIWnd)
        {   ::GetWindowRect(m_hMyMCIWnd,rc);   //获得 CWnd 的屏幕坐标
            //从客户端矩形计算窗口矩形
            pParent->CalcWindowRect(rc,CWnd::adjustBorder);
            CSize size(rc.Width(),rc.Height());
            if(GetExStyle()&WS_EX_CLIENTEDGE)
            {   size.cx += 4;
                size.cy += 4;
            }
            //修改子窗口、弹出式窗口和顶层窗口的大小、位置和排列顺序
```

```
                    pParent->SetWindowPos(NULL,0,0,size.cx,size.cy,
                    SWP_NOZORDER|SWP_NOACTIVATE|SWP_NOMOVE);
            }
            else
            {   //不激活子窗口,窗口保持当前位置,窗口的排列次序不变
                    pParent->SetWindowPos(NULL,0,0,200,160,
                    SWP_NOZORDER|SWP_NOACTIVATE|SWP_NOMOVE);
            }
            return 1;
    }
```

（8）编译、链接并运行程序。载入一个 AVI 文件（或其他媒体文件）并单击"播放"按钮，结果如图 12.6 所示。

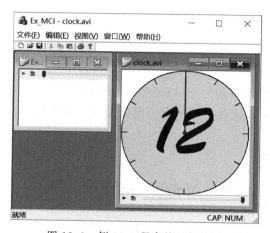

图 12.6　例 12.3 程序的运行结果

12.3　ActiveX 控件

第 6 章介绍了 Windows 的一些常用控件的使用，那些控件是 Windows 操作系统的一部分。近几年来，出现了以 ActiveX 技术和 COM 技术为基础的 ActiveX 控件。ActiveX 控件的使用与 Windows 标准控件类似，通过使用 ActiveX 控件可以快速实现小型的组件重用、代码共享，从而提高编程效率。用户可通过网络或软件开发商获得或者自己开发 ActiveX 控件。ActiveX 控件可用于用户的文件、系统、多媒体、数据库、网络等许多复杂的编程项目，本节主要介绍 ActiveX 控件在多媒体中的运用。

12.3.1　ActiveX 控件简介

在很多时候，如果想完成一个完善并且功能强大的应用程序不得不从底层写起，完成这样一个应用程序常常会浪费很多时间。但是就很多编程课题而言，无数的程序员在做的仅仅是一些重复的劳动——为同一个目的编写功能相同的软件。因此有必要制定一套规则，在此规则的基础上开发各种各样的功能组件，这些功能组件可以方便地用于多个应用程序。ActiveX 技术就是这样的一种技术。

ActiveX 技术建立在微软公司的组件对象模型(Compoment Object Model,COM)技术之上,并使用 COM 的接口和交互模型使 ActiveX 控件与其容器进行完全无缝的集成。ActiveX 主要由 ActiveX 容器、ActiveX 服务器、ActiveX 控件等组成。ActiveX 控件是一组封装在 COM 对象中的功能模块。这个 COM 对象是独立的,尽管它不能单独运行。ActiveX 控件只能在 ActiveX 容器中运行,例如 Visual C++ 或 Visual Basic 应用程序。ActiveX 控件使用.ocx 为其文件扩展名,可以把它插入许多不同的程序中,并把它当作程序本身的一部分来使用。

一个 ActiveX 控件实质上是一个动态链接库,它有自己的属性,可以激发和响应事件,可以处理消息(方法),还可以与使用它的容器进行通信。

1. ActiveX 控件的属性

属性是 ActiveX 控件的数据成员,并暴露到容器。属性是可见的,并能被容器应用程序经常修改,一般指控件的颜色、字体、文本和控件中所用的一些其他元素。属性为包含 ActiveX 控件的应用程序提供了接口。4 种基本的属性类型是环境(ambient)属性、扩展(extended)属性、库存(stock)属性和自定义(custom)属性。

环境属性由容器应用程序提供给控件(例如要用的背景颜色或默认字体),使控件看上去像是容器应用程序的一部分。

扩展属性实际上并不是控件的属性,而是由应用程序提供并实现的属性,例如选项卡的顺序。控件可以对这些属性做一定的扩展,例如,如果控件包含两个以上的标准控件,它就可以在整个控件中控制选项卡的顺序,并在该控件完成了它的内部选项卡顺序后,把选项卡顺序的控制权返还给应用程序。

库存属性也称为公共属性,是系统预先定义好的属性,它的作用主要是提供一些通用、一致的功能接口。这个属性由 ActiveX 控件和使用该控件的容器一起维护,在实现这一属性时,只要与系统中所需要的属性建立联系就可以了,不用编写太多的实现代码。

自定义属性由用户或程序开发人员定义,可为 ActiveX 控件加入特定功能的属性。按带有参数还是不带参数来分类自定义属性,通常分为普通属性与参数属性。普通属性常常被声明为单一类型而且不带参数;参数属性不仅具有特定数据类型,而且可以有若干参数。

2. ActiveX 控件的方法

ActiveX 控件的方法是 ActiveX 控件内的函数,在使用和目的上与 C++ 类成员函数类似,例如改变控件的外观、行为和属性等。它分为两类,即库存方法和自定义方法。库存方法由 COleControl 类实现。自定义方法则是由软件开发人员为某种特定目的而定义的一种方法。通过库存方法可以访问公共属性,例如背景颜色等;通过自定义方法可以访问自定义属性。

3. ActiveX 控件的事件

事件是控件发送给容器应用程序的通知消息。它们被用于通知容器应用程序某种事件已经发生,然后应用程序可在需要时对该事件采取相应的措施。从控件中可触发两种类型的事件,即库存事件和定制事件。库存事件通过 ActiveX 控件开发工具来实现,可以在控件内以函数调用的方式使用,这些事件一般包括鼠标或键盘事件、错误或状态变化等。自定义事件是由控件开发人员为特定目的而加入的一种事件。

12.3.2　ActiveX 控件的使用

如果要使用 ActiveX 控件,必须先注册,并把它添加到自己的项目中,这样才能和标准控件一样使用。

1. 控件的注册

一般来说,一个外来的 ActiveX 控件要在 Windows 中正确使用,首先必须将控件文件 (* .ocx)复制到硬盘中,然后将其在 Windows 中注册,未在 Windows 中注册的 ActiveX 控件是不能使用的。

对 ActiveX 控件进行注册,可以使用 regsvr32.exe 程序或使用 ActiveX 控件所带的安装程序。使用 ActiveX 控件所带的安装程序可以按照安装向导去安装,使用 regsvr32.exe 来注册 ActiveX 控件必须手工注册。首先将 ActiveX 控件文件复制到 Windows 目录的 system 子目录下,然后单击"开始"按钮,选择"运行"菜单命令,在"运行"对话框中输入以下命令:

```
regsvr32 <文件名>            //注册一个 ActiveX 控件
```

例如要注册一个名为 MYCTR.OCX 的控件,则执行如下命令:

```
regsvr32 MYCTR.OCX
```

相应地,通过以下命令解除某 ActiveX 控件:

```
regsvr32/u <文件名>          //解除某 ActiveX 控件
```

如果只是使用 Windows 已注册的 ActiveX 控件,则无须再进行控件的注册操作。

2. 向应用程序添加 ActiveX 控件

在向系统注册 ActiveX 控件之后,还必须在 Visual C++中把它添加到自己的项目中,然后就可以使用 ActiveX 控件提供的丰富功能了。

在 Visual C++ 2019 中,可以使用对话框资源的"插入 ActiveX 控件"快捷菜单将已注册的 ActiveX 控件添加到应用程序中,如图 12.7 所示。

图 12.7　将 ActiveX 控件添加到应用程序中

3. 使用 ActiveX 控件

在向应用程序添加了新的 ActiveX 控件后,就可以像使用标准控件一样使用它了,调用控件的各种方法并对控件事件做出响应。

12.3.3　使用 ActiveMovie 控件的播放器

可视动画控件 ActiveMovie 是微软公司开发的 ActiveX 控件,由于该控件内嵌了 Microsoft MPEG 音频解码器和 Microsoft MPEG 视频解码器,所以能够很好地支持音频文件和视频文件,在播放时若右击画面,可以直接对画面的播放、暂停、停止等进行控制。事实上,很多优秀的多媒体应用程序,其内部的多媒体回放就是用 ActiveMovie 控件实现的。该控件的外观如图 12.8 所示。

图 12.8　ActiveMovie 控件的外观

可视动画控件 ActiveMovie 的操作相当简单,只需提供要播放的文件名就可以用 Run()、Pause()、Stop()方法来播放、暂停和停止该多媒体文件。

下面是 ActiveMovie 控件的几个常用方法。

1) SetFileName()

该方法用于设置要播放的音频文件或视频文件的路径。

2) Pause()

该方法用于使播放暂停。

3) SetFullScreenMode()

该方法用于设置全屏模式。

4) SetMovieWindowSize()

该方法用于设置视频屏幕的大小。

5) Run()

该方法的功能是播放或使暂停的播放继续进行。

6) GetVolume()

该方法用于获取当前音量的大小。

7）SetVolume()

该方法用于设置音量的大小。

下面是向应用程序中添加 ActiveMovie 控件后新增 CActiveMovie3 类的头文件。

```
class CActiveMovie3: public CWnd
{
protected:
    DECLARE_DYNCREATE(CActiveMovie3)
public:
    CLSID const& GetClsid()
    {
        static CLSID const clsid
            = {0x5589fa1, 0xc356, 0x11ce, {0xbf, 0x1, 0x0, 0xaa, 0x0, 0x55, 0x59, 0x5a}};
        return clsid;
    }
    virtual BOOL Create(LPCTSTR lpszClassName,
        LPCTSTR lpszWindowName, DWORD dwStyle,
        const RECT& rect,
        CWnd * pParentWnd, UINT nID,
        CCreateContext * pContext = NULL)
    {return CreateControl(GetClsid(), lpszWindowName, dwStyle, rect, pParentWnd, nID);}

    BOOL Create(LPCTSTR lpszWindowName, DWORD dwStyle,
        const RECT& rect, CWnd * pParentWnd, UINT nID,
        CFile * pPersist = NULL, BOOL bStorage = FALSE,
        BSTR bstrLicKey = NULL)
    {return CreateControl(GetClsid(), lpszWindowName, dwStyle, rect, pParentWnd, nID,
        pPersist, bStorage, bstrLicKey);}

//属性
public:

//操作
public:
    void AboutBox();
    void Run();
    void Pause();
    void Stop();
    long GetImageSourceWidth();
    long GetImageSourceHeight();
    CString GetAuthor();
    CString GetTitle();
    CString GetCopyright();
    CString GetDescription();
    CString GetRating();
    CString GetFileName();
    void SetFileName(LPCTSTR lpszNewValue);
    double GetDuration();
    double GetCurrentPosition();
    void SetCurrentPosition(double newValue);
```

```
long GetPlayCount();
void SetPlayCount(long nNewValue);
double GetSelectionStart();
void SetSelectionStart(double newValue);
double GetSelectionEnd();
void SetSelectionEnd(double newValue);
long GetCurrentState();
double GetRate();
void SetRate(double newValue);
long GetVolume();
void SetVolume(long nNewValue);
long GetBalance();
void SetBalance(long nNewValue);
BOOL GetEnableContextMenu();
void SetEnableContextMenu(BOOL bNewValue);
BOOL GetShowDisplay();
void SetShowDisplay(BOOL bNewValue);
BOOL GetShowControls();
void SetShowControls(BOOL bNewValue);
BOOL GetShowPositionControls();
void SetShowPositionControls(BOOL bNewValue);
BOOL GetShowSelectionControls();
void SetShowSelectionControls(BOOL bNewValue);
BOOL GetShowTracker();
void SetShowTracker(BOOL bNewValue);
BOOL GetEnablePositionControls();
void SetEnablePositionControls(BOOL bNewValue);
BOOL GetEnableSelectionControls();
void SetEnableSelectionControls(BOOL bNewValue);
BOOL GetEnableTracker();
void SetEnableTracker(BOOL bNewValue);
BOOL GetAllowHideDisplay();
void SetAllowHideDisplay(BOOL bNewValue);
BOOL GetAllowHideControls();
void SetAllowHideControls(BOOL bNewValue);
long GetDisplayMode();
void SetDisplayMode(long nNewValue);
BOOL GetAllowChangeDisplayMode();
void SetAllowChangeDisplayMode(BOOL bNewValue);
LPUNKNOWN GetFilterGraph();
void SetFilterGraph(LPUNKNOWN newValue);
LPDISPATCH GetFilterGraphDispatch();
unsigned long GetDisplayForeColor();
void SetDisplayForeColor(unsigned long newValue);
unsigned long GetDisplayBackColor();
void SetDisplayBackColor(unsigned long newValue);
long GetMovieWindowSize();
void SetMovieWindowSize(long nNewValue);
BOOL GetFullScreenMode();
void SetFullScreenMode(BOOL bNewValue);
BOOL GetAutoStart();
```

```
    void SetAutoStart(BOOL bNewValue);
    BOOL GetAutoRewind();
    void SetAutoRewind(BOOL bNewValue);
    long GetHWnd();
    long GetAppearance();
    void SetAppearance(long nNewValue);
    long GetBorderStyle();
    void SetBorderStyle(long nNewValue);
    BOOL GetEnabled();
    void SetEnabled(BOOL bNewValue);
    BOOL IsSoundCardEnabled();
    long GetReadyState();
    LPDISPATCH GetMediaPlayer();
};
```

从上述代码可以看出,微软公司的 ActiveMovie 控件为软件开发者提供了大量的操作方法,以满足应用程序的多媒体功能的开发需要。

习　　题

1. 填空题

(1) Windows 提供了 3 个特殊的播放声音的高级音频函数,即_____、_____和_____,其中_____函数主要用来播放系统的报警声音。

(2) Visual C++ 提供了一个用于多媒体应用程序开发的部件_____。加入该部件后,将在应用程序中运行库_____和头文件_____。

(3) MCI 媒体控制接口是_____。

(4) MCI 使用_____命令消息使设备播放媒体文件。

(5) 在应用程序中使用 MCIWnd 窗口类,必须在调用 MCIWnd 函数所在的源文件的前面添加_____头文件。

2. 简答题

(1) 简述利用高级音频函数播放声音文件的步骤。

(2) 简述调用 PlaySound() 函数播放声音文件的方法。

(3) 简单比较命令字符串接口函数 mciSendString() 和命令消息接口函数 mciSendCommand()。

(4) 什么是 ActiveX 控件? 它有何特点?

(5) 简述在程序中添加 ActiveX 控件的步骤。

3. 操作题

(1) 利用 MCI 的命令消息接口制作一个简单的音频播放器,要求至少能播放 *.wav 和 *.mid 两种格式的声音文件。

(2) 利用 MCIWnd 窗口类制作一个多媒体播放器。

(3) 利用 ActiveMovie 控件制作一个视频播放器,要求至少能播放 *.avi 和 *.mpeg 两种格式的视频文件。

第13章 综合应用实例

五子棋是起源于中国古代的传统黑白棋种之一,为人们所喜闻乐见。本章通过五子棋的制作与实现过程将前12章的内容进行全面融合,从而帮助读者进一步巩固各章的知识点,更好地理解与掌握利用 Visual C++ 2019 MFC 编写 Windows 应用程序的方法。

13.1 功 能 描 述

视频讲解

本实例为传统的五子棋游戏,它除了具有其他黑子与白子博弈游戏的基本功能外,还具有一些较高级的功能,具体如下:

(1) 能使用鼠标进行走棋动作,并且能区分博弈双方的棋子。

(2) 能正确判断胜利或失败。

(3) 能正确判断走棋是否正确、是否会引起游戏结束。

(4) 可以选择对弈的类型,即是与计算机对弈还是两人在同台计算机上对弈。

(5) 可以选择落子的先后顺序。

(6) 可以进行悔棋操作。

(7) 可以进行游戏暂停、继续,以及窗口移动、最小化等操作。

(8) 可以进行数据的读/写、查询、统计分析等操作。

(9) 能进行音效的设置。

(10) 游戏进行中信息的及时更新与显示。

实例应用程序的运行界面如图 13.1 所示。该应用程序为单文档类型,整个窗口区域分为左、右两部分。左窗口为显示区,用于显示棋盘、普通棋子及特殊棋子等;右窗口为操作区,从上至下分为游戏设置、姓名输入、状态显示、耗时显示及功能按钮 5 个区。为了更方便游戏的操作、更准确地跟踪游戏进行的状态,应用程序带有菜单栏、工具栏及状态栏。"文件"菜单用于实现文件的保存、文件的打开以及游戏的重新开始等操作;"编辑"菜单用于进行悔棋等操作;"查看"菜单用于查询历次游戏的详细信息及排名;"操作"菜单的功能与右窗口中各按钮的功能相同。工具栏上的按钮与各主要菜单项相关联,状态栏的前半部分为用户正在进行的操作的功能说明,后半部分为游戏的状态显示,包括对弈双方的姓名、目前总手数以及日期和时间等信息。

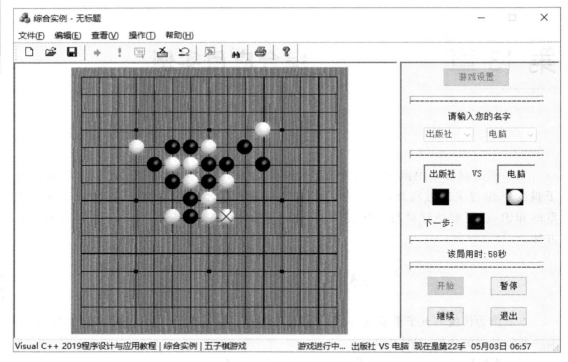

图 13.1　五子棋游戏界面

13.2　系 统 分 析

13.2.1　实 例 分 析

　　一个游戏需要分为内核与界面两个部分,界面为用户操作提供便利。本实例游戏是 2D 的,而且整个界面简单,所以使用了适合商业软件的 GDI 绘图且使用"MFC 应用"项目模板中的单文档作为游戏的主界面,并对界面进行了合理的分区与修饰,以使整个布局更加协调、美观,操作更加简便。

　　传统五子棋游戏的功能相对单一,为了更好地剖析大型 Windows 应用程序的编程思想,本实例加入了一些比较高级的功能,例如人工智能(AI)的应用、通过序列化方式保存与打开文件、数据库的操作等,因此本实例应用程序比传统的五子棋游戏要复杂一些。

　　从上面介绍的功能可知,本实例应用程序的主要任务是实现游戏进行过程中各状态参数的保存与实时更新,并能把这些更新所引起的变化反映到界面上。纵观五子棋游戏的整个过程,需要协调的物理对象主要有棋盘、棋子、人或计算机等,这些对象通过一些数据进行关联,从而形成某时刻一种特殊的局面,或称为棋局。因此应用程序只要对这些数据进行控制,就能很好地管理整个棋局。为此设计 5 个类,它们是 CManager、CStatus、CPlayer、CComputer 和 CChess,分别代表管理者、数据、人、计算机和棋子。

　　本实例应用程序为单机运行,故主要是用户与计算机对弈。下面先介绍计算机在游戏过程中的决策方式。

13.2.2　计算机的决策方式

"当局者迷,旁观者清。"这句话用在由 AI 所控制的计算机选手上是不成立的,相反,计算机 AI 必须要在每回合下棋时都能够知道有哪些获胜的方式,下一步是攻击还是防守,并计算出每下一步棋到棋盘上任一格子的获胜概率,判断出最佳的落子位置。

1. 求得所有得胜组合

在一场五子棋的游戏中,计算机必须要知道有哪些获胜的组合,因此必须求得获胜组合的总数,而求出总数后便可建立一个数组用于在游戏执行时判断胜负。

(1) 计算水平及垂直方向的获胜组合总数,如图 13.2 所示。

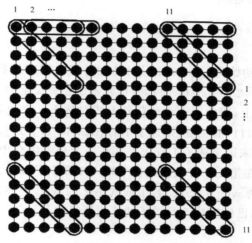

图 13.2　计算水平及垂直方向的获胜组合总数

- 水平方向:每一行的获胜组合为 11,共 15 行,则水平方向的获胜组合总数为

$$11 \times 15 = 165$$

- 垂直方向:垂直方向的获胜组合总数与水平方向相同,即 165 种。

(2) 计算正对角线及反对角线方向的获胜组合总数。

- 正对角线方向:正对角线方向的获胜组合总数为

$$(1+2+3+4+5+6+7+8+9+10) \times 2 + 11 = 121$$

- 反对角线方向:反对角线方向的获胜组合总数与正对角线方向相同,即 121 种。

(3) 计算 15×15 的五子棋棋盘的获胜组合总数。

$$(165+121) \times 2 = 572$$

2. 建立与使用获胜表

前面计算出一个 15×15 的五子棋盘共有 572 种获胜的方式,据此建立如下数组:

```
BOOL p1table[15][15][572];        //选手 1 的每一颗棋子是否在各个获胜组合中
BOOL p2table[15][15][572];        //选手 2 的每一颗棋子是否在各个获胜组合中
int win[2][572];                  //选手在各个获胜组合中放入的棋子数
```

其中,布尔数组 p1table 和 p2table 中的各个元素用来代表某一个位置上的棋子是否在某一个获胜组合中。由图 13.2 可以看出在每一种获胜组合中会有 5 颗棋子。

假设图 13.2 中右下角所标示的获胜排列为 572 种获胜方式中的第 100 种,那么在初始化 p1table 或 p2table 时,数组的元素值设定如下:

```
p1table[0][0][100] = false;
…
p1table[10][10][100] = true;
…
p1table[11][11][100] = true;
…
p1table[12][12][100] = true;
…
p1table[13][13][100] = true;
…
p1table[14][14][100] = true;
…
```

p2table 数组元素的初始化与 p1table 是相同的,但在程序执行时,若选手 1 的棋占了 (11,11) 的位置,那么选手 2 的 p2table[11][11] 元素便会被设定为 false,因为选手 2 的棋不可能再放到 (11,11) 位置上,因此第 100 种获胜方式对选手 2 来说就变成不可能的。反之,若选手 2 的棋子占了 (11,11) 的位置,则选手 1 的 p1table[11][11] 元素也会被设定为 false。

win[2][572] 则是用来记录选手 1 或选手 2 在各个获胜组合中所填入的棋子数。假设选手 1 为 0,若选手 1 已在第 100 种获胜组合中填入 4 颗棋子,那么 win[0][100] 便等于 4,最后程序会判断选手 1 的 win[0][572] 数组或选手 2 的 win[1][572] 数组中是否有一个元素的值为 5,若是,则表示已经完成 5 颗棋子的连线赢得胜利。

3. 分数的设定

在游戏中,为了让计算机能够决定下一步最佳的走法,必须先计算出计算机放到棋盘上任意一点的分数,而其中的最高分便是计算机下一步的最佳走法,如图 13.3 所示。图中未标注的点的分数均为 0。

观察图 13.3 中的白子,右边黑子阻断了它在右边方向的连线,因此右边方向上点的分数为 0,而在其他方向,各点的分数都是不一样的。

在白子左边的水平方向上,各点与它连线的组合只有一种,即只有一种获胜的可能,所以分数均为 5;在它的左上角有 4 个点,其中最上面的点与它连线后获胜的可能只有一种,该点的分数为 5,接下来的第 2 个点与它连线后获胜的可能有两种,该点的分数为 10,以此类推。对于每一种获胜的组合,将该点的获胜分数累加 5 分,而如果某点与 2 连子、3 连子、4 连子可达成连线,那么所要加的分数便更高了。

计算机在落子之前,必须按这样的方法来计算棋盘上每一个点的获胜分数,分数最高的点位就是计算机落子的最佳位置。

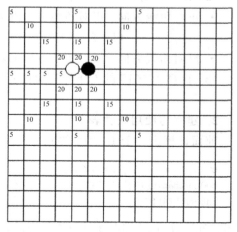

图 13.3　分数的确定

4. 攻击与防守

采用以上方式,计算机只是计算出最佳的攻击位置,也就是让计算机自己达成连线的最佳落子方法。但是,如果选手快获胜了,计算机依然找自己最佳的位置来落子,也就是计算机不会进行防守,这样当然是不行的。那么如何让计算机进行防守呢?其实道理是相同的,为了让计算机能够知道选手目前的状态,程序同样必须计算玩家目前在所有空格点上的获胜分数,其中分数最高的点就是选手的最佳落子位置。如果选手的最佳攻击位置上的分数大于计算机的最佳攻击位置上的分数,那么计算机就将下一步的棋子摆在玩家的最佳攻击位置上以阻止玩家的攻击进行防守,否则便将棋子下在自己的最佳攻击位置上来进行攻击。

13.3 数据结构设计

根据面向对象程序设计方法,结合上述系统分析中所描述的抽象模型,分别对各个类进行详细设计。

13.3.1 CManager 类

CManager 类是应用程序的核心类,主要用于对棋面状态数据进行更新,并根据这些数据判断游戏的下一个状态。例如游戏是否需结束、是否有选手获胜等。该类中定义了 7 个数据成员,用来保存某一时刻棋局的静态属性参数,包括对弈双方的获胜组合表、每种获胜组合中目前放入的棋子数等。该类中除构造函数及析构函数外,另外定义了 7 个成员函数,分别用来实现改变状态参数、处理不同的对弈方式、判断胜负、播放声音以及完成序列化等不同的操作。由于该类中的数据需要保存,所以将其基类指定为 CObject。其成员属性及功能如表 13.1 所示。

表 13.1　CManager 类的成员属性及功能

成　　员	功　　能
p1table 与 p2table	棋盘上的每一颗棋子是否在选手的获胜组合中
win	选手在各个获胜组合中所填入的棋子数
p1win 与 p2win	选手是否获胜
over	游戏是否结束
pause	游戏是否暂停
TwoPlayerGame()	两选手对弈
WithComputerGame()	选手与计算机对弈
ChangePlayerStatus()	改变选手状态
Judge()	判断是否获胜
PlayMySound()	播放声音
operator=()	赋值运算符重载
Serialize()	序列化

1. 类的定义

类的定义如下:

```
#include "status.h"
```

```
# include "chess.h"
class CManager: public CObject
{
public:
    CManager();
    virtual ~CManager();
public:
    BOOL p1table[15][15][572], p2table[15][15][572];    //p1 为黑方,p2 为白方
    int win[2][572];                                    //0 为黑方,1 为白方
    BOOL p1win, p2win, over, pause;                     //p1 为黑方,p2 为白方
public:
    void TwoPlayerGame(CDC * pDC, CPoint point,
CStatus * status, CChess * chess);
    void WithComputerGame(CDC * pDC, CChess * playerChess,
CChess * computerChess, CStatus * status);
    void ChangePlayerStatus(CChess * chess);
    void Judge(CStatus& status);
    void PlayMySound(UINT IDSoundRes);
    CManager& operator = (CManager&);
    virtual void Serialize(CArchive& ar);               //CManager 类的序列化函数
    DECLARE_SERIAL(CManager)                             //声明序列化类 CManager
};
```

2. 数据成员的初始化

在构造函数中添加代码,对数据成员进行初始化。

```
CManager::CManager()
{
    int i, j, k, count = 0;
    p1win = false;
    p2win = false;
    over = true;
    pause = false;
    //选手的获胜组合中没有棋子
    for(i = 0; i <= 1; i++)
        for(j = 0; j < 572; j++)
            win[i][j] = 0;
    //棋盘上的每颗棋子是否在获胜组合中
    for(i = 0; i < 15; i++)
        for(j = 0; j < 15; j++)
            for(k = 0; k < 572; k++)
            {
                p1table[i][j][k] = false;
                p2table[i][j][k] = false;
            }
    //水平方向的获胜组合
    for(i = 0; i < 15; i++)
        for(j = 0; j < 11; j++)
        {
            for(k = 0; k < 5; k++)
            {
```

```
                    p1table[j + k][i][count] = true;
                    p2table[j + k][i][count] = true;
                }
                count++;
            }
        //垂直方向的获胜组合
        for(i = 0;i < 15;i++)
            for(j = 0;j < 11;j++)
            {
                for(k = 0;k < 5;k++)
                {
                    p1table[i][j + k][count] = true;
                    p2table[i][j + k][count] = true;
                }
                count++;
            }
        //正对角线方向的获胜组合
        for(i = 0;i < 11;i++)
            for(j = 0;j < 11;j++)
            {
                for(k = 0;k < 5;k++)
                {
                    p1table[j + k][i + k][count] = true;
                    p2table[j + k][i + k][count] = true;
                }
                count++;
            }
        //反对角线方向的获胜组合
        for(i = 0;i < 11;i++)
            for(j = 14;j >= 4;j-- )
            {
                for(k = 0;k < 5;k++)
                {
                    p1table[j - k][i + k][count] = true;
                    p2table[j - k][i + k][count] = true;
                }
                count++;
            }
    }
```

3. 成员函数的实现

赋值运算符重载函数及序列化函数的实现。

```
CManager& CManager::operator = (CManager&p)
{
    int i,j,k;
    for(i = 0;i < 15;i++)
        for(j = 0;j < 15;j++)
            for(k = 0;k < 572;k++)
            {
                p1table[i][j][k] = p.p1table[i][j][k];
```

```
                    p2table[i][j][k] = p.p2table[i][j][k];
                }
        for(i = 0;i < 2;i++)
            for(k = 0;k < 572;k++)
                win[i][k] = p.win[i][k];
        p1win = p.p1win;
        p2win = p.p2win;
        over = p.over;
        pause = p.pause;
        return * this;
    }
    void CManager::Serialize(CArchive &ar)
    {
        if(ar.IsStoring())                              //保存对象的数据
        {
            int i,j,k;
            for(i = 0;i < 15;i++)
                for(j = 0;j < 15;j++)
                    for(k = 0;k < 572;k++)
                    {
                        ar << p1table[i][j][k];
                        ar << p2table[i][j][k];
                    }
            for(i = 0;i < 2;i++)
                for(k = 0;k < 572;k++)
                    ar << win[i][k];
            ar << p1win << p2win << over << pause;
        }
        else                                            //读出对象的数据
        {
            int i,j,k;
            for(i = 0;i < 15;i++)
                for(j = 0;j < 15;j++)
                    for(k = 0;k < 572;k++)
                    {
                        ar >> p1table[i][j][k];
                        ar >> p2table[i][j][k];
                    }
            for(i = 0;i < 2;i++)
                for(k = 0;k < 572;k++)
                    ar >> win[i][k];
            ar >> p1win >> p2win >> over >> pause;
        }
    }
```

13.3.2　CStatus 类

　　CStatus 类也是本实例应用程序中的一个非常重要的类,主要用于维护游戏进行中的一些状态参数,例如对弈双方的信息、对弈类型、光标类型、下一步落子选手、目前棋盘上每个位置上的棋子的情况等。其基类为 CObject,成员属性及功能如表 13.2 所示。

表 13.2　CStatus 类的成员属性及功能

成　　员	功　　能	成　　员	功　　能
player	选手数据	count	落子顺序号
nWithComputer	与计算机对弈为 1,两人对弈为 0	sound	音效状态,1 为开、0 为关
cursor	光标类型,1 为黑、2 为白、0 为标准	chess	棋盘上的棋子
next	下一步落子选手,0 为白方、1 为黑方	operator＝()	赋值运算符重载
		Serialize()	序列化

1. 类的定义

类的定义如下:

```
# include "Chess. h"
# include "Player. h"
class CStatus: public CObject
{
public:
    CStatus();
    virtual ~CStatus();
public:
    CPlayer player[2];
    int nWithComputer;
    int cursor;
    int next;
    int count;
    int sound;
    CChess chess[15][15];
public:
    CStatus& operator = (CStatus&);
    virtual void Serialize(CArchive& ar);
    DECLARE_SERIAL(CStatus)
};
```

2. 数据成员的初始化

在构造函数中添加代码,对数据成员进行初始化。

```
CStatus::CStatus()
{
    nWithComputer = 1;
    next = 1;
    cursor = 1;
    count = 0;
    player[0]. name = "";
    player[0]. chessType = 1;
    player[1]. name = "电脑";
    player[1]. chessType = 2;
    //棋盘上 225 个落子点位的窗口坐标及棋盘坐标
    for(int i = 0;i < 15;i++)
        for(int j = 0;j < 15;j++)
        {
```

```
                    chess[i][j].pointB.x = j;
                    chess[i][j].pointB.y = i;
                    chess[i][j].pointW.x = j * 26 + 85;
                    chess[i][j].pointW.y = i * 26 + 9;
            }
    }
```

3. 成员函数的实现

赋值运算符重载函数及序列化函数的实现。

```
CStatus& CStatus::operator = (CStatus& p)
{
    int i,j;
    for(i = 0;i < 15;i++)
        for(j = 0;j < 15;j++)
            chess[i][j] = p.chess[i][j];
    for(i = 0;i < 2;i++)
        player[i] = p.player[i];
    nWithComputer = p.nWithComputer;
    cursor = p.cursor;
    next = p.next;
    count = p.count;
    sound = p.sound;
    return * this;
}
void CStatus::Serialize(CArchive &ar)
{
    if(ar.IsStoring())
    {
    int i,j;
    for(i = 0;i < 15;i++)
        for(j = 0;j < 15;j++)
            chess[i][j].Serialize(ar);
    for(i = 0;i < 2;i++)
        player[i].Serialize(ar);
    ar << nWithComputer << cursor << next << count << sound;
    }
    else
    {
    int i,j;
    for(i = 0;i < 15;i++)
        for(j = 0;j < 15;j++)
            chess[i][j].Serialize(ar);
    for(i = 0;i < 2;i++)
        player[i].Serialize(ar);
    ar >> nWithComputer >> cursor >> next >> count >> sound;
    }
}
```

13.3.3　CChess 类

CChess 类用于管理棋子的属性,包括棋子类型、视图窗口坐标、棋盘坐标等。其基类为

CObject，成员属性及功能如表 13.3 所示。

表 13.3   CChess 类的成员属性及功能

成　　　员	功　　　能
pointW	棋子在视图窗口中的坐标
pointB	棋子在棋盘中的坐标
type	棋子类型，1 为黑子、2 为白子、0 为空
num	落子顺序号，空子为 0
PointToStonePos(CPoint point)	棋子窗口坐标转换为棋盘坐标
PointToStonePos(int m,int n)	棋子棋盘坐标转换为窗口坐标
operator＝()	赋值运算符重载
Serialize()	序列化

1. 类的定义

类的定义如下：

```
class CChess: public CObject
{
    public:
        CChess();
        virtual ~CChess();
    public:
        CPoint pointW;
        CPoint pointB;
        int type;
        int num;
    public:
        CPoint PointToStonePos(CPoint point);
        CPoint PointToStonePos(int m, int n);
        void DisplayStone(CDC * pDC, UINT IDResource, CPoint point);
        CChess& operator = (CChess&);
        virtual void Serialize(CArchive &ar);
        DECLARE_SERIAL(CChess)
};
```

2. 数据成员的初始化

在构造函数中添加代码，对数据成员进行初始化。

```
CChess::CChess()
{
    type = 0;
    num = 0;
}
```

3. 成员函数的实现

赋值运算符重载函数及序列化函数的实现。

```
CChess& CChess::operator = (CChess& p)
{
```

```
        num = p.num;
        type = p.type;
        pointB = p.pointB;
        pointW = p.pointW;
        return * this;
    }
void CChess::Serialize(CArchive &ar)
{
    if(ar.IsStoring())
    {
        ar << num;
        ar << type;
        ar << pointB;
        ar << pointW;
    }
    else
    {
        ar >> num;
        ar >> type;
        ar >> pointB;
        ar >> pointW;
    }
}
```

13.3.4 CPlayer 类

CPlayer 类用于管理对弈双方选手的属性,包括选手姓名、执子类型、本局获胜否、本局得分等。其基类为 CObject,成员属性及功能如表 13.4 所示。

表 13.4 CPlayer 类的成员属性及功能

成 员	功 能	成 员	功 能
name	选手姓名	winner	是否获胜,胜为 1,负为 0,平为 2
chessType	执子类型,执黑为 1,执白为 2	operator=()	赋值运算符重载
score	得分	Serialize()	序列化

1. 类的定义

类的定义如下:

```
class CPlayer: public CObject
{
    public:
        CPlayer();
        virtual ~CPlayer();
    public:
        CString name;
        int chessType;
        int score;
        int winner;
    public:
```

```
CPlayer& operator = (CPlayer&);
virtual void Serialize(CArchive &ar);
DECLARE_SERIAL(CPlayer)
};
```

2. 成员函数的实现

赋值运算符重载函数及序列化函数的实现。

```
CPlayer& CPlayer::operator = (CPlayer& p)
{
    chessType = p.chessType;
    name = p.name;
    score = p.score;
    winner = p.winner;
    return * this;
}
void CPlayer::Serialize(CArchive &ar)
{
    if(ar.IsStoring())
    {
        ar << chessType;
        ar << name;
        ar << score;
        ar << winner;
    }
    else
    {
        ar >> chessType;
        ar >> name;
        ar >> score;
        ar >> winner;
    }
}
```

13.3.5　CComputer 类

CComputer 类用于在选手与计算机对弈时处理计算机对落子位置的判断等相关操作。其成员属性及功能如表 13.5 所示。

表 13.5　CComputer 类的成员属性及功能

成　　员	功　　能
cgrades、pgrades	选手与计算机在棋盘空位置上的获胜分数
cgrade、pgrade	选手与计算机的最高获胜分数
mat、nat	计算机攻击时的位置（棋盘坐标）
mde、nde	计算机防守时的位置（棋盘坐标）
ComputerTurn()	确定计算机落子的位置

1. 类的定义

类的定义如下：

```
# include "Manager.h"
# include "status.h"
class CComputer
{
    public:
        CComputer();
        virtual ~CComputer();
    public:
        int cgrades[15][15],pgrades[15][15],cgrade,pgrade;
        int mat,nat,mde,nde;
    public:
        CChess * ComputerTurn(CManager * manager,CStatus * status);
};
```

2. 数据成员的初始化

在构造函数中添加代码,对数据成员进行初始化。

```
CComputer::CComputer()
{
    cgrade = 0;
    pgrade = 0;
    mat = 0;
    nat = 0;
    mde = 0;
    nde = 0;
    for(int i = 0;i < 15;i++)
        for(int j = 0;j < 15;j++)
        {
            cgrades[i][j] = 0;
            pgrades[i][j] = 0;
        }
}
```

13.4 系统详细设计

13.4.1 项目的创建

根据系统功能描述及系统分析,本实例为使用 Visual C++ 2019 创建的单文档 MFC 应用程序,项目名为 Gobang。在使用"MFC 应用"项目模板生成框架的过程中,选择"用户界面功能"窗口中的"拆分窗口",并取消勾选"最大化"复选框;在"文档模板属性"窗口中设置文件扩展名为. gb、框架窗口名为"综合实例"。

13.4.2 界面的设计

1. 窗口的大小及位置设置

在主框架类 CMainFrame 的成员函数 PreCreateWindow()中添加如下代码,设置窗口的大小及初始停放位置。

```
BOOL CMainFrame::PreCreateWindow(CREATESTRUCT& cs)
{
    if(!CFrameWnd::PreCreateWindow(cs))
        return FALSE;
    //TODO:通过修改 cs 修改窗口类或样式
    cs.cx = 804;
    cs.cy = 520;
    cs.x = GetSystemMetrics(SM_CXSCREEN)/2 - 400;
    cs.y = GetSystemMetrics(SM_CYSCREEN)/2 - 250;
    cs.style = WS_OVERLAPPED | WS_CAPTION | FWS_ADDTOTITLE
        | WS_THICKFRAME | WS_SYSMENU | WS_MINIMIZEBOX;
    return TRUE;
}
```

2. 分割视图窗口

(1) 插入右视图对话框资源。

打开"添加资源"对话框,在"资源类型"列表中选择 Dialog 下的 IDD_FORMVIEW,然后单击"新建"按钮新建对话框资源,设置其 ID 为 IDD_RIGHT_VIEW,如图 13.4 所示。其控件属性及相应的成员变量如表 13.6 所示。

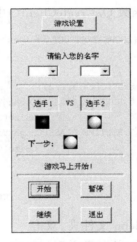

图 13.4　右视图对话框

表 13.6　右视图对话框的控件及成员变量

控 件 类 型	ID	Caption	成 员 变 量
按钮	ID_SETTING	游戏设置	
静态文本	IDC_STATIC	请输入您的名字	
组合框	IDC_COMBO_P1NAME		Cstring m_p1name CComboBoxm_cP1name
组合框	IDC_COMBO_P2NAME		Cstring m_p2name CComboBoxm_cP2name
静态文本	IDC_P1NAME	选手 1	Cstring m_name1
静态文本	IDC_STATIC	VS	
静态文本	IDC_P2NAME	选手 2	Cstring m_name2

续表

控 件 类 型	ID	Caption	成 员 变 量
静态图片	IDC_STATIC_PICTURE1		CStatic m_pic1
静态图片	IDC_STATIC_PICTURE2		CStatic m_pic2
静态图片	IDC_NEXT_PICTURE		CStatic m_pic3
静态文本	IDC_STATIC	下一步:	
静态文本	IDC_STATIC_TIME	游戏马上开始!	Cstring m_time CStatic m_ctime
按钮	IDC_BEGIN_BUTTON	开始	
按钮	IDC_PAUSE_BUTTON	暂停	
按钮	IDC_CONTINUE_BUTTON	继续	
按钮	ID_FILE_CLOSE	退出	

（2）添加右视图类。

在资源编辑器中打开 IDD_RIGHT_VIEW 对话框资源,右击该资源弹出快捷菜单,选择"添加类"菜单命令,添加右视图类 CRightView,其基类为 CFormView。

（3）设置左、右窗口视图类。

修改 CMainFrame 类的成员函数 OnCreateClient()中的代码。

```
BOOL CMainFrame::OnCreateClient(LPCREATESTRUCT /* lpcs */,
    CCreateContext * pContext)
{
    VERIFY(m_wndSplitter.CreateStatic(this,1,2));
    m_wndSplitter.CreateView(0,0,RUNTIME_CLASS(CGobangView),
                                    CSize(550,0),pContext);
    m_wndSplitter.CreateView(0,1,RUNTIME_CLASS(CRightView),
                                    CSize(0,0),pContext);
    return true;
}
```

3. 菜单设计

选择项目的资源视图,展开 Menu 文件夹,双击打开 IDR_MAINFRAME 菜单资源,添加菜单项,如图 13.5 所示。主要菜单项的 ID 及属性如表 13.7 所示。

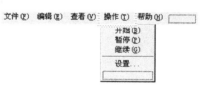

图 13.5 菜单资源

表 13.7 菜单项的 ID 及属性

主 菜 单	菜 单 项	ID	属性(prompt)
文件(&F)	重新开始(&N)\tCtrl+N	ID_FILE_NEW	重新开始\n 新局
	打开(&O)...\tCtrl+O	ID_FILE_OPEN	默认
	保存(&S)\tCtrl+S	ID_FILE_SAVE	默认
	另存为(&A)...	ID_FILE_SAVE_AS	默认
	退出(&X)	ID_APP_EXIT	默认
编辑(&E)	悔棋(&R)	ID_GAMEBACK	倒退一步\n 倒退
查看(&V)	日志(&D)...	ID_VIEW_INFO	查看记录\n 日志

主 菜 单	菜 单 项	ID	属性(prompt)
操作(&T)	开始(&B)	IDC_BEGIN_BUTTON	游戏开始\n 开始
	暂停(&P)	IDC_PAUSE_BUTTON	游戏暂停\n 暂停
	继续(&G)	IDC_CONTINUE_BUTTON	游戏继续\n 继续
	设置...	ID_SETTING	游戏设置\n 设置

4. 工具栏设计

选择项目的资源视图,展开 ToolBar 文件夹,双击打开 IDR_MAINFRAME 工具栏资源,添加工具栏按钮,如图 13.6 所示。各按钮与菜单项对应的关系如表 13.8 所示。表中第 1 列为工具栏资源按钮从左到右的编号。

图 13.6 工具栏资源

表 13.8 工具栏按钮与菜单项对应的关系

工具栏按钮的序号	菜 单 项	工具栏按钮的序号	菜 单 项
1	"文件"|"重新开始"	7	"文件"|"退出"
2	"文件"|"打开"	8	"编辑"|"悔棋"
3	"文件"|"保存"	9	"操作"|"设置"
4	"操作"|"开始"	10	"查看"|"日志"
5	"操作"|"暂停"	11	"文件"|"打印"
6	"操作"|"继续"	12	"帮助"

5. 状态栏设计

(1) 将状态栏静态格栅由默认的 4 个修改为两个,分别用来显示命令提示信息及游戏状态信息,如图 13.1 所示。

将主框架类的实现文件 MainFrm. cpp 的静态数组 indicators 做如下修改,并在字符串编辑器中定义新的 ID 资源符号 ID_INDICATOR_INFO,设置其格式。

```
static UINT indicators[] =
{
    ID_SEPARATOR,
    ID_INDICATOR_INFO,
};
```

(2) 为新资源 ID_INDICATOR_INFO 手工添加更新命令用户接口消息 UPDATE_COMMAND_UI。

在主框架类的定义中声明更新函数 OnUpdateInfo()。

```
class CMainFrame: public CFrameWnd
{
    …
    protected:
    afx_msg int OnCreate(LPCREATESTRUCT lpCreateStruct);
```

```
        afx_msg void OnUpdateInfo(CCmdUI * pCmdUI);
        DECLARE_MESSAGE_MAP()
};
```

在主框架类的实现文件中添加消息映射宏,编辑消息映射函数。

```
BEGIN_MESSAGE_MAP(CMainFrame, CFrameWnd)
    ON_WM_CREATE()
    ON_UPDATE_COMMAND_UI(ID_INDICATOR_INFO, OnUpdateInfo)
END_MESSAGE_MAP()

void CMainFrame::OnUpdateInfo(CCmdUI * pCmdUI)
{
CString str, str1, str2;
    CTime time;
    time = CTime::GetCurrentTime();
    str1 = time.Format(L"%m月%d日 %H:%M");
    str2.Format(L"%d", pLeftView->m_pStatus->count);
    if(pLeftView->m_pManager->over)
        str = "游戏马上开始!";
    else
    {
        str = L"游戏进行中...  " + pLeftView->m_pStatus->player[0].name;
        str += L" VS " + pLeftView->m_pStatus->player[1].name;
        str += L"现在是第" + str2 + L"手";
        str += str1;
    }
    m_wndStatusBar.SetPaneText(1, str);
}
```

13.4.3 资源的编辑

1. 添加光标资源

在本实例中设置 3 种类型的光标,即标准箭头光标和两种自定义光标,如图 13.7 所示。在游戏进行中,当鼠标位于棋盘以外时采用标准箭头光标;当鼠标位于棋盘以内且下一步该黑方落子时采用自定义光标(1),该白方落子时采用自定义光标(2)。游戏结束后,采用标准箭头光标。

(1) 黑方落子光标　(2) 白方落子光标

图 13.7 自定义光标

打开"添加资源"对话框,插入如图 13.7 所示的自定义光标资源,其 ID 分别为 IDC_BLACK_HAND、IDC_WHITE_HAND。

2. 添加位图及声音资源

用同样的方法插入位图及声音资源。资源类型、ID 及说明如表 13.9 所示。

表 13.9　光标、位图及声音资源

资源类型	ID	说明
光标	IDC_BLACK_HAND	黑方落子光标
光标	IDC_WHITE_HAND	白方落子光标
位图	IDB_BOARD	棋盘

资 源 类 型	ID	说　明
位图	IDB_BLACK	黑棋子
位图	IDB_WHITE	白棋子
位图	IDB_FOCUSBLACK	最后落黑子
位图	IDB_FOCUSWHITE	最后落白子
位图	IDB_MASK	棋子显示蒙版
声音	IDSOUND_BLACKWIN	黑方获胜音效
声音	IDSOUND_WHITEWIN	白方获胜音效
声音	IDSOUND_PUTSTONE	落子音效
声音	IDSOUND_WELCOME	欢迎音效

3."游戏设置"对话框的设计

（1）打开"添加资源"对话框，插入如图 13.8 所示的对话框资源，其 ID 为 IDD_SETTING_DLG，控件属性及相应的成员变量如表 13.10 所示。

图 13.8　"游戏设置"对话框

表 13.10　"游戏设置"对话框的控件及成员变量

控 件 类 型	ID	Caption	成 员 变 量
组框	IDC_STATIC	对弈方式	
单选按钮	IDC_RADIO_WITHCOMPUTER	与计算机对弈[&P]	intnWithComputer
单选按钮	IDC_RADIO_2PLAYER	两人对弈[&T]	
组框	IDC_STATIC	先手	
单选按钮	IDC_RADIO_YOU_FIRST	你执黑先下[&Y]	intnYouFirst
单选按钮	IDC_RADIO_COMPUTER_FIRST	计算机执黑先下[&C]	
复选框	IDC_CHECK_SOUND	声音效果[&G]	BOOL m_sound
按钮	IDOK	确定	
按钮	IDCANCEL	退出	

（2）在对话框类 CSettingDlg 中添加两个鼠标单击消息处理函数，设置"对弈方式"不同时"先手"组框中文本的显示，代码如下：

```
void CSettingDlg::OnRadio2player()
```

```
    {
        SetDlgItemText(IDC_RADIO_YOU_FIRST,L"选手 1 执黑先下");
        SetDlgItemText(IDC_RADIO_COMPUTER_FIRST,L"选手 2 执黑先下");
    }
    void CSettingDlg::OnRadioWithcomputer()
    {
        SetDlgItemText(IDC_RADIO_YOU_FIRST,L"你执黑先下");
        SetDlgItemText(IDC_RADIO_COMPUTER_FIRST,L"计算机执黑先下");
    }
```

4. "日志"对话框的设计

打开"添加资源"对话框,插入如图 13.9 所示的对话框资源,其 ID 为 IDD_INFO_DLG,
控件属性及相应的成员变量如表 13.11 所示。

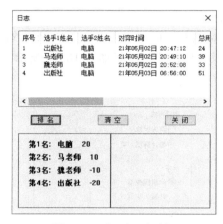

图 13.9 "日志"对话框

表 13.11 "日志"对话框的控件及成员变量

控 件 类 型	ID	Caption	成 员 变 量
列表视图	IDC_LIST_DISP		ClistCtrl m_list
按钮	IDC_BUTTON_SORT	排名	
按钮	IDC_BUTTON_CLEAR	清空	
按钮	IDCANCEL	关闭	
静态图片	IDC_STATIC		

13.4.4 棋盘的定位及显示

1. 棋盘的定位

在 CGobangView 类中添加成员函数 DisplayBoard(),并添加代码。

```
void CGobangView::DisplayBoard(CDC * pDC,UINT IDResource)
{
    CBitmap Bitmap;
    Bitmap.LoadBitmap(IDResource);                    //将位图装入内存
    CDC MemDC;
    MemDC.CreateCompatibleDC(pDC);                    //创建内存设备环境
```

```
    CBitmap * OldBitmap = MemDC.SelectObject(&Bitmap);
    BITMAP bm;                                          //创建 BITMAP 结构变量
    Bitmap.GetBitmap(&bm);                              //获取位图信息
    //输出位图
    pDC->BitBlt(80,5,bm.bmWidth,bm.bmHeight,&MemDC,0,0,SRCCOPY);
    pDC->SelectObject(OldBitmap);                       //恢复设备环境
    MemDC.DeleteDC();
}
```

2. 棋盘的显示

在 CGobangView 类的 OnDraw() 函数中调用 DisplayBoard() 函数。

```
void CGobangView::OnDraw(CDC * pDC)
{
    CFiveChessDoc * pDoc = GetDocument();
    ASSERT_VALID(pDoc);
    if(!pDoc)
        return;
    //TODO: 在此处为本机数据添加绘制代码
    DisplayBoard(pDC,IDB_BOARD);
    …
}
```

13.4.5 成员的添加与初始化

1. 添加数据成员

（1）在文档类 CGobangDoc 中添加两个对象成员，并添加相应的头文件。

```
# include "Manager.h"
# include "status.h"

class CGobangDoc: public CDocument
{
    …

    public:
    CManager manager;
    CStatus status;

    …
}
```

（2）在视图类 CGobangView 中添加一个 CComputer 类的对象以及 CManager、CStatus、CPlayer 和 CChess 类的对象指针（4 个），并添加相应的头文件。

```
# include "Manager.h"
# include "player.h"
# include "computer.h"
# include "chess.h"
# include "status.h"
# include "GobangDoc.h"

class CGobangView: public CView
```

```
{
    …
public:
    CManager * m_pManager;
    CPlayer * m_player;
    CComputer computer;
    CChess * m_pChess;
    CStatus * m_pStatus;
    …
}
```

2. 数据成员的初始化

在视图类 CGobangView 中添加初始化函数 OnInitialUpdate(),在函数中添加代码对新定义的对象指针进行初始化。

```
void CGobangView::OnInitialUpdate()
{
    CView::OnInitialUpdate();
    //TODO: 在此添加专用代码或调用基类
    m_pManager = &(GetDocument() -> manager);
    m_pStatus = &(GetDocument() -> status);
}
```

13.4.6 光标类型的切换

在视图类 CGobangView 中添加鼠标移动消息处理函数 OnMouseMove(),在函数中添加代码实现自定义类型光标与标准类型光标的切换。

```
void CGobangView::OnMouseMove(UINT nFlags, CPoint point)
{
    //鼠标位于棋盘区域且游戏正在进行时进行光标切换
    if(point.x > 85 && point.y > 9 && point.x < 480 && point.y < 400
            && !pDoc -> manager.over && !pDoc -> manager.pause)
    {
        if(!pDoc -> status.nWithComputer)            //两人对弈时自定义黑白光标切换
        {
            if(pDoc -> status.next)
            {
                SetCursor(AfxGetApp() -> LoadCursor(IDC_BLACK_HAND));
                pDoc -> status.cursor = 1;
            }
            else
            {
                SetCursor(AfxGetApp() -> LoadCursor(IDC_WHITE_HAND));
                pDoc -> status.cursor = 2;
            }
        }
        else
        {    //与计算机对弈时,若计算机执黑,使用自定义白棋光标,否则使用黑棋光标
```

```
            if(pDoc -> status.player[1].chessType == 1)
            {
                SetCursor(AfxGetApp() -> LoadCursor(IDC_WHITE_HAND));
                pDoc -> status.cursor = 2;
            }
            else
            {
                SetCursor(AfxGetApp() -> LoadCursor(IDC_BLACK_HAND));
                pDoc -> status.cursor = 1;
            }
        }
    }
    else
        pDoc -> status.cursor = 0;                      //使用标准光标
    CView::OnMouseMove(nFlags, point);
}
```

13.4.7 游戏设置

在视图类 CGobangView 中添加"操作"|"设置"菜单命令消息处理函数及更新命令用户接口消息处理函数,并添加代码。

```
void CGobangView::OnSetting()
{
    CRightView * pRightView = ((CMainFrame * )AfxGetApp() -> m_pMainWnd) -> pRightView;
    CSettingDlg setupDlg;
    if(setupDlg.DoModal() == IDOK)
    {
        UpdateData(true);
            //设置对弈方式
        m_pStatus -> nWithComputer = setupDlg.nWithComputer;
            //若与计算机对弈,设置"计算机"选手的名字为"电脑"
        if(m_pStatus -> nWithComputer)
            m_pStatus -> player[1].name = "电脑";
            //设置先手,即设置执黑选手
        if(!setupDlg.nYouFirst)
        {
            m_pStatus -> player[0].chessType = 1;
            m_pStatus -> player[1].chessType = 2;
        }
        else
        {
            m_pStatus -> player[0].chessType = 2;
            m_pStatus -> player[1].chessType = 1;
        }
        pRightView -> RefreshRightView();
    }
}
void CGobangView::OnUpdateSetting(CCmdUI * pCmdUI)
{
```

```
        //游戏开始后禁止更改设置
        pCmdUI - > Enable(m_pManager - > over);
}
```

13.4.8　落子操作

　　落子操作是五子棋游戏中最重要的操作,需要考虑的问题主要有 3 个,即棋子的定位、棋子的显示与落子后是否会引起游戏的结束。其中棋子的定位又与对弈方式有关,当两选手对弈时,这个问题比较简单,由对弈双方确定落子位置。但若是与计算机对弈,计算机的落子位置则需要通过函数来确定。另外,每次落子后都要进行胜负的判断,若有选手获胜,则游戏结束,不再执行后续的落子操作,否则继续顺序落子。

1. 坐标的转换

　　要在棋盘上显示棋子,必须先精确计算棋子的坐标,使其准确地位于棋盘的各个交叉点上。五子棋使用 15×15 的棋盘,每一行只能有 16 个落子位置,因此,当鼠标位于某落子点附近时,必须将其调整到此落子点上。另外,当与计算机对弈时,计算机确定落子位置时采用的是棋盘坐标,也就是棋盘的行号与列号组成的坐标对,而棋子真正显示时采用的是窗口坐标。为此,在 CChess 类中定义一个成员函数 PointToStonePos(),并对该成员函数进行重载,完成窗口坐标与棋盘坐标的转换。

　　下面是 CChess 类的成员函数 PointToStonePos() 的实现。由于该函数中使用了标准库函数,所以需要在 CChess 类的实现文件的开始处添加头文件,即♯include "math. h"。

```
//窗口坐标转换成棋盘坐标
CPoint CChess::PointToStonePos(CPoint point)
{
    //xGrid 和 yGrid 的值根据棋盘位图的大小及在窗口中的位置来确定
    int xGrid = 26, yGrid = 26;
    int xpt = (int)floor(point.x/xGrid);
    int ypt = (int)floor(point.y/yGrid);
    CPoint pt(xpt,ypt);
    return pt;
}
//棋盘坐标转换成窗口坐标
CPoint CChess::PointToStonePos(int m, int n)
{
    int xGrid = 26, yGrid = 26;
    int xpt = m * xGrid + 7;                      //对坐标进行微调
    int ypt = n * yGrid + 9;
    CPoint pt(xpt,ypt);
    return pt;
}
```

2. 棋子的显示

实现 CChess 类的成员函数 DisplayStone(),代码如下:

```
void CChess::DisplayStone(CDC * pDC,UINT IDResource,CPoint point)
{
    CBitmap Bitmap;
```

```
Bitmap.LoadBitmap(IDResource);                                    //将位图装入内存
CDC MemDC;
MemDC.CreateCompatibleDC(pDC);                                    //创建内存设备环境
CBitmap * OldBitmap = MemDC.SelectObject(&Bitmap);
BITMAP bm;                                                        //创建 BITMAP 结构变量
Bitmap.GetBitmap(&bm);                                            //获取位图信息
if(IDResource == IDB_MASK)
    pDC -> BitBlt(point.x,point.y,bm.bmWidth,bm.bmHeight,
                  &MemDC,0,0,SRCAND);                             //输出位图
else
    pDC -> BitBlt(point.x,point.y,bm.bmWidth,bm.bmHeight,
                  &MemDC,0,0,SRCPAINT);
pDC -> SelectObject(OldBitmap);                                   //恢复设备环境
MemDC.DeleteDC();
}
```

3. 状态参数的改变

实现 CManager 类的成员函数 ChangePlayerStatus(),代码如下:

```
void CManager::ChangePlayerStatus(CChess * chess)
{
    int m = chess -> pointB.y,n = chess -> pointB.x;
    for(int i = 0;i < 572;i++)
    {
        //更改选手获胜组合表及获胜组中放入的棋子数量
        if(chess -> type == 1)
        {
            if(p1table[m][n][i] && win[0][i] != 7)
                win[0][i]++;
            if(p2table[m][n][i])
            {
                p2table[m][n][i] = false;
                //表示第 i 种获胜组合中已放入选手 1 的棋子,选手 2 已不可能在此获胜
                win[1][i] = 7;
            }
        }
        else
        {
            if(p2table[m][n][i] && win[1][i] != 7)
                win[1][i]++;
            if(p1table[m][n][i])
            {
                p1table[m][n][i] = false;
                win[0][i] = 7;
            }
        }
    }
}
```

4. 胜负的判断

实现 CManager 类的成员函数 Judge(),代码如下:

```cpp
void CManager::Judge(CStatus& status)
{
    for(int i = 0;i <= 1;i++)
        for(int j = 0;j < 572;j++)
        {
            //在各种获胜组合中搜索是否有 5 颗棋子
            if(win[i][j] == 5)
                if(i == 0)
                {
                    p1win = true;                    //黑方获胜
                    over = true;
                    break;
                }
                else
                {
                    p2win = true;                    //白方获胜
                    over = true;
                    break;
                }
            if(over) break;
        }
    if(p1win)
    {
        if(status.player[0].chessType == 1)
        {
            //使用消息框显示获胜选手的姓名
            AfxMessageBox(status.player[0].name + "获胜!");
            status.player[0].winner = 1;
            //获胜得 10 分,失败扣 10 分
            status.player[0].score = 10;
            status.player[1].score = - 10;
        }
        else
        {
            AfxMessageBox(status.player[1].name + "获胜!");
            status.player[1].winner = 1;
            status.player[1].score = 10;
            status.player[0].score = - 10;
        }
    }
    if(p2win)
    {
        if(status.player[0].chessType == 2)
        {
            AfxMessageBox(status.player[0].name + "获胜!");
            status.player[0].winner = 1;
            status.player[0].score = 10;
            status.player[1].score = - 10;
        }
        else
        {
```

```
            AfxMessageBox(status.player[1].name + "获胜!");
            status.player[1].winner = 1;
            status.player[1].score = 10;
            status.player[0].score = - 10;
        }
    }
    if(status.count == 100)                            //设双方各50手为平手
    {
        over = true;
        AfxMessageBox("平手!不分胜负!");
        status.player[1].winner = 2;
        status.player[1].score = 0;
        status.player[0].score = 0;
    }
}
```

5. 两人对弈落子

为了避免因看错棋子而导致误操作,本实例采用焦点跟踪的方法对最后一手落子进行突出显示。由此,在显示该步棋子时需要对上一步以焦点形式显示的棋子进行重新显示,使其还原成正常的黑白棋子显示状态。

实现 CManager 类的成员函数 TwoPlayerGame(),代码如下:

```
void CManager::TwoPlayerGame(CDC * pDC, CPoint point, CStatus * status, CChess * chess)
{
    CPoint point1;
    //搜索上一步棋子
    for(int i = 0; i < 15; i++)
        for(int j = 0; j < 15; j++)
            if(status - > chess[i][j].num == chess - > num - 1)
            {
                point1 = status - > chess[i][j].pointW;
                break;
            }
    if(!over)
    {
        chess - > DisplayStone(pDC, IDB_MASK, point);
        //从第2手开始对上一步焦点的棋子进行处理
        if(chess - > num > 1) chess - > DisplayStone(pDC, IDB_MASK, point1);
        //交替显示黑白棋子的同时对上一步焦点进行处理
        if(status - > next)
        {
            if(chess - > num > 1) chess - > DisplayStone(pDC, IDB_WHITE, point1);
            chess - > DisplayStone(pDC, IDB_FOCUSBLACK, point);
            chess - > type = 1;
        }
        else
        {
            if(chess - > num > 1) chess - > DisplayStone(pDC, IDB_BLACK, point1);
            chess - > DisplayStone(pDC, IDB_FOCUSWHITE, point);
            chess - > type = 2;
```

```
        }
        //落子完成后,对棋盘的各状态参数进行修改
        ChangePlayerStatus(chess);
    }
}
```

6. 计算机落子位置的确定

根据第 13.2.2 节中描述的算法确定计算机的落子位置。为了减少篇幅,本实例没有实现禁手及三连子提醒等功能。

实现 CComputer 类的成员函数 ComputerTurn(),代码如下:

```
CChess * CComputer::ComputerTurn(CManager * manager,CStatus * status)
{
    int i,j,k,m,n;
    CChess * chess;
    cgrade = 0;
    pgrade = 0;
    //计算棋盘上每个空位置选手的分数
    for(i = 0;i < = 14;i++)
        for(j = 0;j < = 14;j++)
        {
            pgrades[i][j] = 0;
            if(status - > chess[i][j].type == 0)          //0 表示位置为空
                for(k = 0;k < 572;k++)
                    if(manager - > p1table[i][j][k])      //只对有效获胜组合进行处理
                    {
                        switch(manager - > win[0][k])
                        {
                        case 1:                           //该获胜组合中只有一颗棋子
                            pgrades[i][j] += 5;
                            break;
                        case 2:
                            pgrades[i][j] += 50;
                            break;
                        case 3:
                            pgrades[i][j] += 100;
                            break;
                        case 4:
                            pgrades[i][j] += 400;
                            break;
                        }
                    }
        }
        //计算棋盘上每个空位置计算机的分数
        for(i = 0;i < = 14;i++)
            for(j = 0;j < = 14;j++)
            {
                cgrades[i][j] = 0;
                if(status - > chess[i][j].type == 0)
                    for(k = 0;k < 572;k++)
```

```
                    if(manager - > p2table[i][j][k])
                    {
                        switch(manager - > win[1][k])
                        {
                        case 1:
                            cgrades[i][j] += 5;
                            break;
                        case 2:
                            cgrades[i][j] += 50;
                            break;
                        case 3:
                            cgrades[i][j] += 100;
                            break;
                        case 4:
                            cgrades[i][j] += 400;
                            break;
                        }
                    }
            }
//确定计算机的落子位置(攻击或防守)
 for(i = 0;i < 15;i++)
     for(j = 0;j < 15;j++)
         if(status - > chess[i][j].type == 0)
         {
             if(cgrades[i][j]> = cgrade)
             {
                 //攻击落子位置
                 cgrade = cgrades[i][j];
                 mat = i;
                 nat = j;
             }
             if(pgrades[i][j]> = pgrade)
             {
                 //防守落子位置,也就是选手下一步的最佳落子位置
                 pgrade = pgrades[i][j];
                 mde = i;
                 nde = j;
             }
         }
//判断是进攻还是防守
if(cgrade > = pgrade)
{
    m = mat;
    n = nat;
}
else
{
    m = mde;
    n = nde;
}
if(status - > player[1].chessType == 1)
```

综合应用实例

```
                status -> chess[m][n].type = 1;                    //计算机在(m,n)位置落黑子
            else
                status -> chess[m][n].type = 2;                    //计算机在(m,n)位置落白子
            chess = &status -> chess[m][n];
            status -> count++;                                     //计算机落子后总手数加 1
            chess -> num = status -> count;                        //该颗棋子的顺序号
            return chess;
    }
```

7. 与计算机对弈落子

通过 ComputerTurn()函数确定计算机的落子位置后即可完成棋盘状态参数的修改以及棋子的显示操作。注意在这种对弈方式下焦点棋子位于前两步位置。

实现 CManager 类的成员函数 WithComputerGame(),代码如下:

```
void CManager::WithComputerGame(CDC * pDC, CChess * playerChess, CChess * computerChess,
CStatus * status)
{
    CPoint point1;
    //搜索前两步的焦点棋子
    for(int i = 0;i < 15;i++)
        for(int j = 0;j < 15;j++)
            if(status -> chess[i][j].num == computerChess -> num - 2)
            {
                point1 = status -> chess[i][j].pointW;
                break;
            }
    CPoint point;
    point = playerChess -> pointW;
    if(!over)
    {
        if(status -> player[1].chessType == 2)
        {
            playerChess -> DisplayStone(pDC, IDB_MASK, point);
            //选手执黑先手,黑棋正常显示
            playerChess -> DisplayStone(pDC, IDB_BLACK, point);
            computerChess -> DisplayStone(pDC, IDB_MASK,
                                          computerChess -> pointW);
            //计算机执白后手,白棋以焦点形式显示
            computerChess -> DisplayStone(pDC, IDB_FOCUSWHITE,
                                          computerChess -> pointW);
            //对前一个焦点棋子进行正常显示
            if(computerChess -> num > 3)
                computerChess -> DisplayStone(pDC, IDB_MASK, point1);
            if(computerChess -> num > 3)
                computerChess -> DisplayStone(pDC, IDB_WHITE, point1);
        }
        else
        {
            playerChess -> DisplayStone(pDC, IDB_MASK, point);
            playerChess -> DisplayStone(pDC, IDB_WHITE, point);
```

```
            computerChess -> DisplayStone(pDC, IDB_MASK,
                                  computerChess -> pointW);
            computerChess -> DisplayStone(pDC, IDB_FOCUSBLACK,
                                  computerChess -> pointW);
            if(computerChess -> num > = 3)
                  computerChess -> DisplayStone(pDC, IDB_MASK, point1);
            if(computerChess -> num > = 3)
                  computerChess -> DisplayStone(pDC, IDB_BLACK, point1);
        }
    }
}
```

8. 落子操作的实现

为视图类 CGobangView 添加鼠标单击消息处理函数,并添加代码。

```
void CGobangView::OnLButtonDown(UINT nFlags, CPoint point)
{
    CDC * pDC = GetDC();
    //通过鼠标类型判断是否为落子状态
    if(m_pStatus -> cursor == 0) return;
    //确定单击点与棋盘上对应的棋子
    CPoint point1, point2;
    point1 = m_pChess -> PointToStonePos(point);
    point2 = m_pChess -> PointToStonePos(point1.x, point1.y);
    for(int i = 0; i < 15; i++)
        for(int j = 0; j < 15; j++)
            if(m_pStatus -> chess[i][j].pointW == point2)
            {
                m_pChess = &m_pStatus -> chess[i][j];
                break;
            }
    //如果该位置上已有棋子,则返回
    if(m_pChess -> type!= 0) return;
    //落子数增加,为该棋子序号赋值
    m_pStatus -> count++;
    m_pChess -> num = m_pStatus -> count;
    //黑棋先手,白棋后手,奇数号为黑子,偶数号为白子
    if(m_pStatus -> count % 2)
        m_pChess -> type = 1;
    else
        m_pChess -> type = 2;
    //完成棋子的显示及状态参数的修改
    if(!m_pStatus -> nWithComputer)
        m_pManager -> TwoPlayerGame(pDC, point2, m_pStatus, m_pChess);
    else
    {
        //与计算机对弈
        m_pManager -> ChangePlayerStatus(m_pChess);
        CChess * computerChess = computer.ComputerTurn(
                                    m_pManager, m_pStatus);
        m_pManager -> ChangePlayerStatus(computerChess);
```

```
                m_pManager -> WithComputerGame(pDC,m_pChess,
                                        computerChess,m_pStatus);
    }
    //判断胜负
    m_pManager -> Judge( * m_pStatus);
    //改变下一步落子的类型
    if(!m_pManager -> over)
    {
        m_pStatus -> next = !m_pStatus -> next;
    }
    CView::OnLButtonDown(nFlags, point);
}
```

13.4.9　右视图功能的实现

1. 添加视图对象指针

为了使左、右视图相互协调，需保存两个视图的指针，通过这两个指针可以在一个视图中访问另一个视图的成员。在主框架类 CMainFrame 中添加左、右视图对象指针，并修改其成员函数 OnCreateClient()的代码。

```
# include "GobangView.h"
# include "RightView.h"
class CMainFrame: public CFrameWnd
{
    …
public:
    CGobangView * pLeftView;
    CRightView * pRightView;
…
}
BOOL CMainFrame::OnCreateClient(LPCREATESTRUCT / * lpcs * /,
    CCreateContext * pContext)
{
    …
    pLeftView = (CGobangView * )m_wndSplitter.GetPane(0,0);
    pRightView = (CRightView * )m_wndSplitter.GetPane(0,1);
    return true;
}
```

2. 右视图的初始化

（1）在右视图类 CRightView 中添加一个左视图指针、两个 CBitmap 类对象以及一个用于判断是否需要加载位图的变量 isLoadBitmap,定义如下：

```
# include "GobangView.h"
class CRightView: public CFormView
{
    …
```

```
public:
    CGobangView * pLeftView;
    CBitmap bt1,bt2 ;
    bool isLoadBitmap;
...
}
```

（2）在 CRightView 类中添加初始化成员函数 OnInitialUpdate()，并添加代码。

```
void CRightView::OnInitialUpdate()
{
    CFormView::OnInitialUpdate();
    CGobangDoc * pDoc = (CGobangDoc * )GetDocument();
    ASSERT_VALID(pDoc);
    if(isLoadBitmap)
    {
        //黑白棋子位图的加载
        bt1.LoadBitmap(IDB_BLACK);
        bt2.LoadBitmap(IDB_WHITE);
        isLoadBitmap = false;
    }
    //本实例初始设置为与计算机对弈,选手执黑,计算机的名字为"电脑"
    GetDlgItem(IDC_COMBO_P2NAME) -> EnableWindow(false);
    //游戏未开始,禁用"暂停"和"继续"按钮
    GetDlgItem(IDC_PAUSE_BUTTON) -> EnableWindow(false);
    GetDlgItem(IDC_CONTINUE_BUTTON) -> EnableWindow(false);
    m_p1name = m_name1 = pDoc -> status.player[0].name;
    m_p2name = m_name2 = pDoc -> status.player[1].name;
    m_time = "游戏马上开始!";
    UpdateData(false);
}
```

3. 按钮功能的实现

（1）在 CRightView 类中为"开始"按钮添加鼠标单击消息处理函数，代码如下：

```
void CRightView::OnBeginButton()
{
    CGobangDoc * pDoc = (CGobangDoc * )GetDocument();
    ASSERT_VALID(pDoc);
    //将界面数据读入,并对字符串去除左、右空格
    UpdateData(true);
    m_p1name.TrimLeft();
    m_p1name.TrimRight();
    m_p2name.TrimLeft();
    m_p2name.TrimRight();
    //读入选手姓名
    pDoc -> status.player[0].name = m_name1 = m_p1name;
    pDoc -> status.player[1].name = m_name2 = m_p2name;
    UpdateData(false);
    //判断姓名是否为空或重名
    if(m_p1name.IsEmpty() || m_p2name.IsEmpty())
```

```
        {
            AfxMessageBox(L"请输入您的姓名!");
            return;
        }
        else if(m_p1name == m_p2name)
        {
            AfxMessageBox(L"选手姓名不能相同!");
            return;
        }
        if(!pDoc -> status.nWithComputer)
        {
            if(m_p1name == _T("电脑") || m_p2name == _T("电脑"))
            AfxMessageBox(L"选手姓名不能为[电脑]!");
            return;
        }
        //计算机执黑先下的第 1 步落子操作
        if(pDoc -> status.nWithComputer && pDoc -> status.player[1].chessType == 1)
        {
            CGobangView * pLeftView = ((CMainFrame * )AfxGetApp()
                                                    -> m_pMainWnd) -> pLeftView;
            CDC * pDC = pLeftView -> GetDC();
            CChess * chess = &(pDoc -> status.chess[6][6]);
            chess -> type = 1;
            chess -> DisplayStone(pDC, IDB_MASK, chess -> pointW);
            chess -> DisplayStone(pDC, IDB_FOCUSBLACK, chess -> pointW);
            pDoc -> manager.ChangePlayerStatus(chess);
            pDoc -> status.count++;
            chess -> num = pDoc -> status.count;
        }
        //游戏开始
        pDoc -> manager.over = false;
        //禁用及激活有关按钮
        GetDlgItem(IDC_SETTING_BUTTON) -> EnableWindow(false);
        GetDlgItem(IDC_COMBO_P1NAME) -> EnableWindow(false);
        GetDlgItem(IDC_COMBO_P2NAME) -> EnableWindow(false);
        GetDlgItem(IDC_BEGIN_BUTTON) -> EnableWindow(false);
        GetDlgItem(IDC_PAUSE_BUTTON) -> EnableWindow(true);
        GetDlgItem(IDC_CONTINUE_BUTTON) -> EnableWindow(true);
    }
```

（2）在 CRightView 类中为"游戏设置"按钮添加鼠标单击消息处理函数。由于该按钮的功能与"操作"|"设置"菜单命令的功能完全相同，故采用重定向消息的方法将消息提供给视图类处理。重载 CRightView 类的虚函数 OnCmdMsg()，并添加代码。

```
BOOL CRightView::OnCmdMsg(UINT nID, int nCode, void * pExtra, AFX_CMDHANDLERINFO * pHandlerInfo)
{
    CGobangView * pLeftView = ((CMainFrame * )AfxGetApp()
                                              -> m_pMainWnd) -> pLeftView;
    if(pLeftView -> OnCmdMsg(nID, nCode, pExtra, pHandlerInfo))
        return TRUE;
    return CFormView::OnCmdMsg(nID, nCode, pExtra, pHandlerInfo);
}
```

4. 图片的动态显示

（1）在 CRightView 类中添加成员函数 RefreshRightView()，并添加代码。

```
void CRightView::RefreshRightView()
{
    CGobangDoc * pDoc = (CGobangDoc *)GetDocument();
    ASSERT_VALID(pDoc);
    if(pDoc -> status.count == 0)
    {
        m_p1name = m_name1 = pDoc -> status.player[0].name;
        m_p2name = m_name2 = pDoc -> status.player[1].name;
        UpdateData(false);
        GetDlgItem(IDC_PAUSE_BUTTON) -> EnableWindow(false);
        GetDlgItem(IDC_CONTINUE_BUTTON) -> EnableWindow(false);
        GetDlgItem(IDC_BEGIN_BUTTON) -> EnableWindow(true);
        GetDlgItem(ID_SETTING) -> EnableWindow(true);
        if(pDoc -> status.nWithComputer)
        {
            GetDlgItem(IDC_COMBO_P1NAME) -> EnableWindow(true);
        }
        else
        {
            GetDlgItem(IDC_COMBO_P1NAME) -> EnableWindow(true);
            GetDlgItem(IDC_COMBO_P2NAME) -> EnableWindow(true);
            m_p1name = m_p2name = _T(" ");
            m_name1 = m_name2 = _T(" ");
            UpdateData(false);
        }
        //选手姓名下黑白棋子位图的显示
        if(pDoc -> status.player[0].chessType == 1)
        {
            m_pic1.SetBitmap((HBITMAP)bt1);
            m_pic2.SetBitmap((HBITMAP)bt2);
        }
        else
        {
            m_pic2.SetBitmap((HBITMAP)bt1);
            m_pic1.SetBitmap((HBITMAP)bt2);
        }
    }
    else
    {
        GetDlgItem(ID_SETTING) -> EnableWindow(false);
        GetDlgItem(IDC_COMBO_P1NAME) -> EnableWindow(false);
        GetDlgItem(IDC_COMBO_P2NAME) -> EnableWindow(false);
        GetDlgItem(IDC_BEGIN_BUTTON) -> EnableWindow(false);
        GetDlgItem(IDC_PAUSE_BUTTON) -> EnableWindow(true);
        GetDlgItem(IDC_CONTINUE_BUTTON) -> EnableWindow(true);
    }
    //下一步黑白棋子位图的动态显示
```

```
if(!pDoc -> status.nWithComputer)
{
    if(pDoc -> status.next)
        m_pic3.SetBitmap((HBITMAP)bt1);
    else
        m_pic3.SetBitmap((HBITMAP)bt2);
}
else
{
    if(pDoc -> status.player[1].chessType == 1)
        m_pic3.SetBitmap((HBITMAP)bt2);
    else
        m_pic3.SetBitmap((HBITMAP)bt1);
}
}
```

（2）在视图类的"工具"|"设置"菜单命令消息处理函数及鼠标单击消息处理函数中添加刷新右视图的代码。

```
void CGobangView::OnSetting()
{
    CRightView * pRightView = ((CMainFrame * )AfxGetApp()
                                    -> m_pMainWnd) -> pRightView;
    CSettingDlg setupDlg;
    if(setupDlg.DoModal() == IDOK)
    {
        …
        pRightView -> RefreshRightView();
    }
}

void CGobangView::OnLButtonDown(UINT nFlags, CPoint point)
{
    CRightView * pRightView = ((CMainFrame * )AfxGetApp()
                                    -> m_pMainWnd) -> pRightView;
    …
    if(!m_pManager -> over)
    {
        m_pStatus -> next = !m_pStatus -> next;
        pRightView -> RefreshRightView();
    }
    CView::OnLButtonDown(nFlags, point);
}
```

13.4.10 悔棋功能的实现

悔棋是棋类游戏中最重要的功能之一，实现的方法也有很多，为了和文件保存功能的实现相统一，本实例利用动态数组来实现这一功能。在游戏进行的过程中将每次落子操作完成后的状态参数存入动态数组，这样在需要的时候通过对数组中对象的搜索与定位就可以将棋局倒退到以前的任何一个状态。

1. 文档类成员的定义

在文档类 CGobangDoc 中添加两个存放对象指针的动态数组、两个用于向动态数组中添加对象指针的成员函数。

```
…
#include<afxtempl.h>  //使用 MFC 类模板
class CGobangDoc: public CDocument
{
…
public:
    …
    CTypedPtrArray<CObArray,CStatus *> m_StatusArray;       //存放对象指针的动态数组
    CTypedPtrArray<CObArray,CManager *> m_ManagerArray;
public:
    void AddManager();                                      //向动态数组中添加对象
    void AddStatus();
…
}
void CGobangDoc::AddManager()
{
    CManager * pManager = new CManager();
    * pManager = manager;
    m_ManagerArray.Add(pManager);                           //将该对象加入动态数组
}
void CGobangDoc::AddStatus()
{
    CStatus * pStatus = new CStatus();
    * pStatus = status;
    m_StatusArray.Add(pStatus);
}
```

2. 对象的添加

（1）在左视图类 CGobangView 的 OnDraw()函数中添加代码,在动态数组的第 1 个位置放入初始对象,以备重新开始游戏时使用。为此需要在 CGobangView 类中添加一个 bool 类型的成员变量 IsFirst。

```
void CGobangView::OnDraw(CDC * pDC)
{
    CGobangDoc * pDoc = GetDocument();
    ASSERT_VALID(pDoc);
    DisplayBoard(pDC,IDB_BOARD);
    if(nIsFirst)
    {
        pDoc->AddManager();
        pDoc->AddStatus();
        nIsFirst = false;
    }
    for(int i = 0;i<15;i++)
…
}
```

（2）在左视图类 CGobangView 的 OnLButtonDown()函数中添加代码，放入游戏进行中每一步的对象。

```
void CGobangView::OnLButtonDown(UINT nFlags, CPoint point)
{
    CGobangDoc * pDoc = GetDocument();
    ASSERT_VALID(pDoc);
...
    if(!m_pManager -> over)
    {
        m_pStatus -> next = !m_pStatus -> next;
        pRightView -> Invalidate();
        pDoc -> AddManager();
        pDoc -> AddStatus();
    }
    CView::OnLButtonDown(nFlags, point);
}
```

3. 左视图窗口的重绘

在左视图类 CGobangView 的 OnDraw()函数中添加代码，实现视图窗口的重绘。

```
void CGobangView::OnDraw(CDC * pDC)
{
    CGobangDoc * pDoc = GetDocument();
    ASSERT_VALID(pDoc);
    ...
    for(int i = 0;i < 15;i++)
        for(int j = 0;j < 15;j++)
        {
            if(m_pStatus -> chess[i][j].type == 0) continue;
            m_pStatus -> chess[i][j].DisplayStone(pDC,IDB_MASK,
                            m_pStatus -> chess[i][j].pointW);
            if(m_pStatus -> chess[i][j].type == 1)
            {
                //显示焦点棋子及普通棋子
                if(m_pStatus -> chess[i][j].num!= m_pStatus -> count)
                    m_pChess -> DisplayStone(pDC,IDB_BLACK,
                            m_pStatus -> chess[i][j].pointW);
                else
                    //焦点棋子的显示
                    m_pChess -> DisplayStone(pDC,IDB_FOCUSBLACK,
                            m_pStatus -> chess[i][j].pointW);
            }
            else
            {
                if(m_pStatus -> chess[i][j].num!= m_pStatus -> count)
                    m_pChess -> DisplayStone(pDC,IDB_WHITE,
                            m_pStatus -> chess[i][j].pointW);
                else
                    m_pChess -> DisplayStone(pDC,IDB_FOCUSWHITE,
                            m_pStatus -> chess[i][j].pointW);
            }
        }
}
```

4. 悔棋

在左视图类 CGobangView 中为"编辑"|"悔棋"菜单项添加命令消息处理函数,并添加代码。

```
void CGobangView::OnGameback()
{
    CGobangDoc * pDoc = GetDocument();                          //获得文档对象的指针
    ASSERT_VALID(pDoc);                                          //测试文档对象是否运行有效
    int nIndex1 = pDoc -> m_ManagerArray.GetSize();             //获取动态数组中对象的数量
    int nIndex2 = pDoc -> m_StatusArray.GetSize();
    if(nIndex1 < 4 || nIndex2 < 4) return;
    pDoc -> manager = * (pDoc -> m_ManagerArray.GetAt(nIndex1 - 2));
    pDoc -> status = * (pDoc -> m_StatusArray.GetAt(nIndex2 - 2));
    //悔棋后从数组中删除
    pDoc -> m_ManagerArray.RemoveAt(nIndex1 - 1);
    pDoc -> m_StatusArray.RemoveAt(nIndex2 - 1);
    //刷新视图
    CRightView * pRightView = ((CMainFrame * )AfxGetApp() ->
                                          m_pMainWnd) -> pRightView;
    pRightView -> RefreshRightView();
    Invalidate();
}
```

13.4.11 重新开始游戏功能的实现

在左视图类 CGobangView 中为"文件"|"重新开始"菜单项添加命令消息处理函数,并编辑代码。

```
void CGobangView::OnFileNew()
{
    if(!m_pManager -> over)
    {
        if(MessageBox(L"游戏还没有结束,确定要放弃吗?",
                    L"温馨提示",MB_OKCANCEL|MB_ICONWARNING) == IDCANCEL)
            return;
    }
    else
    {
        if(MessageBox(L"重新开始吗?",
                    L"温馨提示",MB_OKCANCEL|MB_ICONWARNING) == IDCANCEL)
            return;
    }
    CGobangDoc * pDoc = GetDocument();                          //获得文档对象的指针
    ASSERT_VALID(pDoc);                                          //测试文档对象是否运行有效
    //重新初始化对象
    pDoc -> manager = * (pDoc -> m_ManagerArray.GetAt(0));
    pDoc -> status = * (pDoc -> m_StatusArray.GetAt(0));
    //删除动态数组中的对象
    if(pDoc -> status.count > 0)
    {
```

```
        pDoc->m_ManagerArray.RemoveAll();
        pDoc->m_StatusArray.RemoveAll();
    }
    CRightView * pRightView = ((CMainFrame * )AfxGetApp()->m_pMainWnd)
                                                    ->pRightView;
    pRightView->RefreshRightView();
    Invalidate();
}
```

13.4.12 文件的保存与打开

1. 文件的保存

本实例采用序列化方式对文件进行读/写操作。

（1）为自定义类 CManager、CStatus、CChess 以及 CPlayer 添加实现序列化功能的宏，DECLARESERIAL 宏添加在各个类的定义中，IMPLEMENTSERIAL 宏添加在各自的实现文件中，如表 13.12 所示。

表 13.12　自定义类的序列化宏

类　　名	序列化类声明宏	序列化类实现宏
CManager	DECLARE_SERIAL(CManager)	IMPLEMENT_SERIAL(CManager,CObject,1)
CStatus	DECLARE_SERIAL(CStatus)	IMPLEMENT_SERIAL(CStatus,CObject,1)
CChess	DECLARE_SERIAL(CChess)	IMPLEMENT_SERIAL(CChess,CObject,1)
CPlayer	DECLARE_SERIAL(CPlayer)	IMPLEMENT_SERIAL(CPlayer,CObject,1)

（2）在视图类 CGobangView 的 OnLButtonDown()函数中添加文档修改标志。

```
pDoc->SetModifiedFlag();
```

2. 文件的打开

重载文档类 CGobangDoc 的虚函数 OnOpenDocument()，并添加代码。

```
BOOL CGobangDoc::OnOpenDocument(LPCTSTR lpszPathName)
{
    if(!CDocument::OnOpenDocument(lpszPathName))
        return FALSE;
    int nIndex1 = m_ManagerArray.GetSize();
    int nIndex2 = m_StatusArray.GetSize();
    manager = * m_ManagerArray.GetAt(nIndex1 - 1);
    status = * m_StatusArray.GetAt(nIndex2 - 1);
    CRightView * pRightView = ((CMainFrame * )AfxGetApp()->m_pMainWnd)
                                                    ->pRightView;
    pRightView->RefreshRightView();
    return TRUE;
}
```

13.4.13 计时功能的实现

实现计时功能的方法有很多，结合本书的知识点，本实例采用线程来实现这一功能。

1. 创建线程

（1）创建一个工作者线程。在右视图类 CRightView 的头文件中声明线程函数。

```
UINT DisplayTime(LPVOID pParam);                  //线程函数的声明
class CRightView: public CFormView
{
    …
}
```

（2）在 CRightView 类的 OnBeginButton() 函数之前定义一个存放时间的全局变量 nTime 以及用来控制线程终止的全局变量 IsEndThread，并添加线程函数的代码。

```
int nTime = 0;
bool IsEndThread = false;
UINT DisplayTime(LPVOID pParam)                   //线程函数
{
    while(true)
    {
        Sleep(1000);
        nTime++ ;
        if(IsEndThread) AfxEndThread(1);
    }
    return 0;
}
```

2. 启动线程

在 CRightView 类中添加一个公有的 CwinThread 类型指针变量 m_pThread，并在 OnBeginButton() 函数中添加代码启动线程函数。

```
void CRightView::OnBeginButton()
{
    …
    //创建线程,以启动线程函数 DisplayTime(),开始计时
    IsEndThread = false;
    nTime = 0;
    m_pThread = AfxBeginThread(DisplayTime,(LPVOID)nTime,
                    THREAD_PRIORITY_BELOW_NORMAL,0);
    m_time = "游戏正在进行中!";
    UpdateData(false);
}
```

3. 耗时的显示

在右视图类 CRightView 的 RefreshRightView() 函数中添加代码,显示本局已用时间, 单位为秒。

```
UINT DisplayTime(LPVOID pParam);
void CRightView::RefreshRightView()
{
    …
```

```
//显示总用时
CString str = "游戏马上开始!";
if(!pDoc -> manager.over)
    str.Format(L"该局用时：% d 秒",nTime);
m_time = str;
UpdateData(false);
}
```

4. 计时的暂停与恢复

为右视图类 CRightView 的"暂停"和"继续"按钮添加单击消息处理函数，实现游戏及计时的暂停与恢复。

```
void CRightView::OnPauseButton()
{
    CGobangDoc * pDoc = (CGobangDoc * )GetDocument();
    ASSERT_VALID(pDoc);
    pDoc -> manager.pause = true;
    m_pThread -> SuspendThread();
}
void CRightView::OnContinueButton()
{
    CGobangDoc * pDoc = (CGobangDoc * )GetDocument();
    ASSERT_VALID(pDoc);
    pDoc -> manager.pause = false;
    m_pThread -> ResumeThread();
}
```

5. 计时的终止

在游戏进行的过程中，若有一方获胜或游戏被用户强行终止，都要停止计时，因此需要在左视图类 CGobangView 的 OnLButtonDown()、OnFileNew() 函数中添加代码来实现线程的终止。

```
void CGobangView::OnLButtonDown(UINT nFlags, CPoint point)
{
    …
    else
    {
        AddRecorder();
        IsEndThread = true;
    }
    CView::OnLButtonDown(nFlags, point);
}
void CGobangView::OnFileNew()
{
    …
    if(!m_pManager -> over)
    {
        …
    }
    else
```

```
    {
        ...
    }
    //终止线程，停止计时
    IsEndThread = true;
    ...
}
```

13.4.14 日志及排行榜功能的实现

1. 数据库设计

根据系统的功能需求,本实例数据库采用 Microsoft Access 建立,数据库文件名为 info,包含 gobang 和 scores 两张表,分别用来储存每一局正常结束的游戏信息以及每位选手的总分。其结构如表 13.13 和表 13.14 所示。

表 13.13　日志信息表(gobang_info)

字段名称	数据类型	字段大小	必填字段	索引	是否主键
序号	数字	整型	是	无	否
选手 1 姓名	文本	50	是	无	否
选手 2 姓名	文本	整型	是	无	否
对弈时间	文本	50	是	无	否
总用时	数字	整型	是	无	否
总手数	数字	整型	是	无	否
获胜选手	文本	50	是	无	否
选手 1 得分	数字	整型	是	无	否
选手 1 总分	数字	整型	是	无	否
选手 2 得分	数字	整型	是	无	否
选手 2 总分	数字	整型	是	无	否

表 13.14　总分信息表(scores)

字段名称	数据类型	字段大小	必填字段	索引	是否主键
姓名	文本	50	是		否
总分	数字	整型	是		否

2. 导入 ADO 动态链接库

在实例项目的 pch.h 头文件中用直接导入符号♯import 导入 ADO 库文件,代码如下:

```
#import "C:\Program Files (x86)\Common Files\system\ado\msado15.dll" no_namespace \
rename("EOF","EndOfFile") \
rename("LockTypeEnum","newLockTypeEnum")\
rename("DataTypeEnum","newDataTypeEnum")\
rename("FieldAttributeEnum","newFieldAttributeEnum")\
rename("EditModeEnum","newEditModeEnum")\
rename("RecordStatusEnum","newRecordStatusEnum")\
rename("ParameterDirectionEnum","newParameterDirectionEnum")
```

3. 初始化 OLE/COM 库环境

其代码如下：

```
BOOL CGobangApp::InitInstance()
{
    AfxEnableControlContainer();
    //初始化 OLE DLLs
    if(!AfxOleInit())
    {
        AfxMessageBox(L"初始化 OLE DLL 失败!");
        return FALSE;
    }
    …
}
```

4. 定义智能指针对象

在 CGobangApp 类中添加如下公有成员变量。

```
public:
    _ConnectionPtr m_pConn;                    //连接对象
    _RecordsetPtr m_pRs;                       //记录集对象
```

5. 初始化智能指针

在 CGobangApp 类的初始化成员函数 InitInstance()中、库环境初始化代码的下面添加如下代码。

```
try
{
    m_pConn.CreateInstance(__uuidof(Connection));
    m_pConn -> Open("Provider = Microsoft.Jet.OLEDB.4.0;
    Data Source = SAMS.mdb","","",adConnectUnspecified);

}
catch(_com_error &e)
{
    CString err;
    err.Format(L"% s",(char *)(e.Description()));
    AfxMessageBox(err);
}
catch(...)
{
    AfxMessageBox(L"Unknown Error...");
}
m_pRs.CreateInstance(__uuidof(Recordset));        //初始化记录集
```

6. 操作数据库

在 CGobangApp 类中添加成员函数 DbExecute(),定义如下：

```
public:
    bool DbExecute(_RecordsetPtr &ADOSet,_variant_t &strSQL);
```

实现如下：

```
bool CGobangApp::DbExecute(_RecordsetPtr &ADOSet, _variant_t &strSQL)
{
    if(ADOSet->State == adStateOpen)
        ADOSet->Close();
    try
    {
        ADOSet->Open(strSQL, m_pConn.GetInterfacePtr(),
                        adOpenStatic, adLockOptimistic, adCmdUnknown);
        return true;
    }
    catch(_com_error &e)
    {
        CString err;
        err.Format(L"ADO Error: %s",(char *)e.Description());
        AfxMessageBox(err);
        return false;
    }
}
```

7. "日志"对话框的初始化

由于要在 CDiaryInfo 对话框类中调用 CGobangApp 类的成员函数 DbExecute()对数据库进行操作，应先导入全局对象 theApp。在 CDiaryInfo 类的实现文件 DiaryInfo.cpp 的前面、预编译语句的后面添加下列语句。

```
extern CGobangApp theApp;
```

在 CDiaryInfo 类的初始化函数 OnInitDialog()中添加代码，对"日志"对话框进行初始化，主要是从数据库的 gobang_info 表中读出数据，并把它们显示在列表视图控件中。

```
BOOL CDiaryInfo::OnInitDialog()
{
    CDialog::OnInitDialog();
    CString s, str[11] = {L"序号",L"选手1姓名",L"选手2姓名",L"对弈时间",L"总用时",L"总
手数",L"获胜选手",L"选手1得分",L"选手1总分",L"选手2得分",L"选手2总分"};
    int i, j;
    for(i = 0; i < 11; i++)
        m_list.InsertColumn(i, str[i]);
    _variant_t Holder, strQuery;
    strQuery = "select * from gobang_info";
    theApp.DbExecute(theApp.m_pRs, strQuery);
    int iCount = theApp.m_pRs->GetRecordCount();
    if(iCount) theApp.m_pRs->MoveFirst();
    for(i = 0; i < iCount; i++)
    {
        for(j = 0; j < 11; j++)
        {
            Holder = theApp.m_pRs->GetCollect((_variant_t)str[j]);
            if(Holder.vt == VT_INT)
                s.Format("%d",Holder.vt == VT_NULL?0:Holder.iVal);
```

综合应用实例

```
        else
            s = Holder.vt == VT_NULL?"":(char * )(_bstr_t)Holder;
        if(j == 0)
            m_list.InsertItem(i,s);
        m_list.SetItemText(i,j,s);
        }
        theApp.m_pRs -> MoveNext();
    }
    m_list.SetColumnWidth(0,40);
    for(i = 1;i < 11;i++)
        m_list.SetColumnWidth(i,70);
    m_list.SetColumnWidth(3,150);

    return TRUE;
}
```

8. "日志"对话框中按钮控件功能的实现

在 CDiaryInfo 类中为"排序"和"清空"按钮添加单击消息处理函数。

```
void CDiaryInfo::OnButtonClear()
{
    _variant_t Holder,strQuery;
    strQuery = "delete from gobang_info";
    if(theApp.DbExecute(theApp.m_pRs, strQuery))
        AfxMessageBox(L"日志清空成功!", MB_ICONINFORMATION);
    else
    {
        AfxMessageBox(L"日志清空失败!", MB_ICONEXCLAMATION);
        return;
    }
    strQuery = "delete from scores";
    if(theApp.DbExecute(theApp.m_pRs, strQuery))
        AfxMessageBox(L"排行表清空成功!", MB_ICONINFORMATION);
    else
    {
        AfxMessageBox(L"排行表清空失败!", MB_ICONEXCLAMATION);
        return;
    }
    m_list.DeleteAllItems();
    Invalidate();
}
void CDiaryInfo::OnButtonSort()
{
    CDC *  pDC = GetDC();
    pDC -> SetBkMode(TRANSPARENT);
    int i = 0,total;
    CString str,strName;
    _variant_t Holder,strQuery;
    strQuery = "select * from scores order by 总分 desc";
    theApp.DbExecute(theApp.m_pRs, strQuery);
    int iCount = theApp.m_pRs -> GetRecordCount();
```

```
        if(!iCount) return;
        theApp.m_pRs->MoveFirst();
        for(i = 0; i < iCount; i++)
        {
            Holder = theApp.m_pRs->GetCollect("姓名");
            strName = Holder.vt == VT_NULL?"":(char * )(_bstr_t)Holder;
            Holder = theApp.m_pRs->GetCollect("总分");
            total = Holder.vt == VT_NULL?0:Holder.iVal;
            str.Format(L"第 %d 名:    " + strName + L" %d",i + 1,total);
            if(i < 5)
                pDC->TextOut(30,220 + i * 25,str);
            else
                pDC->TextOut(200,220 + (i - 5) * 25,str);
            theApp.m_pRs->MoveNext();
        }
}
```

9. "日志"对话框的打开

在 CDiaryInfo 类中为"查看"|"日志"菜单项添加命令消息处理函数,并添加代码。

```
void CGobangView::OnViewInfo()
{
    CDiaryInfo dlg;
    dlg.DoModal();
}
```

10. 记录的添加

(1) 在视图类 CGobangView 中添加成员函数 AddRecorder()。

```
void CGobangView::AddRecorder()
{
    CGobangDoc * pDoc = GetDocument();
    ASSERT_VALID(pDoc);
    CString str[12];
    int total1,total2;
    total1 = pDoc->status.player[0].score;
    total2 = pDoc->status.player[1].score;
    str[1] = pDoc->status.player[0].name;
    str[2] = pDoc->status.player[1].name;
    //获取系统时间
    CTime time;
    time = CTime::GetCurrentTime();
    str[3] = time.Format(L"%y 年 %m 月 %d 日  %H: %M: %S");
    str[4].Format(L"%d",nTime);
    str[5].Format(L"%d",pDoc->status.count);
    if(pDoc->status.player[0].winner == 1)
        str[6] = pDoc->status.player[0].name;
    else if(pDoc->status.player[1].winner == 1)
        str[6] = pDoc->status.player[1].name;
    else
        str[6] = "平";
```

```cpp
    str[7].Format(L"%d", pDoc -> status.player[0].score);
    str[9].Format(L"%d", pDoc -> status.player[1].score);
    _variant_t Holder, strQuery, strQuery1, strQuery2;
    strQuery = "select * from gobang_info";
    theApp.DbExecute(theApp.m_pRs, strQuery);
    int iCount = theApp.m_pRs -> GetRecordCount();
    if(iCount) theApp.m_pRs -> MoveFirst();
    for( int i = 0; i < iCount; i++)
    {
        if(theApp.m_pRs -> GetCollect("选手 1 姓名") == (_variant_t)str[1])
        {
            Holder = theApp.m_pRs -> GetCollect("选手 1 得分");
            total1 += Holder.iVal;
        }
        if(theApp.m_pRs -> GetCollect("选手 2 姓名") == (_variant_t)str[1])
        {
            Holder = theApp.m_pRs -> GetCollect("选手 2 得分");
            total1 += Holder.iVal;
        }
        if(theApp.m_pRs -> GetCollect("选手 1 姓名") == (_variant_t)str[2])
        {
            Holder = theApp.m_pRs -> GetCollect("选手 1 得分");
            total2 += Holder.iVal;
        }
        if(theApp.m_pRs -> GetCollect("选手 2 姓名") == (_variant_t)str[2])
        {
            Holder = theApp.m_pRs -> GetCollect("选手 2 得分");
            total2 += Holder.iVal;
        }
        theApp.m_pRs -> MoveNext();
    }

    str[0].Format(L"%d", iCount + 1);
    str[8].Format(L"%d", total1);
    str[10].Format(L"%d", total2);
    strQuery = "insert into gobang_info values('" + str[0] + "',\
        '" + str[1] + "','" + str[2] + "', \
        '" + str[3] + "','" + str[4] + "', \
        '" + str[5] + "','" + str[6] + "', \
        '" + str[7] + "','" + str[8] + "', \
        '" + str[9] + "','" + str[10] + "')";
    if(!theApp.DbExecute(theApp.m_pRs, strQuery))
    {
        AfxMessageBox(_T("日志保存失败!"), MB_ICONEXCLAMATION);
        return;
    }
    //更新排名表
    strQuery = "delete from scores where 姓名 = '" + str[1] + "'";
    theApp.DbExecute(theApp.m_pRs, strQuery);
    strQuery = "delete from scores where 姓名 = '" + str[2] + "'";
    theApp.DbExecute(theApp.m_pRs, strQuery);
```

```
strQuery1 = "insert into scores values('" + str[1] + "','" + str[8] + "')";
strQuery2 = "insert into scores values('" + str[2] + "','" + str[10] + "')";
theApp.DbExecute(theApp.m_pRs, strQuery1);
theApp.DbExecute(theApp.m_pRs, strQuery2);
}
```

在其实现文件 GobangView.cpp 开始处的预编译语句后添加代码,导入全局变量。

```
extern int nTime;
extern CGobangApp theApp;
```

(2) 在视图类 CGobangView 的消息映射函数 OnLButtonDown() 中添加代码,将数据向数据库中写入。

```
void CGobangView::OnLButtonDown(UINT nFlags, CPoint point)
{
    ...
    if(!m_pManager -> over)
    {
        ...
        pDoc -> AddManager();
        pDoc -> AddStatus();
    }
    else
        AddRecorder();                 //将数据写入数据库
    CView::OnLButtonDown(nFlags, point);
}
```

13.4.15 选手姓名的读入

右视图中的选手姓名既可以从键盘输入,也可以从组合框的下拉列表中选择,因此必须将数据库中的选手姓名添加到组合框的下拉列表中。

1. 定义成员函数

在右视图类 CRightView 中添加成员函数 AddName(),并在其实现文件 RightView.cpp 开始处的预编译语句后添加代码,导入全局变量 theApp。

```
void CRightView::AddName()
{
    //将数据库中的姓名读入组合框
    _variant_t Holder,strQuery;
    CString strName;
    strQuery = "select 姓名 from scores";
    theApp.DbExecute(theApp.m_pRs, strQuery);
    int iCount = theApp.m_pRs -> GetRecordCount();
    if(iCount) theApp.m_pRs -> MoveFirst();
    for(int i = 0; i < iCount; i++)
    {
        Holder = theApp.m_pRs -> GetCollect("姓名");
        strName = Holder.vt == VT_NULL?"":(char *)(_bstr_t)Holder;
        //若姓名已在组合框中则不再添加
```

```
            if(m_cP1name.FindStringExact( - 1,strName) == LB_ERR)
            {
                m_cP1name.AddString(strName);
                m_cP2name.AddString(strName);
            }
            theApp.m_pRs - > MoveNext();
        }
    }
```

2. 添加姓名

在右视图类 CRightView 的 OnInitialUpdate() 函数以及左视图类 CGobangView 的 OnFileNew()函数中调用成员函数 AddName()。

```
void CRightView::OnInitialUpdate()
{
    CFormView::OnInitialUpdate();
    CGobangDoc * pDoc = (CGobangDoc * )GetDocument();
    ASSERT_VALID(pDoc);
    AddName();
…
}

void CGobangView::OnFileNew()
{
    CGobangDoc  * pDoc = GetDocument();
    ASSERT_VALID(pDoc);
…
    CRightView * pRightView = ((CMainFrame * )AfxGetApp() - > m_pMainWnd) - > pRightView;
    pRightView - > AddName();
    pRightView - > RefreshRightView();
    Invalidate();
}
```

13.4.16 音效功能的实现

1. 定义成员函数

在管理类 CManager 中添加成员函数 PlayMySound()。

```
void CManager::PlayMySound(UINT IDSoundRes)
{
    PlaySound(MAKEINTRESOURCE(IDSoundRes),
            NULL,
            SND_ASYNC|SND_RESOURCE|SND_NODEFAULT);
}
```

2. 导入库文件

在 pch.h 头文件中添加代码,导入多媒体运行库 winmm.lib。

```
# include < mmsystem.h >
# pragma comment(lib, "winmm.lib")
```

3. 播放声音

（1）在左视图类 CGobangView 的 OnDraw() 函数中调用 PlayMySound() 函数，播放游戏启动欢迎音乐。

```
void CGobangView::OnDraw(CDC * pDC)
{
    CGobangDoc * pDoc = GetDocument();
    ASSERT_VALID(pDoc);
    DisplayBoard(pDC,IDB_BOARD);
    if(nIsFirst)
    {
        …
        m_pManager -> PlayMySound(IDSOUND_WELCOME);
    }
    for(int i = 0;i < 15;i++)
…
}
```

（2）在左视图类 CGobangView 的 OnLButtonDown() 函数中调用 PlayMySound() 函数，播放落子声音。

```
void CGobangView::OnLButtonDown(UINT nFlags, CPoint point)
{
    …
    pDoc -> SetModifiedFlag();
    if(pDoc -> status.sound)
        m_pManager -> PlayMySound(IDSOUND_PUTSTONE);
    …
}
```

（3）在管理类 CManager 的成员函数 Judge() 中添加代码，播放获胜声音。

```
void CManager::Judge(CStatus& status)
{
    …
    if(p1win)
    {
        PlayMySound(IDSOUND_BLACKWIN);
        …
    }
    if(p2win)
    {
        PlayMySound(IDSOUND_WHITEWIN);
        …
    }
}
```

13.4.17 游戏启动封面的设计

本实例程序的启动封面采用闪屏方式。当用户启动程序时，首先展示游戏封面图像，并

415

同步播放欢迎音乐。当封面图像持续设置的时间,或者用户单击封面图像,或者用户按下键盘上的任意键后,立刻进入如图 13.1 所示的游戏主界面。

1. 插入资源

在项目中打开"添加资源"对话框,导入游戏启动时的位图资源,其 ID 为 IDB_SPLASH,如图 13.10 所示。

图 13.10　程序启动封面

2. 编写代码

(1) 在项目中添加一个名为 CSplashWnd 的 MFC 类,其基类为 CWnd,其头文件的代码如下。

```
#pragma once
//CSplashWnd
class CSplashWnd: public CWnd
{
    DECLARE_DYNAMIC(CSplashWnd)
public:
    CSplashWnd();
    virtual ~CSplashWnd();
public:
    CBitmap m_bitmap;
public:
    static void EnableSplashScreen(BOOL bEnable = TRUE);
    static void ShowSplashScreen(CWnd * pParentWnd = NULL);
    static BOOL PreTranslateAppMessage(MSG * pMsg);
protected:
    BOOL Create(CWnd * pParentWnd = NULL);
    void HideSplashScreen();
    static BOOL c_bShowSplashWnd;
    static CSplashWnd * c_pSplashWnd;
```

```
public:
    virtual void PostNcDestroy();
protected:
    afx_msg int OnCreate(LPCREATESTRUCT lpCreateStruct);
    afx_msg void OnPaint();
    afx_msg void OnTimer(UINT_PTR nIDEvent);
    DECLARE_MESSAGE_MAP()
};
```

（2）编写 CSplashWnd 类的实现代码。

```
//SplashWnd.cpp: 实现文件
# include "pch.h"
# include "NewGobang.h"
# include "SplashWnd.h"
# include "resource.h"
//CSplashWnd
IMPLEMENT_DYNAMIC(CSplashWnd, CWnd)
BOOL CSplashWnd::c_bShowSplashWnd;
CSplashWnd * CSplashWnd::c_pSplashWnd;
CSplashWnd::CSplashWnd()
{
}
CSplashWnd::~CSplashWnd()
{
    ASSERT(c_pSplashWnd == this);
    c_pSplashWnd = NULL;
}
BEGIN_MESSAGE_MAP(CSplashWnd, CWnd)
    ON_WM_CREATE()
    ON_WM_PAINT()
    ON_WM_TIMER()
END_MESSAGE_MAP()
void CSplashWnd::EnableSplashScreen(BOOL bEnable / * = TRUE * /)
{
    c_bShowSplashWnd = bEnable;
}
void CSplashWnd::ShowSplashScreen(CWnd * pParentWnd / * = NULL * /)
{
    if(!c_bShowSplashWnd || c_pSplashWnd != NULL)
        return;
    c_pSplashWnd = new CSplashWnd;
    if(!c_pSplashWnd -> Create(pParentWnd))
        delete c_pSplashWnd;
    else
        c_pSplashWnd -> UpdateWindow();
}
BOOL CSplashWnd::PreTranslateAppMessage(MSG * pMsg)
{
    if(c_pSplashWnd == NULL)
        return FALSE;
```

```
        if(pMsg -> message == WM_KEYDOWN ||
            pMsg -> message == WM_SYSKEYDOWN ||
            pMsg -> message == WM_LBUTTONDOWN ||
            pMsg -> message == WM_RBUTTONDOWN ||
            pMsg -> message == WM_MBUTTONDOWN ||
            pMsg -> message == WM_NCLBUTTONDOWN ||
            pMsg -> message == WM_NCRBUTTONDOWN ||
            pMsg -> message == WM_NCMBUTTONDOWN)
        {
            c_pSplashWnd -> HideSplashScreen();
            return TRUE;
        }
        return FALSE;
}
BOOL CSplashWnd::Create(CWnd * pParentWnd /* = NULL */)
{
    if(!m_bitmap.LoadBitmap(IDB_SPLASH))
        return FALSE;
    BITMAP bm;
    m_bitmap.GetBitmap(&bm);
    return CreateEx(0,
        AfxRegisterWndClass(0, AfxGetApp() -> LoadStandardCursor(IDC_ARROW)),
        NULL, WS_POPUP | WS_VISIBLE, 0, 0, bm.bmWidth, bm.bmHeight, pParentWnd -> GetSafeHwnd
(), NULL);
}
void CSplashWnd::HideSplashScreen()
{
    PlaySound(NULL, NULL, NULL);                    //关闭欢迎音乐
    DestroyWindow();
    AfxGetMainWnd() -> UpdateWindow();
}
//CSplashWnd 消息处理程序
void CSplashWnd::PostNcDestroy()
{
    delete this;
}
int CSplashWnd::OnCreate(LPCREATESTRUCT lpCreateStruct)
{
    if(CWnd::OnCreate(lpCreateStruct) == -1)
        return -1;
    CenterWindow();
    SetTimer(1, 17000, NULL);
    return 0;
}
void CSplashWnd::OnPaint()
{
    CPaintDC dc(this);
    CDC dcImage;
    if(!dcImage.CreateCompatibleDC(&dc))
        return;
    BITMAP bm;
```

```
    m_bitmap.GetBitmap(&bm);
    CBitmap * pOldBitmap = dcImage.SelectObject(&m_bitmap);
    dc.BitBlt(0, 0, bm.bmWidth, bm.bmHeight, &dcImage, 0, 0, SRCCOPY);
    dcImage.SelectObject(pOldBitmap);
}
void CSplashWnd::OnTimer(UINT_PTR nIDEvent)
{
    HideSplashScreen();
}
```

（3）在 CGobangApp 类的 InitInstance()函数中添加代码，使程序中的闪屏图像能够显示，代码见下面的阴影处。

```
…
CCommandLineInfo cmdInfo;
ParseCommandLine(cmdInfo);
CSplashWnd::EnableSplashScreen(cmdInfo.m_bShowSplash);
…
```

（4）在 CMainFrame 类的 OnCreate()函数中添加代码，显示程序的启动封面。

```
…
DockControlBar(&m_wndToolBar);
CSplashWnd::ShowSplashScreen(this);
…
```

附录 A | 实　　验

实验 1　框架的创建与消息处理（2 学时）

实验目的和要求

（1）熟练掌握使用"MFC 应用"项目模板创建一个应用程序框架的步骤。

（2）掌握鼠标消息的响应处理方法。

（3）掌握键盘消息的响应处理方法。

（4）掌握开发环境的使用。

实验内容

先建文件夹..\学号姓名\sy1，然后在该文件夹下编写程序，上机调试和运行程序，最后在实验报告中写出实验步骤，并附上结果图。

（1）创建一个单文档应用程序 Sy1_1，修改它的图标、标题和版本信息，并添加代码，使程序运行时在视图窗口中显示自己的姓名和班级。

（2）创建一个单文档应用程序 Sy1_2，当单击时在消息窗口中显示"鼠标左键被按下！"，当右击时显示"鼠标右键被按下！"。

（3）创建一个单文档应用程序 Sy1_3，当按下"A"键时在消息窗口中显示"输入字符 A！"。

分析与讨论

（1）写出打开应用程序 Sy1_1 的 3 种方法。

（2）解释 TextOut() 函数中前两个参数的含义。

（3）写出定位到应用程序 Sy1_2 中右击时所添加的消息处理函数的 3 种方法。

（4）在完成应用程序 Sy1_3 时，你用的是 WM_CHAR 还是 WM_KEYDOWN 键盘消息，试试另一种，结果如何？

实验 2　图形与文本（4 学时）

实验目的和要求

（1）了解 CDC 类的使用。

（2）掌握常用绘图函数的使用。

（3）学会设置字体。

（4）掌握画笔和画刷的使用。

（5）了解不同文本输出函数的用法。

实验内容

先建文件夹..\学号姓名\sy2,然后在该文件夹下编写程序,上机调试和运行程序,最后在实验报告中附上结果图。

(1) 编写程序 Sy2_1,在客户区中显示一行文本,要求文本颜色为红色、背景色为黄色。

(2) 编写一个单文档应用程序 Sy2_2,在客户区中使用不同的画笔和画刷绘制点、折线、曲线、圆角矩形、弧、扇形和多边形等几何图形。

(3) 编写程序 Sy2_3,利用 CreateFontIndirect() 函数创建黑体字体,字体高度为 30 像素、宽度为 25 像素,并利用 DrawText() 函数在客户区中以该字体输出文本"VC++"。

(4) 编写一个单文档应用程序 Sy2_4,在视图窗口中显示 3 个圆,通过使用不同颜色的画笔及画刷来模拟交通红绿灯。

(5) 编写一个程序 Sy2_5,实现一行文本的水平滚动显示,要求每个周期中文本为红、黄两种颜色,字体为宋、楷两种字体。

分析与讨论

如何使程序 Sy2_3 中输出的文本呈倾斜状态(项目名为 Sy2fx_1)。

实验 3 菜单(2 学时)

实验目的和要求

(1) 学会在使用"MFC 应用"项目模板生成的应用程序框架中加入自己定义的菜单。

(2) 学会更新菜单。

(3) 掌握快捷菜单的使用。

实验内容

先建文件夹..\学号姓名\sy3,然后在该文件夹下编写程序,上机调试和运行程序,最后在实验报告中附上结果图。

(1) 编写一个单文档应用程序 SDIDisp,为程序添加主菜单"显示",且"显示"菜单中包含"文本"和"图形"两个菜单项。当程序运行时,单击"文本"菜单项,可以在视图窗口中显示"我已经学会了如何设计菜单程序!"文本信息;单击"图形"菜单项,则在视图窗口中画一个红色的实心矩形。

(2) 为应用程序 SDIDisp 新增的菜单项添加控制功能。当"文本"菜单项被选中后,该菜单项失效,"图形"菜单项有效;当"图形"菜单项被选中后,该菜单项失效,"文本"菜单项有效。

(3) 为应用程序 SDIDisp 新增的菜单添加快捷菜单。

分析与讨论

如何给应用程序 SDIDisp 新增的菜单项添加快捷键和在状态栏中添加提示信息。

实验 4 工具栏与状态栏(2 学时)

实验目的和要求

(1) 在默认工具栏中添加用户自己的图形按钮。

（2）为应用程序创建一个适合于用户的工具栏。

（3）熟悉状态栏的设计步骤。

（4）为应用程序创建一个适合于用户的状态栏。

实验内容

先建文件夹 ..\学号姓名\sy4，然后在该文件夹下编写程序，上机调试和运行程序，最后在实验报告中附上结果图。

（1）创建一个单文档应用程序 Sy4_1，为该应用程序添加两个按钮到默认工具栏中，单击第 1 个按钮，在视图窗口中弹出用于打开文件的"打开"对话框；单击第 2 个按钮，在消息框中显示"我已经学会使用默认工具栏了！"文本信息。

（2）为实验 3 完成的应用程序 SDIDisp 新增的菜单添加工具栏，并在状态栏中显示鼠标光标的坐标和当前系统时间。

分析与讨论

（1）在实现应用程序 Sy4_1 中的两个按钮的功能时所用的技术上有什么不一样？

（2）为什么在完成实验内容第（2）题的工具栏时需要的许多步骤在完成实验内容第（1）题时不需要？

（3）将实验内容第（2）题中的"SetTimer(1,1000,Null);"语句注释掉，观察程序的运行结果，解释看到的现象。

实验 5 对话框（2 学时）

实验目的和要求

（1）掌握为对话框添加控件及设置属性的方法。

（2）了解 Windows 的通用对话框的作用与特点。

（3）理解模态对话框与非模态对话框的区别。

（4）掌握如何在应用中使用对话框。

实验内容

先建文件夹 ..\学号姓名\sy5，然后在该文件夹下编写程序，上机调试和运行程序，最后在实验报告中附上结果图。

（1）编写一个 SDI 应用程序 Sy5_1，在选择某菜单命令时打开一个模态对话框，通过该对话框输入一对坐标值，单击 OK 按钮，在视图区中的该坐标位置显示自己的姓名。

（2）编写一个 SDI 应用程序 Sy5_2，采用非模态对话框的方式完成与第（1）题同样的功能。

（3）编写一个单文档应用程序 Sy5_3，为该应用程序添加两个按钮到工具栏中，单击第 1 个按钮，利用"文件"对话框打开一个 .doc 文件；单击第 2 个按钮，利用"颜色"对话框选择颜色，并在视图区中画一个该颜色的矩形。

分析与讨论

（1）解释实验内容第（1）题中对话框数据的交换机制。

（2）观察实验内容第（1）题和第（2）题在单击对话框中的"确定"按钮后的效果，解释看到的现象。

实验 6   标准控件(2 学时)

实验目的和要求

学会在对话框中使用标准控件。

实验内容

先建文件夹..\学号姓名\sy6,然后在该文件夹下编写程序,上机调试和运行程序,最后在实验报告中附上结果图。

(1) 编写一个单文档应用程序 Sy6_1,用菜单命令打开一个对话框,通过该对话框中的红色、绿色和蓝色单选按钮选择颜色,在视图中绘制不同颜色的矩形。

(2) 编写一个单文档应用程序 Sy6_2,为程序添加一个工具栏按钮,单击该按钮弹出一个对话框,通过该对话框中的红色、绿色和蓝色复选框选择颜色,在视图中输出一行文本。

(3) 编写一个对话框应用程序 Sy6_3,根据用户从列表框中选择的线条样式在对话框中绘制一个矩形区域,线条样式有水平线、竖直线、向下斜线、十字线 4 种。

(4) 用组合框取代列表框,实现与第(3)题相同的功能。

分析与讨论

说出实验内容第(1)题中 3 个单选按钮所对应成员变量和第(2)题中 3 个复选框所对应成员变量的区别。

实验 7   通用控件(2 学时)

实验目的和要求

学会在对话框中使用通用控件。

实验内容

先建文件夹..\学号姓名\sy7,然后在该文件夹下编写程序,上机调试和运行程序,最后在实验报告中附上结果图。

(1) 编写一个对话框应用程序 Sy7_1,程序运行时,用红色填充一块矩形区域,该区域的亮度由旋转按钮调节。

(2) 编写一个对话框应用程序 Sy7_2,用滑动条控件完成颜色的选择,实现与第(1)题相同的功能。

(3) 编写一个对话框应用程序 Sy7_3,单击对话框中的"产生随机数"按钮,产生 100 个随机数,用进度条控件显示随机数产生的进度。

分析与讨论

(1) 将应用程序 Sy7_2 中 OnInitDialog()函数的代码放到构造函数中,重新编译程序,解释看到的现象。

(2) 编写单文档应用程序 Syfx7_1,当按下鼠标左键时打开与应用程序 Sy7_3 中同样功能的对话框,比较其执行效果有何不同,为什么?

实验 8 文档与视图(4 学时)

实验目的和要求

(1) 理解文档与视图的相互关系。

(2) 掌握文档类和视图类的常见成员函数,以及文档类和视图类的交互。

(3) 掌握文档序列化的操作方法。

(4) 学会建立文档/视图结构的应用程序。

实验内容

先建文件夹..\学号姓名\sy8,然后在该文件夹下编写程序,上机调试和运行程序,最后在实验报告中附上结果图。

(1) 编写一个单文档应用程序 Sy8_1,为文档对象增加数据成员 recno(int 型),表示学号;增加数据成员 stuname(CString 型),表示姓名,并在视图中输出文档对象中的内容。要求当按向上箭头或向下箭头时,学号每次递增 1 或递减 1,能在视图中反映学号的变化,并保存文档对象的内容。

(2) 编程实现一个静态切分为左、右两个窗口的 MDI 应用程序 Sy8_2,并在左视图中统计右视图中所绘制圆的个数。

(3) 编写一个多文档应用程序 Sy8_3,分别以标准形式和颠倒形式显示同一文本内容。

(4) 编写一个多类型文档的应用程序 Sy8_4,该应用程序能显示两种类型的窗口,一种窗口可以编辑文本,另一种窗口可以实现鼠标拖曳绘制功能,并能保存所绘制的图形。

分析与讨论

(1) 测试应用程序 Sy8_1 是否已保存文档对象的内容。

(2) 应用程序 Sy8_2 中的左、右视图是如何共享"圆的个数"数据的?

(3) 应用程序 Sy8_4 中的两种文件类型是如何实现的?

实验 9 打印编程(2 学时)

实验目的和要求

理解 MFC 应用程序框架实现打印和打印预览的过程。

实验内容

先建文件夹..\学号姓名\sy9,然后在该文件夹下编写程序,上机调试和运行程序,最后在实验报告中附上结果图。

练习例 8.1~例 8.5,并将 MyPrint 程序中大小不同的矩形改为大小相同、颜色不同的椭圆。

分析与讨论

(1) 在 MyPrint 程序中为什么不采用默认映射模式?

(2) 在 MyPrint 程序中是如何正确实现多页打印的?

实验 10　动态链接库编程（2 学时）

实验目的和要求

（1）正确理解动态链接库的相关概念。

（2）掌握用项目模板开发和使用 MFC 动态链接库的方法。

实验内容

先建文件夹..\学号姓名\sy10，然后在该文件夹下编写程序，上机调试和运行程序，最后在实验报告中附上结果图。

（1）创建一个计算正弦和余弦值的 MFC 常规 DLL 的动态链接库 MyDll。

（2）编写一个基于对话框的应用程序 Sy10_2，利用动态链接库 MyDll 计算正弦和余弦值。

（3）创建一个 MFC 扩展 DLL 实现 MyDll 的功能。

分析与讨论

（1）写出创建常规 DLL 的动态链接库 MyDll 的步骤。

（2）写出创建 MFC 扩展 DLL 的动态链接库 MyDll 的步骤。

实验 11　多线程编程（2 学时）

实验目的和要求

（1）正确理解线程并行的原理。

（2）掌握创建和控制线程的方法。

（3）掌握线程间通信与同步的编程技术。

实验内容

先建文件夹..\学号姓名\sy11，然后在该文件夹下编写程序，上机调试和运行程序，最后在实验报告中附上结果图。

（1）编写一个创建工作者线程的单文档应用程序 WorkThread，当选择"工作者线程"菜单命令时启动一个工作者线程，计算 1～1 000 000 能被 3 整除的数的个数，要求主线程和工作者线程之间使用自定义消息进行通信。

（2）编写一个多线程的 SDI 程序 Sy11_2，当单击工具栏上的 T 按钮时启动一个工作者线程，用于在客户区中不停地显示一个进度条，此时还可以继续单击 T 按钮显示另一个进度条，当单击工具栏上的 S 按钮时停止显示进度条。

（3）改写第（1）题中的应用程序 WorkThread，要求主线程和工作者线程之间使用事件对象保持同步。

分析与讨论

（1）应用程序 WorkThread 是如何使用自定义消息进行通信的？

（2）应用程序 WorkThread 是如何使用事件对象保持同步的？

实验 12　ODBC 数据库编程（2 学时）

实验目的和要求

（1）了解 ODBC 的原理，理解 ODBC 数据源。

（2）掌握用 MFC ODBC 数据库访问技术编写数据库应用程序的方法。

实验内容

先建文件夹..\学号姓名\sy12，然后在该文件夹下编写程序，上机调试和运行程序，最后在实验报告中附上结果图。

使用 MFC ODBC 技术编写一个单文档数据库应用程序 Sy12_1，实现通讯录的管理，要求包括添加、删除、更新、查找和排序等功能。

分析与讨论

（1）应用程序 Sy12_1 中表单视图和记录集之间是如何建立联系的？

（2）画出应用程序 Sy12_1 中的 DDX 和 RFX 数据交换机制图。

实验 13　ADO 数据库编程（2 学时）

实验目的和要求

（1）了解 ADO 技术。

（2）掌握用 ADO 数据库访问技术编写数据库应用程序的方法。

实验内容

先建文件夹..\学号姓名\sy13，然后在该文件夹下编写程序，上机调试和运行程序，最后在实验报告中附上结果图。

采用 ADO 对象编程模型编写一个单文档数据库应用程序 Sy13_1，实现通讯录的管理，要求包括添加、删除、更新、查找和排序等功能。

分析与讨论

（1）如果数据库带有密码，如何打开它？

（2）在使用 ADO 进行数据库设计时需要在系统中注册数据源吗？

（3）写出打开应用程序 Sy13_1 中数据库的所有可能形式。

实验 14　多媒体编程（2 学时）

实验目的和要求

（1）掌握使用 MCI 的命令消息接口编写音频文件的编程技术。

（2）掌握利用 MCIWnd 窗口类开发多媒体应用程序的编程技术。

（3）掌握利用 ActiveMovie 控件播放视频文件的编程技术。

实验内容

先建文件夹..\学号姓名\sy14，然后在该文件夹下编写程序，上机调试和运行程序，最后在实验报告中附上结果图。

（1）利用 MCI 的命令消息接口制作一个简单的音频播放器，要求至少能播放 *.wav 和 *.mid 两种格式的音频文件(项目名为 Sy14_1)。

（2）利用 MCIWnd 窗口类制作一个多媒体播放器(项目名为 Sy14_2)。

（3）利用 ActiveMovie 控件制作一个视频播放器，要求至少能播放 *.avi 和 *.mpeg 两种格式的视频文件(项目名为 Sy14_3)。

分析与讨论

（1）写出 Sy14_1 项目中实现两种格式的音频文件的选择的主要思想和代码。

（2）写出 Sy14_3 项目中实现两种格式的视频文件的选择的主要思想和代码。

参 考 文 献

［1］ 马石安,魏文平.面向对象程序设计教程(C++语言描述)(微课版).3 版.［M］.北京:清华大学出版社,2018.

［2］ 马石安,魏文平.面向对象程序设计教程(C++语言描述)题解与课程设计指导［M］.北京:清华大学出版社,2008.

［3］ 马石安,魏文平.Visual C++程序设计与应用教程［M］.3 版.北京:清华大学出版社,2017.

［4］ 马石安,魏文平.Visual C++程序设计与应用教程(第 3 版)题解及课程设计［M］.北京:清华大学出版社,2017.

［5］ 马石安,魏文平.数据结构与应用教程(C++版)［M］.北京:清华大学出版社,2012.

［6］ 马石安,魏文平.数据结构与应用教程(C++版)题解与实验指导［M］.北京:清华大学出版社,2014.

［7］ 侯俊杰.深入浅出 MFC［M］.2 版.武汉:华中科技大学出版社,2001.

［8］ 王育坚.Visual C++面向对象编程教程［M］.北京:清华大学出版社,2003.

［9］ 朱晴婷,黄海鹰,陈莲君.Visual C++程序设计——基础与实例分析［M］.北京:清华大学出版社,2004.

［10］ 刘加海.Visual C++程序设计基础［M］.北京:科学出版社,2003.

［11］ 谭锋,章伟聪.Visual C++程序设计基础实训教程［M］.北京:科学出版社,2003.

［12］ 姚领田.精通 MFC 程序设计［M］.北京:人民邮电出版社,2007.

图 书 资 源 支 持

感谢您一直以来对清华版图书的支持和爱护。为了配合本书的使用,本书提供配套的资源,有需求的读者请扫描下方的"书圈"微信公众号二维码,在图书专区下载,也可以拨打电话或发送电子邮件咨询。

如果您在使用本书的过程中遇到了什么问题,或者有相关图书出版计划,也请您发邮件告诉我们,以便我们更好地为您服务。

我们的联系方式:

地　　址:北京市海淀区双清路学研大厦 A 座 714

邮　　编:100084

电　　话:010-83470236　010-83470237

客服邮箱:2301891038@qq.com

QQ:2301891038(请写明您的单位和姓名)

资源下载: 关注公众号"书圈"下载配套资源。

资源下载、样书申请

书 圈

获取最新书目

观看课程直播